产品设计与开发系列丛书

塑料件结构设计实战指南

李浩东 编著

机械工业出版社

本书是为塑料件结构设计工程师和技术人员编写的设计实战指南。本书系统介绍了塑料件结构设计的基本原理和方法，并结合实战案例，详细剖析了设计过程中的关键步骤和技巧。内容涵盖材料选择、结构设计、强度与刚度分析、连接设计等方面，同时关注了制造工艺对结构设计的影响。本书注重实用性和可操作性，提供了丰富的设计图表、计算公式和实用工具，方便读者在实际工作中参考和应用。

本书可供从事塑料件设计的技术人员学习参考，也可供大专院校机械相关专业师生学习参考。

图书在版编目（CIP）数据

塑料件结构设计实战指南 / 李浩东编著. –– 北京 ：
机械工业出版社，2025.5（2025.8重印）. –– (产品设计与开发系列丛
书). –– ISBN 978–7–111–78154–7

Ⅰ. TQ320.4–62

中国国家版本馆CIP数据核字第2025L17R70号

机械工业出版社（北京市百万庄大街22号　邮政编码100037）
策划编辑：雷云辉　　　　　　　　责任编辑：雷云辉　李含杨
责任校对：张爱妮　刘雅娜　　　　封面设计：鞠　杨
责任印制：邓　博
北京中科印刷有限公司印刷
2025年8月第1版第2次印刷
169mm×239mm・23.75印张・446千字
标准书号：ISBN 978-7-111-78154-7
定价：129.00元

电话服务　　　　　　　　　　　网络服务
客服电话：010-88361066　　　机　工　官　网：www.cmpbook.com
　　　　　010-88379833　　　机　工　官　博：weibo.com/cmp1952
　　　　　010-68326294　　　金　书　网：www.golden-book.com
封底无防伪标均为盗版　　　机工教育服务网：www.cmpedu.com

前　言

塑料作为一种轻质、高强度、耐蚀、易加工成型的工程材料，在各个领域的应用越来越广泛，塑料件结构设计的重要性也愈发凸显。在家电、汽车、医疗器械、航空航天等领域，塑料件都以其独特的性能优势发挥着不可替代的作用。然而，塑料件结构设计并非易事，它涉及材料选择、设计、制造工艺等多个方面的知识和技能，需要设计师具备深厚的理论基础和丰富的实践经验。因此，对于结构设计工程师来说，了解和掌握塑料材料的基本性能和塑料件设计的基本原理尤为重要。

为了帮助广大从事塑料件结构设计工作的工程师和技术人员更好地掌握这一领域的核心知识和技能，编写了《塑料件结构设计实战指南》。本书内容涵盖了塑料件结构设计的各个方面，包括基础知识、设计原理、设计方法和设计技巧。本书详细介绍了各种塑料材料的性能特点和应用范围，可帮助读者了解不同材料的优缺点，从而根据实际需求选择合适的材料。同时，还深入探讨了塑料件结构设计的基本原则和思路，引导读者进行合理的结构设计，确保产品的性能和稳定性。

本书还关注了制造工艺对结构设计的影响。一个好的设计只有在实际制造中得以实现，才能真正发挥其价值。因此，本书详细阐述了制造工艺对结构设计的要求和限制，可帮助读者在设计阶段就考虑制造工艺的可行性和经济性。

本书重点介绍了强度与刚度分析、塑料件连接设计等方面的内容，并结合实战案例，介绍了如何进行塑料件的强度分析和刚度优化，以提高产品的使用性能和安全性。详细分析了各种连接方式的优缺点和适用场景，可帮助读者掌握连接设计的核心要点。

值得一提的是，本书的编写力求做到理论与实践相结合，既注重理论知识的系统性和完整性，又注重实践应用的针对性、实用性和可操作性。书中提供了大量的设计图表、计算公式和实用工具，方便读者在实际设计工作中进行参考和应用。同时，还结合实战案例，深入剖析了设计过程中的关键问题和解决方案，使读者能够从中汲取经验和教训，提高自己的设计水平。希望通过本书的介绍，能够帮助读者建立起完整的塑料件结构设计知识体系，掌握从材料选择到结构设计再到制造工艺等各个环节的关键技术和方法。

当然，塑料件结构设计是一个不断发展和完善的领域。随着科技的不断进步和新材料及新工艺的不断涌现，塑料件结构设计的理念和方法也在不断更新和升级。因此，本书所介绍的内容只是当前领域的一部分，还有很多值得探索和研究的问题。期待广大读者能够在学习和实践中不断发现新的问题、提出新的观点、创造新的成果，共同推动塑料件结构设计领域的发展。

李浩东

目　录

第 1 章

认识塑料

1

1.1　塑料是什么

随着产品品质的不断提升和降低成本的压力越来越大，塑料材料正逐步在多个行业中替代传统金属材料，其应用几乎遍布所有工业和生活场景。从食品包装到汽车制造，从家电设计到玩具生产，从办公设备到医疗急救设备，塑料都发挥着不可或缺的作用，深刻影响着我们的生活和工作。专业设计师和消费者都深知，现代先进的塑料材料结合精准的设计，不仅可以提高产品的附加值，而且更能增加其功能的多样性和实用性。作为专业人员，对塑料材料的深入了解是至关重要的。塑料是一种重要的高分子材料，为此，先从认识高分子聚合物开始。

1.1.1　高分子聚合物及其结构

高分子聚合物是由众多重复单元经共价键连接构建而成的大分子化合物。这些重复单元通常源自较小的分子（称为单体），并通过聚合反应紧密相连。不同类型的高分子聚合物在人们的日常生活和工业生产中得到了广泛的应用，包括塑料、橡胶、纤维、涂料和黏合剂等，如图 1-1 所示。

图 1-1　不同类型的高分子聚合物
a）塑料　b）橡胶　c）纤维　d）涂料　e）黏合剂

高分子材料主要是以高分子聚合物为基础或主要成分制备而成的材料。这类材料可以通过添加其他组分、特定的加工和处理来获得所需的特定性能和用途。塑料便是高分子材料中的一种。要理解塑料，需要先从高分子材料这个概念入手。高分子材料指的是以相对分子质量超过 5000 的高分子化合物为主体的材料。值得注意的是，一些常见的高分子材料的相对分子质量非常大，如橡胶的相对分子质量约为 10 万，而聚乙烯（PE）的相对分子质量则在几万至几百万之间。接下来，我们将从简单的碳氢化合物分子出发，进一步阐述高分子聚合物的概念。

1. 碳氢化合物分子

大多数聚合物起源于有机物。首先，许多有机物属于碳氢化合物，这意味着它们主要由碳和氢两种元素构成。在这些化合物中，分子内的键主要是共价键。具体来说，每个碳原子有四个电子可用于形成共价键，而每个氢原子仅贡献一个电子用于键合。当两个键合原子各自贡献一个电子时，就形成了单一的共价键。图 1-2 所示为甲烷（CH_4）分子的电子式。

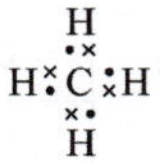

图 1-2 甲烷（CH_4）分子的电子式

两个碳原子之间双键和三键的形成，分别涉及两对和三对电子的共享。以化学式为 C_2H_4 的乙烯为例，其中的两个碳原子通过双键紧密连接，并且每个碳原子还分别与两个氢原子形成单键。这种结构在化学上被明确表示为图 1-3 所示的结构式，清晰展示了双键和单键的排列方式。

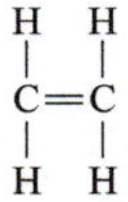

在化学结构中，"—"和"="分别表示单共价键和双共价键。在乙炔（C_2H_2）中发现了一个三键，即 $H—C\equiv C—H$。具有双共价键和三共价键的分子被称为不饱和烃。与之相对，饱和烃的所有键都是单共价键，且在不破坏已经存在的键合关系的情况下，无法再连接新的原子。

图 1-3 乙烯（C_2H_4）分子的结构式

2. 高分子聚合物

一些简单的碳氢化合物，如链状烷烃，属于石蜡家族。这些烷烃分子包括甲烷（CH_4）、乙烷（C_2H_6）、丙烷（C_3H_8）和丁烷（C_4H_{10}）等。石蜡分子的分子式和结构式见表 1-1。每个分子内部的共价键都非常强，但分子与分子之间则通过较弱的范德瓦耳斯力相互连接。因此，这些碳氢化合物的熔点和沸点相对较低。然而，值得注意的是，随着碳原子数量的增加，这些化合物的沸点会逐渐升高，在室温下的状态也相应地从气态过渡到液态，最终变为固态，见表 1-1。

表 1-1 石蜡分子的分子式、结构式、沸点和室温下状态

化合物	分子式	结构式	沸点/℃	室温（25℃）下状态
甲烷	CH_4	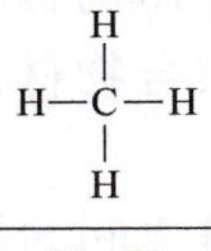 H—C—H	−164	气态
乙烷	C_2H_6	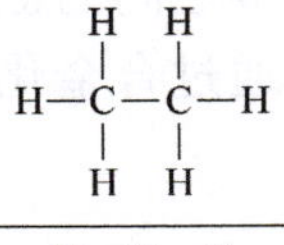 H—C—C—H	−88.6	气态
丙烷	C_3H_8	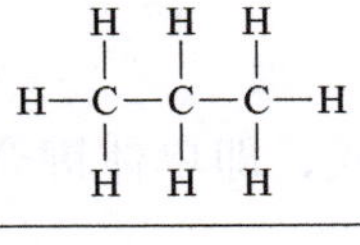 H—C—C—C—H	−42.1	气态

化合物	分子式	结构式	沸点／℃	室温（25℃）下状态
正丁烷	C_4H_{10}	—	-0.5	气态
正戊烷	C_5H_{12}	—	36.1	液态
正己烷	C_6H_{14}	—	69	液态
正 17 烷	$C_{17}H_{36}$	—	292	固态

对于拥有更长碳链的聚合物而言，其主链由一连串的碳原子构成，如图 1-4 所示。

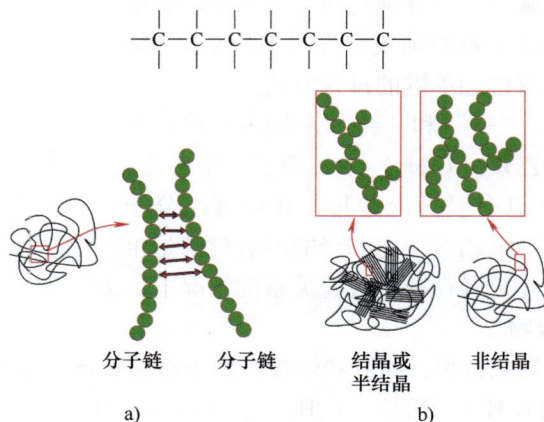

图 1-4　碳链聚合物分子示意图

a）高分子聚合物分子链之间的相互作用　b）结晶或半结晶与非结晶塑料分子

当烷烃因碳链的增长而变为固态时，分子间的相互作用力也相应增强。这种增强在宏观上体现为耐温性能的改善、力学性能的增强、硬度的提升，甚至耐蚀性能也变得更为优异。这种变化逐渐使这些固体在工程应用上表现出更出色的性能，特别是当碳链数量达到 1 万甚至 10 万以上时，这些材料便具备了工程应用所需的性能标准，从而成为高分子聚合物材料。我们日常使用的塑料正是这类高分子聚合物材料的典型例子。

塑料的力学性能和物理性能与其分子链之间的键合方式、链的长度及组成有着密切的联系。同时，这些性能还可以通过合金化技术，以及与不同物质和增强材料的混合来进行调整和优化。

1.1.2　塑料的合成

塑料的生产通常经过聚合反应来合成，即单体键合形成大分子。聚合反应主要分为加聚反应和缩聚反应。

1. 加聚反应

以聚乙烯（PE）的加聚反应为例，如图 1-5 所示。乙烯 $CH_2=CH_2$ 中的 $C=C$ 有一个 σ 键和一个 π 键，$C-H$ 有 4 个 σ 键，其中的 π 键较弱，较容易打开，并与另一个打开 π 键的乙烯分子连接。这种逐步连接，最后形成大分子的过程，就是加成聚合反应，即加聚反应。

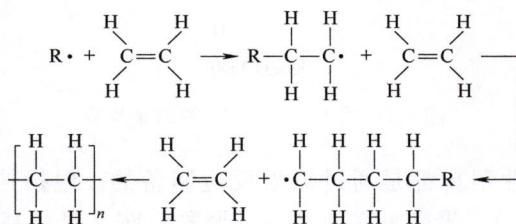

图 1-5　聚乙烯（PE）的加聚反应

2. 缩聚反应

缩聚是一种分步生长聚合，通过几个步骤进行并产生副产物。在逐步（缩合）聚合中，单体结合形成两个单元长的嵌段，然后两个单元块形成四个，依此类推，直到过程结束。缩聚反应会产生副产物，如 CO_2、H_2O、乙酸、HCl 等。

聚碳酸酯（PC）的缩聚反应如图 1-6 所示，单体单元在反应过程中会生成重复结构，并释放出一个水分子。为了维持反应的有效进行，必须去除这种小分子副产物，否则可逆反应将达到平衡状态并终止。商业应用中，聚合物分子往往包含数千个这样的重复结构。

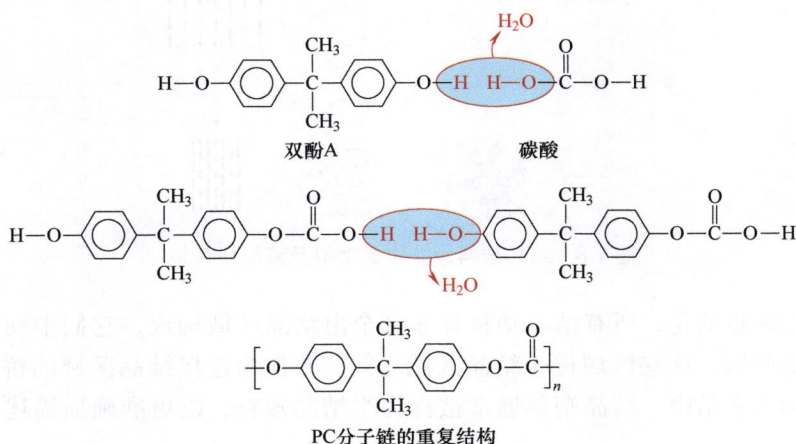

双酚A　　　　　　　　　碳酸

PC分子链的重复结构

图 1-6　聚碳酸酯（PC）的缩聚反应

图 1-7 所示为尼龙（PA）66 的缩聚反应。

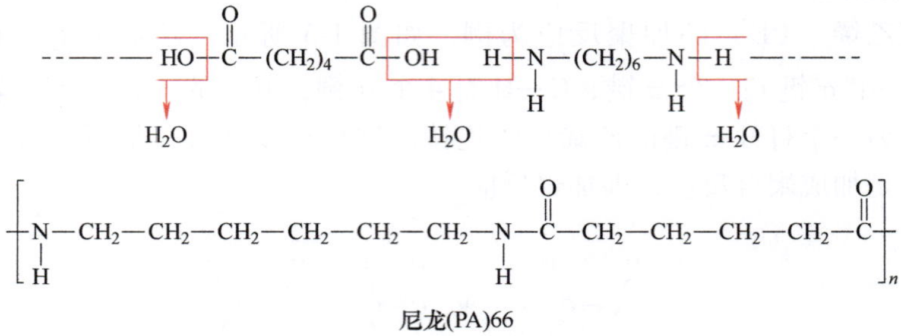

图 1-7 尼龙（PA）66 的缩聚反应

许多工程热塑性塑料都是通过缩聚反应制备的，包括热塑性聚酯（PBT、PET）、聚氨酯（PU）、聚碳酸酯（PC）、聚酰亚胺、聚羟基醚（苯氧基）、聚醚醚酮（PEEK）、聚醚酮（PEK）、聚甲醛（POM）和聚砜。

1.1.3 塑料的结晶性

在一些热塑性塑料中，其独特的化学结构使高分子链能够自我折叠，并以一种有序的方式紧密排列，如图 1-8 所示。这些有序排列的区域表现出类似晶体的行为特征，因此称拥有这些区域的塑料为结晶塑料。而缺乏这些有序排列区域的塑料，则被称为非结晶塑料。

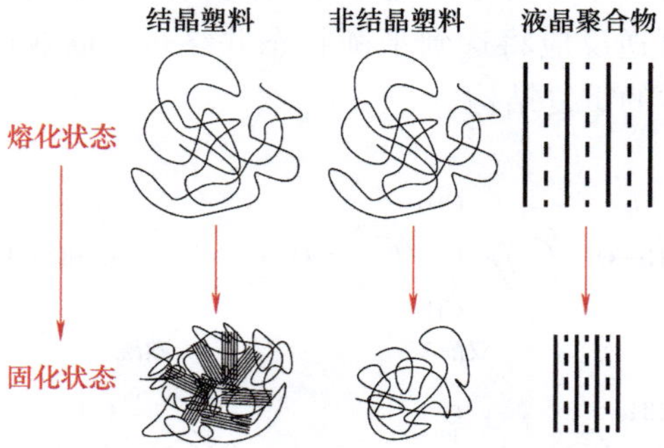

图 1-8 结晶塑料、非结晶塑料及液晶聚合物

值得注意的是，所有结晶塑料并非完全由结晶区域构成，它们中间还夹杂着非结晶区域，这些区域位于结晶区域之间，并作为连接结晶区域的桥梁。因此，在学术文献中，结晶塑料通常被称为半结晶塑料，以更准确地描述其结构特性。

表 1-2 列出了常见的结晶和非结晶热塑性塑料。

表 1-2　常见的结晶和非结晶热塑性塑料

结晶热塑性塑料	非结晶热塑性塑料
高密度聚乙烯（PE-HD）	丙烯腈-丁二烯-苯乙烯（ABS）
低密度聚乙烯（PE-LD）	聚碳酸酯（PC）
聚酰胺，俗称尼龙（PA）	聚氯乙烯（PVC）
聚对苯二甲酸乙二酯/聚对苯二甲酸丁二酯（PET/PBT）	聚苯乙烯（PS）
聚醚醚酮（PEEK）	苯乙烯-丙烯腈（SAN）
聚丙烯（PP）	聚甲基丙烯酸甲酯（PMMA）
聚甲醛（POM）	聚醚砜（PES）
聚苯硫醚（PPS）	聚砜（PSU）

　　液晶聚合物（LCP）是一类独立而独特的高性能工程塑料，其分子是坚硬的棒状结构，在熔化状态和固化状态下形成大型平行阵列结构。与结晶塑料和非结晶塑料相比，这些大的有序结构赋予了液晶聚合物独特的性能。

　　塑料之间的许多力学性能和物理性能差异可归因于它们的结构。一般来说，结晶热塑性塑料和液晶热塑性塑料的有序化使其比非结晶热塑性材料更硬、更强，耐冲击性更低。结晶材料和液晶材料也更耐蠕变、耐热和化学物质。然而，结晶材料需要更高的熔融温度才能加工，而且它们往往比无定形聚合物更容易收缩和翘曲。

1.1.4　塑料合金

　　塑料合金是塑料的物理混合物，通常由两种热塑性塑料组成，它们可能相互兼容，也可能不兼容。这意味着可以实现反映各个成分特性的组合。有时，塑料合金可能具有任何一种组成聚合物都无法比拟的一系列性能。例如，ABS和PC的共混物在耐冲击性方面表现出协同作用，如图1-9所示。

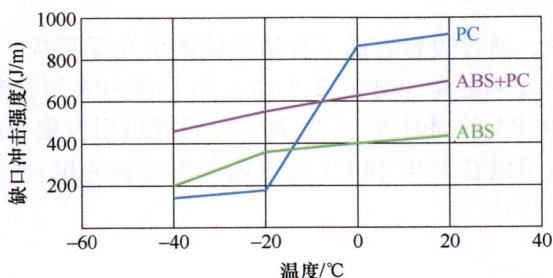

图 1-9　PC+ABS 合金和单个成分的缺口冲击强度与温度的关系

　　由图1-9可以看出，在高于0℃的情况下，PC+ABS的缺口冲击强度刚好落在PC和ABS单独组分的冲击强度之间。但是，在较低的温度下，PC+ABS共混物的耐冲击性能高于单独组分的耐冲击性能。

当尝试混合不相容的塑料时，常常会出现粗分离现象，导致各组分之间的相黏附性较差。这种不兼容的混合会在相边界处形成脆性的黏合断裂，如图 1-10 所示。

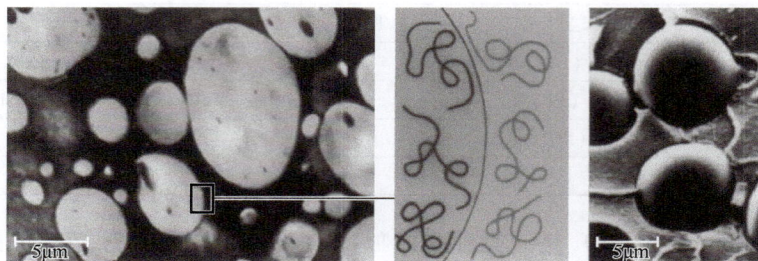

图 1-10　混合不相容的塑料会导致粗糙的形态（左）、低的相黏附性（中）和相界面处的脆性黏合断裂（右）

通过添加特定的相容性结合剂，如嵌段共聚物和接枝共聚物，能够显著提升相黏附性，这一效果在图 1-11 中得到了明确的体现。

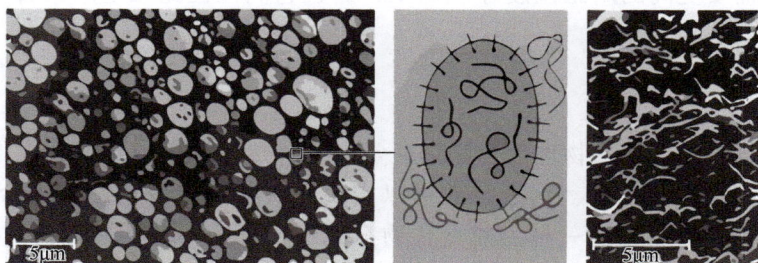

图 1-11　通过相容性结合剂进行改性，提升相黏附性（中）和坚韧的内聚失效（右）

在混合过程中，通过边界表面上合适官能团的化学反应，直接生成嵌段或接枝共聚物分子的效率更高，图 1-12 中所示的 PPE+PA 混合物就是一个例子。可以在混合 PPE 和 PA 的同时或之后，加入一种能够引发聚合的单体或引发剂。这种原位聚合反应可以在 PPE 和 PA 的界面处形成新的聚合物链，从而增强界面的相互作用和相容性。

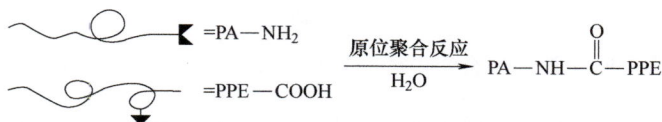

图 1-12　PPE+PA 混合过程中形成接合分子的机理

1.1.5　塑料的分类

塑料分为两个基本家族，即热塑性塑料和热固性塑料，如图 1-13 所示。热塑性塑料是一种加热时会软化和流动，使分子链相互滑动，冷却时会硬化的材料。这个过程可以重复多次，这使得热塑性塑料可以很容易地回收和再利用。热固性塑料在初次加热时会软化，但额外的热量会导致一种称为交联的化学反应发生。在交联过程中，分子链之间形成化学键。这种交联反应将分子链锁定在一起，防止它们相互滑动，导致分子链硬化。这个过程是不可逆转的。因此，由热固性塑料制成的零件不容易回收。

图 1-13　塑料的分类

1. 热塑性塑料

热塑性塑料的优点是加热时会熔化。它们易于通过多种方法进行处理，例如：

1）注塑成型（热塑性塑料最常见的加工方法）。

2）吹塑成型（用于制造塑料袋、瓶子和中空产品等）。

3）挤塑成型（用于制造管道、卡套管、型材和电缆等）。

4）滚塑成型（用于制造大型中空产品，如集装箱、浮标和交通锥等）。

5）真空成型（用于制造包装、面板和车顶箱等）。

热塑性塑料具备可多次重新熔化的特性，这使其在使用后的回收变得十分方便。通常，在性能出现显著下降之前，热塑性塑料可以被回收多达七次。在注塑工艺中，为了保持新材料的力学性能不受明显影响，一般建议回收料的比例不超过 30%。这样不仅有助于资源的循环利用，还能在一定程度上降低生产成本。

2. 热固性塑料

在热固性塑料和橡胶中，分子链发生了交联。这些交联非常牢固，加热时不会断裂，因此无法熔化。热固性塑料有液体和固体两种形式，在某些情况下可采用高压方法进行处理。一些常见的热固性塑料包括：

1）酚醛塑料（用于制造炖锅把手）。

2）三聚氰胺塑料（用于制造塑料层压板）。

3）环氧塑料（用于制造双组分黏合剂）。

4）不饱和聚酯塑料（用于制造船体）。

5）乙烯类塑料（用于制造汽车车身）。

6）聚氨酯塑料（用于制造鞋底和泡沫）。

许多热固性塑料具有优异的电气性能，并且能够承受高的工作温度。在其中加入玻璃纤维、碳纤维或凯夫拉纤维可制成非常坚硬和坚固的制品。其主要缺点是加工过程较慢，材料或能量回收困难。

1.1.6　塑料的改性

几乎没有任何塑料聚合物在合成后就可以直接使用，至少要加入热稳定剂及防氧化的添加剂，才能使塑料在注射成型机的机筒中熔融时不会热降解。将添加剂加入基材中，通常就会改变塑料的性能，这个过程称为塑料的改性。

通过添加各种填料、纤维和其他化合物，塑料的物理性能和力学性能可以得到改善。一般而言，通过添加增强纤维，力学性能会得到显著的提升。颗粒状填料通常会增加模量，而增塑剂通常会降低模量并增强柔韧性。

此外，阻燃剂、热稳定剂、紫外线稳定剂和抗氧化剂等也是常见的添加剂，它们能够进一步增强塑料的性能和稳定性。表 1-3 列出了常见的增强材料、功能添加剂和其他填料，为塑料的改性提供了丰富的选择。

表 1-3　常见的增强材料、功能添加剂和其他填料

增强材料	功能添加剂	其他填料
玻璃纤维	紫外线稳定剂	玻璃珠
碳纤维	塑化剂	炭黑
芳纶纤维	润滑剂	金属粉末
麻纤维	热稳定剂	硅砂
尼龙纤维	阻燃剂	木屑
聚酯纤维	抗氧化剂	陶瓷粉末
	抗静电剂	云母片
	防腐剂	二硫化钼
	抗真菌剂	滑石粉
	抑制烟雾剂	
	黏度改善剂	
	冲击改性剂	

添加剂是在塑料聚合反应后添加的，这个过程称为混合，如图 1-14a 所示。

在大多数情况下，添加剂与塑料混合均匀后，通过挤出工艺形成连续的线束，随后被切断成塑料颗粒（造粒），如图 1-14b、c 所示。这些颗粒可用于制造塑料件、型材或薄膜等。

在造粒过程中，如果材料（如 PE 或 PP）的加工温度相对较低，则使用旋转刀切断，并在落入容器时通过空气进行冷却，产生的颗粒形状通常是透镜状的（见图 1-14e）。然而，对于具有较高加工温度的材料（如 PA），挤出的线束会先在水中冷却，以控制其温度，然后再通过切割机械将其切割成圆柱形的颗粒（见图 1-14f）。尽管 PA 对水分敏感，但冷却过程迅速，颗粒没有时间吸收大量水分。整个挤出造粒的流程如图 1-14d 所示。

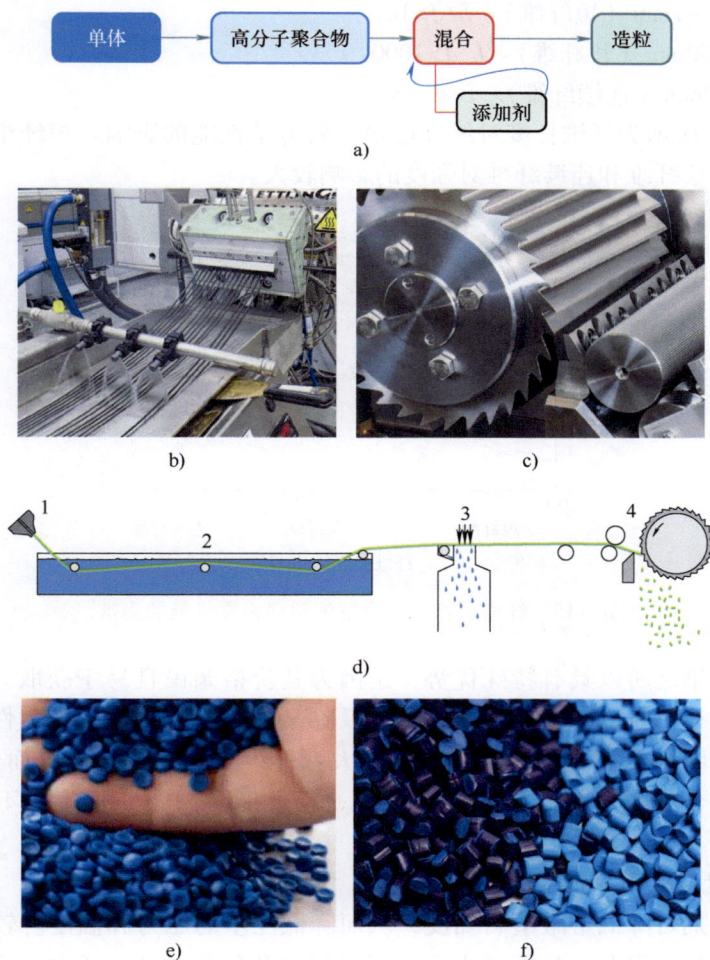

a)

b)　　　　　　　　　c)

d)

e)　　　　　　　　　f)

图 1-14　塑料添加剂改性造粒过程

a）在塑料中加入添加剂的混合过程　b）挤出塑料线并冷却　c）切断　d）挤出造粒流程
e）透镜状颗粒　f）圆柱形颗粒

除了优化加工参数，还可利用不同的添加剂来定制材料的性能。

1. 增强改性：纤维

纤维常常被特别选用以增强力学性能。例如，在玻璃纤维的特定方向上，其强度和刚度会得到显著提升，而应变则相应减小。同时，材料的耐热性也有所提高，收缩和蠕变的趋势得到降低。此外，通过添加导电纤维，材料的电阻也可以得到有效降低。

对纺织技术有一定了解是很有帮助的，塑料改性涉及的纤维类型主要包括玻璃纤维、碳纤维（无机）以及芳纶和天然纤维（有机）。这些单根纤维的直径 d 通常为 $5\sim50\mu m$，而所使用的纤维束，根据其长度可以分为以下几组。

1）$0.1\sim1mm$（短纤维）：$L/d>10$。

2）$1\sim50mm$（长纤维）：$L/d>1000$。

3）$>50mm$（连续纤维）：$L/d=\infty$。

图 1-15 所示为纤维长度对纤维增强塑料力学性能的影响。短纤维对刚度的影响显著，长纤维和连续纤维对强度的影响较大。

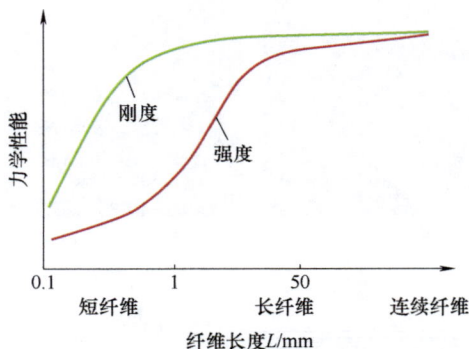

图 1-15   纤维长度对纤维增强塑料力学性能的影响

玻璃纤维之所以具有特殊优势，是因为其价格亲民且易于获取。然而，碳纤维尽管价格仍较高，但其轻质特性以及在某些情况下更优的力学性能，使得它也具有独特的吸引力。天然纤维，如大麻纤维等则因其低成本而受到青睐，但它们的拉伸强度和加工温度存在限制，且性能会因收获批次的不同而有所波动。

2. 黏度变化添加剂：流动助剂

流动助剂可降低熔融塑料黏度，从而降低注塑的压力和温度。较低的压力和温度对材料更温和，从而减少了加工过程中塑料的降解。通常，流动助剂是低分子组分，可以在分子链之间积累，从而降低分子链之间的吸引力，使它们更容易相互滑动。

3. 增塑剂

增塑剂可增加材料的延展性，同时降低材料的硬度。它从原理上分为内部软化和外部软化。内部软化是在聚合物合成过程中已经产生了具有"间隔物"侧链的嵌段共聚物，这增加了聚合物链的滑移率，并降低了主链的次级键强度。基于嵌段共聚物的热塑性弹性体是内部软化的一个极端例子。

外部软化利用的是物理效应，而不是化学效应。例如，物理混合物是由大多数低分子物质形成的，这些物质与聚合物的混溶性尽可能小（由于不同的极性）。因此，它们通常在加工过程中也起到流动助剂的作用。由于低分子物质没有形成化学键，它可以随着时间的推移迁移到塑料表面并蒸发掉。

增塑剂主要用于少数特定塑料，特别是在聚氯乙烯（PVC）中，其历史使用频率较现在更为广泛。图 1-16 所示为不同比例的外部增塑剂（DOP）对 PVC 弹性模量 E' 和剪切模量 G' 的影响。

随着邻苯二甲酸二辛酯（DOP）比例的增加，硬度降低（软化），这使得 PVC 可以在大范围内进行"调节"。大量研究表明，邻苯二甲酸二辛酯会干扰人体内分泌系统，影响生殖和发育功能，在欧盟已不再允许用于玩具和食品包装。迄今为止，价格稍贵的增塑剂邻苯二甲酸二异壬酯（DINP）和邻苯二甲酸二异癸酯（DIDP）被认为是无毒的，但作为预防措施，也可能不用于这些应用。

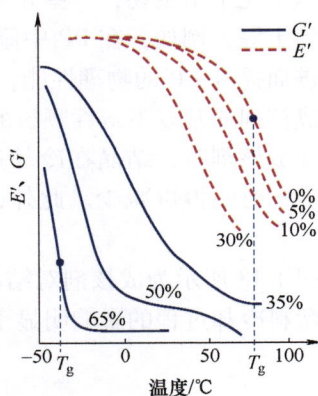

图 1-16　不同比例的外部增塑剂对 PVC 弹性模量和剪切模量的影响

实际上，水在一些塑料中起到类似增塑剂的作用，在尼龙（PA）塑料中，极性的酰胺基（聚酰胺链的 CONH 基团）会被水分子分离，链之间的氢键被削弱，使强度和刚性下降，塑性增加，变软。此外，玻璃化温度也会降低。

4. 冲击改性剂

冲击改性剂被广泛应用于增强材料的耐冲击性能，特别是在低温环境下。这主要通过将刚性热塑性塑料和弹性体进行共混来实现，从而制造出具有广泛且良好平衡性能的塑料。冲击改性剂的工作原理在于其能够吸收冲击能量，如图 1-17 所示，并以有效的方式将其耗散。这类改性剂通常由弹性体材料制成，并且能以高达 20% 的比例添加到各种热塑性塑料中。

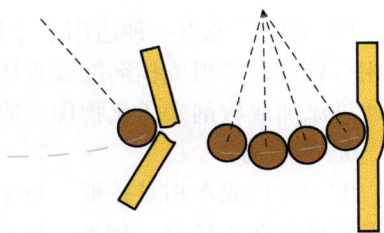

图 1-17　冲击改性剂的工作原理

例如，EPDM（三元乙丙橡胶）和 EPR（乙烯橡胶）常用于改性聚丙烯（PP），主要用于汽车工业。尽管橡胶在某些方面正逐渐被耐冲击聚合物（如茂金属催化合成的乙烯共聚物）所取代，但橡胶改性剂依然能够提供卓越的性能和更具竞争力的成本效益。

5. 成核剂

成核剂包括无机材料和有机化合物，被添加到聚合物中以加快从熔融状态到固体状态的转变过程，同时提高结晶度并缩短生产循环时间。这种添加剂能够显著改变塑料的结晶度，进而影响其密度、清晰度等物理特性。苯甲酸的化学衍生物被证明是最高效的成核剂之一。

除了化学衍生物，一些常见的成核剂还包括惰性矿物填料，如高岭土、白垩和黏土等。例如，在 PP 中添加成核剂会显著改变其硬度和结晶速率等关键性能，进而提升 PP 的物理性能，使零件质量和生产率更高。

成核剂通常以不溶性颗粒的形式存在，这些颗粒能够加速结晶过程。在 PP 中添加成核剂时，结晶在冷却过程中更早发生，且速度更快，这使得注塑过程中的冷却时间得以减少。此外，成核后的材料密度更高，而晶体球晶的尺寸则更小。

图 1-18 所示为成核剂对结晶过程的影响。从图中可以看出，添加成核剂与否对塑料冷却过程的影响明显不同。

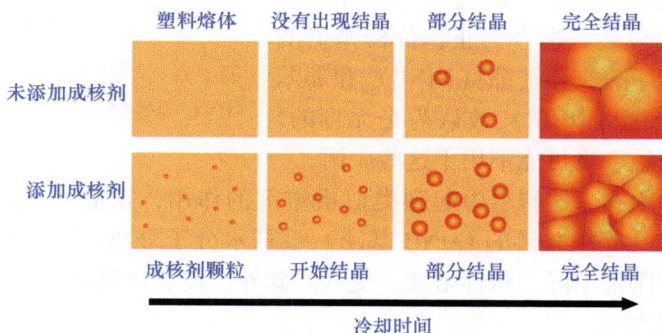

图 1-18 成核剂对结晶过程的影响示意图

PP 被广泛视为一种适用于添加成核剂的材料，这主要是因为 PP 的结晶速率相对较低，使得成核剂能够直接并显著地影响其成核过程。这种特性使得 PP 在通过添加成核剂来优化物理性能和提升生产率方面更具潜力。

6. 导电剂

由于塑料成本相对较低，越来越多的产品选择塑料材料制作，包括一些原本需要导电性的场合。例如，塑料通常被视为电和热的不良导体，但微电子技术和 LED 技术的快速发展对导电性提出了新的要求。因此，人们开始将导电剂与传统塑料复合，以生产导电塑料。

为了提升塑料的电导率，特别是当塑料件需要避免静电时，添加的导电剂必须能在材料内部形成有效的导电网络。这些网络能够构建传导路径，使电子能够穿越原本不导电的聚合物基体。原则上，导电剂的选择相当广泛，可以是多孔或粉末形式的金属、石墨等。其中，碳基导电剂，如石墨或炭黑，因其高导电性和低廉的价格，成为形成导电路径的理想选择。

应该注意的是，添加适当的功能添加剂不仅会影响塑料的电学和热学性能，还会影响其力学性能和可加工性。一般来说，添加剂的加入量越高，延展性越低，可加工性越差。此外，这种功能添加剂的加入量越高，材料价格就越高，因为这些添加剂通常比塑料基质更贵。在大多数情况下，必须在电导率或热导率的增加与其他性能的恶化之间找到折中方案。

7. 抗氧化剂及热稳定剂

一些热塑性塑料（如 PA）在高温下对空气中的氧气很敏感，会氧化发黄，如图 1-19 所示。为了防止氧化降解，可以添加抗氧化剂。

塑料是对热、剪切和氧气敏感的材料，单独暴露于注塑加工过程中的热和剪切会导致断链，即分子链的断裂和缩短；暴露于氧气后，降解过程形成活性氧，也称为自由

图 1-19　PA 高温氧化发黄

基，最终导致通过断链或交联改变大分子结构。这个过程称为自氧化，因为它是通过自加速自由基链机制进行的。图 1-20 所示为自氧化机理，自氧化过程涉及四个阶段：引发、传播、分支和终止。在引发阶段，分子链 RH 中的化学键断裂，产生烷基自由基 R·；在传播阶段，R·与氧进一步反应，形成过氧自由基 ROO·，ROO·会从分子链上夺取氢原子，形成氢过氧化物 ROOH 和新的 R·，新的 R·又能继续和 O_2 反应，使反应不断传播。因此，氢过氧化物及其分解产物是聚合物分子结构和摩尔质量变化的原因，这在实践中表现为力学性能（冲击、弯曲、拉伸、伸长率）的损失和聚合物表面物理性能的变化（失去光泽、透明度降低、开裂、发黄等）。为了抑

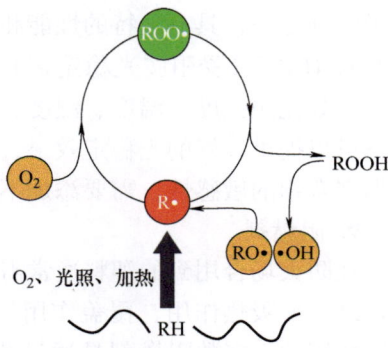

图 1-20　自氧化机理

制塑料的氧化降解，可以在塑料配方中添加特定的稳定剂，如抗氧化剂和热稳定剂，使自由基转化为稳定的分子。

根据保护机制的不同，抗氧化剂通常被分为两大类：

1）初级抗氧化剂，也常被称为链终止型抗氧化剂。它们通过提供氢原子或电子直接终止自由基链式反应。通常，初级抗氧化剂可以细分为两类，即自由基清除剂和 H-供体。

2）次级抗氧化剂。因其能够分解氢过氧化物生成惰性的二级产物，而被称为氢过氧化物分解剂。

8. 紫外线稳定剂

对于户外应用的塑料，不可避免地会吸收来自太阳光辐射的光子（主要集中在波长范围 $100\sim1000nm$，包括紫外光、可见光和红外光），太阳光会破坏分子链，攻击自由基，导致聚合物失去性能，如图 1-21 所示。

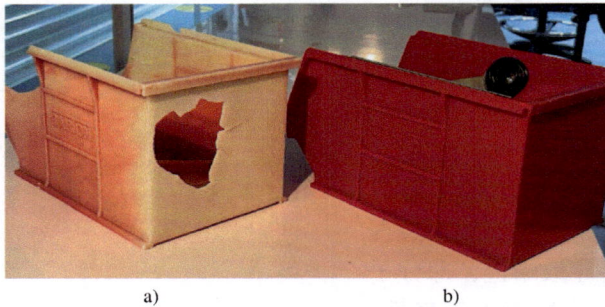

a) b)

图 1-21 在窗边放置了 15 年以上和远离太阳光（同龄）的红色塑料盒
a）在窗边 b）远离太阳光

紫外线稳定剂是一种有机化合物，它能够吸收大部分的紫外线辐射，并将所吸收的这部分能量转化为无害的热能释放出来。炭黑作为最有效且最常用的光吸收剂之一，具有独特的性能和广泛的应用。TiO_2 对低于 315nm 的辐射无效。TiO_2 和 HALS（受阻胺光稳定剂）的使用期限有限，具体使用寿命会受到多种因素，如光照强度、温度、湿度、使用环境等的影响，一般来说，在正常使用条件下可以提供较好的光稳定效果，但随着时间的推移，其性能可能会逐渐下降。根据聚合物的敏感性，需要添加不同浓度的添加剂。

9. 阻燃剂

在防火场合用到的塑料通常需要加入阻燃剂（见图 1-22）。阻燃剂是通过若干机理，如吸热作用、覆盖作用、抑制链反应、不燃气体的窒息作用等发挥其阻燃作用的。多数阻燃剂是通过若干机理共同作用达到阻燃目的。阻燃剂的种类及性能见表 1-4。

图 1-22　加入阻燃剂的塑料用于防火场合

表 1-4　阻燃剂的种类及性能

性能	阻燃剂的种类		
	卤代阻燃剂	磷基阻燃剂	无机阻燃剂
单位质量的总阻燃效果	高	低	中到高
抑烟效果	低	高	中到高
健康/环境影响	差	好	可接受
散装成本	中	低	高
最终复合物中的净成本	低	低到高	低到高
最终化合物的密度	低到中	低	低
对紫外线稳定剂的干扰	高	低	低
对分解产物危害的担忧	高	低	中

（1）卤代阻燃剂　氯和溴是合成塑料配方中唯一用作阻燃剂的卤素，因为氟和碘不适合这种应用。溴化阻燃剂是迄今为止使用最广泛的阻燃剂之一，因为它们更有效，成本更低，应用更广泛。然而，从环境的角度来看，溴化阻燃剂对化学、生物和光解降解具有高度抗性，并能够在活体组织中长距离迁移和生物积累。事实上，溴化阻燃剂对陆地和海洋环境的污染已被广泛记录，甚至可以追溯到北极等废弃地区。

（2）磷基阻燃剂　这类阻燃剂将磷结合到其结构中，并可根据磷氧化态（0、+3、+5）的不同而变化。磷基阻燃剂在气相中的作用机制与溴化阻燃剂非常相似。同样，氢和羟基自由基可以被能量较低的自由基取代，或者结合形成无害的气体产物。然而，与溴化阻燃剂不同的是，磷基阻燃剂也能够通过增强焦炭的形成产生膨胀（起泡），从而在凝聚相中发挥作用。事实上，磷基阻燃剂常被称为成焦剂，因为在燃烧过程中，它们会产生磷酸，磷酸与基质发生反应，产生一种对基质本身起保护作用的焦炭。磷基阻燃剂常见类型有磷酸酯类、红磷和聚磷酸铵等，其主要应用领域是聚酰胺、聚酯、聚烯烃和聚苯乙烯配方，尤其是针对电气和电子绝缘部件的应用。

（3）无机阻燃剂　金属水合物是最常见的无机阻燃剂之一，包括氢氧化铝和氢氧化镁，它的阻燃机理是：受热分解时释放出结合水。这是个强吸热反应，吸热量很大，可起到冷却聚合物的作用，同时反应产生的水蒸气可以稀释可燃气体，抑制燃烧的蔓延，并且新生的耐火金属氧化物（Al_2O_3、MgO）具有较高的活性，它会催化聚合物的热氧交联反应，在聚合物表面形成一层炭化膜，炭化膜会减弱燃烧时的传热、传质效应，从而起到阻燃的作用。另外，此类氧化物还能吸附烟尘颗粒，起到抑烟作用。

1.2　塑料的力学特性

力学性能是至关重要的，因为绝大多数材料的最终用途和应用都涉及一定程度的机械载荷。各种应用的材料选择通常基于力学性能，如拉伸强度、模量、伸长率和冲击强度等，这些值通常可在材料供应商提供的产品数据表中获得。日常工作中，往往过于关注比较由材料生产厂家针对不同种类及不同质量等级的材料，所公开披露的一系列用于表征材料特性与性能的具体数值，而没有足够重视力学性能的真正含义及其与最终用途要求的关系。

1.2.1　塑料的拉伸性能

1. 应力

考虑一个具有平衡力系统的三维物体，有多个力作用，使该物体处于静止状态。物体受到外力的作用，产生内力来传递和分配外部载荷。想象一下，图 1-23a 中的物体在任意横截面上被切开，其中一个部分被移除。为了保持静止状态，必须在切开表面上作用一个力系统来平衡外力，如图 1-23b 所示。同样的力系统存在于未切开的物体内，称为内力，单位面积上的内力称为应力，如图 1-23c 所示。应力必须用大小和方向来描述。

考虑图 1-23d 中切开表面上的任意点，该点所受的应力 T 如图所示。为了进行分析，更方便的是将应力 T 分解为两个应力分量：一个垂直于切面，称为法向应力或正应力 σ；另一个平行于切面，称为剪切应力 τ。

2. 正应力

对载荷、挠度和应力的基本理解始于一个简单的拉伸试验，如图 1-24 所示。

正应力是施加的载荷与原始横截面面积的比值，单位为牛/平方米（N/m^2）或帕斯卡（Pa），即

$$正应力＝载荷/面积或 \sigma=\frac{F}{A}$$

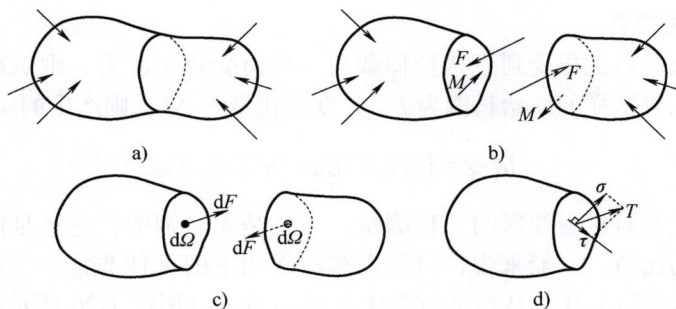

图 1-23　内力与应力

a）处于平衡状态的物体　b）作用于切开表面的力和转矩
c）单位面积上受到的力与转矩　d）任意点处的应力值

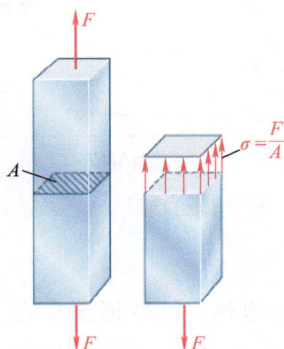

图 1-24　拉伸试验

如果按图 1-24 所示施加载荷，则构件处于拉伸状态。如果反向施加载荷，则构件处于压缩状态。图 1-25 所示为典型试验装置和测试结果。

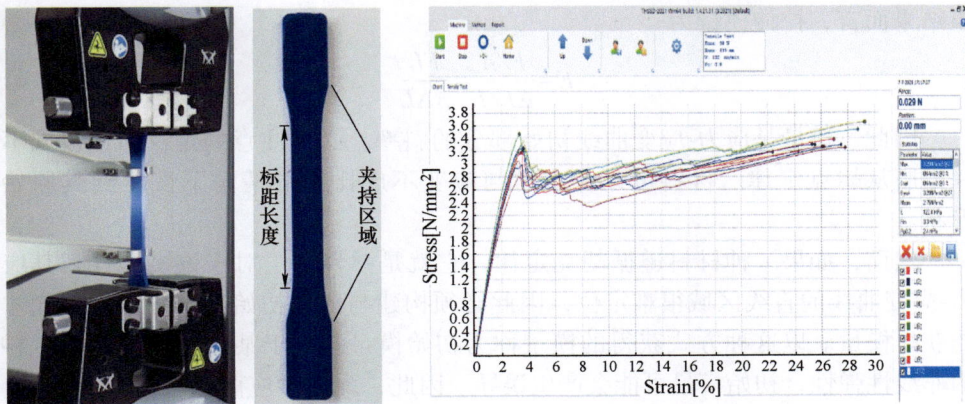

图 1-25　典型试验装置和测试结果

3. 正应变

如果塑料试样受到直接拉伸载荷，从而受到正应力，则试样的长度会发生变化。如果试样的原始长度为 L，长度变化量为 ΔL，则产生的应变定义为

$$应变 = 长度变化值/原始长度 或 \varepsilon = \frac{\Delta L}{L}$$

应变是对材料变形的一种测量，并且是无量纲的，它只是两个具有相同单位的量的比值。一般来说，材料在载荷作用下的延伸非常小。常见的应变表达方式是应变百分比。从拉伸试验中获得的结果可用图 1-26 所示的形式绘制。这是一条应力-应变曲线，它表征了材料在拉力下的力学行为。

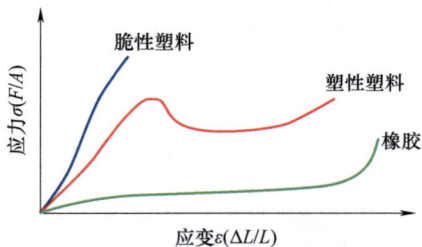

图 1-26　拉伸试验结果（应力-应变曲线）

4. 弹性模量

大多数材料，包括金属和塑料，其变形至少在一定范围内与施加的载荷成比例。由于应力与载荷成比例，应变与变形成比例，这也意味着应力与应变也成比例。胡克定律就是这种比例性的陈述。

$$\frac{应力}{应变} = 常数\ E$$

常数 E 被称为弹性模量，在塑料工业中也称为拉伸模量。就图 1-26 中的试验结果而言，拉伸模量为

$$E = \frac{F/A}{\Delta L/L} = \frac{FL}{A\Delta L}$$

因此，模量是应力-应变曲线初始部分的斜率。必须注意的是，弹性范围不一定服从胡克定律。材料可以在应力与应变不成比例的情况下恢复到其原始形状。

然而，如果一种材料遵循胡克定律，它就是弹性的。对于许多塑性，其应力-应变曲线的直线区域很难定位，因此必须构建与曲线初始部分相切的直线才能获得模量。以这种方式获得的模量称为初始模量。对于某些塑性，由于材料的非线性弹性，初始模量可能会产生误导。因此，一些供应商提供 1% 割线模量作为材料行为的更好表示。设计师应注意，产品数据表并不总是明确供应商提

供的是弹性模量、初始模量还是割线模量。因此，提醒设计者注意合理使用已发布的材料规格数据。

对于金属，弹性模量通常用 10^5 MPa 表示。对于塑料，拉伸模量通常表示为 10^3 MPa。典型的应力-应变曲线如图 1-27 所示。对曲线上的点 A 到点 F 的解释如下。

（1）比例极限 A　对于大多数材料，应力-应变曲线上存在这样一些点，其斜率开始变化，线性结束。比例极限是材料能够在不偏离应力与应变比例的情况下维持所施加载荷的最大应力，如图 1-27 中的点 A 所示。请注意，如前所述，一些材料在大的应力和应变时仍能够保持这种比例，而另一些材料则在小范围内显示出这种比例或没有比例。

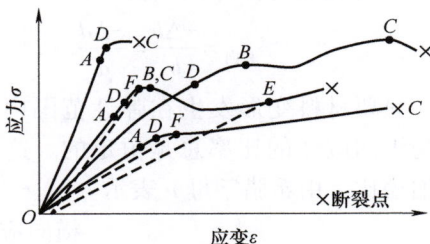

图 1-27　典型的应力-应变曲线

（2）屈服点 B　屈服点是工程应力-应变曲线上的第一个点。在该点，应变增加而应力不增加，如图 1-27 中的点 B 所示。在这点上，曲线的斜率为零。请注意，有些材料可能没有屈服点。

（3）极限强度 C　极限强度是材料在承受外加载荷时所承受的最大应力，如图 1-27 中的点 C 所示。

（4）弹性极限 D　许多材料可能被加载超过其比例极限，并且在移除负载时仍然恢复到零应变。其他材料，特别是一些塑料，则没有比例限制，因为不存在应力与应变成比例的区域（材料遵循胡克定律）。然而，这些材料也可以承受显著的载荷，并且当载荷去除时仍然恢复到零应变。任何情况下，当将应力-应变曲线上的点（见图 1-27 中的点 D）的载荷移除时，材料发生永久变形，该点称为弹性极限。

（5）割线模量 E　割线模量是应力-应变曲线上任何点的应力与相应应变的比值。例如，在图 1-27 中，点 E 的割线模量是直线 OE 的斜率。

（6）屈服强度 F　有些材料没有屈服点。对于这样的材料，希望通过选择超过弹性极限的应力水平来建立屈服强度。尽管该值是针对没有表现出屈服点的材料开发的，但该值通常用于在屈服点具有非常高应变的塑料，以提供更实际的屈服强度，如图 1-27 中曲线上的点 F 所示。屈服强度通常是通过在指定的偏置应变点 H 处构建一条平行于 OA 的线来确定的。该线在点 F 处与应力-应变曲线相交的应力是点 H 偏置处的屈服强度。例如，如果点 H 处于2%应变处，则点 F 被称为"2%应变偏置下的屈服强度"。

（7）泊松比　在拉伸载荷的作用下，图 1-28 所示的试样长度增加 ΔL，使试

样的纵向应变为

$$\varepsilon = \frac{\Delta L}{L}$$

试样的横向尺寸也有所减小，即其宽度和厚度都减小。相关的横向应变与纵向应变的符号相反（收缩与拉伸），有

$$\varepsilon_{横向} = \frac{-\Delta b}{b} = \frac{-\Delta d}{d}$$

只要材料变形发生在弹性范围内，横向应变与纵向应变的比率总是恒定的。这个比率称为泊松比，由希腊字母 ν 表示。

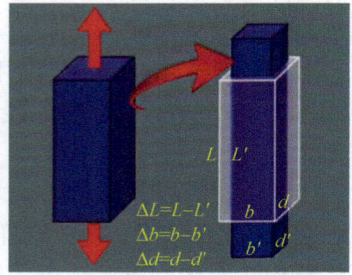

图1-28　泊松比表示拉伸件长度和宽度尺寸变化的关系

$$\nu = \frac{横向应变}{纵向应变} = \left| \frac{-\Delta d/d}{\Delta L/L} \right|$$

对于大多数工程材料，ν 为 0.20~0.40（见表1-5），默认值通常为 0.35。通常情况下，ν 为 0（无横向收缩）~0.5（恒定体积变形）。泊松比是塑性结构应力和挠度分析的必要常数。

表1-5　各种工程材料的泊松比

工程材料	泊松比
铝	0.33
碳钢	0.29
橡胶	0.5
硬质热塑性塑料	0.2~0.4
加玻璃纤维或填料的热塑性塑料	0.1~0.4
硬质热固性塑料	0.2~0.4

（8）真应力　在图1-24中，法向应力是根据作用在恒定面积 A 上载荷 F 计算的。这种形式的直接应力，通常称为"工程应力"。然而，对于大多数材料，缩颈发生后会产生局部收缩。如果使用较小的横截面面积 A' 来代替 A，则计算出的应力称为"真应力"。此外，之前讨论的直接应变，即长度在原始长度上的总变化，通常称为"工程应变"。真应变则是瞬时长度上的瞬时变形。

因此，真应力-应变曲线与工程应力-应变曲线不同，如图1-29所示。

对于许多被视为线性弹性、均匀和各向同性的工程材料，强度和模量的其他测量在拉伸和压缩性能方面被认为是相同的，因此无须通过压缩试验测量相关性能。

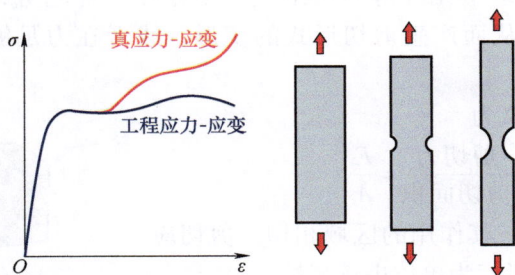

图 1-29   真应力-应变曲线与工程应力-应变曲线

此外,如果拉伸和压缩性能相同,则无须测量弯曲性能(根据标准梁弯曲理论)。然而,基于大多数塑料的非线性、各向异性,这些性能,特别是弯曲性能,经常也会在产品规格书中给出。

由于拉伸试验相对简单,材料的弹性模量通常被测量并报告为拉伸性能值。但是,材料也可能会承受压缩载荷,因此在设计中通常需要压缩载荷的应力-应变曲线。

在大多数弹性材料处于低应力水平的情况下,拉伸应力-应变曲线和压缩应力-应变曲线几乎相同,如图 1-30 所示。

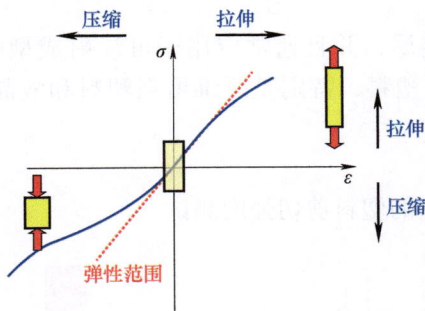

图 1-30   拉伸应力-应变曲线和压缩应力-应变曲线

然而,在较高的应力水平下,压缩应变小于拉伸应变。与通常导致明显失效的拉伸载荷不同,压缩应力产生缓慢、不确定的屈服,很少导致失效。因此,压缩强度通常表示为使标准塑性试样变形到一定应变所需的应力,单位为 MPa。

1.2.2 塑料的剪切性能

1. 剪切应力

图 1-31 所示的材料块受到一组大小相等且方向相反的剪切力 F。如果材

料被想象为由无限多个无限薄的层组成，则存在一种趋势，即一层材料在另一层材料上滑动，从而产生剪切形式的变形，或者在力足够大的情况下发生破坏。

剪切应力 τ 定义为

$$\tau = \frac{剪切力}{剪切面积} = \frac{F}{A}$$

剪切应力总是与其作用的区域相切。剪切应变是变形角 γ，以弧度为单位进行测量。

2. 剪切模量

对于根据胡克定律工作的材料，剪切应变与产生剪切应变的剪切应力成比例。因此

$$G = \frac{剪切应力}{剪切应变} = \frac{\tau}{\gamma} = 常数$$

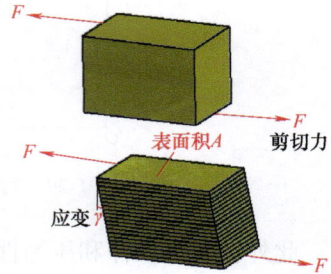

图 1-31　剪切应力

常数 G 称为剪切模量或刚度模量，与拉伸应力应用中使用的弹性模量相当。

3. 相关材料常数之间的关系

至此，已经引入了三个材料常数：拉伸模量 E、泊松比 ν 和剪切模量 G。对于各向同性材料，可以证明这三个常数存在以下关系：

$$\frac{E}{G} = 2(1+\nu)$$

这适用于大多数金属，并且通常应用于可注射成型的热塑性塑料。然而，需要注意的是，大多数塑料，特别是纤维增强塑料和液晶塑料存在固有非线性和各向异性。

4. 直接剪切

图 1-32 所示为典型的塑料剪切强度测试。

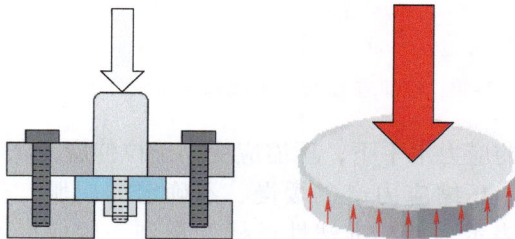

图 1-32　典型的塑料剪切强度测试

将试样放置在夹具中，使其上下表面得到支撑。将直径为 25.4mm（1in）的冲压式剪切工具用螺栓固定在试样上，并向冲压机施加载荷。剪切强度为试验过程中遇到的最大力除以剪切边缘的面积（冲压圆的周长乘以试样厚度）。

在材料的规格书中，通过这种方法获得的数据通常作为材料的剪切强度。在材料强度文献中，这种类型的试验被称为直接剪切。注意，仅在类似的直接剪切情况下使用该方法报告的剪切强度。

这不是一个纯粹的剪切试验。该试验不能用于开发剪切应力-应变曲线或确定剪切模量，因为绝大部分载荷是通过弯曲和/或压缩传递的，而不是通过纯剪切传递的。此外，结果可能取决于材料对载荷面的锐度的敏感性。当在纯剪切情况下分析塑料时，或者在复杂的应力环境中计算最大剪切应力时，建议使用等于拉伸强度一半的剪切强度，或者与上述报告的剪切强度相比，以较小者为准。

1.2.3 塑料的弯曲性能

如果一块矩形横截面的塑料或金属在手指之间弯曲，很明显，材料的一个表面在张力下拉伸，而另一个表面则呈现为压缩（见图1-33）。因此，两个表面之间有一条零应力线或区域，称为中性轴。在简单梁弯曲理论中，进行了以下假设：

1）梁最初是直的、无应力的和对称的。

2）梁的材料是线性弹性的、均匀的和各向同性的。

3）未超过比例极限。

4）材料的弹性模量在拉伸和压缩方面是相同的。

5）所有的挠度都很小，因此平面横截面在弯曲前后保持平面。

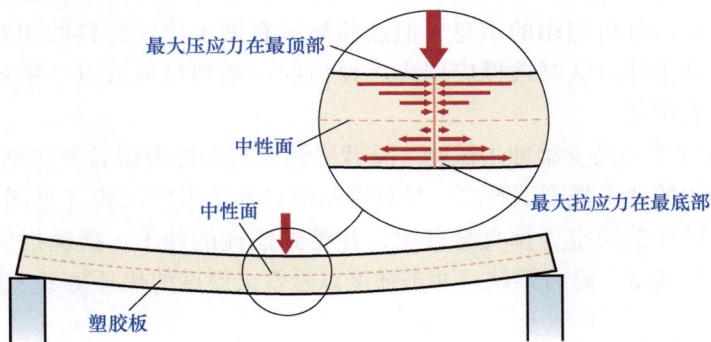

图 1-33　梁的弯曲应力

弯曲性能的测试如图1-34所示。

使用经典梁公式和截面特性，可以导出以下关系式：

弯曲应力：

$$\sigma = \frac{3FL}{2ab^2}$$

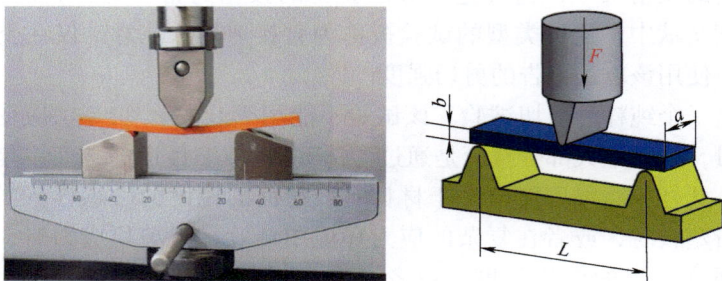

图 1-34 弯曲性能的测试

弯曲模量：

$$E = \frac{FL^3}{4ab^3Y}$$

Y 是负载点的偏转量（挠度）。有了这些关系，弯曲强度和弯曲模量（刚度）可以通过测试实验室确定。同样，材料规格书中的弯曲模量通常来自载荷-挠度曲线的初始模量。由于大多数塑料件必须在弯曲时进行分析，因此使用弯曲值比使用相应的拉伸值时会得出更准确的结果。

1.2.4 塑料的冲击性能

当零件被快速加载时，就会受到冲击载荷的作用。任何运动的物体都有动能。当运动因碰撞而停止时，能量必须耗散掉。塑料件吸收能量的能力由其形状、尺寸、厚度和材料类型决定。不幸的是，目前可用的冲击测试方法没有为设计者提供可以分析使用的信息，但这些测试有助于比较材料的相对缺口敏感度或相对耐冲击性。这对选择应用程序评估的一系列材料或对一系列材料进行排序时非常有用。

（1）悬臂梁和简支梁冲击试验　悬臂梁和简支梁冲击试验方法见表 1-6。可能最广泛使用的冲击强度试验之一是悬臂梁缺口冲击强度试验（见图 1-35）。在该试验中，试样被固定为垂直悬臂梁，并受到摆锤的冲击。摆锤损失的能量等于试样吸收的能量。悬臂梁缺口冲击强度以悬臂梁厚度的焦耳每米（J/m）为单位进行测量。

表 1-6　悬臂梁和简支梁冲击试验方法

编号	试验方法	试验描述	示意图
A	悬臂梁缺口冲击强度	试样被固定为垂直悬臂梁，并被一个摆锤冲破。冲击发生在试样的缺口侧	

编号	试验方法	试验描述	示意图
B	简支梁缺口冲击强度	试样被固定为简支梁，并在缺口对面受到冲击。该方法不再包含在 ASTM D256 中，但仍有相关使用	
C	估计净悬臂梁冲击强度	该方法与方法 A 相同，只是能量计算中包含了投掷试样断裂部分所需的能量。对于冲击强度低于 27J/m（0.5ft·lbf/in）的材料，该方法优于方法 A	
D	缺口半径敏感性测试	提供缺口灵敏度的指示。缺口灵敏度的计算方法如下：$b=(E_2-E_1)/(R_2-R_1)$。其中，b 是缺口灵敏度，E_1 和 E_2 是破坏小半径和大半径缺口试样所需的能量（J/m），R_1 和 R_2 是小半径和大半径缺口的半径（mm）。缺口灵敏度的单位为（J/m）/mm	
E	悬臂梁反向缺口冲击强度	该方法与方法 A 相同，不同之处在于试样在缺口对面受到冲击	
F	悬臂梁无缺口冲击强度	无缺口试样被固定为垂直悬臂梁，并被摆锤冲破。该方法包含在 ASTM D4812 中，但通常报告在 ASTM D256 中	

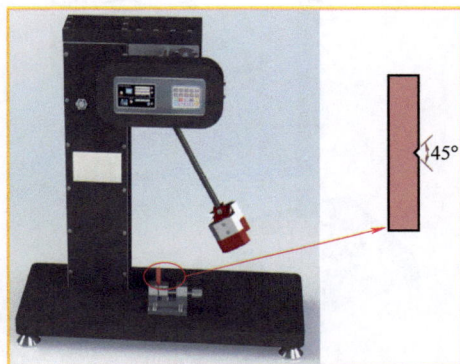

图 1-35　悬臂梁缺口冲击强度试验

（2）拉伸冲击试验　在拉伸冲击（见图 1-36）下，使单位面积试样断裂所需的能量。该试验用于太柔性或太薄而无法进行简支梁和悬臂梁冲击试验的塑料材料。

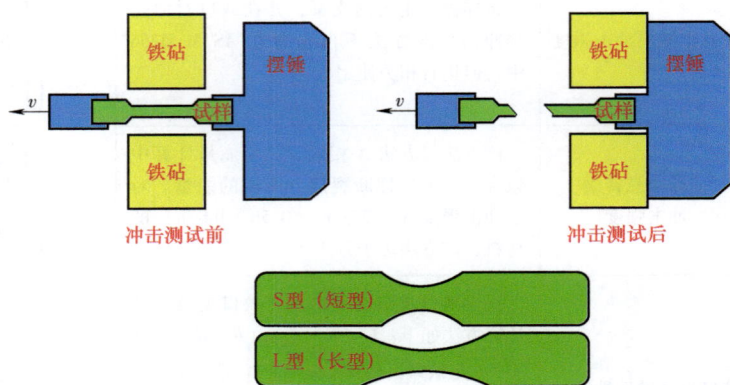

图 1-36　拉伸冲击试验

试样由冲击试验机的摆锤承载。摆锤撞击一组铁砧，使冲击载荷由试样承载（见图 1-36）。有两种试样类型，S 型（短型）和 L 型（长型）。S 型试样表现出较低的延伸率，并倾向于产生脆性断裂。S 型试样的结果更具可重复性，但材料之间的差异较小。L 型试样表现出更高的延展性。

（3）落镖冲击试验　该试验用于测定在规定的试验条件下，用落镖冲击刺穿材料所需的能量（见图 1-37）。该试验用于测量材料的多轴冲击行为，可用于测量材料的速率灵敏度。

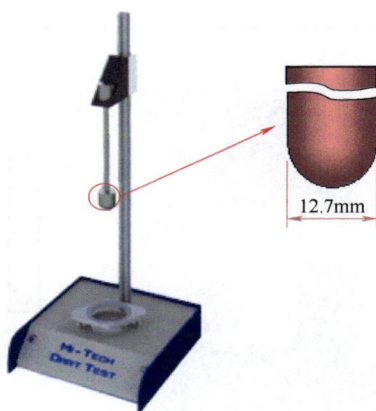

图 1-37　落镖冲击试验

将直径为 12.7mm（0.5in）的半球形落镖从足以产生指定冲击速度的高度

落下。落镖配备了载荷和位移传感器，因此可以生成相应的载荷-位移曲线。能量是载荷-位移曲线下方的面积。报告的能量要么是到峰值载荷的能量，要么是总能量。如图 1-38 所示。

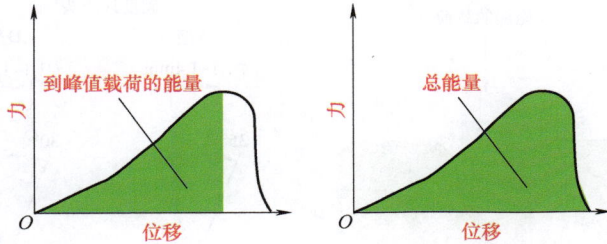

图 1-38　落镖冲击试验结果

1.2.5　塑料的硬度

硬度是衡量固体物质在受到压缩力时抵抗各种永久形状变化的能力。不同材料之间的硬度差异显著，如金属通常比塑料更硬。硬度通常与强烈的分子间键相关，但宏观上固体材料在受到力的作用时的行为是复杂多变的。在塑料的实际应用中，较硬的材料往往具有更好的抗刮伤或磨损性能。因此，硬度对塑料的基本性能至关重要，特别是在韧性塑料材料中。此外，硬度与屈服强度和拉伸强度之间存在正相关关系，这意味着硬度的提高通常伴随着材料整体强度的增强。

测量塑料硬度的两种主流方法是邵氏硬度法和洛氏硬度法。邵氏硬度法用于测试弹性体、橡胶和聚丙烯、聚乙烯、聚氯乙烯等较软的材料。洛氏硬度法用于测试较硬的材料，如聚碳酸酯、聚苯乙烯和聚酰胺等。

1. 邵氏硬度

邵氏硬度分为三类，硬度等级从 0 到 100，如图 1-39 所示。

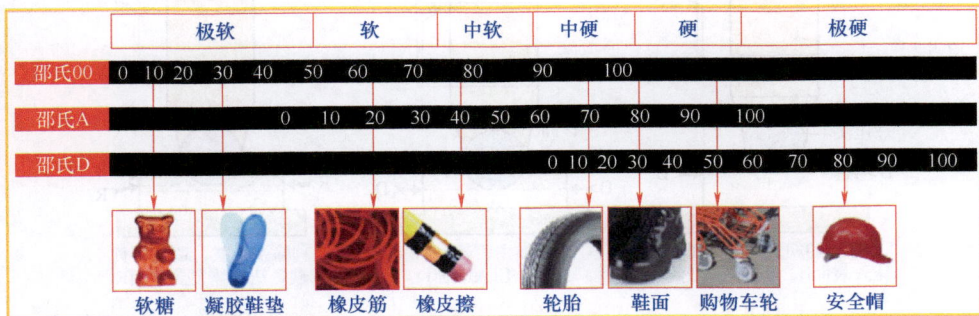

图 1-39　邵氏硬度标尺

邵氏00用于测量轻质泡沫、海绵橡胶和软凝胶，邵氏A用于测量橡胶、软塑料和类橡胶弹性体，邵氏D用于测量硬橡胶、硬塑料及热塑性塑料。

图1-40所示为邵氏硬度计的工作原理。

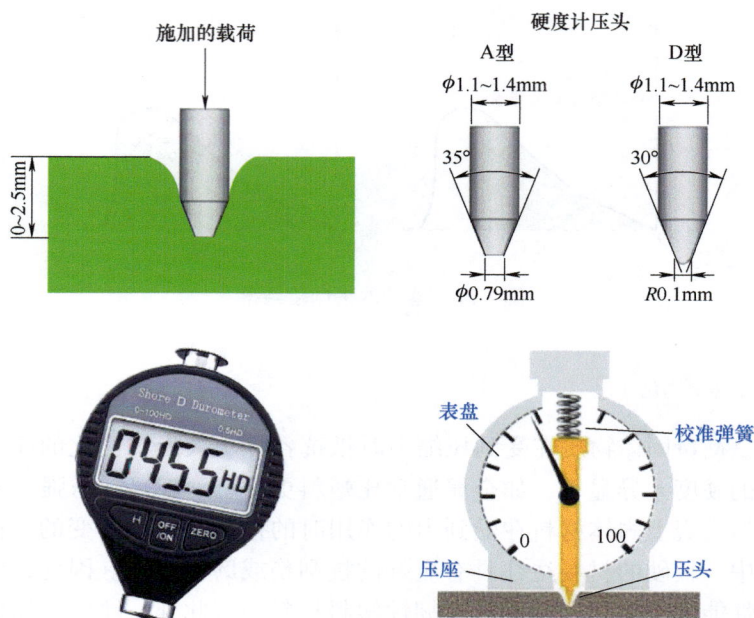

施加的载荷

0~2.5mm

硬度计压头

A型　　　　D型

φ1.1~1.4mm　　φ1.1~1.4mm

35°　　　　30°

φ0.79mm　　R0.1mm

Shore D Durometer

表盘　　　　校准弹簧

0　　100

压座　　　　压头

图1-40　邵氏硬度计的工作原理

2. 洛氏硬度

洛氏硬度测定是另一种用于评估塑料硬度的方法，用于测定塑料抵抗永久压痕的能力。这种测定通过球压头施加一定的载荷来实现。图1-41所示为洛氏硬度测定的原理和操作过程。

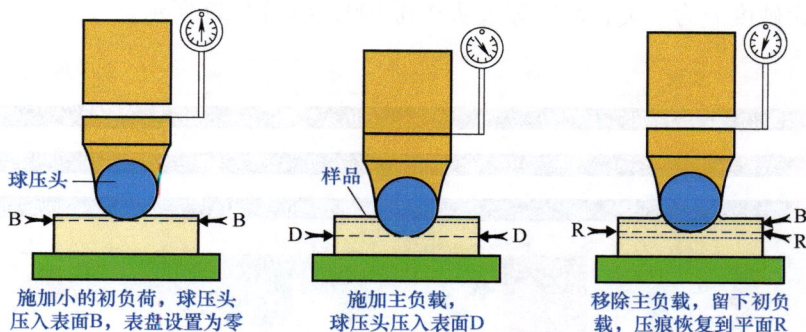

球压头　　　　样品

B　　B　　　　D　　D　　　　R　　B　　R

施加小的初负荷，球压头压入表面B，表盘设置为零

施加主负载，球压头压入表面D

移除主负载，留下初负载，压痕恢复到平面R

平面R和表面B之间的距离用于计算洛氏硬度，也可直接从表盘中读取

图1-41　洛氏硬度测定的原理和操作过程

球压头的球体直径根据所使用的测试方法而有所变化。测量的压痕深度用于计算压痕的表面积，从而得出材料的硬度值。洛氏硬度测试有多种不同的标尺，每种标尺对应不同尺寸的钢球和施加不同的载荷。这些标尺按字母顺序排列，塑料和橡胶等软材料最常见的标尺是 E、M、L 和 R。洛氏硬度标尺的含义见表 1-7。

表 1-7　洛氏硬度标尺的含义

洛氏硬度标尺	初负荷/N	主负载/N	压头直径/mm
R	98.07	588.4	12.7±0.015
L	98.07	588.4	6.35±0.015
M	98.07	980.7	6.35±0.015
E	98.07	980.7	3.175±0.015

1.2.6　塑料的摩擦性能

由于具有自润滑能力、优异的耐磨性和比较好的耐蚀性，塑料在许多摩擦应用中越来越受欢迎。塑料的摩擦、润滑和磨损机制与金属对金属的有很大不同。尽管塑料在摩擦场合用得越来越多，但在塑料中增加的填料对摩擦、磨损机理和耐磨性都有较大的影响，使很多摩擦、磨损问题变得非常复杂。

1. 摩擦

两个物体表面在外力作用下相互接触并做相对运动或有运动趋势时，在接触面之间产生的切向运动阻力称为摩擦力，这种现象就是摩擦。

对传动副的摩擦系数，希望越小越好，如滑动导轨、齿轮、轴承等；对摩擦传动与制动的要求则相反，希望其摩擦系数越大越好；还有一些场合希望其摩擦系数不大不小，如舰船下水滑道及地板等。

塑料材质的摩擦系数取决于其表面能，即取决于其临界表面张力。各种塑料的摩擦系数差别极大，如对钢的摩擦系数一般在 0.1~0.4 范围内，但聚四氟乙烯（PTFE）低达 0.04，而聚对羟基苯甲酸喷涂膜可低至 0.0005，而且可以自润滑。

2. 塑料摩擦系数公式

（1）古典定律摩擦力公式　我们接触到最多的是阿蒙顿-库仑定律表达的摩擦力 f 正比于总载荷 N，与接触面积无关的摩擦系数（$\mu = f/N$）如图 1-42 所示。即便对于金属，该定律也只是近似地成立，而对塑料往往是不成立的。但是，只需要进行粗略计算的场合，并且塑料的对摩面是光滑的硬表面（如表面粗糙度小的金属表面），在一般载荷下，界面上会有弹性、塑性、黏弹性形变发生，这时，许多热塑性塑料的摩擦系数仍然可以用这个古典公式计算。

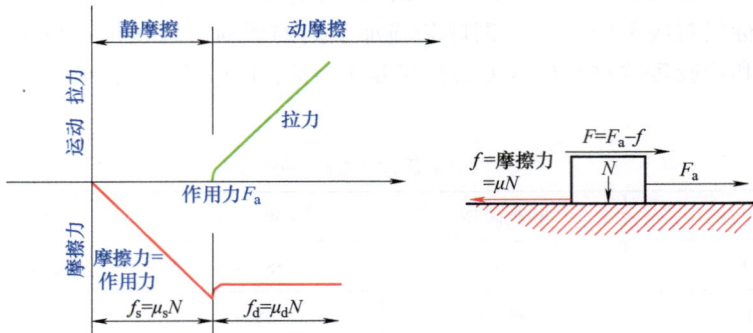

图 1-42　静摩擦与动摩擦

（2）黏着理论公式　如图 1-43 所示，根据黏着理论，塑料对金属摩擦时，滑动面上的凸峰互相接触处必然发生牢固的冷焊，摩擦过程主要是剪切两对摩面间的黏结点。试验证明，在滑动过程中，通常剪切并不正好发生在摩擦界面上，而是发生在塑料本体内。

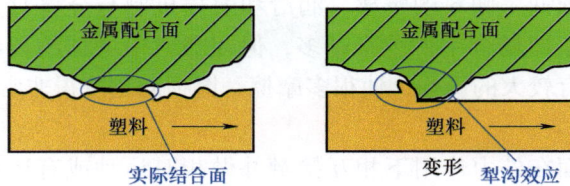

图 1-43　黏附和变形摩擦

因此，在一定载荷范围内，塑料与金属对摩的摩擦系数主要由塑料整体的性质决定。

$$\mu = \tau / \sigma_s$$

式中　τ——塑料的剪切强度；

　　　σ_s——塑料的屈服极限。

这个公式与古典摩擦理论中摩擦系数公式的关系是

$$\mu = \tau / \sigma_s = \tau A / \sigma_s A = f / N$$

式中　A——真实接触面积。

由此可见，出发点尽管不同，结果却是一样的。

τ 是从摩擦角度计算出的剪切强度，和试验中得到的塑料剪切强度对比，除了聚四氟乙烯，两者近似相等。人们也根据这一点得出结论，除了聚四氟乙烯，用简单的黏着理论可以对塑料的摩擦特性得出相当满意的解释。

静摩擦系数（μ_s）是表面之间开始瞬间运动时的摩擦系数。动摩擦系数（μ_k）是表面之间运动后的摩擦系数。表 1-8 列出了常见塑料的摩擦系数。

表 1-8　常见塑料的摩擦系数

下试样（塑料）	上试样（钢）		上试样（塑料自身）	
	静摩擦系数 μ_s	动摩擦系数 μ_k	静摩擦系数 μ_s	动摩擦系数 μ_k
聚四氟乙烯（PTFE）	0.10	0.05	0.04	0.04
氟化乙烯-丙烯（FEP）	0.25	0.18	—	—
低密度聚乙烯（PE-LD）	0.27	0.26	0.33	0.33
高密度聚乙烯（PE-HD）	0.18	0.08~0.12	0.12	0.11
聚甲醛（POM）	0.14	0.13	—	—
聚偏二氟乙烯（PVDF）	0.33	0.25	—	—
聚碳酸酯（PC）	0.60	0.53	—	—
聚对苯二甲酸乙二酯（PET）	0.29	0.28	0.27[1]	0.20[1]
聚酰胺 66（PA66）	0.37	0.34	0.42[1]	0.35[1]
聚三氟氯乙烯（PCTFE）	0.45[1]	0.33[1]	0.43[1]	0.32[1]
聚氯乙烯（PVC）	0.45[1]	0.40[1]	0.50[1]	0.40[1]
聚偏二氯乙烯（PVDC）	0.68[1]	0.45[1]	0.90[1]	0.52[1]

[1] 表示黏滑运动。

3. 磨损

磨损与摩擦是紧密相关的，是一个过程的两个方面。有摩擦，必然导致磨损；磨损的产生，根源在于摩擦。降低摩擦与减少磨损是一致的，降低了摩擦必然会减少磨损。反过来，减少了磨损也一定会降低摩擦。在这方面，塑料与金属是完全一样的。现在，摩擦在某些方面占有更重要的地位，如减少能源浪费、限制噪声、要求运动高度轻便灵活、要求运动具有高度的均匀性与平稳性（不出现爬行）、要求运动零部件有高度的定位准确性等。例如，把填充 PTFE 用于数控机床的导轨，主要目的是避免爬行与精确定位。一些仪器装置、医疗机械装置上的摩擦件用纯的 PTFE，目的在于减小摩擦，使运动轻便灵活。

磨损过程比较复杂，是一种综合的物理-化学-机械现象。虽然已经对金属的磨损进行了相当深入的研究，但至今对它的认识基本上还是经验的。塑料的摩擦与磨损当然更是如此。

泰伯（Taber）耐磨性测试是衡量塑料材料耐磨性的指标。如图 1-44 所示，试样盘在转盘上旋转，并在指定负载下由一对研磨轮进行指定周期的研磨。试验方法规定，试样雾度的变化可作为耐磨性的衡量标准。然而，更常见的情况是，耐磨性报告为试样质量的变化或每循环次数的质量变化。质量变化是由于磨损造成的材料损失。

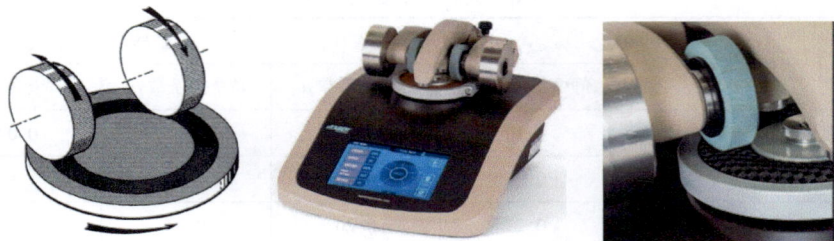

图 1-44　泰伯（Taber）耐磨性试验机

1）质量损失：这项技术用于测量磨损去除的材料量，通常以 mg 为单位。

$$L = A - B$$

式中　L——质量损失；

　　　A——磨损前试样的质量；

　　　B——磨损后试样的质量。

当采用失重法时，在试验过程中，松散的颗粒物可能会黏附在试样上。在称重前，尽可能清洁试样，这一点至关重要。泰伯磨损指数通过测量每千次磨损循环的质量损失（mg）来计算。磨损指数越低，耐磨性越好。

$$I = [(A - B) \times 1000] / C$$

式中　I——磨损指数；

　　　A——磨损前试样的质量；

　　　B——磨损后试样的质量；

　　　C——试验循环次数。

2）体积损失：当比较具有不同密度材料的耐磨性时，应对每种材料的密度进行校正，以提供比较耐磨性的真实测量值。按上述方法计算磨损指数，并将结果除以材料的密度，即可得到与材料体积损失相关的磨损指数。当比较不同密度的材料时，试验参数必须相同，包括摩擦轮和载荷选择。

每密耳（25.4×10^{-6} m）磨损周期用于表示穿过已知厚度涂层所需的磨损周期。

$$W = D / T$$

式中　W——每密尔磨损周期；

　　　D——将涂层磨损至基底所需的循环次数；

　　　T——涂层厚度（mil）。

3）磨损深度：为了确定磨损深度，可使用测厚仪或其他合适的设备测量沿待磨损路径的四个点上的试样厚度，这些点距离中心孔约 38mm，相距 90°。计算读数的平均值。在对试样进行磨损后，重复测量并读数，计算差值。磨损深度也可用光学测微计之类的仪器进行测量。

1.3 塑料的热性能

塑料的热性能，即塑料对温度变化及它们在受热时的反应。当固体材料吸收热量时，其尺寸会随着温度的升高而轻微增加。塑料的性能受温度的影响，本节将讨论这些性能是什么，以及如何测量它们。

1.3.1 热变形温度

热变形温度（HDT）是评估塑料在高温环境下和承受特定载荷时抵抗变形能力的重要指标。图 1-45 所示为热变形温度试验装置。测试片被模制成特定的厚度和宽度，将测试片浸入逐渐加热的油中，载荷施加在测试片的中点位置，将测试片变形 0.25mm 时的温度记录为热变形温度。

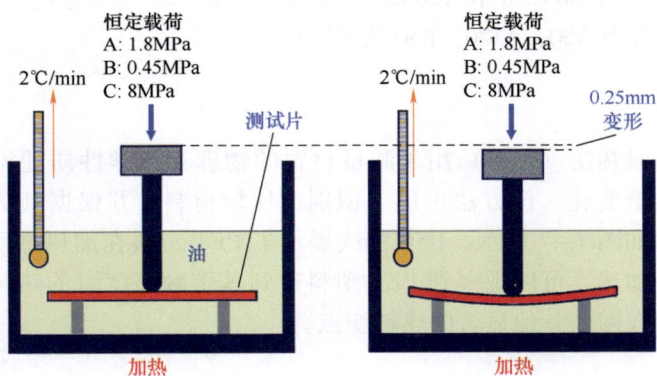

图 1-45 热变形温度试验装置

测试标准为 ASTM D648 或 ISO 75。使用 1.8MPa 载荷的试验根据 ISO 75 方法 A 进行，而使用 0.45MPa 载荷的试验按照 ISO 75 方法 B 进行，不太常见的是使用 8MPa 载荷根据 ISO 75 方式 C 进行的试验。特定塑料等级获得的热变形温度值取决于基础树脂和增强剂的存在。玻璃纤维增强或碳纤维增强工程塑料的热变形温度通常接近基础树脂的熔点。热变形温度测试结果是用于承载部件的聚合物相对使用温度的有用测量。然而，热变形温度测试是短期测试，不应单独用于产品设计。其他因素，如暴露在高温下的时间、温度升高的速率和零件的几何形状，都会影响塑料的热性能。

1.3.2　维卡软化温度

维卡（Vicat）软化温度是指在特定载荷和等速升温条件下，平头针穿透试样至1mm深度的温度。如图1-46所示，维卡软化温度反映了在高温应用中使用材料时预期的软化点。

将试样放置在试验装置中，平头针靠在试样的表面上，向试样施加10N或50N的恒定载荷，然后将试样放入23℃的油浴中。油浴以50℃/h或120℃/h的速度升高，直到针头穿透1mm，此时的油浴温度称为维卡软化温度。

相关标准为ISO 306和ASTM D1525。ISO 306描述了两种方法，即载荷为10N的方法A和载荷为50N的方法B，每种方法都有两种可能的温升速率，即50℃/h和120℃/h，这导致ISO值的报告为A50、A120、B50或B120。

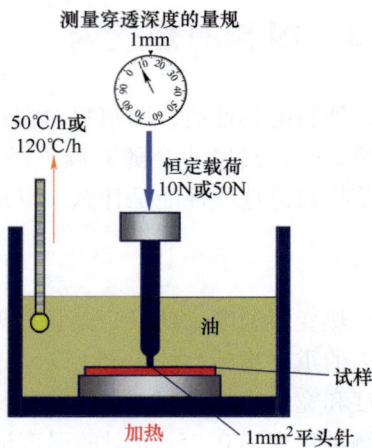

图 1-46　维卡软化温度试验装置

1.3.3　熔点

差示扫描量热法（DSC）用于测量材料的物理和化学性质随温度或时间的变化而引起的焓变化。该方法可用于识别或比较材料，并根据其结构或用途对其进行表征。如图1-47所示，DSC曲线展示了PET塑料在加热过程中的熔融过程。通过缓慢加热，可以观察到PET塑料达到其熔融温度时的热转变，并且在该过程中还存在两个其他显著的热转变点。

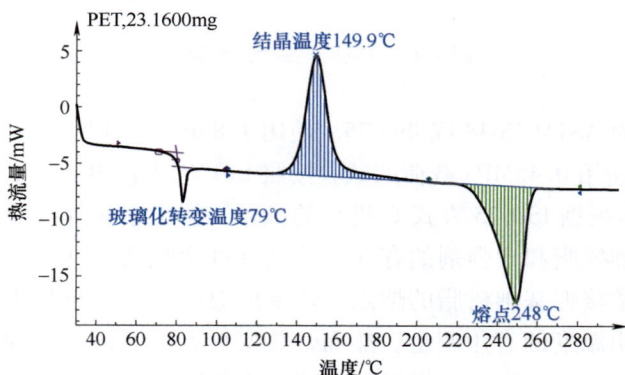

图 1-47　PET 的 DSC 曲线

同样，当聚合物达到熔化温度时，会出现一个明显的吸热峰值，这是因为必须向试样中额外添加热量，以维持这一基本恒定的温度过程。这个吸热峰的宽度主要受到聚合物晶体尺寸和完美程度的影响。此外，DSC 还能提供包括玻璃化转变温度和结晶温度在内的额外信息。

值得注意的是，如果过程颠倒，即让试样从熔体状态冷却下来，那么在熔点（T_m）和玻璃化转变温度处，DSC 曲线将大致呈现相反的趋势。这是一个放热过程，因为热量从试样中释放到环境中。

1.3.4 玻璃化转变温度

玻璃化转变温度（T_g）是考虑特定最终用途的一个重要特性。如图 1-48 所示，从玻璃态到橡胶态的转变是塑料属性的一个整体特征，材料的体积、硬度、伸长率和模量发生了剧烈改变。

玻璃化转变温度指塑料的物理性质在低于该温度时类似于玻璃态或结晶态的材料，而在高于该温度时，塑料的行为就像橡胶材料。塑料的 T_g 是分子在低于该温度时几乎没有相对迁移率的温度。T_g 通常适用于完全或部分非结晶塑料。塑料的性能在其 T_g 以上和以下可能会有显著的不同。

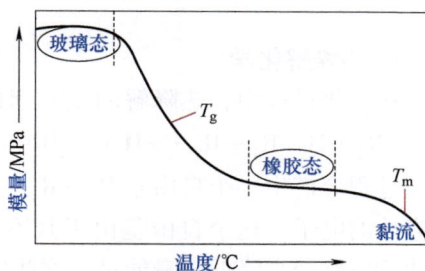

图 1-48　玻璃化转变温度

PS 和 PMMA 等硬质塑料通常在玻璃化转变温度以下使用，这意味着它们在室温处于玻璃态，其 T_g 值约为 100℃。相反，橡胶弹性体，如聚异丁烯（PIB）和天然橡胶，室温时处于橡胶状态，在其 T_g 以上使用。这是因为它们在这种状态下是柔软和柔性的，同时它们的分子可以获得交联，从而在室温下为橡胶提供固定形状。

你可能经历过口香糖的玻璃化转变。在体温下，口香糖柔软、柔韧，这是橡胶状无定形固体的特征。如果你把冷饮放进嘴里，或者把冰块放在口香糖上，它就会变得坚硬。这是因为口香糖的玻璃化转变温度位于 0～37℃ 之间。表 1-9 列出了常见塑料的玻璃化转变温度。

表 1-9　常见塑料的玻璃化转变温度（T_g）

塑料材料	T_g/℃
低密度聚乙烯（PE-LD）	−125
聚丙烯（PP）（无规）	−20

塑料材料	$T_g/℃$
聚醋酸乙烯酯（PVAC）	28
聚对苯二甲酸乙二酯（PET）	69
聚乙烯醇（PVA）	85
聚氯乙烯（PVC）	81
聚丙烯（PP）（等规）	100
聚苯乙烯（PS）	100
聚甲基丙烯酸甲酯（PMMA）（无规）	105

1.3.5 长期老化温度

1. 热降解化学

在氧化过程中，热降解的主要起始点是热能作用下从聚合物中移除氢原子（R_1—R_2—H→R_1—$R_2·$+$H·$，其中 R_1—R_2 代表有机取代基或聚合物片段），这一过程会产生一个自由基 R_1—$R_2·$，这里的"·"表示一个未配对的、高度反应性的电子。这个自由基由于其不稳定性而极具反应性，它能够通过多种不同的反应路径来降低自身能量，这些反应路径至少有八种之多，见表 1-10。

表 1-10 热降解产生的自由基反应

反应类型	反应方程式	反应描述
分解	R_1—$R_2·$→R_1+$R_2·$	自由基可能导致塑料分子链断裂成两个部分。这两个部分可以是两条高分子链，也可以是一条高分子链和一个小分子
与其他物质的反应	R_1—$R_2·$+C→R_1—C+R_2 或 R_1—$R_2·$+C→R_1—R_2—C	自由基可以与另一个分子 C（特别是氧）反应，链可能会断裂
异构化	R_1—$R_2·$→R_2—$R_1·$	重新排列其结构
离子化	R_1—$R_2·$→R_1—R_2+e^-	聚合物可以激发电子形成离子
失活	R_1—$R_2·$+R_1—$R_2·$→R_1—R_2+R_1—R_2+能量释放	自由基可以通过与另一个自由基反应而失活，并以热的形式释放能量
分子内能量转移	R_1—$R_2·$→·R_1—R_2	自由基可以重新排列到同一分子的另一部分

反应类型	反应方程式	反应描述
分子间能量转移	R_1—R_2·+R_3—R_4→ R_1—R_2+R_3—R_4·	自由基可以转移到另一个相邻的聚合物分子上
发光	R_1—R_2·→R_1—R_2+光	自由基可以光的形式释放能量

塑料的热降解和氧化降解循环如图 1-49 所示。

这种简化的循环机制适用于塑料中常见的大部分聚合物，它有助于理解稳定添加剂如何有效地打断这一循环机制。

2. 塑料材料加热的物理过程

温度的循环变化会引起交替的体积膨胀和收缩，这会导致不均匀的应力，也会导致疲劳和物理性能的损失。

湿度和温度循环的综合作用可能导致塑性结构表面裂纹形式的严重退化。在室外风化过程中，湿度的循环变化会导致水分的吸收和释放，进而导致表面材料的交替膨胀和收缩。由于塑料材料中水分、温度梯度及熔接缝的存在，在垂直于片材的方向上或在平行于表面的给定平面上发生的循环尺寸变化是不均匀的。因此，它们会导致可变的、不均匀的应力，从而导致应力疲劳。当温度为冰点时，循环冻融作用是可能的。温度也会影响老化过程中二次化学反应的速率。

然而，老化过程并不总是引起塑料中聚合物发生化学变化。低温，即温度低于导致氧化降解或交联反应所需温度条件下的老化，可能导致挥发性添加剂，如增塑剂的损失，进而影响塑料的整体性能。老化还可能引发结晶度的变化，当结晶度增加时，塑料的许多特性会随之改变，具体表现为强度和模量的增加，以及韧性的相应减少。只要没有其他如聚合物降解等竞争过程的干预，强度和刚度会随着结晶度的增加而持续增强。

此外，结晶还会导致原本透明的材料变得浑浊，并且密度在结晶区域会增加，从而导致尺寸的变化。通常，这种类型的老化是可逆的，通过加热至玻璃化转变温度或熔点以上即可恢复。值得注意的是，物理老化在低分子量等级的特定聚合物中发生得更为迅速。老化现象通常与风化相关，风化作用既可以是物理的，也可以是化学的，如水和紫外线照射，它们的作用效果在某些方面与高温环境类似。

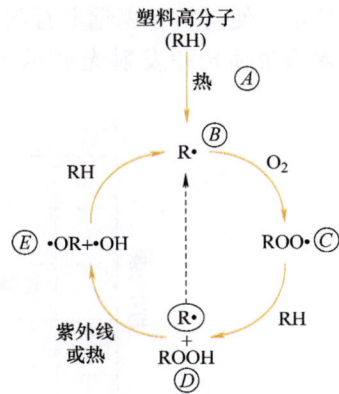

图 1-49 塑料的热降解和氧化降解循环

3. 荧光增白剂

有机聚合物的热氧化通常会在视觉上表现为塑料材料的发黄或褐变。为了改善这一现象，人们使用了多种添加剂，如光学增白剂、光学增亮剂、荧光增亮剂或荧光增白剂。这些添加剂能够吸收电磁光谱中紫外线和紫色区域（一般波长为340~370nm）的光，并在蓝色区域（通常波长为420~470nm）重新发出光。这种荧光活性是一种短暂而迅速的发射响应，与磷光不同，磷光具有延迟发射的特性。这些添加剂广泛应用于织物、纸张和塑料中，用于增强材料的颜色，使之产生"美白"效果。它们的工作原理是通过增加反射的蓝光总量，使材料在视觉上看起来不那么黄。如图1-50所示，二苯并恶唑基二苯乙烯的激励光和发射光展示了其作为热塑性塑料中广泛使用的光学增白剂的效果。

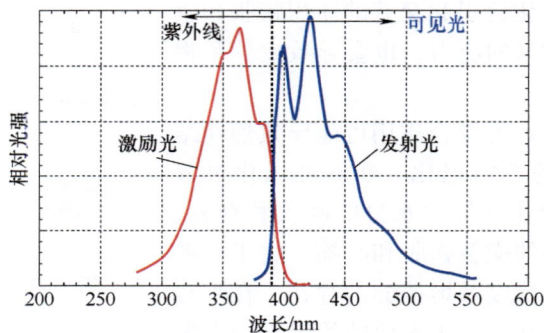

图1-50　二苯并恶唑基二苯乙烯的激励光和发射光曲线

图1-51所示为添加和未添加荧光增白剂的聚酯复合材料的反射率与波长的关系。

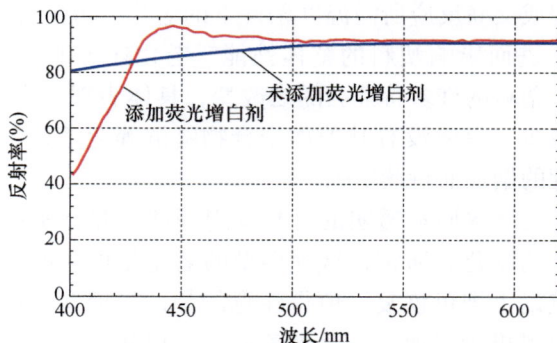

图1-51　添加和未添加荧光增白剂的聚酯复合材料的反射率与波长的关系

4. 热老化试验

对于使用塑料材料的设计师和工程师来说，了解产品的全生命周期性能极为关键。热老化测试是评估其性能变化的重要手段，如用强度、刚度、耐冲击性、断裂伸长率来监测热老化后的性能，但长寿命材料可能需要数年才能显示出明显的变化。因此，工程师们积极寻求各种加速老化测试方法，以缩短评估时间。目前，已经开发了多种先进的测试技术和实验室仪器，以实现这一目标。

这些测量结果的报告方式多种多样，既可以通过性能保持水平进行直接报告，也可以通过相对特性，如连续使用温度（CUT）和相对温度指数（RTI）来相对地展示其性能变化。此外，还可以采用热老化实际工作值（ARO）的概念，以绝对方式呈现测量的性能绝对值。例如，在150℃（302°F）条件下，经过数千小时的老化后，材料的性能仍然保持在某个具体的数值上。

CUT通常在汽车行业中作为一项测试热老化性能的标准。它被定义为给定的力学性能（通常是拉伸强度或耐冲击性）在一定时间内（通常是500h、1000h、5000h、10000h或20000h）降低50%的温度。

UL 746测试标准给出的RTI通常用于电子行业。RTI是一种材料的最高使用温度，在此温度下其特定性能不会受到不可接受的损害。它可以在一定程度上被认为是非常长半衰期（范围在60000～100000h之间）的CUT。

ARO可以让设计师更加真实地比较材料性能，因为它反映了材料在长时间热老化后的实际表现，而不仅仅是性能保留相对值。

5. 烘箱老化试验

烘箱老化是一种有效的加速老化过程的方法，用于模拟产品在实际使用寿命中可能遇到的环境条件。通过对老化后的样品进行标准测试，并与未老化的样品进行比较，设计师可以评估材料的长期性能。这一过程的标准程序在ASTM D3045-18《无负荷塑料热老化标准实施规程》中有详细说明，而ISO 2578：1993中关于塑料长时间暴露在高温下的时间-温度极限测定，在技术上也与ASTM D3045-18相当。执行该程序需要一台配备水平或垂直强制通风循环和新鲜空气入口的烤箱，以确保空气环境中的温度得到精确控制，从而满足氧化所需的氧气供应。在装载样品时，必须确保它们不会相互接触。

通常，测试会采用至少四种不同的温度，需要根据测试材料的先验知识，或经验，或短期数据对极限温度进行估计。例如，如果塑料的极限温度估计为100℃，则应在以下条件下进行烘箱老化试验。

1）120℃，在第3周、6周、12周、24周和48周测试性能保持率。

2）130℃，在第3周、6周、12周和24周测试性能保持率。

3）155℃，在第 6 周、12 周、24 周、48 周和 96 天测试性能保持率。

4）180℃，在第 2 周、4 周、8 周、16 周和 32 天测试性能保持率。

根据需要测量暴露的塑料性能，同时测量未暴露的塑料性能。数据通常绘制为性能保持率（使用线性标度）与老化时间（使用对数标度）的关系，如图 1-52 所示。

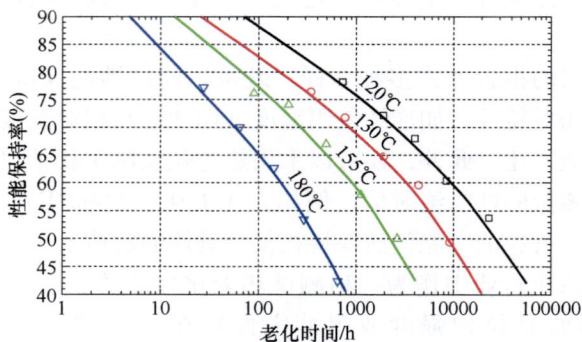

图 1-52　性能保持率与老化时间的关系

也可以使用回归分析绘制曲线。根据这些回归方程，确定达到选定故障水平所需的时间。这种程度的故障通常是 50% 的性能损失，但也可能是另一个数字，如 80% 或 95%，如图 1-53 所示。

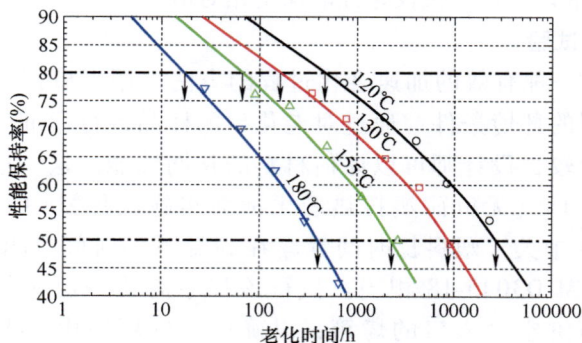

图 1-53　使用热老化曲线确定给定温度和选定失效标准下的寿命示例

当那些产生预定性质变化的计算时间以对数标度相对于温度（以 K 为单位）的倒数绘制时，获得了阿伦尼乌斯图。如图 1-54 所示，通过这些点绘制的直线可以估计任何所需温度下的寿命。

这条线可用于确定下面方程中描述的阿伦尼乌斯关系的参数。

$$t_1 = t_2 e^{\frac{E}{R}\left(\frac{1}{T_1} - \frac{1}{T_2}\right)}$$

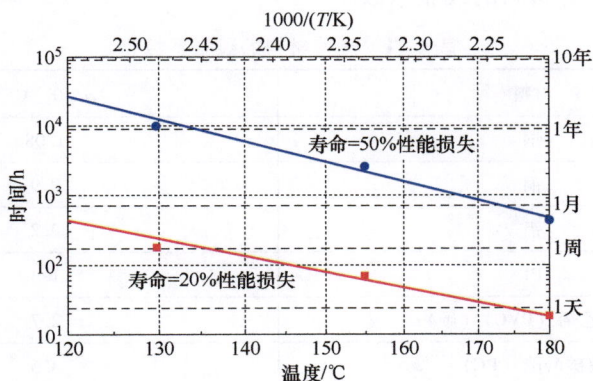

图 1-54　阿伦尼乌斯图

式中　t_1——在温度 T_1 下模拟 t_2 所需的老化时间，即当材料处于温度 T_1 时，经过 t_1 时间后，其老化程度等同于材料在温度 T_2 下经历 t_2 时间的老化程度；

　　　　t_2——温度 T_2 下材料的使用寿命，即温度 T_2 下材料从开始使用到达到特定失效标准所经历的时间；

　　　　E——热老化的活化能；

　　　　R——气体常数。

有时，寿命数据会作为这些参数的表格进行报告。

1.3.6　热膨胀系数

温度升高时，材料会膨胀，这可能导致尺寸的明显变化、不均匀收缩（翘曲）或内部应力。线胀系数（α）是衡量材料在温度变化时膨胀程度的重要参数，用于评估零件的尺寸稳定性。它是通过将单位长度的线性膨胀除以温度变化而获得的。塑料和聚合物材料的线胀系数为

$$\alpha = \Delta L / (L_0 \Delta T)$$

式中　α——线胀系数（$℃^{-1}$）；

　　　　ΔL——试样因加热或冷却而产生的长度变化；

　　　　L_0——试样在室温下的原始长度；

　　　　ΔT——试验过程中的温度变化（$℃$）。

对于设计师而言，这一点至关重要，特别是当涉及那些需要精密装配的零件，如齿轮时。因为零件的尺寸会随着温度的变化而产生波动。因此，功能设计必须确保能够适应零件在实际应用中可能遭遇的所有温度范围。虽然塑料和金属在温度变化时都会发生尺寸变化，但通常而言，塑料的尺寸变化更为显著。

表 1-11 列出了一些材料的线胀系数。

表1-11 一些材料的线胀系数

材料	$\alpha/10^{-5}℃^{-1}$
钢	1.08
铜	0.9
铝	2.2
PI	1.3
聚氯乙烯（PVC）（硬）	2.7
聚碳酸酯（PC）	3.6
聚丙烯（PP）	8.6
高密度聚乙烯（PE-HD）	11.0

减小塑料材料线胀系数的一种方法是添加填料和/或增强纤维。例如，通过在 PP 中添加玻璃增强纤维，可以将线胀系数从 $8.6×10^{-5}℃^{-1}$ 减小到 $3.2×10^{-5}℃^{-1}$。

1.3.7 热导率

塑料的另一个非常重要的热性能是导热性。热导率是衡量材料传导热能速率的指标。因为塑料分子在加热时会在内部移动，所以它们往往会吸收热能。塑料通常是较差的导体，但却是非常好的绝热体，这就是塑料被广泛用于建筑隔热的原因。热导率以瓦特每米开尔文 [W/(m·K)] 为单位。

表 1-12 列出了一些材料的热导率。

表1-12 一些材料的热导率

材料	热导率（25℃）/[W/(m·K)]
铜	401
铝	205
不锈钢	16
高密度聚乙烯（PE-HD）	0.42~0.51
聚碳酸酯（PC）	0.19
聚氯乙烯（PVC）（硬）	0.19
玻璃保温棉	0.19
发泡的聚苯乙烯（EPS）（PS泡沫）	0.033
聚氨酯泡沫（PU泡沫）	0.021

当需要隔热设计时，低热导率是很好的，但当需要散热设计时，这可能会给设计者带来挑战。同样，可以通过添加各种填料来改变塑料的导热性能。

除了在产品设计中的重要性，由于塑料的导热率通常较低，它们不能很好地传导所施加的热量，导致在加工过程中难以实现均匀熔融，在制造塑料件时也需要考虑该因素。

1.3.8　可燃性

阻燃塑料在电子电气、建筑、汽车、运输等行业中都有较大的需求。由于塑料的有机性质，大部分热塑性塑料具有可燃性。

近年来，塑料的可燃性和发烟燃烧特性受到了密切关注，并开发了各种实验室型式试验以确定这些特性。以下测试只是一小部分示例，世界各地也在使用许多其他测试方法。一般来说，测试涉及：

1）燃烧趋势，如 UL94 防火等级、氧指数。

2）烟雾不透明度。

3）烟雾的毒性和腐蚀性。

1. UL94 防火等级

UL94 防火等级提供了塑料一旦点燃后材料灭火能力的基本信息，包括样品的放置方式（水平放置用字母 H 表示，垂直放置用字母 V 表示）、燃烧的速率、火焰熄灭的时间和是否有滴落等情况。主要防火等级如下：

1）V0：最难燃烧，10s 后熄灭，无滴落。

2）V1：30s 后熄灭，无滴落。

3）V2：30s 后熄灭，允许燃烧颗粒或滴落。

4）5V：60s 后熄灭，允许燃烧颗粒或滴落。

5）HB：以 76mm/min 的最大燃烧速率水平燃烧。

UL94 防火等级取决于准确的等级和样品厚度。对于相同等级的聚苯硫醚（PPS），UL 评级为：

1）1.6mm 厚度的防火等级为 V1。

2）6mm 厚度的防火等级为 V0。

2. 氧指数

目前，描述塑料可燃性的最常见术语是临界氧指数（critical oxygen index，COI），它被定义为在试验条件下仅支持燃烧的氧气和氮气混合物中氧气的最小浓度，以体积百分数表示。由于空气中含有体积分数为 21% 的氧气，COI>21% 的塑料被认为是自熄的。在实践中，通常使用更高的阈值（如 27%），以考虑特定火灾危险情况下的不可预见因素。图 1-55 所示为常见塑料的临界氧指数。

3. 烟雾不透明度

烟雾不透明度是通过测量光密度来评估的。在符合 ASTM D2843-16 的试验

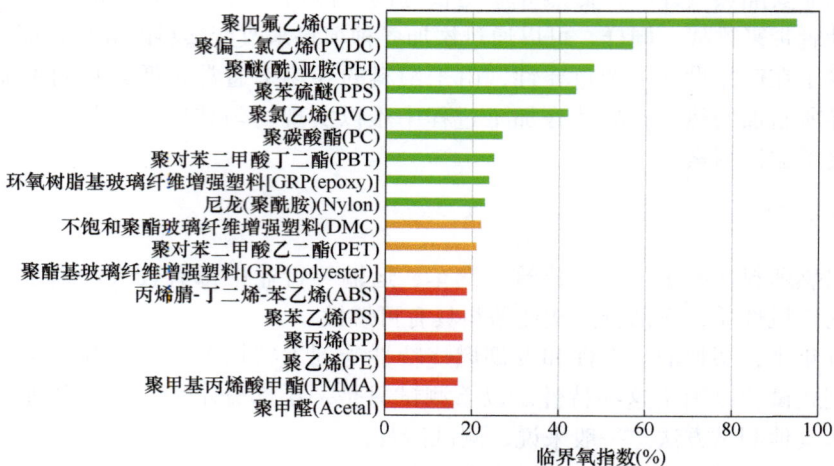

图 1-55　常见塑料的临界氧指数

中，试样在特定室内被连续点火并燃烧，产生的烟雾会导致光束强度降低。这种降低的程度是通过测试持续时间来测量的，结果通常以最大吸光百分比和烟雾密度额定值来表示。该试验程序旨在在受控和标准化的条件下，提供烟雾产生相对等级的评估。

该试验方法旨在测定塑料材料在火焰作用下主动燃烧和分解时可能产生的烟雾程度。通过将仪器观测结果与塑料材料在大型户外火灾中自由燃烧时产生的烟雾进行视觉对比，能够评估该试验方法的准确性。该方法的价值在于，它能在规定的条件下，以简单、直接且有意义的方式测量烟雾的遮蔽程度。值得注意的是，烟雾对视觉的遮蔽程度可能会受到多种因素，如材料的数量和形态、湿度，以及通风条件、温度和氧气供应情况的影响。

4. 着火温度、闪燃温度和自燃温度

着火温度是在规定的试验条件下，能引起材料持续燃烧的最低温度，闪燃温度是材料提供足够蒸气以被外部火焰点燃的最低温度，自燃温度是在规定的试验条件下，材料能着火的最低温度。例如，对于给定等级的聚甲醛（POM），其闪燃温度为320℃，自燃温度为375℃。这些温度参数对于材料的使用、储存、加工和消防安全等方面都具有重要的指导意义。

5. 燃烧速率

试验在水平安装试样的实验室内进行。试样的暴露侧受到来自下方的气体火焰作用。在试验过程中测量燃烧距离和燃烧该距离所用的时间。燃烧速率的单位为 mm/min。例如，对于 1mm 厚的水平试样，特定等级的聚缩醛（POM）以大约 50mm/min 的燃烧速率缓慢燃烧。

美国联邦机动车安全标准（FMVSS）302规定了乘用车、多用途乘用车、货车和公共汽车内饰材料易燃性的标准，旨在减少由火柴、香烟等车辆内部火源引发的火灾对乘员造成的伤害和伤亡。

6. 灼热丝试验

灼热丝试验模拟了白炽热源和潜在点火源的热条件，用于评估材料的火灾危险性。试验结果会因试样的厚度不同而有所不同，单位为℃。例如，特定等级的 POM 在 550℃的温度下，以 1mm 的厚度成功通过了该试验。

1.4 塑料的电气性能

大多数热塑性塑料通常是绝缘材料，但由于存在静电积聚和放电现象，也会导致许多问题，从轻微到非常严重，甚至是悲剧性的后果。抗静电性能、静电积聚和放电取决于塑料件的表面电阻率，表面电阻率与静电的关系如图 1-56 所示。

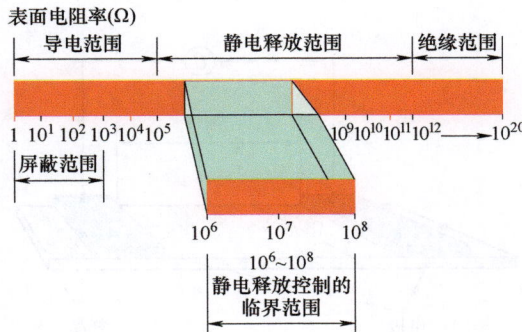

图 1-56　表面电阻率与静电的关系

通常，抗静电或静电耗散（ESD）的聚合物具有以下电气性能：

1）表面电阻率的范围为 $10^5\Omega$ 或 $10^6 \sim 10^{12}\Omega$。

2）静态放电半衰期通常低于 60s。

最常见的电气测试性能包括体积电阻率、介电常数、介电强度、损耗系数、表面电阻率。

但还有许多其他电气性能，如耐电弧性、静态衰减、比较跟踪指数、高压电弧跟踪率（HVTR）、针头火焰测试、大电流电弧点火（HAI）、热线点火（HWI）等。

除了以上这些电气性能，塑料的电气表现还受火灾、使用温度相关定律、标准和法规的影响，如 UL 94 防火等级、UL 温度指数，以及许多国际、国家、地区或应用部门规范。并且，所有电气性能可能会因电流频率、实际温度，以及热塑性塑料中的水分含量、热历史和机械老化而有所不同。例如，某些导电热塑性塑料在循环加载后可能是绝缘的，某些热塑性塑料可以具有压电特性。

1.4.1 塑料的表面电阻率与体积电阻率

表面电阻率是对通过绝缘材料表面泄漏电流的电阻，而体积电阻率是对通过绝缘材料主体的泄漏电流的电阻。表面电阻率在绝缘方面更为突出，而体积电阻率可用于测量导电塑料复合材料中导电填料的分散度。对于绝缘材料，希望具有更高的表面电阻率和体积电阻率。

1. 表面电阻率

表面电阻和表面电阻率的概念有时会混淆。表面电阻 R_S 被定义为直流电压 U 与被测材料同一侧接触的两个电极之间电流 I_S 的比值（见图 1-57）。

$$R_S = \frac{U}{I_S}$$

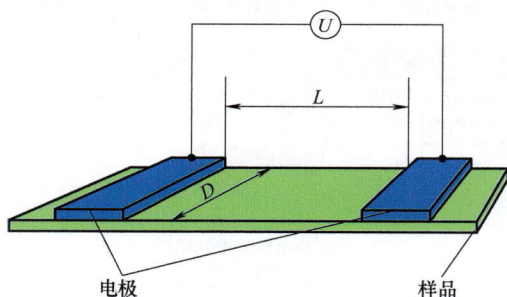

图 1-57　表面电阻和表面电阻率测量的基本设置

表面电阻率 ρ_S 由每单位长度的电压降与每单位宽度的表面电流 I_S 的比率确定。

$$\rho_S = \frac{\dfrac{U}{L}}{\dfrac{I_S}{D}}$$

2. 体积电阻率

体积电阻率是指其对抗电流流过立方体试样体积的能力。体积电阻率的国际单位制单位为 $\Omega \cdot m$。体积电阻率用希腊字母 ρ 表示。体积电阻和体积电阻率测量的基本设置如图 1-58 所示，体积电阻率的计算公式为

$$\rho = \frac{\dfrac{U}{L}}{\dfrac{I_V}{A}} = R_x \frac{A}{L}$$

式中　ρ——体积电阻率，单位为 $\Omega \cdot m$ 或 $\Omega \cdot cm$；

U——电压，单位为 V；

I_V——电流，单位为 A；

R_x——体积电阻，单位为 Ω；

A——材料的横截面积，单位为 m^2；

L——材料长度，单位为 m。

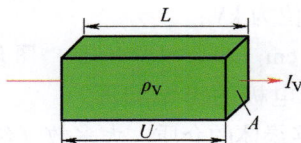

图 1-58　体积电阻和体积电阻率测量的基本设置

表 1-13 列出了常用热塑性塑料体积电阻率的典型值。

表 1-13　常用热塑性塑料体积电阻率的典型值

塑料	体积电阻率/($\Omega \cdot m$)
聚甲醛（聚氧亚甲基、聚缩醛）（POM）	$10^{14} \sim 10^{16}$
聚甲基丙烯酸甲酯（PMMA）	$10^{14} \sim 10^{18}$
丙烯腈-丁二烯-苯乙烯（ABS）	10^{16}
聚酰胺（PA）	$10^{14} \sim 10^{16}$
聚碳酸酯（PC）	$10^{15} \sim 10^{17}$
热塑性弹性体（TPE）	$10^{14} \sim 10^{17}$
聚丙烯（PP）	$10^{14} \sim 10^{17}$
聚砜（PSU）	$10^{15} \sim 10^{17}$
改性聚苯醚（PPO/PPE）	$10^{15} \sim 10^{17}$
聚苯硫醚（PPS）	10^{16}
液晶聚合物（LCP）	10^{15}
聚芳酯（PAR）	$10^{16} \sim 10^{17}$

1.4.2 塑料的绝缘（介电）强度

绝缘体的一个重要电气特性是其介电强度。如果将电压施加到绝缘体上并稳步增加，则最终会达到电气特性崩溃的点。击穿时通常能观察到穿过电极的电弧，导致电阻的急剧下降。图1-59所示为介电强度的典型测试。

介电强度可以定义为材料在没有绝缘击穿的情况下可以承受的最大电位梯度，即

$$D_S = \frac{V_B}{d}$$

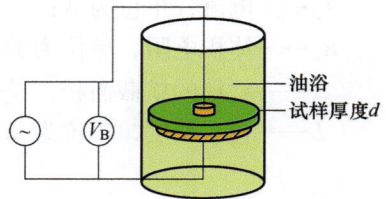

式中　D_S——介电强度，单位为 kV/cm；
　　　V_B——击穿电压，单位为 kV；
　　　d——厚度，单位为 cm。

图1-59　介电强度的典型测试

介电强度取决于塑料和电极的类型和形状、电场增加的速率和围绕绝缘体的介质。大多数（纯）塑料的介电强度在 100~300kV/cm 范围内，平均约 200kV/cm，一些氯化聚合物的介电强度高达 500kV/cm，聚四氟乙烯则高至 700kV/cm。

电介质聚合物中的击穿电流不符合欧姆定律。在击穿前，电流密度几乎随电场呈指数级增加，在击穿时，电流密度会跳到非常高的值，在这个值下，电介质会被破坏（被电弧刺穿和烧毁）。已知的两种击穿是热击穿和电击穿。热击穿是电流对绝缘体过度加热的结果，在一定电压下，电流会导致聚合物熔化或燃烧。在这种情况下，介电强度与塑料的热导率和电导率之比的平方根成比例。电击穿通常是由冲击电离引起的，但也可能是电荷载流子隧穿导致的。

表 1-14 列出了常见材料的介电强度。

表 1-14　常见材料的介电强度

材料	介电强度/(kV/cm)
聚丙烯腈（PAN）	—
聚氯乙烯（PVC）	140~200
聚甲基丙烯酸甲酯（PMMA）	100~300
聚对苯二甲酸乙二酯（PET）	150~200
聚碳酸酯（PC）	150~340
聚乙烯（PE）	200~300

材料	介电强度/（kV/cm）
聚丙烯（PP）	230~250
聚四氟乙烯（PTFE）	600~700
空气	15~30
硅油	150
蒸馏水	65~70
熔融石英	250~400

一般来说，随着温度的升高，塑料的介电强度通常会下降。例如，聚酰胺（PA）在所有其他参数相同的情况下，不同温度下的介电强度为：室温，25kV/mm；60℃，23kV/mm；80℃，19kV/mm；100℃，12kV/mm。

1.4.3 塑料的介电常数与损耗因数

1. 介电常数

当电场施加在绝缘体上时，分子就会极化。如果电势反转，分子的极化也会反转。材料极化的容易程度是通过一个称为介电常数的材料常数来衡量的。

介电常数表征的是材料储存电能的能力。换言之，介电常数也可以定义为两个金属板之间有绝缘体时所感应的电容与相同金属板之间为空气或真空时的电容之比，如图1-60所示。

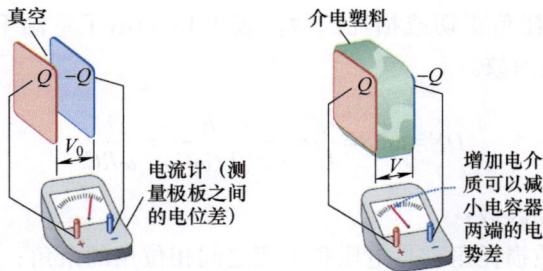

图1-60 平行板电容器极板之间的电介质效应

原始电容 $C_0 = Q/V_0$，存在电介质时的电容 $C = Q/V$。在这两种情况下，电荷相同，$V < V_0$，则存在电介质时 $C > C_0$。当平板间的空间被电介质完全填充时，C 与 C_0 的比率（即 V_0 与 V 的比率）称为材料的介电常数，即

$$K = \frac{C}{C_0}$$

常见的电容器使用介电材料（塑料片）来隔开导体，如图 1-61 所示。

2. 损耗因数

损耗因数可以在同一装置中与介电常数一起测量。如果上述极化反转快速发生，就像交流电一样，由于极化的快速变化，能量以热的形式耗散。散热系数是衡量这种散热的指标，它也可以被视为耗散（损失）的能量与传输的能量之比，并且通常在 1MHz（10^6 周期/s）下测量。

图 1-61 电容器使用介电塑料片来隔开导体

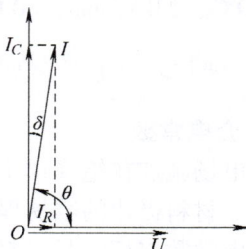

当塑料在雷达和微波设备等高频应用中用作绝缘体时，低损耗因数变得尤为重要。损耗因数也可用于评估电缆、终端、接头等应用中绝缘材料的特性或质量，包括含水量、劣化等，但这里测量材料损耗因数的初始值很重要。

损耗因数是绝缘材料损耗角的正切，如图 1-62 所示。在没有任何介电损耗的理想电容器中，绝缘电流根据施加的电压精确地超前 90°。当电介质的效率低于 100%，电流波开始与电压成正比滞后时，电介质相位角 θ 是施加在电介质上的正弦交流电势差和与电势差具有相同周期的所得电流分量之间的相位角差。这意味着当交流电施加在绝缘材料上时，通过绝缘材料的电流（无论多么小）将处于与电压

图 1-62 损耗因数的计算

不同的相位。电流波偏离电压相位 90° 的量定义为介质损耗角 $\delta = 90° - \theta$。这个角 δ 的正切被称为损耗角正切或损耗因数。表 1-15 列出了室温下各种热塑性塑料的介电常数和损耗因数。

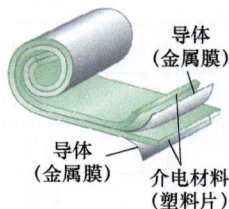

$$DF = \tan\delta = \frac{I_R}{I_C} = \frac{U/R}{U/(1/\omega C)} = \frac{1}{\omega RC}$$

式中　　DF——损耗因数；

　　　　δ——介质损耗角，是电压和电流之间相位角的余角；

　　　　I_R——电阻电流分量，与电压同相位；

　　　　I_C——电容电流分量，超前电压 90°；

　　　　U——电压；

　　　　R——电阻；

　　　　ω——交流电源的角频率；

　　　　C——电容。

表 1-15　室温下各种热塑性塑料的介电常数和损耗因数

塑料	介电常数	损耗因数
聚甲醛（聚氧亚甲基、聚缩醛）（POM）	3.7~3.9	0.001~0.007
聚甲基丙烯酸甲酯（PMMA）	2.1~3.9	0.001~0.060
丙烯腈-丁二烯-苯乙烯（ABS）	2.9~3.4	0.006~0.021
聚酰胺（PA）	3.1~8.3	0.006~0.190
聚碳酸酯（PC）	2.9~3.8	0.0006~0.026
热塑性弹性体（TPE）	3.0~4.5	0.0012~0.022
聚丙烯（PP）	2.3~2.9	0.003~0.014
聚砜（PSU）	2.7~3.8	0.0008~0.009
改性聚苯醚（PPO/PPE）	2.4~3.1	0.0002~0.005
聚苯硫醚（PPS）	2.9~4.5	0.001~0.002
液晶聚合物（LCP）	3.7~10	0.001~0.022
聚芳酯（PAR）	2.6~3.1	0.010~0.060

1.4.4　塑料的耐电弧性

塑料、橡胶、陶瓷或玻璃等绝缘材料可确保产品正常安全运行，但没有一个绝缘体是完美的，这些材料中仍然含有微量的可以形成电流的移动电荷。非导电聚合物涂层为电子元件提供了关键的保护，但由于化学和热分解以及材料侵蚀，当电流沿其表面流动时，这些材料可能会变得导电。因此，在优先考虑绝缘可靠时，应选择耐电弧性的材料。如果在耐电弧性弱的绝缘材料表面施加电弧，该材料可以形成导电路径。耐电弧性测试如图 1-63 所示。

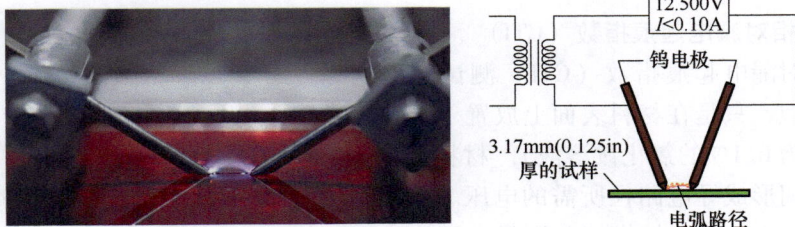

图 1-63　耐电弧性测试

耐电弧性被定义为绝缘材料承受高电压、低电流电弧并抵抗沿其表面形成导电通路的能力，它测量的是在材料发生击穿之前，绝缘材料表面可能存在电弧的时间（以 s 为单位）。

ASTM D495 规定了使用高压、低电流电弧模拟使用条件，并评估干燥、未污染试样的耐电弧性的测试方法。根据 ASTM D945，将试样放置在电极之间，并以指定的电流密度和预定的间隔时间产生电弧。直到测试失败为止的总运行时间即为材料的耐电弧性。ASTM D2132、D2303 和 D3638 规定的试验方法涉及受污染的潮湿样品。表 1-16 列出了常见塑料的耐电弧性。

表 1-16　常见塑料的耐电弧性

材料	耐电弧性/s≥	耐电弧性/s≤
聚甲醛（聚氧亚甲基、聚缩醛）（POM）（均聚）	200	220
聚四氟乙烯（PTFE）	200	300
丙烯腈-丁二烯-苯乙烯（ABS）	45	85
聚酰胺（PA）66	130	140
聚碳酸酯（PC）	10	120
聚对苯二甲酸乙二酯（PET）	75	125
聚丙烯（PP）	135	180
聚砜（PSU）	60	60
聚苯乙烯（PS）	60	80
玻璃纤维增强聚苯硫醚（PPS GF）	116	182
液晶聚合物（LCP）	130	137
聚芳酯（PAR）	125	125

1.4.5　塑料材料的耐电起痕性能测试

1. 相对漏电起痕指数（CTI）

相对漏电起痕指数（CTI）测试与耐电弧性测试类似，只是在材料表面上放置了电解液（50滴浓度为 0.1% 的氯化铵溶液）。材料的 CTI 是在电极之间形成导电路径所需的电压。这种测试非常实用，因为它能够模拟并测量在污染表面上材料的耐电弧性，而这种情况在实际运行的电气和电子设备中是极为常见的，如图 1-64 所示。

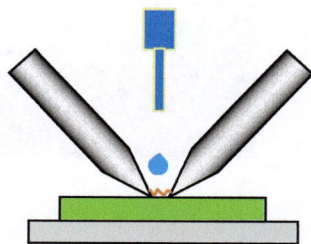

图 1-64　相对漏电起痕指数测试

2. 高电压电弧起痕速率

在高电压电弧起痕速率试验（UL 746A）中，试样表面经受高电压电弧 2min。在这段时间内，增加电极间距至维持电弧的最大距离。起痕速率（或跟踪速率）定义为 2min 后导电泄漏路径的长度除以 2min 的测试长度。

在一些特定的应用场景中，当存在高电压源时，电流有可能会在塑料件的表面形成一些不期望出现的电流路径。高电压电弧跟踪速率（HVTR）是标准测试条件下材料表面产生跟踪路径的速率，单位为 mm/min。标称 3mm 厚的测试结果为任何厚度材料性能的代表。

HVTR 的数值范围为 10~150mm/min。

1.4.6 塑料材料的阻燃性能测试

1. 塑料的热丝引燃（HWI）测试

一般来说，造成起火的原因大致分为产品外部起火和产品内部起火两种情况。外部起火大多数是产品的使用不当造成的，如在电暖器上烘烤衣物，造成衣物起火从而引发电器着火。内部起火一般是因为线路短路造成局部过热，从而引燃了线路周围的材料。外部起火可通过规范使用产品来避免，而内部起火则需要通过热丝引燃的测试方法，考核材料在产品出现局部过热时的燃烧性能，以此选择符合要求的材料，从而降低产品发生内部起火的风险。

如图 1-65 所示，先将热丝进行退火处理，再用标准工具将热丝缠绕在样品上，然后将样品夹紧，热丝的自由端与测试电路相连，打开电源，开始测试，直到测试样品起燃或熔穿。

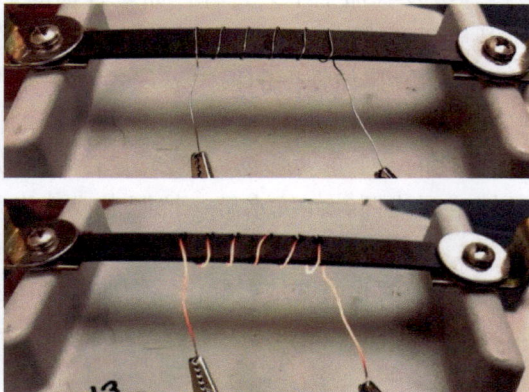

图 1-65　热丝引燃测试

HWI 测试用于确定塑料暴露于部件故障（如承载远大于其额定电流的导体）导致的异常高温时的阻燃性。

2. 大电流电弧引燃（HAI）测试

如图 1-66 所示，使固定电极和移动电极处于同一垂直面上，且与水平面成 45°对向放置在试样上，施加电压保持 AC240V，调节可变感性阻抗负载，使回路电流为 32.5A，功率因数为 50%；固定电极与试样接触；移动电极在平行于电极轴线的方向上移动，并以 40 次/min 的频率接触固定电极，以产生电弧；用目测法判断试样经过多少次电弧后发生燃烧。这个施加的电弧次数即为大电流电弧引燃（HAI）的测试结果。

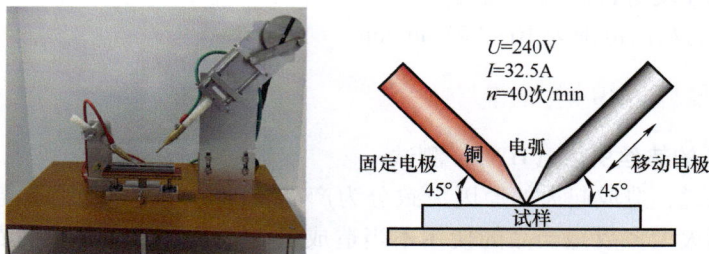

图 1-66　大电流电弧引燃测试

1.5　塑料的环境性能

与其他材料一样，塑料对化学物质、光照的敏感性不容忽视。除了聚合物本身的特性及其所处环境的一般性质，其性能还受到其他多种因素的影响：

1）所使用的塑料等级及其加工工艺过程，如聚合物的形态、实际结晶度、分子量、分子取向，以及可能的交联程度。例如，不同等级的 PBT 在室温下浸泡在 5%的钾碱液中 90 天后，拉伸强度的损失表现各异：一些等级的 PBT 损失约为 7%，玻纤增强等级的损失可能超过 80%，而防火等级的损失则约为 7%。

2）颜色是塑料耐光性的一个重要参数。许多塑料经过特别设计，可以更好地抵抗特定的化学环境或耐光照，如抗水解，抗肥皂或洗涤剂，抗酸、氯、紫外线等。

3）周围环境的浓度、纯度和温度是影响化学物质降解的关键因素。活性化学物质的浓度越高，降解越严重。例如，ABS 在盐酸中 1 年后的溶胀率为 2%，在浓盐酸中为 9%～33%。

纯度：低水平的杂质会引发降解。

温度升高通常会加速降解。例如，对于浸泡在高锰酸钾中的 PMMA，在 20℃和 60℃下，持续相同时间后的拉伸强度损失分别为 16%和 86%。

4）暴露的持续时间也是影响塑料性能的一个因素。例如，浸泡在稀乙酸中的 PA 30 天后膨胀 6%，365 天后膨胀 12%。拉伸强度损失从 38% 增加到 100%。

5）零件形状，如厚度、锐角、凹槽、表面粗糙度、螺纹、切口等都会影响零件的性能。例如，在相同化学物质中浸泡 2 天，1mm 厚的 PA 样品的溶胀度是 3mm 厚样品的三倍。锐角、凹槽等处容易产生应力集中，应力水平会显著影响零件性能，通常应力越高，对环境的抵抗力越低。此外，成型和组装操作中也可能引入应力。因此，设计时必须避免应力集中。

1.5.1　塑料的吸水性

塑料在潮湿环境中通常具有吸湿性，无论其处于颗粒状态还是最终产品（如注塑件）。这类塑料称为亲水性塑料，与之相反的称为疏水塑料。

由于水是极性分子，就像图 1-67 所示的那样，普通盐能吸收水分子，在潮湿环境中容易结块。

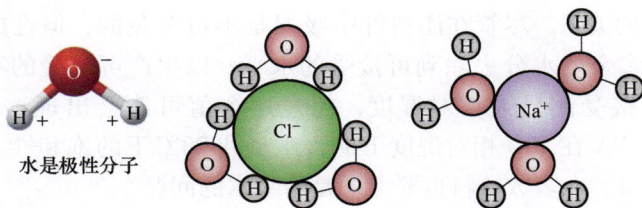

图 1-67　盐吸收水分子的化学过程

对塑料分子来说，只要高分子链上有极性分子团，也会从空气中吸收水分子，如图 1-68 所示。

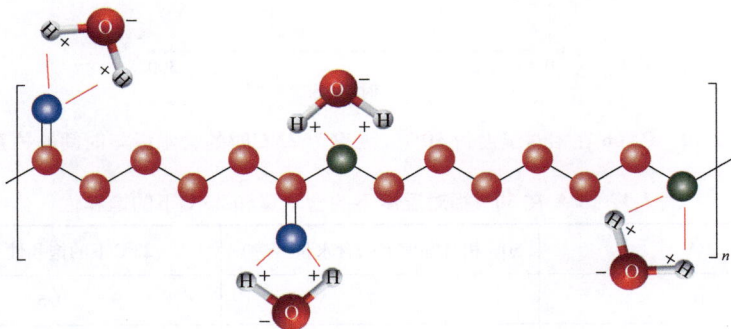

图 1-68　高分子链极性部分吸收水分子

因为水分很容易被尼龙（PA）吸收，并且会改变材料的力学性能，所以水对这些材料起到了增塑剂的作用。PA 零件会吸收水分，并根据湿度改变成型零件的尺寸。当 PA 零件吸收水分时，其物理尺寸可能会膨胀，导致尺寸变化超过所需的规格限制。图 1-69 所示为 PA 吸水膨胀与相对湿度的关系。

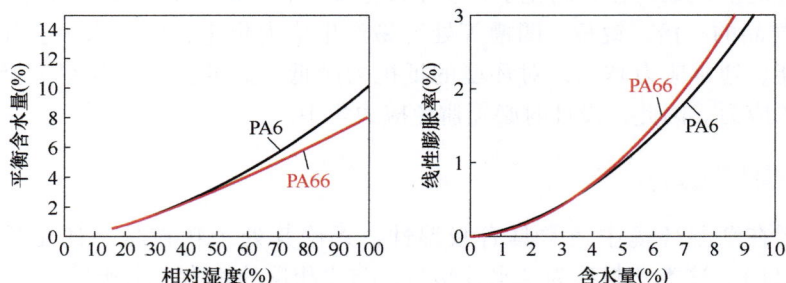

图 1-69　PA 吸水膨胀与相对湿度的关系

图 1-70 所示为 PA66 在相对湿度为 50%、温度为 23℃时从空气中吸水（含水量）与时间的关系。尽管在注塑件中吸湿是不可避免的，但在成型之前，应将塑料树脂中多余的水分去除到可接受的水平，以生产可接受的零件。每种塑料都有一个可接受的最大相对湿度，超过这个值可能会出现熔融加工问题。表 1-17 列出了 PA 在 50% 相对湿度下的含水量和 23℃下的饱和性。表中数据适用于非填充塑料。大多数填料也要考虑是否吸水的问题。

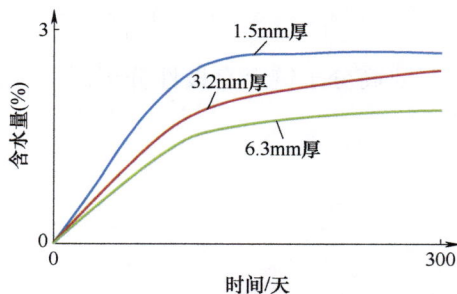

图 1-70　PA66 在相对湿度为 50%、温度为 23℃时的含水量与时间的关系

表 1-17　PA 在 50% 相对湿度下的含水量和 23℃下的饱和性

PA	50%相对湿度下的含水量（%）	23℃下的饱和性（%）
6	2.7	9.5
66	2.5	8.0
610	1.5	3.5
612	1.3	3.0

PA	50%相对湿度下的含水量（%）	23℃下的饱和性（%）
11	0.8	1.9
12	0.7	1.4

表 1-18 列出了干燥及吸水状态（50%相对湿度，23℃）对 PA 电气性能的影响。吸水状态的样品比干燥样品更具导电性。

表 1-18　干燥及吸水状态对 PA 电气性能的影响

电气性能	干燥状态	吸水状态
体积电阻率（PA）/（Ω·cm）	$1.0×10^{14}$	$1.0×10^{10}$
表面电阻率（PA）/Ω	$1.0×10^{12}$	$1.0×10^{10}$
100Hz 时的相对介电常数（PA66）	4.1	6
100Hz 时的相对介电常数（PA6、PA66）	4.3	9
100Hz 时的相对介电常数（PA6、PA66，30%GF）	4	9.5

1.5.2　塑料的水解

水解是通过与水反应来裂解塑料高分子链中的化学键。水解会降解某些塑料材料并影响其力学性能。不是所有塑料都会水解。

常见的水解反应如下：

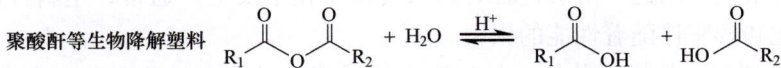

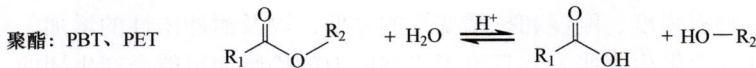

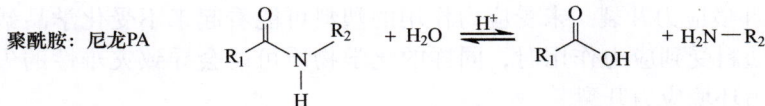

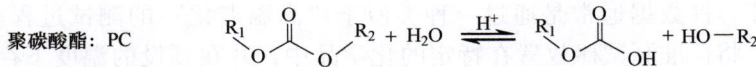

聚酸酐等生物降解塑料
聚酯：PBT、PET
聚酰胺：尼龙PA
聚碳酸酯：PC

水解反应时，需要特别关注那些聚合物单体结构中含有—OH 基团的塑料。例如：

1）聚酯，如 PBT、PET；共聚酯，如 PLA。

2）聚碳酸酯（PC）。

3）聚氨酯，如 PU、TPE-U。

4）聚酰胺，如 PA6、PA66、PA12。

5）聚缩醛，如 POM。

水解现象通常较为缓慢，关键在于两个因素：

1）时间：在短期使用中，水解影响不大。

2）温度：水温须接近沸腾或蒸汽状态，普通雨水或冷水不会造成显著影响。

对容易水解的塑料，成型过程中温度较高，所以成型前，一定要做好干燥处理。否则，在机筒中材料会发生水解，急剧降低材料的性能，甚至变色。

1.5.3 塑料的耐化学性

（1）化学相容性 热塑性塑料之所以得到广泛应用，部分原因在于它们与周围环境，特别是湿气的兼容性相较于金属更佳。

尽管塑料具有吸湿性并会因此吸收水分，导致尺寸和特性变化，但塑料中化学侵蚀的复杂性使其兼容性评估变得困难。同一种化学物质可能会与同一家族的塑料产生不同的反应，甚至对同一基础树脂的不同化合物也会有不同的影响。相反，同一树脂化合物在看似相似的化学物质中可能会展现出截然不同的表现。更为复杂的是，化学物质可能会通过多种机制对塑料造成侵蚀。

（2）反应 化学物质可以直接攻击聚合物链，从而逐渐降低聚合物的分子量。塑料短期力学性能的变化是化学反应的直接结果。

（3）溶解 大多数热塑性塑料可溶于某些化学物质，但高分子量的塑料通常溶解得很慢。因此，溶解过程看起来类似于化学反应。通常，塑料件的重量、尺寸变化和膨胀伴随着性能的损失。

（4）塑化 如果一种化学品与聚合物混溶，可能会导致吸收和塑化。塑料塑化伴随着塑料强度、刚度和抗蠕变性的降低，以及耐冲击性的增加。

塑料往往会发生膨胀，并且由于成型应力的松弛而可能会产生翘曲。

（5）环境应力开裂 未受应力作用的塑料可能看起来不受化学品暴露的影响，但当塑料受到应力作用时，同样的化学物质可能会导致灾难性的失效。这种机制称为环境应力开裂。

化学相容性数据通常是通过一种类似于"高温老化"的测试过程获取的。具体而言，将标准测试棒放置在特定的化学品中，并在预设的温度下存储一段时间，随后，将这些测试棒从暴露的环境中取出，进行清洗，并对感兴趣的各项性能进行测试，这些性能通常包括拉伸强度、弯曲模量、尺寸变化、重量变化和颜色变化等。表 1-19 列出了常见材料的耐化学性，但这些数据仅供参考，并非设计之用。

表 1-19 常见材料的耐化学性

按化学类别划分的各种材料的耐化学性（数据仅供参考，并非设计之用）

	共聚POM	均聚POM	PA66	PBT	PET	聚酯TPE	LCP	PPS	PAR	PC	PSU	改性PPE	PP	ABS	06Cr17Ni12Mo2不锈钢	碳素钢	铝	示例
酸和碱																		
弱酸	A	B	C	A	A	A	A	A	A	A	B	A	A	A	A	A	C	稀释矿物酸
强酸	C	C	C	B	—	C	B	A	—	C	C	—	A	A	B	C	C	浓缩矿物酸
弱碱	A	C	A	B	B	A	B	A	—	C	A	A	A	A	A	B	C	稀氢氧化钠
强碱	A	C	B	—	—	B	C	A	—	C	A	—	A	A	B	B	C	浓氢氧化钠
有机弱	A	B	C	B	A	A	A	A	A	A	B	A	A	A	A	C	C	乙酸、醋
有机强	C	C	C	B	—	C	B	A	C	C	C	C	A	A	B	C	C	三氯醋酸
汽车用																		
汽油	A	A	A	A	A	A	A	A	C	A	A	C	C	C	A	A	A	
润滑剂	A	B	B	B	B	—	A	A	C	C	A	C	A	A	A	B	A	
液压油	A	A	A	A	A	—	A	A	C	C	C	—	A	A	—	—	—	
溶剂																		
脂肪烃	A	A	A	B	A	A	A	A	A	A	A	B	C	A	A	A	A	庚烷、己烷
卤代脂肪烃	A	B	B	B	B	B	A	B	C	C	C	—	C	—	B	B	B	三氯乙烯
乙醇类	A	A	B	B	B	B	A	A	A	A	A	A	A	A	A	A	B	乙醇、环己醇
醛类	A	A	A	A	B	B	A	B	—	C	B	A	A	—	A	B	A	乙醛、甲醛
胺类	A	C	—	—	—	C	C	A	C	C	C	A	A	—	A	B	B	苯胺、三乙醇胺

按化学类别划分的各种材料的耐化学性（数据仅供参考，并非设计之用）

	共聚POM	均聚POM	PA66	PBT	PET	聚酯TPE	LCP	PPS	PAR	PC	PSU	改性PPE	PP	ABS	06Cr17Ni12Mo2不锈钢	碳素钢	铝	示例
溶剂																		
芳香烃	A	B	A	A	B	B	A	A	C	C	C	C	C	C	A	A	A	甲苯、二甲苯、石脑油
卤代芳	B	B	—	—	—	C	—	A	C	C	C	C	—	—	A	A	A	氯苯
芳香族，羟基	A	C	C	C	—	C	A	A	—	C	C	A	A	—	B	C	A	苯酚
酯类	A	B	A	B	B	B	B	A	C	C	C	—	C	—	B	B	B	乙酸乙酯，邻苯二甲酸二辛酯
醚类	A	—	A	A	—	—	—	A	C	A	B	—	C	—	A	A	A	乙醚、二乙醚
酮类	A	B	B	B	B	B	A	A	C	C	C	—	B	C	A	A	A	甲乙酮、丙酮
其他																		
洗涤剂	A	—	A	—	B	—	—	A	A	A	—	B	A	—	A	A	B	洗衣剂和洗碗洗涤剂、肥皂
无机盐	B	B	B	—	A	—	—	A	A	A	—	—	A	A	B	B	B	氯化锌、硫酸铜
氧化剂，强	A	C	C	A	C	—	B	B	—	C	—	—	A	A	C	C	C	30%过氧化氢，溴（湿）
氧化剂，弱	C	C	A	A	—	A	A	A	A	A	A	—	A	—	B	C	—	
环境用	A	A	B	C	A	A	A	A	A	A	A	A	A	—	A	C	B	次氯酸钠溶液
水热的	B	C	B	C	C	B	A	A	C	C	—	A	C	—	A	C	B	
水蒸气	A	C	C	C	C	C	B	A	—	C	—	—	C	—	A	C	—	

注：A—最小影响，B—部分影响，C——一般不推荐。

设计工程师必须查阅市场数据表、测试结果和材料供应商提供的数据，以获得有关特定等级树脂的准确信息。即使信息表明材料具有高度相容性，也必须进行最终用途测试。

1.5.4 塑料的耐候性

塑料件长期暴露在太阳的紫外线辐射下，会导致脆化、褪色、表面开裂和粉化。

耐候性涵盖了以下情况：

1）曝光模式：直接或间接光线、阳光持续时间、照射角度。

2）其他综合因素：湿度、雨水、臭氧。

3）污染：酸雨、工业污染……，一些研究表明，在阳光充足但污染较轻的工业区，天气造成的退化可能更强。

光也可以是人造的，具有或多或少的宽光谱，包括紫外线（UV）。

塑料的耐候性随聚合物类型和特定等级树脂的不同而变化。虽然许多等级树脂都可以使用紫外线吸收添加剂来提高耐候性，但通常情况下，较高分子量等级的树脂比具有类似添加剂的较低分子量等级的树脂要好。此外，有些颜色往往比其他颜色更具有耐候性。

在特定条件下，以一种本色 PP 的抗紫外线性能为基准 1，用其制备的不同颜色混合物的相对抗紫外线性能在 1～12 之间（见表 1-20）。显然，除了颜色外，颜料的性质也至关重要。例如红色 A 和红色 B、蓝色 A 和蓝色 B，因颜料性质有别，相对抗紫外线性能分别为 1 和 2.8。其中，白色排名靠前，因为采用不透明颜料能在材料表面阻挡辐射，防止深层降解。黑色 PP 的抗紫外线性能最为出色。

表 1-20　PP 化合物的相对抗紫外线性能

颜色	相对抗紫外线性能
本色	1
红色 A	1
洋红	1
蓝色 A	1.8
黄的	2
白色	2.3
红色 B	2.8
砖红色	3.3
蓝色 B	3.5

颜色	相对抗紫外线性能
绿色	3.5
黑色	12

表 1-21 为一些热塑性塑料固有耐光性的大致排名。

表 1-21 热塑性塑料固有耐光性大致排名

排名	热塑性塑料
耐光性非常好	聚酰胺亚胺（PAI）
	聚酰亚胺（PI）
耐光性好	丙烯腈-苯乙烯-丙烯酸酯（ASA）
	聚醚醚酮（PEEK）
	聚甲基丙烯酸甲酯（PMMA）
	聚苯硫醚（PPS）
	聚偏二氯乙烯（PVDC）
	液晶聚合物（LCP）
	聚四氟乙烯（PTFE）
	聚氯乙烯（PVC）
耐光性一般	低密度聚乙烯（PE-LD）
	聚酰胺（PA）
	聚对苯二甲酸丁二酯（PBT）
	聚碳酸酯（PC）
	聚醚亚胺（PEI）
	聚对苯二甲酸乙二酯（PET）
耐光性差	聚苯乙烯（PS）
	高密度聚乙烯（PE-HD）
	丙烯腈-丁二烯-苯乙烯（ABS）
	聚甲醛（聚氧亚甲基、聚缩醛）（POM）
	苯乙烯-丁二烯（SAN）
	聚乙烯（PE）
	聚丙烯（PP）

可以通过使用抗紫外线添加剂、吸收光线的填料、表面涂层来改表 1-21 中的排名。因此，化合物的等级可能非常不同。例如，PVC 可以在户外长期应用，涂漆的 PPE 可用于车身，由 PVDF 薄膜保护的 ABS 可用于户外应用。

为了测试耐候性（ASTM G53 或 ISO 4892），树脂供应商通常将材料暴露在实际的室外条件下，一般在阳光充足的地区。为了获得最佳的阳光照射，在一系列的照射时间后对样品进行力学性能和物理性能测试。因为它显示了特定特性如何随着时间的推移而受到影响，所以在设计户外使用的塑料件时，这些数据非常有用。

尽管户外测试是常用的方法，但可通过配备紫外线灯和能控制气候的特殊测试室获取相应的数据。由于测试室环境更为严苛，结果通常能在 1000h 内得出，而非数年之久。

1.5.5 塑料的阻隔性能与气体渗透率

多年来，玻璃、纸张和金属一直是包装食品、饮料和医疗产品的主要材料，但近几年来，高阻隔塑料正逐步取代这些传统的包装材料。在包装材料领域，阻隔性至关重要。例如，一瓶装有碳酸饮料的塑料瓶（见图1-71），瓶内 CO_2 的压力高达 4atm（1atm = 101.325kPa），而空气中的 CO_2 体积分数为 0.04%，在标准大气压（1atm）下，环境中 CO_2 的分压约为 1atm×0.04% = 0.0004atm。如此一来，瓶内 CO_2 会逐渐渗出，而空气中的氧气也会渗入瓶内。尽管这一气体交换过程难以察觉，但可以通过监测 CO_2 浓度的变化来知晓，或者更简单的方法是品尝这种饮料，因为饮料味道的改变往往反映了 CO_2 的流失，进而影响了产品的质量和保质期。这一整个过程就涉及了塑料气体渗透率这一概念。

图1-71 装有碳酸饮料的塑料瓶（1L）

气体渗透率用于表征在给定时间内透过材料的气体量，所测气体通常是二氧化碳、氧气或氮气。在许多包装和医疗应用场景中，渗透性是一个关键问题，因为塑料在此类应用中需要起到气体屏障的作用。一般而言，气体渗透率与膜厚度呈反比关系，而且气体渗透率还能以在标准膜厚度和温度条件下，每种气体所对应的单个数值来呈现。

标准气体渗透率测试适用于各种条件，如仅存在一种气体的压力驱动系统或由气体浓度梯度驱动的恒压系统。标准测试包括 DIN 53380、ISO 2556 和 ASTM D1434。图1-72 所示为通过压力测定气体渗透率。

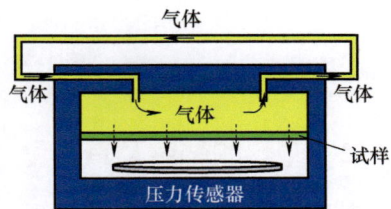

图1-72 通过压力测定气体渗透率

1.6 塑料的工艺性能

1.6.1 塑料的收缩率

收缩率是当塑料件在模具中固化并冷却至室温时，塑料件尺寸预期减少量与原始型腔尺寸的比率（见图1-73）。

模具制造商必须了解材料的收缩率，以便精确确定模具尺寸来适应收缩。这一数值会随设计和成型变量而变化，包括壁厚、流动方向和成型条件。对于设计工程师而言，准确掌握材料收缩率至关重要，这不仅对新设计有指导意义，在评估特定应用中的替代材料时也同样重要。通常，非结晶和液晶热塑性塑料相较于结晶热塑性材料，具有更低的收缩率。

此外，玻璃纤维增强或填充材料的收缩率低于未填充或纯树脂的收缩率。

为了确定在流动方向和横向方向的收缩率，使用

型腔尺寸 L

冷却后零件尺寸 L'

$\Delta L = L - L'$

收缩率 $= \dfrac{\Delta L}{L}$

图1-73　收缩率的定义

了两种类型的试样：第一种是注射成型的矩形板，其空腔尺寸为 3.00in×5.00in（1in=25.4mm），壁厚为 0.125in 或 0.062in。第二种是直径为 4.00in、壁厚为 0.125in 的圆形板。

图1-74 所示为矩形板和圆形板试样，这两个试样都有一个边缘浇口。

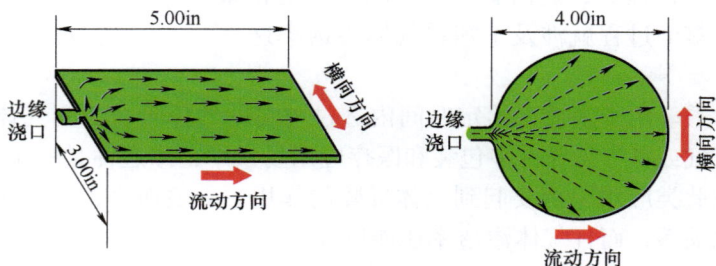

图1-74　矩形板和圆形板试样

1.6.2 塑料的黏度及其测量

黏度是流体内部摩擦的体现。黏性力阻止流体的一部分相对于另一部分的运动。例如，我们说蜂蜜比水更黏稠。机油比汽油更黏稠。当这么说的时候，意思是水比蜂蜜更容易搅拌或倾倒。黏度通常被描述为"流动阻力"。

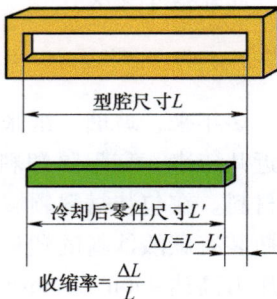

实际上，测量聚合物溶液的黏度是评估聚合物分子大小的一种有效方法，它能间接反映链长和分子量的信息。因为聚合物分子越大，分子间的阻力与吸引力也会相应增强，从而导致黏度升高。

想象位于两个平行板之间的不可压缩流体，如图 1-75 所示。

假设顶板和底板的面积都是 A，并且两块板之间保持较小的距离。如果外力 F 施加在顶板上，顶板可以恒定的速度 V 移动，而底板保持静止。这种流动被称为简单剪切流。试验发现，当达到稳态时，F/A 与 V/Y 成比例，其中比例常数表示流体的黏度。F/A 称为剪切应力，V/Y 称为剪切速率 $(\dot{\gamma})$，给出方程，即牛顿黏度定律：

图 1-75　两个平行板之间的不可压缩流体

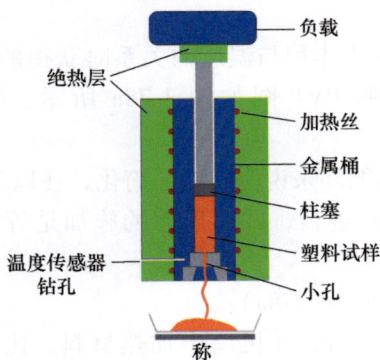

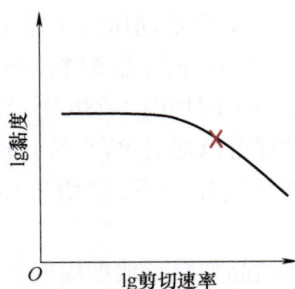

$$\frac{F}{A} = \eta \frac{V}{Y} \rightarrow \tau_{xy} = \eta \dot{\gamma}$$

剪切速率表示流场中每个点的速度差异，反映流场中的速度梯度。

熔体流动指数（MFI）或熔体流动速率（MFR）是一个广泛使用的流变参数，表示 10min 通过标准毛细管的熔体质量。如果在测量温度下密度已知，也可以测量体积（所谓的"熔体体积指数"，MVI）。为了确保这些值具有可比性，需要给出测量温度和负载质量，如"MFR 190/5"代表 190℃ 和 5kg。

这种测量方法简便快捷，仅需少量塑料，特别适用于进货检验。然而，其局限性是仅提供一个点值（见图 1-76），无法描绘完整的黏度曲线，因为剪切速率仅在单一剪切应力下测得，而该应力由所施加载荷决定。

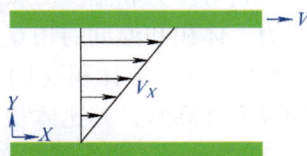

图 1-76　熔体流动指数的测量（仅能测量到一个点的数值）

此外，为确保测量值具有实际意义，测试参数，如负载和温度需要根据材料特性进行调整，这在一定程度上影响了不同材料之间测量值的可比性。例如，聚乙烯（2.16kg）在 190℃ 下测试即可，而聚丙烯（相同质量）则需在 230℃ 下测试。MFR 值越高，表示在 10min 内通过毛细管的熔体量越大，从而反映出较低的熔体黏度。

1.6.3　塑料对压力和温度的敏感性

塑料对压力和温度的敏感性（PVT 图）浓缩了影响聚合物加工的三个变量，即压力、体积和温度的相互关系。

温度（T）或体积（V）对非结晶和结晶聚合物的影响如图 1-77 所示。当材料的温度升高时，其比体积（密度的倒数）也会因热膨胀而增加。在玻璃化转变温度 T_g 以上，曲线斜率变得更大，因为分子有更多的移动自由度，并且占据了更多的空间。这种斜率的变化在非结晶聚合物和结晶聚合物中都可以观察到。在更高的温度下，结晶聚合物的熔化以比体积的突然增加为标志，此时有序和刚性的结晶畴变得随机取向并自由移动。因此，比体积是聚合物结构随温度变化的特征。

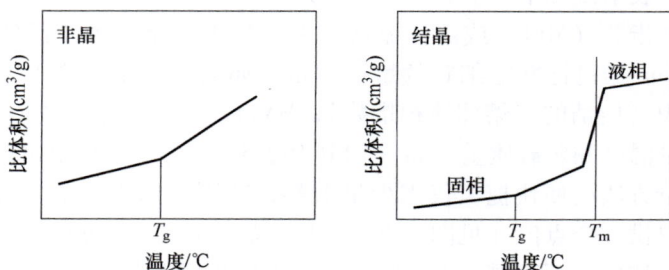

图 1-77　温度或体积对非结晶和结晶聚合物的影响

PVT 图只是在不同压力下重复测量比体积与温度的关系时获得的一系列曲线的表示。典型非结晶塑料（PS）的 PVT 图如图 1-78a 所示，结晶塑料（POM）的 PVT 图如图 1-78b 所示。

成型过程可以通过 PVT 图上的过渡循环来说明。为了简化，在以下描述中，假设加热在恒定压力下（"沿等压线"）进行，并且压力的施加是等温的（垂直线）。

对于非结晶塑料，成型周期如下（见图 1-78a）：

1）从室温和 1MPa 压力（点 A）开始，在机筒中加热材料。比体积根据 1MPa 下的等压线而增加，以达到成型温度（点 B）。

2）将材料注入型腔并施加压力。该过程大致是等温的（到点 C），并且比体积减小到接近 1MPa 和 T_g 时的值。

3）塑料在模具中冷却，同时降低保压压力，以遵循 PVT 图中的水平线，并达到点 D，当零件处于 1MPa 压力和低于 T_g 的温度时，零件可以在点 D 顶出。

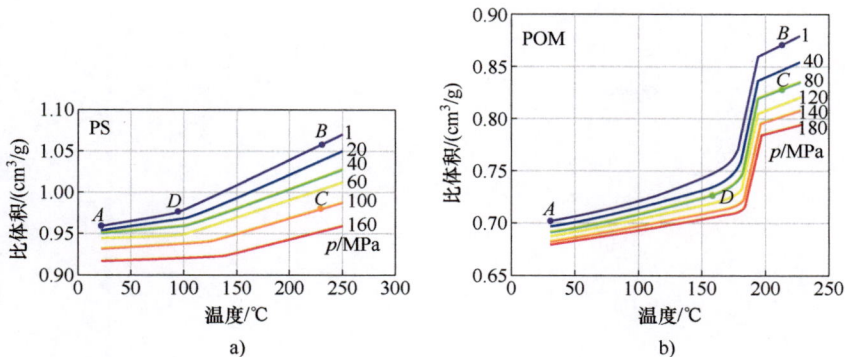

图1-78　PS和POM的PVT（压力-体积-温度）**图**
a）PS的PVT图　b）POM的PVT图

理想情况下，在冷却阶段，材料不应流过浇口，以生产无应力零件。

对于结晶塑料，成型周期（见图1-78b）如下：

1）材料在1MPa的压力下从室温（点A）加热至加工温度（点B），这导致了比体积的巨大变化（几乎为25%）。

2）树脂被注入并压缩在型腔中，比体积降低到点C，其值仍远高于1MPa、23℃时的值。

3）结晶发生在型腔中，保压压力恒定。当晶体从液相固化时，会出现很大的比体积差异，必须通过浇口注入额外的塑料来补偿（否则会在零件内产生孔洞或缩痕）。

4）结晶结束时（点D），零件为固态，可立即顶出；成型收缩率是结晶温度（点D）和室温（点A）下的比体积之间的差异。

这种行为上的差异对注射成型具有重要意义。固化过程中（动态填充后）：

1）非结晶塑料的保压压力随着时间的推移而降低，而结晶塑料则保压压力恒定。

2）对于非结晶塑料，通过浇口的流动停止，而对于结晶塑料，流动持续到结晶结束。这意味着，对于结晶塑料，零件、浇口和流道的设计应遵循熔体保持足够流动的规则。

第 2 章

常见塑料材料的性能与选用

2

2.1　塑料材料概述

塑料因其具有比其他材料更广泛的性能，在设计各类零件时都应给予认真考量。本章将集中介绍几种最常见的塑料，以便更深入地了解它们的性能及其应用领域。不过，在深入讨论之前，有必要简要探讨一下塑料的几个特殊分类。根据塑料材料可能的应用、价格和用途，塑料大致可分为六个类别。

1）普通塑料，也被称为商品塑料，是使用量最大的塑料类别。选择它们是为了利用热塑性塑料相对于被替代材料的一些独特优势，如低密度、高柔性、良好的透明度和易成型性。通常，这种塑料表现出相对低的力学性能，并且具有较低的成本。商品塑料的主要应用包括包装、玩具、服装、运输和家用产品，其中力学性能和服务环境并不重要。最重要的商品塑料是聚乙烯（PE）、聚丙烯（PP）、聚氯乙烯（PVC）、聚苯乙烯（PS）和丙烯腈-丁二烯-苯乙烯（ABS）等。

2）工程塑料，比普通塑料具有更好的力学性能和热性能，通常还有较好的电气性能。它们可用于更复杂的应用场合。这种划分显然是人为的，工程材料的一个有用定义是，它能够或多或少地长期地承受载荷。根据这样的定义，热塑性塑料与金属材料相比处于不利地位，因为它们具有低蠕变模量和较差的强度，但塑料具有低密度、耐蚀、易加工的优点。因此，塑料能够在工程中得到广泛应用，通常是因为性能的良好平衡，而不是因为在某些特定方面的突出优势。目前，通常被认为是工程材料的有聚酰胺（PA）、聚甲醛（POM）、聚碳酸酯（PC）、聚对苯二甲酸丁二酯（PBT）、聚对苯二甲酸乙二酯（PET）。

3）特种（高性能）热塑性塑料，具有特别突出的性能，能在高温和苛刻的化学、物理环境中长期使用。这些塑料通常具有更高的耐热性、力学强度、刚度和电绝缘性。

4）生物塑料，通常把生物塑料定义为生物基塑料、石油基生物降解型塑料和可生物降解塑料。许多天然材料，如蛋白质、淀粉和纤维素，都是可生物降解的聚合物。这意味着它们在使用后会分解成天然副产品，很容易分散到环境中。因此，可生物降解塑料并不是新的，早期的塑料，如醋酸纤维素，是100多年前用从木浆中提取的纤维素首次制造的。然而，由于原油的易获取性，多年来这种材料的发展势头逐渐减弱。但如今，这一趋势已被对新型可生物降解塑料的浓厚兴趣所取代，原因主要有两点：首先，人们希望用自然衍生和碳中和的替代品来取代那些不可生物降解、在多数情况下不可回收的化石燃料和塑料；其次，医疗用功能材料也愈发受到青睐，这种材料能在体内自然降解，无须额外的医疗干预。

最重要的一类新型可生物降解塑料是天然或合成生产的脂肪族聚酯，包括聚羟基烷酸酯（PHA），如聚-3-羟基丁酸酯（PHB），它们通过糖和植物油的大规模天然细菌发酵实现商业生产；聚乳酸（PLA），由玉米淀粉、甘蔗或其他植物淀粉合成；以及完全合成的聚丁二酸丁二醇酯（PBS）和聚己内酯（PCL）。此外，还有其他重要类别的可生物降解塑料，如淀粉衍生生物聚合物，聚酸酐，以及包括乙酸纤维素的纤维素酯。这些材料提供了多样化的力学性能和降解率。例如，某些淀粉衍生物聚合物遇水即分解，而 PLA 仅在工业堆肥条件下实现生物降解。一些如 PHA、PHB、PLA 和 PBS 等材料，因表现出类似普通塑料的力学性能和加工性能，被视为直接替代品。在性能上，PHB 与 PP 相当，PLA 与 PET 类似，而其他如 PCL 和聚酸酐的材料，尽管力学性能相对较差，却因其在生物活性或生物可吸收植入物（如组织支架）中的生物降解性而备受关注。

5）热塑性弹性体，天然橡胶（聚异戊二烯）是聚合物家族的成员，由长链状分子构成。这些链以随机方式盘绕扭曲，具备出色的柔韧性，使材料能承受极大的变形。然而，在自然状态下，橡胶难以从大变形中完全恢复，因为分子间可能发生了不可逆的滑动。为防止这种情况的发生，橡胶分子通过硫化牢固连接，形成分子间的交联（见图 2-1），类似于热固性树脂的反应，从而实现更好的性能恢复。

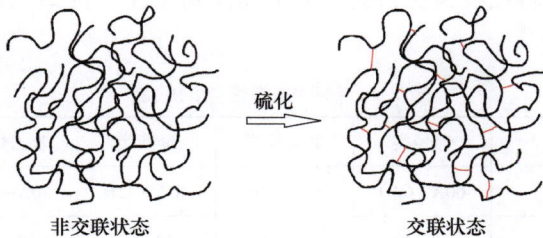

图 2-1　天然橡胶中链的交联

这些交联结构不改变分子的随机排列和卷曲扭曲的特性，因此橡胶变形时，分子会拉伸展开但不会滑动。一旦外力移除，橡胶就能恢复其原始形状。多年来，人们开发了多种合成聚合物以替代天然橡胶。这些新型"弹性聚合物"通常被称为弹性体，尽管橡胶和弹性体这两个词常被混用。合成橡胶（或弹性体）主要有丁苯橡胶（SBR）、丁基橡胶、乙丙橡胶、硅橡胶和氯丁橡胶等。

硫化橡胶以其卓越的弹性、耐油、耐脂、耐臭氧，低温下的柔韧性和耐多种酸碱性的性能而备受青睐。然而，其加工过程需要谨慎且耗时，而且成型和硫化过程中能耗巨大。为解决这些问题，热塑性橡胶（或弹性体）应运而生，它们不仅具备橡胶的物理特性，而且易于像热塑性塑料一样进行加工。

热塑性弹性体（TPE）或热塑性橡胶（TPR）主要有两类。其中一类被称为分段或嵌段共聚物，因其由热塑性分子接枝于橡胶分子上构成，包括热塑性聚氨酯、苯乙烯嵌段共聚物、热塑性共聚酯和热塑性聚酰胺。苯乙烯嵌段共聚物的结构如图 2-2 所示。

在室温下，热塑性分子聚在一起，将橡胶分子固定住。当加热时，热塑性分子能够移动，使得材料可以使用传统的塑料注塑设备成型。

另一类热塑性弹性体是弹性体合金，它由热塑性基体中的细小橡胶颗粒构成，如图 2-3 所示，常见的基体为聚烯烃（如聚丙烯、聚乙烯）。聚丙烯弹性体在加工时熔化，从而易于材料成型。

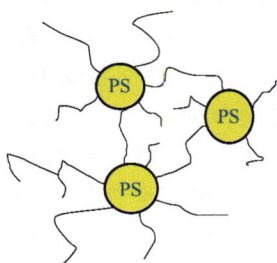

图 2-2　苯乙烯嵌段共聚物的结构

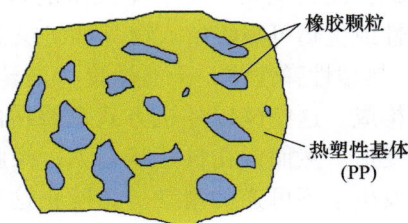

图 2-3　烯属 TPR 的典型结构

然后，橡胶填料颗粒为材料提供了柔韧性和弹性。表 2-1 列出了热塑性弹性体的性能。

表 2-1　热塑性弹性体的性能

类型	烯烃类	聚氨酯类	聚酯类	苯乙烯类	聚酰胺
硬度（邵氏 A～D）	60A～60D	60A～60D	40A～72D	30A～45D	40A～63D
弹性（%）	30～40	40～50	43～62	60～70	—
拉伸强度/MPa	8～20	30～55	21～45	25～45	—
化学品	一般	差/好	非常好	非常好	差/非常好
油	一般	非常好	非常好	一般	—
溶剂	差/一般	一般	好	差	差/非常好
风化作用	非常好	好	非常好	差/非常好	非常好
相对密度	0.97～1.34	1.11～1.21	1.17～1.25	0.93～1.0	1.0～1.12
工作温度/℃	−50～130	−40～131	−40～132	−30～133	−65～134

6）热固性塑料，尽管早期开发广泛，但自 20 世纪中期以来，在塑料市场中的份额逐渐下降。尽管市场持续增长并引入新材料，但相比易于加工的热塑

性塑料，热固性塑料需要专门设备，成本高且产量低，而且废料无法再加工。因此，热塑性塑料已主导高容量市场，如包装和消费品。高性能热塑性塑料的崛起进一步挤压了热固性塑料的市场份额，但热固性塑料仍以其高强度、硬度、耐化学性、不易燃性和尺寸稳定性在需要高温服务的应用中占据一席之地，但通常较脆，回收价值有限。

热固性塑料主要类型包括酚醛塑料、氨基塑料〔如脲-甲醛（UF）、三聚氰胺-甲醛（MF）〕、热固性聚酯塑料、环氧塑料、聚酰亚胺塑料及聚氨酯（PU）。应该指出的是，一些材料可以是热塑性的或热固性的，聚酯、聚酰亚胺和聚氨酯就是这样。

2.2 普通塑料的性能与应用

相较于工程塑料，普通塑料的力学性能和热性能较差，常用于产品包装，成本也更为亲民。它们可通过注射成型、挤塑、吹塑等传统工艺生产廉价零件。其中，聚烯烃是普通塑料的主要类别，涵盖多种塑料类型，如聚乙烯（PE）、聚丙烯（PP）、聚氯乙烯（PVC）、聚苯乙烯（PS）、苯乙烯/丙烯腈（SAN）、聚烯烃热塑性弹性体（TPO）、聚甲基丙烯酸甲酯（PMMA）和丙烯酸类。

聚烯烃的化学结构简单，由乙烯、丙烯等单体聚合而成，如图 2-4 所示。通过不同聚合方法，可制得聚乙烯、聚丙烯等。聚乙烯的化学结构为碳氢单元在链中重复，在某些聚乙烯塑料中，单体重复可超千次。

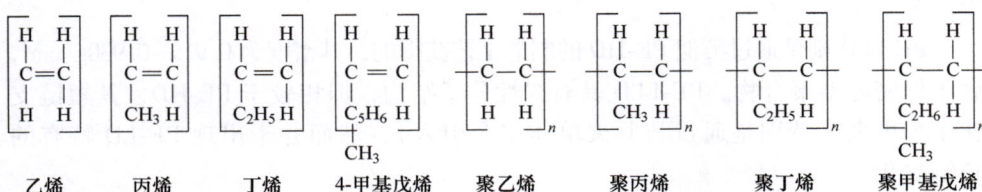

图 2-4 聚烯烃化学结构及聚合

聚乙烯年产量超 1 亿 t，堪称全球最关键的塑料。其制造源自乙烯的加成聚合，而乙烯则主要由乙烷、丙烷、石脑油和瓦斯油裂解得到。

2.2.1 聚乙烯（PE）

聚乙烯（PE）是一种半结晶塑料，是最常见的及使用量最大的塑料。PE 主要用于广泛使用的包装袋（见图 2-5）的制作。

PE 根据其密度和聚合物链上的支链分为不同的类别，即 PE-UHMW（超高分子量 PE）、PE-HD（高密度 PE）、PE-MD（中等密度 PE）、PE-LLD（线性低密度 PE)、PE-LD（低密度 PE）和 PEX（交联 PE）。

PE-UHMW 是一种以粉末形式生产的极高黏度聚合物，其平均粒径通常在 $100\sim200\mu m$ 范围内。由于具有极高的黏度，通常不能用传统的成型方法进行加工。PE-UHMW 是一种非常坚韧的塑料，具有高耐磨性，应用于需要耐久性、低摩擦和耐化学性的场合，如耐磨条、链条导轨等。

当乙烯聚合成 PE 时，分子链上会形成不同程度的横向分支，如图 2-6 所示。由于直链可以堆积得更密集，因此数量较少的横向分支具有更高的结晶度、分子量和密度。

图 2-5　PE 制成的包装袋

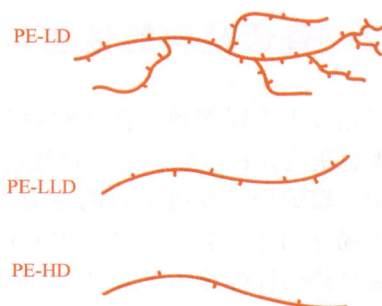

图 2-6　PE 的枝化

PE-HD 几乎不含或仅含极少横向分支，因此也被称为线性聚乙烯或高密度聚乙烯。

PE-LLD 则是通过类似 PE-HD 的制造工艺获得的，其密度为 $0.915\sim0.930g/cm^3$，属于低密度型聚合物。PE-LLD 具有线性分子结构，但相较于 PE-HD，其短链支化水平更高（特别是通过与共聚单体聚合引入），然而并未出现 PE-LD 特有的长链支化。

1. 聚乙烯的性能

（1）优点

1）低的材料价格和密度。

2）优异的耐磨性（PE-UHMW）。

3）优异的耐化学性。

4）易于着色。

5）可忽略的吸湿性。

6）可提供食品批准等级。

7）耐低温，在 -50℃ 以下仍能保持高弹性。

8）高耐冲击性。

（2）缺点

1）刚度和拉伸强度较差。

2）不能用在80℃以上的温度。

3）难以涂漆。

力学性能在很大程度上取决于横向支链的存在、结晶度和密度，即聚乙烯的类型。

2. 应用

（1）PE-UHMW　优异的耐磨性、耐冲击性、耐化学腐蚀性、重量轻及通过 FDA 认证，主要通过挤出加工成管材、薄膜或片材。如图 2-7 所示，PE-UHMW 在人体关节中的应用。

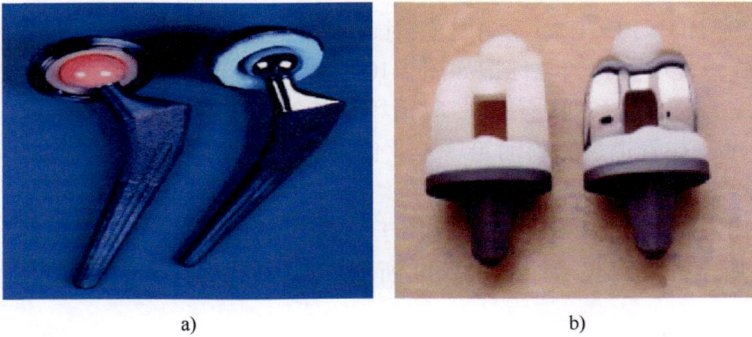

a)   b)

图 2-7　PE-UHMW 在人体关节中的应用

a）人工髋关节　b）膝关节

PE-UHMW 纤维（见图 2-8）具有超高强度、高模量、轻比例、低断裂伸长率、抗紫外线辐射、耐化学腐蚀、耐磨损、耐切割等特点，广泛应用于海洋工程中，如钻井平台、锚索、拖缆吊装绳索、系泊绳索、码头吊装绳索。

图 2-8　PE-UHMW 纤维

图 2-9 所示的 PE-UHMW 轴承、衬套及耐磨条具有更好的耐磨性、更低的摩擦系数、严格公差的可加工性和更轻的重量，同时对化学品、腐蚀性清洁剂和

湿气具有高度抵抗力，也比金属材料的使用寿命更长。

图 2-9　PE-UHMW 轴承、衬套及耐磨条

（2）PE-HD　PE-HD 主要用于注射、吹塑、挤出、薄膜吹塑和旋转成型。其回收标记如图 2-10 所示。PE-HD 是聚乙烯中最大的产品系列，有很多应用场景，如图 2-11 和图 2-12 所示，如管道、塑料油箱、工业包装、瓶子、医疗用品、容器、玩具、薄膜、胶带和纤维。

（3）PE-LD 和 PE-LLD　PE-LD 用于薄膜吹塑和挤出，如图 2-13 所示。其回收标记如图 2-14 所示。

图 2-10　PE-HD 回收标记

图 2-11　PE-HD 水管用于制作既可用于饮用水又可用于污水的管道

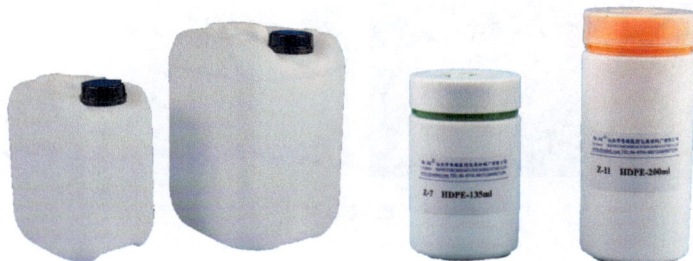

图 2-12　PE-HD 用于制作化学及药品容器

PE-LLD 的拉伸强度更高，耐冲击性和穿刺性更强，使其比 PE-LD 更受欢迎。这些特性在不牺牲强度的情况下提供了更薄的膜，并且节省了材料，降低了成本。PE-LLD 以其更加优异的韧性也开辟了新的应用领域。

图 2-13　PE-LD 薄膜

图 2-14　PE-LD 回收标记

PE-LLD 的主要用途是制作薄膜，如食品和非食品包装、收缩/拉伸薄膜和非包装用途，全球约占 80%。挤出涂布和注射成型是 PE-LLD 的其他应用。

（4）PEX　PEX 主要用于管材的挤出加工。PEX 通过称为交联过程中单个聚乙烯分子的化学连接形成。交联改变了原始聚乙烯聚合物的性能，改善了几个关键性能，尤其是提高了材料在负载下的高温性能。此外，也显著提高了管道的耐环境应力开裂性、抗缓慢裂纹扩展性、耐化学性、韧性和耐磨性。

PEX 管道是住宅地板辐射供暖的可靠选择，如图 2-15 所示。这种供暖系统与传统的供暖系统不同，它为地板和任何接触地板的物体供暖。辐射供暖可为房间提供更均匀、更稳定的热量。

图 2-15　PEX 管道地板辐射供暖

2.2.2　聚丙烯（PP）

聚丙烯（PP）是市场上仅次于 PE-LD 的第二大塑料，其回收标记如图 2-16 所示。在聚丙烯聚合过程中，可以控制结晶度和分子大小，还可以使聚丙烯与其他单体（如乙烯）共聚。

图 2-16　PP 回收标记

PP 以均聚物、无规聚合物或嵌段聚合物的形式出现，具体取决于聚合方法。也可以将聚丙烯与弹性体（如三元乙丙橡胶 EPDM）混合，用滑石粉填充或用玻璃纤维加强。通过这种方式，可以获得比任何其他塑料更多的、不同的性能。

某些等级的 PP 可以承受 140℃的短期峰值温度和 100℃的连续温度。

PP 结构简单，仅由碳和氢两种元素组成，也称为烯烃。用化学式表示为

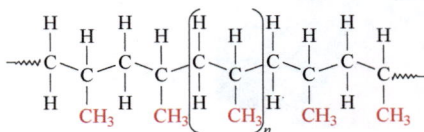

1. PP 的性能

（1）优点

1）低的材料成本和密度。

2）抗疲劳性。

3）优异的耐化学性。

4）可获得食品认证等级（FDA）。

5）不吸收水分。

（2）缺点

1）抗紫外线性差（未改性）。

2）低温脆性（未改性）。

3）耐划伤性差。

2. 应用

PP 制品经久耐用，外形美观。在厨房电器及日用品中被广泛应用，如图 2-17 所示。制品颜色鲜艳，并且价格便宜。

图 2-17 PP 制品

活动铰链通常由 PP 或 PE 制成，如图 2-18 所示。因为它们具有非常好的抗疲劳性，所以铰链可以在不断裂的情况下操作数千次甚至数百万次。

PP 耐化学性强，在室温下对有机溶剂具有很高的耐受性，这使其成为接触腐蚀性液体容器的理想选择，如图 2-19 所示的汽车电池外壳及高扬程耐化学腐蚀离心泵。

普通短玻璃纤维增强 PP 含有短玻璃纤维，容易翘曲，冲击强度低，加

图 2-18　活动铰链

热时容易变形，而长玻璃纤维可以克服短玻璃纤维的上述缺陷。长玻璃纤维增强 PP-LGF 材料具有高强度、高刚度、好的冲击强度、抗蠕变性能和尺寸稳定性等特点，而且产量大、成本较低，还有良好的流动性，广泛应用于制作汽车零件，如图 2-20 所示。加之汽车轻量化进程的推动，对长玻璃纤维材料的需求也逐步加大，如发动机罩、泵壳、空气过滤器等，并且产品具有良好的表面，高温和高冲击强度也可用于对耐热性要求较高的冰箱和厨房电器。

图 2-19　汽车电池外壳和高扬程耐化学腐蚀离心泵

图 2-20　长玻璃纤维 PP-LGF 制品

2.2.3 聚氯乙烯（PVC）

聚氯乙烯（PVC）是一种非结晶塑料，是第三大塑料类型，每年生产超过 2000 万 t。其回收标记如图 2-21 所示。

PVC 最早作为电缆制造中橡胶的替代品开始普及。

在 PVC 的生产中，可以使用不同的聚合方法，制作成从非常柔软的（如花园软管）到非常坚硬的（如废水管）塑料件。

图 2-21　PVC 回收标记

PVC 通常分为三种不同类型，即刚性、增塑性和乳胶。

1. PVC 的性能

（1）优点

1）从本质上讲，PVC 是一种轻质、坚固、耐磨的材料。

2）优异的耐化学性，对油脂和油的抵抗力好，需要的维护较少。

3）由于具有高的介电强度和隔蒸汽能力，是一种极好的绝缘材料。

4）可以承受极端气候条件，并且耐腐蚀，同时具有良好的抗紫外线性能。因此，PVC 是户外应用的首选材料。

5）由于耐久性更高，因此可以保证使用寿命。

6）由于氯含量高，PVC 有自熄性（未塑化时）。

7）通过添加邻苯二甲酸酯等增塑剂，PVC 可以变得更柔软，并且可以根据需要调整柔韧性。

8）PVC 是一种固有的阻燃剂。

9）具有良好的拉伸强度和刚度。

10）具有低的材料成本和密度。

11）不吸收水分。

12）抗微生物性。

13）长期强度好。

14）可获得食品认证等级。

（2）缺点

1）在热分解（火灾/燃烧）过程中释放有害气体。

2）热稳定性差。

3）由于增塑剂的迁移，性能可能会随时间变化。

4）柔性 PVC 的耐化学性比硬质 PVC 低。

5）硬质 PVC 具有 50℃ 的低连续使用温度，低温性能差。

2. 应用

（1）分类　PVC 分为两大类：增塑或柔性 PVC 和未增塑或硬质 PVC，但也有更多的类型，如 CPVC、PVC-O 和 PVC-M。

1）增塑或柔性 PVC（密度：$1.1 \sim 1.35 \text{g/cm}^3$）：柔性 PVC 是通过在 PVC 中添加可降低结晶度的相容增塑剂而形成的。这些增塑剂的作用就像润滑剂一样，会产生更透明、更柔软的塑料。这种类型的 PVC 有时被称为 PVC-P。

2）未增塑或硬质 PVC（密度：$1.3 \sim 1.45 \text{g/cm}^3$）：硬质 PVC 是一种坚硬且具有成本效益的塑料。它对冲击、水、天气、化学品和腐蚀性环境具有很高的抵抗力。这种类型的 PVC 也称为 UPVC 或 PVC-U。

3）氯化聚氯乙烯或高氯乙烯（CPVC）：由聚氯乙烯树脂氯化而成。高氯含量赋予高耐久性、化学稳定性和阻燃性。CPVC 可以承受更大范围的温度影响。

4）分子取向 PVC 或 PVC-O：它是通过将 PVC-U 的非晶结构重组为层状结构而形成的。双轴定向 PVC 具有增强的物理特性（刚度、抗疲劳性、重量轻等）。

5）改性 PVC 或 PVC-M：它是一种通过添加改性剂形成的 PVC 合金，可增强韧性和冲击性能。

（2）添加剂如何影响 PVC 性能　聚合得到的 PVC 树脂极不稳定，这是由于其低热稳定性和高熔体黏度。在加工成品之前需要对其进行改性。它的性能可以通过添加几种添加剂来增强或改性，需要根据最终应用要求选择添加剂。

1）增塑剂（塑化剂）。增塑剂被用作柔软剂，如邻苯二甲酸盐、己二酸盐和三羧酸盐等。这些添加剂通过提高温度来增强乙烯基产品的流变性能，同时还可以提高 PVC 的力学性能，如韧性和强度。影响乙烯基聚合物增塑剂选择的因素有聚合物相容性、低挥发性和成本。图 2-22 所示为通过增塑剂改性的 PVC 软管。

图 2-22　通过增塑剂改性的 PVC 软管

2）热稳定剂。PVC 的热稳定性很差，而稳定剂有助于防止聚合物在加工或曝光过程中的降解。当加热时，乙烯基化合物会引发自加速脱氯化氢反应，而这些稳定剂会中和所产生的 HCl，从而提高聚合物的寿命。选择热稳定剂时需要考虑的因素有技术要求、监管标准和成本。

耐久性是 PVC 管的一个关键优势，第一批 PVC 管道安装于 20 世纪 30 年代，由于配方和生产技术的改进，现代 PVC 管性能更好。埋于地下的 PVC 管（见图 2-23）的预期寿命为 100 年或更长。除了耐久性，PVC 管的抗菌性也很好。

如图 2-24 所示，PVC 在医用氧气面罩、一次性注射器和医疗器械的包装中得到了广泛应用，这得益于硬质 PVC 允许辐射消毒的特性。然而，用作增塑剂

图 2-23 埋在地下的 PVC 管

的特定邻苯二甲酸酯可能对健康产生潜在影响。因此，强调邻苯二甲酸二（2-乙基）己酯（DEHP）可以被一系列替代增塑剂所取代显得尤为重要。尽管一些替代品已经存在多年，并且最近又有新的替代品被开发出来，但替代过程相对缓慢，这是因为替代增塑剂需要经过彻底的测试以确保其安全性和有效性。

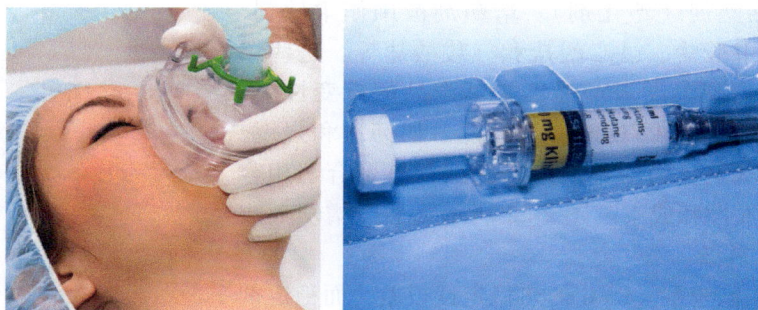

图 2-24 PVC 用于医疗行业

值得注意的是，增塑剂迁移也带来了积极的影响。具体来说，某些增塑剂，如 DEHP 和乙酰基三己基柠檬酸酯（BTHC），实际上能提高红细胞的存活率，从而有效延长全血的保质期。这是因为这些增塑剂能与红细胞膜相互作用，起到稳定作用。图 2-25所示这一应用中的 PVC 输血袋。

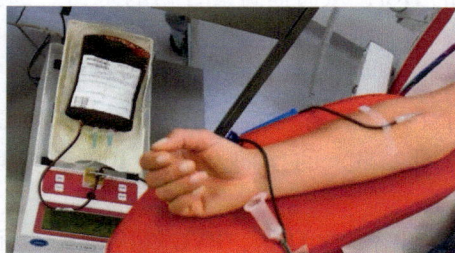

图 2-25 PVC 输血袋

PVC 线缆（见图 2-26）是食品工业和饮料工业中大多数化学冲洗应用的绝佳选择。它们对常见的清洁溶剂具有从良好到优异的耐受性。此外，PVC 的耐油性有限，因此不太适合用于汽车和机床行业。

图 2-26　PVC 线缆

除了能抵抗常见的清洁化学品，PVC 线缆通常比其他类型的线缆更坚硬，这使得它们适合在暴露于高温、高压冲洗的应用中使用。PVC 护套的刚度可保护线缆免受损坏，并延长线缆的使用寿命。然而，PVC 线缆的刚度在冷冻应用中可能是一个缺点，因为如果线缆弯曲，低温会导致材料破裂。

聚氨酯（或 PUR）是一种用于线缆护套的热塑性材料。由于 PUR 线缆能够抵抗切削液、油和其他苛刻的化学物质，因此是许多汽车制造、冲压和机械加工应用的良好选择。

PUR 线缆还具有高的拉伸强度、耐撕裂性和耐磨性；它们也非常灵活，弯曲半径很小，这使得它们非常适合连接频繁移动或弯曲的应用，如机器人应用。

如图 2-27 所示，PVC 是制作信用卡、借记卡的常见材料，柔韧耐用且成本低廉。其热塑性特性使

图 2-27　PVC 卡片

得数字在加热后能轻松印于卡片之上，打印十分便捷。

2.2.4　聚苯乙烯（PS）

聚苯乙烯（PS）塑料是一种天然透明的热塑性塑料，既可以作为典型的固体塑料，也可以作为刚性泡沫材料。PS 塑料通常用于制作各种消费品，也特别适用于商业包装。发泡形式的聚苯乙烯（EPS）最常用作包装材料。泡沫塑料也被用于许多餐馆的"外卖"容器和一次性餐具。PS 传统上是最便宜的塑料之

一，广泛用于制作一次性产品。其回收标记如图 2-28 所示。

苯乙烯的聚合形成透明、坚硬的塑料，具有高光泽表面。不幸的是它很脆。为了改善其性能，通过牺牲部分透明度和刚度，可以将其与质量分数为 5%～10% 的丁二烯橡胶（BR）混合，得到高抗冲聚苯乙烯（HIPS），其冲击强度高达标准 PS 的五倍。

图 2-28　PS 回收标记

除了将 PS 与其他聚合物混合，苯乙烯还可以与其他单体共聚，以提高耐热性、冲击强度、刚度、可加工性和耐化学性等性能。苯乙烯系列包括 PS 和苯乙烯的共聚物，如 ABS、SAN、SBR［苯乙烯-丁二烯橡胶（25∶75）］、K-树脂［苯乙烯-丁二烯（75∶25）］和 ASA（丙烯腈-苯乙烯-丙烯酸酯）。

1. PS 的性能

（1）优点

1）材料成本低。

2）高透明度（88%）。

3）可忽略的吸湿性。

4）可获得食品认证等级。

5）高硬度和表面光泽好。

（2）缺点

1）脆性差。

2）耐化学性差。

3）软化温度低。

4）如果长期放在室外会变黄。

5）易燃。

2. 应用

如图 2-29 所示，发泡聚苯乙烯是一种轻质、坚硬的泡沫材料，它是包装和建筑行业的首选。它提供了经济高效的解决方案和节能绝缘，还可以作为商用的缓冲运输包装材料。PS 是由原油精炼产品苯乙烯生产的。为了制造发泡聚苯乙烯，用发泡剂戊烷浸渍 PS 颗粒，PS 颗粒在 90℃ 以上的温度（这个温度会使发泡剂蒸发）下进行预发泡，将热塑性基材膨胀至其原始尺寸的 20～50 倍；然后将珠粒储存 6～12h，使其达到平衡；最后将珠粒输送到模具中，以生产适合应用的形状。

如图 2-30 所示，挤塑聚苯乙烯（XPS）与发泡聚苯乙烯的化学成分相同，但采用不同技术制成，故泡沫气穴更小且更均匀。XPS 常呈粉色、蓝色、绿色等，是制造示范板和建筑区域的理想材料。

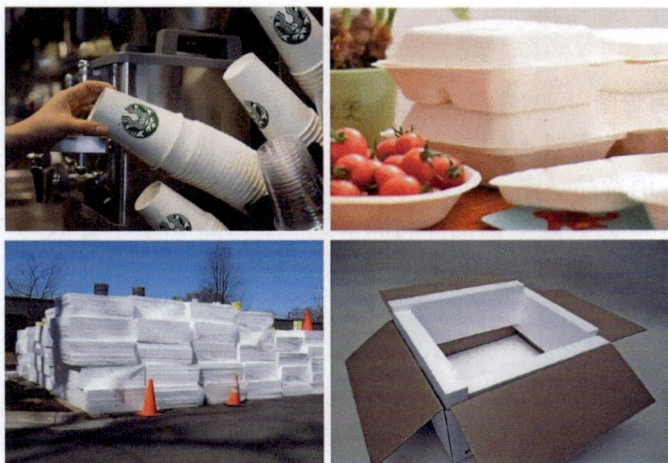

图 2-29　一次性塑料餐具和包装材料

　　如图 2-31 和图 2-32 所示，一次性样品容器和 CD 盒由通用聚苯乙烯（GPPS）和高抗冲聚苯乙烯（HIPS）制成。透明聚苯乙烯因其高硬度和清晰度，成为 CD/DVD 盒及一次性样品容器的首选，其水晶般透明的外观能完美展示内部图形，有效增强市场竞争力。而 HIPS 则以其刚度、延展性和成型性著称。此外，PS 也常用于制造一次性剃须刀和牙刷。

图 2-30　XPS 泡沫

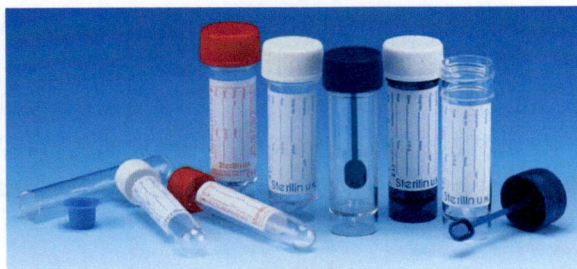

图 2-31　PS 一次性样品容器

图 2-32　PS 日用品

第 2 章　常见塑料材料的性能与选用 ◆ 87

2.2.5 苯乙烯-丙烯腈（SAN）

苯乙烯-丙烯腈（SAN）是一种无规、非结晶的共聚物树脂，具有黄色透明性。SAN 因其耐化学性、耐热性、强度、刚度、优异的光泽和可加工性特点，可用于汽车、消费品、电气和电子、包装、医疗和健康行业等。然而，SAN 主要用作制造 ABS 三元共聚物的原材料。通常，SAN 由质量分数为 70%～80% 的苯乙烯和质量分数为 20%～30% 的丙烯腈组成。

1. SAN 的性能

1）SAN 的折射率为 1.56～1.58，透光率为 80%～90%。SAN 的折射率和透光特性使其易于着色和印刷。

2）SAN 的性能主要由其中的丙烯腈含量和分子量决定。SAN 中丙烯腈的存在使其具有比 GPPS 更好的强度、尺寸稳定性、耐化学性、耐热性和电绝缘性能。

3）SAN 比丙烯酸树脂更容易加工。SAN 的可加工性和光泽度归因于其中的苯乙烯组分。SAN 的可加工性通常因其中的丙烯腈含量和分子量的增加而受到损害。丙烯腈和苯乙烯的含量经过优化可以达到所需的性能平衡。SAN 的力学性能（拉伸、冲击）、耐化学性和阻隔性能可以通过控制加工过程中的取向来提高。

4）SAN 可通过多种传统热塑性工艺加工，如注射成型、挤出、注射吹塑、压缩成型和热成型。然而，由于 SAN 缺乏增韧性（无 ABS 中的橡胶成分），热成型后修整时易产生裂纹，影响耐久性。为满足特殊需求，必须具有增强耐候性、蒸汽阻隔性和耐溶剂性的 SAN 树脂配方。

2. 应用

如图 2-33 所示，SAN 常被用作玻璃的替代品，尤其常见于化妆品行业的包装。其应用领域还涵盖家用产品、牙刷手柄、冰箱内部和一次性医疗产品。

图 2-33 SAN 化妆品包装及冰箱抽屉

如图 2-34 所示，SAN 具有优异的透明性和耐化学性。SAN 主要用作 ABS 的原料，也用于一次性打火机、牙刷柄、榨汁机容器部分和搅拌器等。

图 2-34　SAN 一次性产品

2.2.6　丙烯腈-丁二烯-苯乙烯（ABS）

丙烯腈-丁二烯-苯乙烯（ABS）三元共聚物树脂主要由分散在热塑性 SAN 基体中的接枝弹性体聚丁二烯相构成。典型的 ABS 成分包括质量分数为 15%～35% 的丙烯腈、质量分数为 5%～30% 的丁二烯和质量分数为 40%～60% 的苯乙烯，这些组分的比例变化会产生不同等级的树脂。基本上，ABS 树脂由 SAN 共聚物基体组成，其中 SAN 接枝的弹性体聚丁二烯颗粒均匀分散其中。

特定 ABS 树脂的性能取决于三种主要组分（丙烯腈、丁二烯和苯乙烯）的共混比例。ABS 树脂的性能可以定制，以提供特定的所需性能。

丙烯腈组分具有耐化学性、强度和热稳定性，丁二烯组分具有低温、韧性和冲击强度，苯乙烯具有刚度和可加工性。通过改变各组分的比例可以显著改变 ABS 树脂的性能，并使生产多种等级的 ABS 树脂成为可能。

除了通过调整单体组分比例可以调控 ABS 的性能，还可以通过将其与特定工程塑料共混来进一步优化其性能。例如，PC/ABS 或 PBT/ABS 的混合物（这些被称为"塑料合金"的标准组合），相较于纯 PC 或纯 PBT，这些合金不仅成本更低，还具有制造阻燃材料的潜力。

PC/ABS 共混物结合了两种塑料的优点，使其比纯 ABS 具有更好的流动性、更好的温度和抗紫外线性能。此外，与纯 ABS 相比，PBT/ABS 共混物在高温下具有更好的耐化学品性（包括汽油）和尺寸稳定性。在汽车工业中，PBT/ABS 共混物正逐步取代 ABS、PP 和 PC/ABS，因其亚光表面能更好地复制纺织品的外观，特别在内饰板等应用中受到广泛青睐。

1. ABS 的性能

（1）优点

1）结合了刚度、强度和韧性。

2）应力作用下尺寸稳定。

3）表面光泽度好。

4）易于上色和印刷。

5）非常适合镀铬。

6）良好的电气绝缘。

7）可以透明。

（2）缺点

1）耐热性差。

2）对应力开裂敏感，某些润滑脂存在的情况下可能会出现应力开裂。

3）抗紫外线能力差。

4）耐溶剂性差，尤其是芳香族、酮类和酯类。

5）ABS具有轻微吸湿性，应在加工前干燥（在80~90℃下干燥2~4h）（K-树脂和PS具有优势）。

6）普通等级容易燃烧。

7）易刮伤。

8）介电强度低。

2. 应用

由ABS树脂制成的电器部件、计算机和电话机外壳构成了ABS树脂家电市场的很大一部分。图2-35所示为ABS扫地机器人外壳。

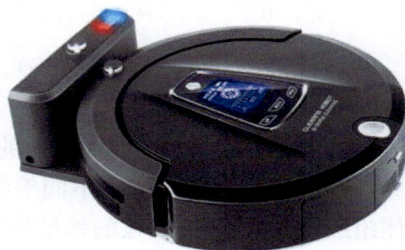

图 2-35　ABS 扫地机器人外壳

轻质、耐蚀、燃油效率、成本效益、环境友好、易于加工、造型自由（由于降低了设计限制），这些特性使ABS和其他塑料成为汽车应用中的首选。在汽车零部件中使用ABS和其他塑料，可使每辆汽车的平均重量减轻。图2-36所示为ABS汽车内门板。

医疗设备外壳要求具有美观性、良好的阻燃性和耐化学性（家用和医用清洁剂和消毒剂），以及耐电气和电弧性能（根据欧盟关于电子和电气设备的WEEE指令以及关于有害物质的RoHS）。PC/ABS共混物良好的碳足迹使其成为这些医疗设备外壳应用中热固性塑料的良好替代品，如图2-37所示。

图 2-36　ABS 汽车内门板

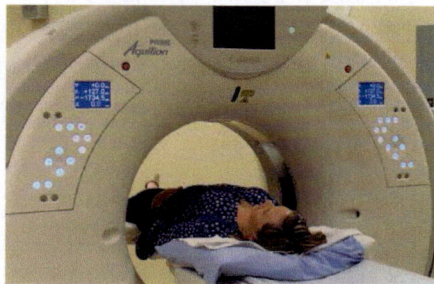

图 2-37　ABS 医疗设备外壳

2.2.7 K-树脂

K-树脂是一种苯乙烯-丁二烯共聚物（SBC），主要是作为玻璃（传统透明材料）和透明塑料（如 PS、PMMA 等）的替代品。K-树脂的透明性很好，甚至比某些有竞争力的透明工业树脂，如 SAN、醋酸纤维素（CA）、PS 要好。这是因为 CA 和 SAN 常带有浅蓝色或浅黄色，而 K-树脂为无色聚合物。

K-树脂由苯乙烯和丁二烯组成，就像 SBR（25%苯乙烯：75%丁二烯）一样，但这些成分在 K-树脂中的百分比不同。K-树脂由质量分数为 75%的苯乙烯和质量分数为 25%的丁二烯组成，因此 K-树脂不像 SBR 那样具有弹性。

K-树脂塑料有两个主要等级即 KR01 和 KR03。KR01 表现出明显高于晶体 PS 的冲击力，但不如 KR03 坚韧。K-树脂的丁二烯含量使这两个等级都比 PS 更硬。KR01 几乎只用于注射成型。与 KR03 相比，KR01 还具有抗翘曲性、刚度和表面硬度的优点。KR04、KR05 和 KR10 属于 KR03 级，化学性质相当。

K-树脂闪闪发光的清晰度归功于它的透明度；其 1.55 的折射率与其他苯乙烯的折射率相当。K-树脂的透光率为 90%~95%，略好于 SAN。

K-树脂由于其硬度、柔韧性和低吸湿性而具有良好的包装和营销经济性。K-树脂薄膜具有相对较低的阻隔性能；其透湿性和透氧性较好，这使得它在食品包装应用中具有吸引力。例如，改性气氛包装（MAP），使用 K-树脂 DK11 制作的 MAP 膜可更好地保存水果和蔬菜。肉类、水果、蔬菜等包装食品需要氧气、二氧化碳和水蒸气的平衡才能保持新鲜，如图 2-38 所示。

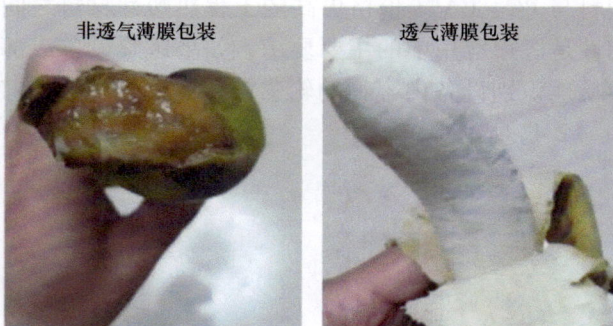

非透气薄膜包装　　　透气薄膜包装

图 2-38　食品透气薄膜

1. K-树脂的性能

（1）优点

1）表面光泽度非常好。

2）高透明。

3）刚度好，硬度高。

4）冲击强度比 PS 要好。

5）易于加工。

（2）缺点

1）拉伸强度低。

2）耐热性差。

3）对应力开裂敏感，某些润滑脂存在的情况下可能会出现应力开裂。

4）抗紫外线能力差。

5）K-树脂共聚物通常很难印刷，因为它们含有蜡。

2. 应用

K-树脂具有抗翘曲、表面硬的优点。注射成型性（易于加工）、可回收性、闪闪发光的清晰度和良好的韧性是 K-树脂成为高质量衣架的主要特性，这些衣架足够坚固，可以满足运输需求，并且具有服装展示所需的视觉吸引力的美观性和清晰度。可回收性意味着有缺陷或损坏的衣架可以重复使用，从而最大限度地降低产品更换成本，如图 2-39 所示。

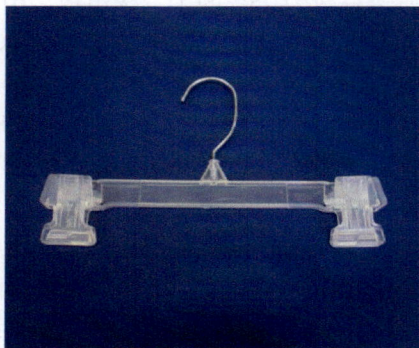

图 2-39　儿童透明 K-树脂塑料夹持式旋转裙架

如图 2-40 ~ 图 2-42 所示，K-树脂由于其清晰度和韧性，填补了 PS、PE、PP 等商品热塑性塑料与 PC、CA 等价格更高的工程热塑性材料之间的医疗应用空白。清晰度和韧性是医疗应用中的主要要求，如果医疗设备或部件具有清晰的特性，则可以容易地识别设备内容物的轮廓，并且设备必须足够坚韧，从而减少意外损坏，如图 2-43 所示。

图 2-40　水果包装

图 2-41　带六个隔间的 K-树脂透明储物箱

图 2-42　化妆品包装瓶

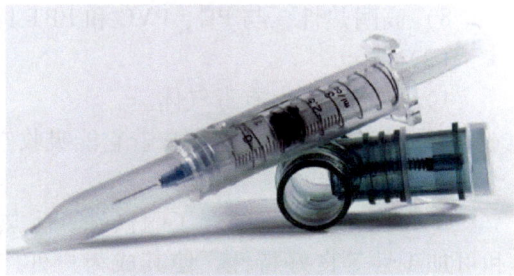

图 2-43　K-树脂呼吸装置

2.2.8　丙烯腈-苯乙烯-丙烯酸酯（ASA）

丙烯腈-苯乙烯-丙烯酸酯（ASA）是一种非结晶三元共聚物，具有刚度、透明度、韧性、耐油脂、耐食品污渍、环境应力开裂和易于加工等特点。这种特性的结合使其成为户外、汽车和建筑行业 ABS 和传统材料的首选材料和替代品。

ASA 是丙烯酸酯橡胶改性的 SAN 共聚物，在聚合阶段包含丙烯酸酯橡胶改质剂。在这方面，它与 ABS 不同，因为它在 SAN 基体中含有丙烯酸酯橡胶，而不是 ABS 中的聚丁二烯。

丙烯腈为 ASA 三元共聚物提供了特有的耐化学性和强度（如 ABS），苯乙烯为 ASA 提供了刚度、易加工性和成本效益特性（如 ABS），但丙烯酸酯为 ASA 提供了 ABS 所缺乏的抗紫外线、耐热性和随后的耐候性，这使 ASA 在需要延长使用时间的户外应用中具有优于 ABS 的优势。

ASA 是作为 ABS 的替代品开发的，尤其在耐候性和耐热性方面。这些特性使 ASA 三元共聚物树脂在汽车、建筑施工和户外工业中备受欢迎。

典型的 ASA 组成（质量分数）为 15%～35% 的丙烯腈、40%～60% 的苯乙烯和 5%～30% 的丙烯酸酯；组成比例的变化可产生不同等级的树脂。

ASA 具有类似于 ABS 但低于 SAN 的相对较低的拉伸强度。ASA 会受到浓酸、芳香烃和氯化烃、酯类、醚类和酮类的腐蚀。ASA 燃烧时会产生有毒烟雾。

1. ASA 的性能

（1）优点

1）优异的耐候性，能够承受紫外线辐射、高温和潮湿等环境因素。

2）高耐冲击性、强度和刚度。

3）良好的耐化学性，能够承受酸和碱的腐蚀。

4）可染色和进行表面着色，有多种颜色可供选择。

5）可通过注射成型、挤压成型等方法进行加工。

6）卓越的尺寸稳定性。

7）耐刮擦性能。

8）高耐热性，与 PC、PVC 和 PBT 具有良好的兼容性。

（2）缺点

1）燃烧会产生有毒气体。

2）具有吸湿性，这意味着它能吸收空气中的水分。

2. 应用

ASA 三元共聚物结合了耐候性、耐热性、抗环境应力开裂性、长期耐久性和可加工性等良好特性，使其成为户外广泛使用的可行材料，如，建筑结构构件，汽车、货车和船用部件的外壳和盖子，农场设备和组件的外壳和盖子，电气设备和部件及其他的外壳和盖子。

ASA 经常用于制作外壳，如电话外壳和汽车外饰件（见图 2-44）。

图 2-44 汽车外饰件

ASA/PVC 屋面瓦采用先进的四挤压技术一次性加工而成，如图 2-45 所示。

图 2-45 ASA/PVC 屋面瓦

屋面瓦表层采用 ASA 高耐候性材料，确保颜色持久，使用寿命长；中间层采用极坚韧的 PVC，在增加刚度的同时确保强度；底层采用白色坚韧的 PVC，可以增加车间的空间感和亮度。

2.2.9 丁苯橡胶（SBR）

丁苯橡胶（SBR），全称苯乙烯-丁二烯橡胶，在技术上被认为是一种弹性体。顾名思义，SBR 是一种由重复出现的苯乙烯和丁二烯单体组成的共聚物，就像 K-树脂一样。这两种树脂中重复出现单体的百分比不同：SBR 由质量分数为 25% 的苯乙烯和质量分数为 75% 的丁二烯组成，而 K-树脂由质量分数为 75% 苯乙烯和质量分数为 25% 丁二烯组成。SBR 是通过乳液和溶液聚合生产的。70% 的 SBR 主要用于制作轮胎和轮胎产品（见图 2-46）。SBR 在耐温及溶剂和化学品方面与天然橡胶相似。

图 2-46　使用 SBR 制作的轮胎和鞋底

2.2.10　聚甲基丙烯酸甲酯（PMMA）

聚甲基丙烯酸甲酯（PMMA）是丙烯酸树脂的主要成分，由单体 MMA[CH_2＝$C(CH_3)COOCH_3$] 制备，约33%（质量分数）的 MMA 用于制造 PMMA。PMMA 广泛用于制作透明、玻璃状的不易碎瓶子、容器，也可作为黏合剂、油墨和涂料等。在牙科中，因具有良好的黏合性，PMMA 常用作义齿、填充物和涂层；在医学领域，它们也用作骨水泥。然而，丙烯酸甲酯是挥发性物质，吸入可能有害。

尽管 PMMA 的物理性能和力学性能优越，如高透明度、耐候性和中高强度，但其成本高于普通塑料，如 PE、PP、PVC 和 PS，因此也限制了它的使用。PMMA 密度低，强度优于其他透明材料。

PMMA 是透明的热塑性材料，外观明亮如宝石，玻璃化转变温度为 105～107℃。它的折射率接近玻璃，故又称"有机玻璃"。在特定波长下，其透光率接近最大。PMMA 的雾度值较低，抗紫外线和耐候性强，适用于户外。它还具有良好的耐化学性，但易受强酸和某些烃类影响。使用时需验证其在特定环境中的适用性，如异丙醇可能导致其龟裂。丙烯酸共聚物可增强耐化学性，但可能影响透光性。

1. PMMA 的性能

（1）优点

1）具有良好的力学性能。它具有相对较高的强度。

2）具有优异的尺寸稳定性，可用于薄壁应用。

3）是中等硬度的，但由于其刚度，它不是高耐冲击材料，但比通用聚苯乙烯具有更高的冲击强度。

4）易于制造：粘接、超声波焊接和机械加工都非常出色。

5）具有非常高的耐刮擦性。

6）吸湿性低（0.1%~4%/24h），这种性能有利于 PMMA 应用于需要电绝缘的场合。

7）具有良好的电绝缘特性，如低损耗因数和高介电强度。PMMA 可用于高达 20000V/mil（1mil=25.4×10⁻⁶m）的高压电绝缘。

8）具有缓慢燃烧的特性，尽管不阻燃。

9）可通过干环氧乙烷气体（湿环氧乙烷和蒸汽灭菌方法不适用）、电子束辐照和 γ 辐照进行灭菌。丙烯酸树脂在 γ 射线照射下会变色（变黄），但变色是暂时的，结构完整性不会受损。更高的辐射剂量会产生更高程度的变色和更长的恢复时间。

（2）缺点

1）对酮、酯、醚、芳香族和卤代溶剂的腐蚀性较差。

2）低的冲击强度，使用冲击改性剂可以改善这种特性。

3）未改性的 PMMA 不具有阻燃性。

4）连续使用温度（CUT）为 75~95℃。

5）成本高于聚苯乙烯等普通塑料。

6）不易回收。

2. 应用

图 2-47 所示为 PMMA 卫浴间浴缸。易于清洁、防霉（防藻类和真菌）、美观的特性使 PMMA 成为卫浴间类应用的首选材料。

图 2-48 所示为 PMMA 在水族箱中的应用。透明性、美观性、刚度和耐久性使 PMMA 成为水族馆应用的首选材料。

图 2-47　PMMA 卫浴间浴缸

图 2-48　PMMA 在水族箱中的应用

　　PMMA 材料的透明度高，透光率可达 92% 以上并具有良好的耐候性，耐高温性、耐老化性好，长时间在太阳照射、风吹雨淋的室外也能安心使用。PMMA 材料的耐磨性好、化学性能稳定，生产出的产品尺寸稳定性良好。PMMA 在汽车的尾灯（见图 2-49）、仪表盘面罩、外立柱和装饰件、内饰灯、后视镜外壳等领域都有应用，主要用在需要透明、半透明及高光泽度等领域。

图 2-49　PMMA 用于汽车尾灯

2.3　工程塑料的性能与应用

工程塑料由一些特殊的、高性能的合成塑料材料组成，具有优异的性能。它们可以成型为具有特定机械功能的半精密零件或结构件。这意味着即使零件受到机械应力、冲击、弯曲、振动、滑动摩擦、极端温度和恶劣环境等因素的影响，零件也将继续发挥作用。

工程塑料作为机械设备结构中金属材料的替代品，具有耐蚀、透明、轻便、自润滑、制造和装饰经济等优点。

2.3.1　聚酰胺或尼龙（PA）

聚酰胺（PA）是一种半结晶工程塑料，它有几种不同的类型，其中 PA6 和 PA66 最为常见。PA 是市场上推出的第一种工程塑料，也是销量最大的，因为它在汽车行业中被广泛使用。

PA 由美国杜邦公司于 1931 年发明，最初以尼龙的商品名作为降落伞和女式长筒袜中的纤维推出。杜邦公司对尼龙的发明标志着塑料行业的一个新时代，以及研发在发明和创新中的作用。尼龙的其他用途包括轮胎绳索、绳索、防弹背心等。

目前，尼龙成了一个通用名词，杜邦失去了该商标，现在以 Zytel 的商品名销售 PA。BASF 的 Ultramid、Lanxess 的 Durethan 和 DSM 的 Akulon 是市场上其他一些著名的商品名。

PA 的玻璃化转变温度（T_g）为 50℃，其特征在于：

1）高强度。

2）高刚度（模量），高比刚度。

3）高冲击强度。

4）低摩擦系数。

5）耐化学性。

6）高耐热性。

PA 是半结晶的工程热塑性聚合物。酰胺基 $\pm$CO-NH$\pm$ 在聚酰胺链之间提供氢键，并负责 PA 特有的高强度、高刚度、韧性和其他性能。这些特性使 PA 成为所有可用合成纤维中强度最高的纤维之一。

PA 有许多变体，用字母数字标记，如 PA66 表示组成单体的分子中的碳原子数。PA6 是最常见的 PA 类型，并且具有最简单的结构，即

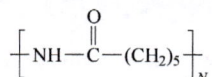

$$\left[NH-\overset{\overset{O}{\|}}{C}-(CH_2)_5\right]_N$$

PA66 具有由两个不同分子组成的单体，其中每个分子具有六个碳原子，即

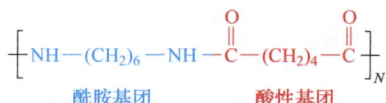

$$\left[NH-(CH_2)_6-NH-\overset{\overset{O}{\|}}{C}-(CH_2)_4-\overset{\overset{O}{\|}}{C}\right]_N$$

酰胺基团　　　　酸性基团

PA 的开发聚焦于提高耐高温性和降低吸水率，因此衍生出多种变体，包括 PA666、PA46、PA11、PA12 和 PA612。十多年前，高性能的芳香族聚酰胺（PPA）问世。近年来，由长链单体制成的"生物聚酰胺"，如 PA410、PA610 等也成为新趋势。

1. PA 的性能

（1）优点

1）高强度。

2）高耐冲击性、强度和刚度。

3）良好的耐化学性，PA 对润滑油和柴油、酯、酮、稀碱和浓碱、脂肪和油具有抵抗力，并且没有明显的溶胀。这是 PA 在汽车发动机罩下应用中大量使用的原因。

4）具有自润滑特性，这是由于 PA 的摩擦系数低。

5）可消毒。灭菌程度取决于等级。PA66 可通过高压灭菌器、γ射线、电子束和环氧乙烷气体（EtO）灭菌，其高压灭菌能力有限。PA612 只能通过环氧乙烷气体和高压灭菌器进行灭菌。

6）可获得食品认证等级。

7）卓越的摩擦、磨损性能。

8）具有自熄性能。

9）具有优异的电绝缘性能。

（2）缺点

1）具有吸湿性，它的吸水率为 0.1%～1.5%/24h。吸收空气中的水分，从

而改变了力学性能和尺寸稳定性。建议在加工前先干燥。缺乏干燥会导致可加工性变差，因水的存在会导致链断裂。

2）耐热水性较差。

3）抗紫外线能力较差，暴露在紫外线下会发生氧化降解。

4）如果不进行冲击改性，低温下的脆性更大。

2. 应用

PA66 的消耗量约占所有 PA 的一半以上；PA 件和产品通常采用填料，如玻璃纤维、矿物填料（滑石、云母、黏土、SiO_2、$CaCO_3$）和添加剂（如着色剂（颜料）、阻燃剂和增韧剂）实现增强。

生产的大部分 PA（约 85%）进入纤维市场，如图 2-50 所示的钓鱼线；另一部分进入了多样化的塑料市场，从汽车发动机罩下应用的塑料件、齿轮到毛刷手柄、割草机刀片、溜冰轮等。

图 2-51 所示为 PA 纤维在汽车安全气囊中的使用情况。PA 纤维的高强度和高韧性使其成为汽车安全气囊应用的首选材料。

尽管只有一小部分 PA 用于非纤维应用，但它们被用于各种各样的产品中。PA 的典型应用领域是汽车、消费品、电气/电子、包装材料和工业/机械。

图 2-52 所示为一种用于动力转向泵的 PA 通用总成。该总成的零件数量有所减少，三个由玻璃增强 PA66 模制而成的零件取代了早期设计中使用的七个金属零件，从而降低了部件和组装成本。

图 2-50　PA 钓鱼线

图 2-51　PA 纤维用于汽车安全气囊

PA 具有良好的强度、刚度和耐冲击性平衡，还有耐热油等级。发动机罩下零件是使用注射成型耐冲击 PA 零件的一个例子，如图 2-53 所示。

PA 因其固有的低摩擦特性，常被应用于齿轮、衬套和塑料轴承的制造。尽管它并非最滑的塑料材料，但在仅考虑低摩擦性能时，POM 通常更理想。然而，PA 在机械、化学和热性能方面的卓越表现使其成为那些可能遭受大量磨损的零件的首选材料。此外，PA 还可以与多种添加剂结合，形成具有显著不同材料性能的多种牌号，从而满足多样化的应用需求。图 2-54 所示为一个由 PA 加碳纤维材料制成的齿轮。

图 2-52　动力转向泵的 PA 通用总成

图 2-53　进气歧管和气缸盖罩等发动机
零件通常由玻璃纤维增强 PA 制成

　　PA 具有良好的电气性能、高工作温度和阻燃性（达到 UL V-0 等级）的优异组合。因此，PA 常用于制作熔体外壳、断路器外壳（见图 2-55）、变压器外壳等电气部件。

　　PA 的当前和新发展包括非结晶、透明、可模塑的等级，与其他 PA 相比，这些等级的 PA 在热水中具有增强的性能。

图 2-54　PA 加碳纤维材料制成的齿轮

图 2-55　PA 用在断路器外壳

　　此外，PA 增韧技术使超韧性树脂得以发展，如杜邦公司的 Zytel ST 树脂，其冲击强度（缺口）是第一种也是最受欢迎的 PA66 的 17 倍。

　　聚酰胺扩展系列：半芳香族和芳香族聚酰胺 PPA。

　　聚邻苯二甲酰胺（PPA）树脂是基于对苯二酸或间苯二酸与胺聚合的半芳香聚酰胺。对于 PPA，在高温高湿条件下，PPA 的拉伸强度比 PA6 高 20%，比 PA66 高。PPA 材料的弯曲模量比 PA 高 20%，耐长期拉伸蠕变；PPA 对汽油、油脂和冷却剂的抵抗力也比 PA 强；同时 PPA 是一种耐高温的材料，可以承受 200℃ 的高温，并且可以保持良好的尺寸稳定性；PPA 的耐化学性也优于 PA6 和 PA66。PPA 主要用于制作汽车前照灯反光镜、外壳、带轮、传感器外壳、燃油管路元件和电气元件。

2.3.2 聚甲醛（POM）

聚甲醛或聚缩醛（POM）是一种半结晶的工程热塑性树脂，它的特点是具有优异的抗蠕变性、韧性和疲劳强度。聚缩醛于 1960 年由杜邦公司在商业上引入。杜邦公司的聚缩醛是一种商品名为 Delrin 的均聚 POM。塞拉尼斯公司于 1962 年以商品名 Celcon 推出了聚缩醛共聚 POM。Celcon 聚缩醛树脂是甲醛和少量环氧乙烷或 1，3-二氧杂环己烷的共聚物。

均聚 POM 与共聚 POM 差别：

1）均聚 POM 具有更好的抗蠕变性能。

2）共聚 POM 具有更好的尺寸稳定性。

3）共聚 POM 在挤出成型中的多孔性较低。

4）均聚 POM 具有更高的硬度等级。

5）共聚 POM 的整体耐化学性稍好。

6）均聚 POM 的拉伸强度比共聚 POM 高出 10%～15%。

7）均聚 POM 的操作温度限制略高。

8）均聚 POM 在室温和高温下更硬。

9）均聚 POM 在室温和低温下具有更高的冲击强度。

1. POM 的性能

（1）优点

1）具有高结晶度，高结晶度是其具有高强度和刚度特性的原因。

2）具有很高的抗蠕变性能（是热塑性塑料中最高的一种）。

3）高抗疲劳性。

4）出色的弹性性能。

5）不吸收水分，具有良好的尺寸稳定性。

6）连续使用温度 90℃。

7）非常高的尺寸稳定性，其伸长率和收缩性低。不吸水，与湿度相关的变化最小。POM 在加工前不需要干燥，但建议干燥以提高原料的均匀性。

8）具有良好的延展性。它可以锯、钻孔或铆接而不会开裂。

9）具有良好的耐溶剂（酒精、汽油等）、卤代溶剂、油和油脂侵蚀性。

10）与大多数塑料一样，具有优异的电绝缘性能。其低损耗因数使其成为良好的电绝缘体，但其用途仅限于低电压（≪500V/mil）。

11）不含冲击改性剂的高韧性。

（2）缺点

1）不能进行溶剂焊接（这是具有良好耐溶剂性能的副作用）。

2）易受强酸、碱和氧化剂的影响。

3）易受紫外线照射。它在户外暴露时往往会"粉化"。

4）不具有自熄性。然而，它表现出缓慢而清洁的燃烧，几乎不冒烟。

5）在高温加工设备中长时间使用会释放甲醛。POM 的处理，要求对设备进行充分通风和定期清洁。

2. 应用

POM 作为一种工程热塑性树脂，是铝、钢等传统金属材料和其他塑料的经济高效的替代品。应用范围广泛，如汽车、医疗/牙科、家用电器、电气/电子（开关设备）、计算机外壳、管道/灌溉等。

独特的性能组合，如尺寸稳定性、所有热塑性材料在室温下的极低磨损性［摩擦系数 = 0.2（静态）~ 0.35（动态）］、高抗蠕变性、轻质、耐蚀性、耐溶剂性、低吸湿性、电绝缘性等，使得 POM 成为许多工程应用的首选材料。

在汽车工业中，POM 用于制作燃料系统零件、动力总成零件和许多其他发动机罩下零件。图 2-56 所示为 POM 齿轮。

POM 是高强度和耐久性非常重要应用的理想选择，可注射成型广泛用于各种应用的塑料产品，如图 2-57~图 2-59 所示。

图 2-56 POM 齿轮

图 2-57 POM 快速接头

图 2-58 推入式旋转外螺纹三通

图 2-59 背包带夹及汽车安全带夹

2.3.3 PET、PBT、PEN、PCT

热塑性聚酯家族有三个主要成员，即聚对苯二甲酸乙二酯（PET）、聚对苯二甲酸丁二酯（PBT）、聚奈二甲酸乙二酯（PEN），PET 是第一种被发明的热塑性聚酯，PBT 是该家族中的工程塑料，PEN 是 20 世纪 90 年代发明的家庭中的最新成员。

PET 是一种饱和的热塑性聚酯，这将其与热固性对应物（称为 UP 树脂或不饱和聚酯，UP 树脂是一种热固性材料）区分开来。

1. PET

PET 是合成的半结晶性热塑性聚酯，具有高结晶度和透明度。PET 是天然的半结晶，具有高熔点（$T_m = 250℃$）和相对较高的玻璃化转变温度（$T_g = 69℃$）。透明薄膜是通过双轴拉伸生产的。拉伸 PET 具有非常好的阻隔性能，PET 被认为是阻隔应用中的常用材料。

（1）PET 的性能

1）PET 的吸水率较低，为 0.35%～0.8%/24h，但需要在加工前进行干燥，以将其水含量降至 0.005%（质量分数）以下。PET 需要在 125℃ 的惰性气氛（氮气等）条件下进行干燥，因为它会快速吸收水分。

2）PET 具有高尺寸稳定性和低加热收缩率。

3）PET 对弱酸和弱碱稳定，但对浓硫酸和硝酸敏感。

4）PET 在室温下（低于其 $T_g = 69℃$）具有非常好的电绝缘性能。

5）PET 透明坚固，强韧性好，具有优异的气体和水分阻隔性能，耐热、耐矿物油、耐溶剂和耐酸（但不耐碱）。PET 广泛应用于纤维、软饮料及其他饮料瓶和薄膜中。

6）PET 可用于中高压电绝缘应用。

（2）应用

1）大约 1/3 的 PET 树脂用于纤维型应用。PET 纤维通常用于服装制作，作为羊毛、棉花和人造丝的替代品。PET 纤维具有"耐洗涤、耐磨"和防皱性能。

2）PET 纤维（主要是回收 PET）也被用作枕头和睡袋的填充物。

3）大约 1/3 的 PET 树脂用于制作饮料瓶（双轴取向薄膜）。双轴取向薄膜被用作电容器和其他非封装薄膜类型应用的绝缘材料。

再生 PET 是塑料行业的高增长市场之一，PET 具有 1 号回收代码，如图 2-60 所示。

图 2-60　PET 饮料瓶及回收标记

2. PBT

PBT 是 1969 年商业引入的热塑性聚酯家族中的另一个成员，它是由对苯二甲酸和丁二醇在钛酸四丁酯催化剂下的缩聚（聚酯化）反应生产的，它是 PET 的工程热塑性对应物。

（1）PBT 的性能

1）较长的丁二醇链段使 PBT 相比 PET 分子链柔性更好，极性更低。因此，PBT 的熔点（T_m）和玻璃化转变温度（T_g）较低。较低的 T_g 提高了 PBT 的注射成型加工性，因为它在模具中冷却时会快速结晶，并有助于提高注射速度和缩短周期。

2）与 PET 相比，PBT 具有更好的尺寸稳定性、防潮性（吸水率为 0.1%/24h）、耐环境应力开裂性、耐烃油性、耐磨性和润滑性。

3）PBT 具有低吸湿性，但当聚合物在成型机中熔融时，其水解很快，并导致树脂结构和力学性能的恶化。与 PA 和类似的对湿度敏感的热塑性塑料不同，PBT 可能没有明显的高湿度迹象，如银纹。因此，强烈建议使用除湿料斗式干燥机，以确保原材料正确干燥至 0.02%~0.05% 的含水量。

（2）应用　玻璃纤维增强的 PBT 是使用最多的 PBT 树脂，它可用于工程和汽车领域。PBT 的增长率很高，主要增长领域是电气、电子和电信行业，主要是因为其优异的电气性能，但 PBT 树脂因其优异的物理、电气和耐化学性能及易于加工（比 PET 更容易注射成型，T_g 更低）而在汽车和工业等其他行业中得到应用。不同等级的 PBT、玻璃纤维增强、阻燃剂等的可用性增强了其市场应用性，如图 2-61~图 2-63 所示。

Celanex® PBT+20%GF 因其良好的耐热性、韧性和易于加工而非常适合制作电动车窗升降器的驱动外壳。

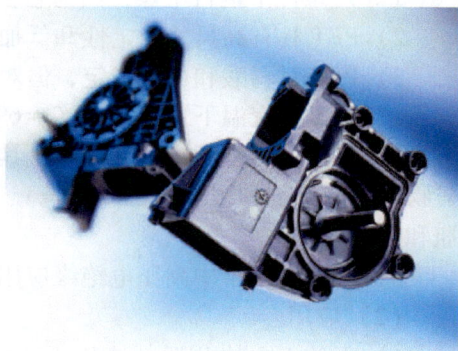

图 2-61　PBT+20%GF 电动车窗升降器的驱动外壳

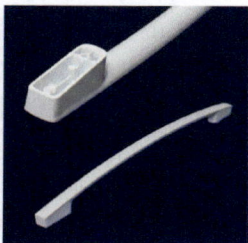

图 2-62　烤箱旋钮与手柄即使暴露于高温下也能保持光泽和颜色

图 2-63　Celanex® XFR® PBT 符合国际无卤 V-0 标准

3. PEN

PEN 是 20 世纪 90 年代引入的热塑性聚酯树脂之一。PEN 对氧气和二氧化碳阻隔性能比 PET 好 200%~500%。PEN 的刚度和热稳定性比 PET 高 50%。目前，PEN 的成本较高，这使 PEN 对 PET 的竞争力降低。PEN 主要以薄膜和颗粒形式存在，品牌名称为 Kaladex、Kalidar 等。

PEN 是一种热塑性聚酯，其化学性质与 PET 相似。然而，PEN 比 PET 更耐温度。PEN 树脂是半结晶和无色的（结晶透明或微雾状），目前主要作为双轴取向和热稳定的薄膜使用。与 PET 相比，PEN 树脂在 190℃而不是 150℃时开始显著收缩，适合长期电气使用（额定温度为 155℃而非 105℃/130℃）。它们的拉伸强度相似，但 PEN 膜的模量在环境温度下比 PET 高出约 25%，在 100~150℃范围内高出数倍；这缘于 PEN 的尺寸稳定性和较低的伸长率。PEN 树脂具有更好的抗紫外线和阻隔性能，并且在碱性或非常热的水性条件下更耐水解。

PEN 薄膜（见图 2-64）主要用于电气和电子行业，也被用作液晶聚合物（LCP）中的共聚单体。

PEN 介于较便宜的聚烯烃薄膜（PE、PP）、PVC 和聚酰亚胺或 PEEK 等高性能薄膜之间。这种薄膜可以在整个电气工程场景中轻松使用，最高耐热等级为 F。它

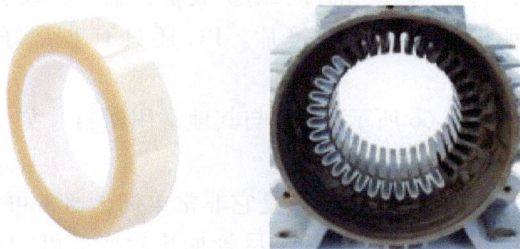

图 2-64　PEN 薄膜

与电气工程中的材料具有很好的兼容性，具有低厚度的高耐压性和很好的性价比。

PEN 薄膜的另一个优点是具有更强的抗老化性。在较高温度下，较低的收缩率也允许用作印制电路的基板。

由于这些原因，PEN 作为绝缘材料、机械弹性基材的应用越来越多，尤其是在日益增长的新兴技术应用中，如用于电动汽车的电池绝缘或作为质子交换

膜（PEM）燃料电池的子衬垫。

4. PCT

聚对苯二甲酸亚环己基-二亚甲酯（PCT）是由对苯二甲酸（TPA）和环己烷二甲醇（CHDM）二醇组成的热塑性聚酯树脂，具有较高的耐热性。Eastman将 PCT 和 PCTA（间苯二甲酸-改性 PCT）系列聚酯树脂出售给杜邦公司。PCT是一种具有短期热应力性能的半结晶聚酯树脂，它弥合了 PET 和 LCP 之间的差距。

乙二醇改质共聚酯热塑性聚酯家族的其他新成员包含不同二醇单体比例改性的共聚酯，如 PETG（二醇中 CHDM 质量分数少于 50%）、PCTG（CHDM 质量分数超过 50%），以及间苯二甲酸改性的 PCT 等。

在透明容器上替代 PC 的 Tritan（见图 2-65）为 PCTG，其特性包括易于加工、卓越的透明度、韧性、改进的耐热性、良好的耐化学性、不含双酚 A 等。

图 2-65　透明容器上替代 PC 的 Tritan

2.3.4　聚碳酸酯（PC）

聚碳酸酯（PC）塑料是一种透明的非结晶热塑性塑料，通常用于产品需要耐冲击性和/或透明度时（例如防弹玻璃）的场合。PC 通常用于制作眼镜、医疗设备、汽车零部件、防护装备、温室、数字光盘（CD、DVD 和蓝光）和外部照明设备中的塑料镜片。PC 还具有非常好的耐热性，并且可以与阻燃材料结合。

图 2-66 所示为 PC 与其他常用塑料〔如 ABS、聚苯乙烯（PS）或尼龙〕的冲击强度对比。

PC 的另一个特点是它非常柔韧，通常可以在室温下成形，而不会开裂或断裂，类似于铝金属片。尽管加热后变形可能更简单，但如果没有加热，即使是小角度弯曲也是可行的。

PC 合金在商业上是成功的，它们提供了性能和加工之间的平衡。

PC/聚酯合金：适用于需要高耐化学性的应用。PC/PBT 共混物比 PC/PET共混物具有更高的耐化学性，这是由于 PBT 具有较高的结晶行为。但是，PC/PET共混物比 PC/PBT 共混物具有更好的耐热性。

PC/ABS 合金：PC 的韧性和高耐热性结合了 ABS 的延展性和可加工性，这提供了极好的性能组合。

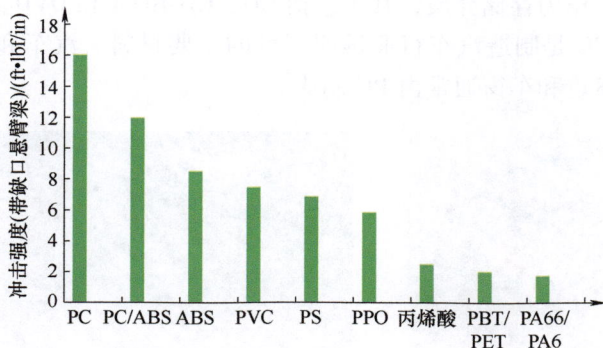

图 2-66　PC 与其他常用塑料的冲击强度对比

注：1ft·lbf/in≈53.4J/m。

1. PC 的性能

（1）优点

1）高度透明，能提供与玻璃一样好的透光性。

2）非常高的冲击强度（在低至−40℃的低温下）。

3）具有很好的耐热性。它具有高软化点，在−170～126℃的温度范围内稳定。PC 在 1.8MPa 下的热变形温度为 132℃，其连续使用温度（CUT）为 126℃。

4）可忽略的吸湿性和良好的尺寸稳定性，并且具有非常高的抗蠕变性。

5）收缩率低。

6）良好的电气性能。

7）自熄性 V-2，可以达到 V-0（含添加剂）标准。

8）可获得食品批准等级。

（2）缺点

1）恒定载荷下有较高的应力开裂趋势。

2）溶剂引发开裂。

3）在温度超过 60℃的水中降解，但可进行洗碗机清洗。

4）耐候性有限，暴露在紫外线下会变黄。长期户外使用需要紫外线防护。

2. 应用

由于其固有的特点，如重量轻、耐冲击、高透明度和耐热性，PC 已被广泛应用于各种领域。

1）电子元件：PC 的耐热性和电绝缘性使其成为电气和电子行业的完美选择。最常见的应用包括开关继电器、传感器部件、LCD 部分、高稳定性电容器中的电介质、手机和灯罩。与此密切相关的是光学工业，其中 PC 被用于制造光盘（见图 2-67）作为存储介质，其中包括 CD、CD-ROM 和 DVD。

2）汽车：PC 是制造汽车行业透明零件的主要材料。汽车和列车的前照灯透镜（见图 2-68）和车窗通常由 PC 制成。

图 2-67　PC 光盘

图 2-68　PC 汽车前照灯透镜

一些小型机动车辆（如摩托车）的挡风玻璃也是由 PC 制成的。

3）防护部件：PC 由于其高的冲击强度，被广泛用于投射物防护观察和照明场合，如制造许多类型的安全眼镜和护目镜、防护头盔（见图 2-69）、防暴盾牌等，它还被用于制造汽车的防弹窗和银行的护栏。

4）民用建筑：基于 PC 的透明性、耐冲击性、轻质性和隔热性，它是民用建筑的理想选择。典型的应用包括建筑物的安全玻璃、高架玻璃和温室覆盖物（见图 2-70）。

图 2-69　PC 防护头盔

图 2-70　PC 温室覆盖物

2.4　特种塑料的性能与应用

关于特种塑料，国内外尚未形成统一的认识，其称谓也多种多样，如特种工程塑料、超级工程塑料、高性能热塑性塑料和高性能聚合物等。其中，非结晶和半结晶的高性能或特种热塑性塑料特别引人瞩目，它们能够承受长时间的高温考验（通常能超过150℃）。这些塑料之所以具有这样的特性，主要归功于其聚合物链中富含的芳香环。此外，它们还包含醚或硫化物基团，赋予了材料出色的韧性和可加工性；同时，其中的砜、酮或酰亚胺基团（PPS除外）也促进了其特殊性能的发挥。

在市面上销售的特种热塑性塑料中，非结晶聚砜（PSU）以其179℃的玻璃化转变温度（T_g）位于低端，而半结晶聚醚酮（PAKK）则以高达395℃的熔点（T_m）处于高端。聚芳基醚砜（PAES）、聚醚酰亚胺（PEI）、聚苯硫醚（PPS）和聚芳基酮（PAEK）则位于这两个极端之间。此外，一些具备特殊功能的材料，如氟塑料和有机硅，也因其耐高温、自润滑等特性而被纳入特种塑料的范畴。

这些特种塑料要想在市场上取得成功，不仅需要具备高T_g或高T_m，还需在其他关键性能上表现出色。这包括加工时的高温熔体稳定性、抗剪切性、流变特性，以及在高温下仍能维持的高力学性能、耐化学品性、辐射性和耐磨性。同时，良好的电气性能和经济性也是不可或缺的因素。

2.4.1 聚苯硫醚（PPS）

聚苯硫醚（PPS），也称为聚芳硫醚（PAS），其分子链的重复结构单元及塑料粒如图2-71所示。其T_g为90℃，T_m为280℃，玻璃增强热变形温度（HDT）为>250℃，连续使用温度（CUT）约为220℃。它坚固、坚硬、高度结晶，具有优异的流动性，吸收很少的水分，对许多化学物质和水解反应相对惰性，并且具有固有的阻燃性［极限氧指数（LOI）约为

图 2-71　PPS 的分子链重复结构单元和塑料粒

50%］。它广泛应用于工业、电子、汽车、航空航天和家用电器。它相对便宜，但与PAEK相比，它具有较低的温度性能和韧性，并且比LCP更容易在成型时出现飞边。

PPS具有高度结晶性和高熔体流动性，未填充的树脂相当脆，通常使用质量分数为40%~70%的玻璃纤维增强，从而提高PPS的强度并降低翘曲和成本。

Ticona PPS，品牌为Fortron，拜耳为Tedur，DIC为DIC PPS，Kureha为Fortron KPS，东丽为Torelina。2014年，帝人和SK Plastics在韩国成立了一家名为Initz公司的合资企业，开始以Ecotran的名义生产PPS。目前，拜耳已经退出，欧洲没有PPS生产商，索尔维和Ticona留在了美国；韩国东丽、SK塑料/帝京；日本的DIC、东丽和Kureha是PPS的主要生产商。

1. PPS 的性能

1）PPS 的 LOI 约为 50%，很高，但降解产物可能包括二氧化硫、羰基硫化物和硫醇。对 γ 辐射和中子辐射的抵抗力很好，但 PPS 对紫外线辐射降解的抵抗力有限。

2）PPS 的吸湿性（以及相关的膨胀和尺寸变化）非常低。耐化学性通常非常好。PPS 对许多非氧化性有机溶剂具有抗性，但胺、芳香族化合物和卤代化合物在高温下可能会产生一些影响。它可以抵抗液体、气体和燃料、甲醇、乙醇、热机油、润滑脂、防冻剂、稀酸和碱，并且不易水解。已开发出特殊等级，以抵抗热水对玻璃纤维增强等级中树脂-纤维界面的侵蚀。然而，它会被硝酸等氧化酸分解，在>200℃时将溶解在芳烃和氯化芳烃中，并可受到四氯化碳、硝基苯和浓盐酸的攻击。当温度超过 T_g 后，PPS 的耐化学性显著下降。

3）PPS 的渗透率通常较低。与聚醚砜（PES）相比，PPS 是不透明的，具有较低的韧性和较大的飞边，但具有更好的耐化学性和较高的 CUT。在 PPS 的 T_g（90℃）和 PES 的 T_g 之间，玻璃填充的 PES 的拉伸强度和弯曲强度高于玻璃填充的 PPS。

4）线型 PPS（未交联）相比固化 PPS（交联后）具有更好的强度、韧性、纯度、熔合强度和着色性。固化 PPS 显示出更好的耐高温蠕变性和尺寸稳定性。固化的 PPS 已经过热氧化处理，因此在热老化过程中可能表现出不太明显的变化。

5）PPS 的常见局限性包括缺乏韧性和注射成型时易产生飞边。有各种可以降低飞边的材料，包括与聚醚酰亚胺和聚苯醚的混合物。PPS 和聚醚酰亚胺的共混物具有 PPS 的红外钎焊能力、优异的流动性和耐化学性，同时显示出低飞边和改进的成型循环时间。这使得 PPS 能够与成本更高的 LCP 竞争，后者通常声称零飞边是其一个显著的竞争优势。PPS 可以与 LCP 混合，以降低成本、提高 LCP 熔接强度或进一步改善 PPS 的流动性。现已开发出各种增韧 PPS 等级。

6）PPS 可以使用普通的热塑性加工技术进行加工。根据等级的不同，它可以注射成型、挤塑、吹塑、粉末涂层，甚至可以转化为多层或双轴取向薄膜。挤塑可用于生产棒材、板材、管材、薄膜、片材和涂层线材。使用特殊的吹塑等级可以生产非常复杂的吹塑制品，这开辟了重要的新应用。PPS 的高流动性使其非常适合生产热塑性连续纤维复合材料和长纤维增强化合物。PPS 可以转化为单丝、复丝纤维和非织造织物。精加工工艺包括焊接、机械加工、激光打标、黏合、涂漆、印刷和金属化。

7）尽管 PPS 在水解方面非常稳定，吸湿性也很低，但在加工前应将其干燥，以防止出现表面银纹和其他外观缺陷。结晶度对于发展高温性能是重要的，因为 T_g 相对较低。建议模具的最低温度为 140℃，以生产完全结晶的零件。结晶度可以通过在 200~230℃之间退火 1h 或 2h 来进一步发展。大多数 PPS 因其在高温下的机械耐久性、耐化学性和尺寸稳定性而被使用。

8）PPS显示出良好的流动性，可以填充非常薄的零件。不幸的是，它很容易产生飞边，清理飞边可能会增加成本。

使用高精度的模具可以减少飞边，但模具磨损后问题会重现。不巧的是，多数高填充PPS耐磨性强，会加速模具损耗。

2. 应用

1）PPS的主要应用是汽车发动机罩下应用的塑料件，因为它们具有耐高温、耐冲击、耐水和耐化学性，并且易于在复杂设计中使用嵌件注射成型。电动汽车预计将使用越来越多的PPS，即使在高达150℃的高温下也具有良好的力学性能，如图2-72和图2-73所示。

冷却水泵壳体　　　　电动油泵壳体　　　　汽车电机绝缘片

图 2-72　电动车辆冷却水泵壳体、电动油泵壳体和汽车电机绝缘片

2）PPS在工业上的应用包括用于滤袋、编织套管、烟气过滤器、防护服和烘干带的纤维；泵壳和叶轮、阀门部件、化学品罐内衬、洗碗机喷淋臂、管道内衬、管道用复合材料和长纤维外增强材料，以及油田设备。图2-74所示为飞机内部编织物使用的碳增强PPS胶管。

图 2-73　索尔维的 Ryton® PPS 用于柔性、
轻质的冷却液管路、支架和连接器
（可推进复杂的汽车热管理）

图 2-74　飞机内部编织物
使用的碳增强 PPS 胶管

3）PPS在家用电器中应用主要是像熨斗、水壶、咖啡机、吹风机和微波炉中使用的塑料件，这些可能是断路器、继电器外壳、线轴、连接器、叶轮、煎

锅把手、吹风机烤架、蒸汽熨斗阀、烤面包机开关、热水阀、反光罩外壳和喷墨墨盒。图 2-75 所示为利用 PPS 制成的电饭煲线圈座。

图 2-76 所示为 Ticona 的新型 Fortron® PPS 被用于 Miele 股份有限公司开发的一系列欧洲厨房烤箱中的创新吹塑热水箱，该水箱可以承受高温。

图 2-75　电饭煲线圈座

图 2-76　吹塑热水箱

4）PPS 在电子行业的应用包括表面安装连接器、芯片载体、电话插孔、集成电路卡连接器、高密度复杂互连组件、前照灯反射器、用于拼接光缆的对准关键设备、插座、继电器、开关、断路器、半导体抛光环和电子设备封装等。复杂的部件可以通过激光直接结构化的技术来生产。图 2-77 所示为利用 PPS 制成的电子产品。

图 2-77　利用 PPS 制成的电子产品

5）特殊等级的 PPS 可用于晶体管封装。晶体管封装具有高流动性、低离子含量、低热膨胀系数和高防潮性的关键特性，而 PPS 具有高尺寸稳定性（包括在焊接过程中）、良好的耐热性和耐化学性、固有的阻燃性和易于成型为薄片的优势，可以满足晶体管封装的要求。在电气/电子市场的许多应用中，PPS 与 LCP 相互竞争，而由这两种材料制成的零件可以通过使用对流、红外回流或气相焊接的表面安装技术焊接到电路板上。PPS 和 LCP 通常配有 30%~50% 的玻璃纤维增强材料，热变形温度分别为 >260℃ 和 300℃，连续使用温度为 200~240℃。LCP 允许更长的流动长度、更薄的截面、更短的循环时间和更低的飞边，而 PPS 提供更好的熔接强度。PPS 和 LCP 的混合物可以降低 LCP 的成本。

2.4.2　热致液晶聚酯（TLCP）

热致液晶聚酯（TLCP）可以提供极好的流入薄壁的能力，具有零飞边、低热膨胀系数、低吸湿性、高尺寸稳定性、高强度和刚度、与无铅焊接的兼容性和短的注射循环时间。然而，它的性质是各向异性的，熔接强度较本体低 30%~50%。TLCP 可应用于各种精细、高精度的成型设备。

液晶有很多种，但在工程塑料中最重要的是主链热致聚酯，可以使用传统的熔融加工技术进行加工（一些纤维，如 Kevlar，是由溶致材料溶液纺丝而成的，这里暂不讨论溶致型纤维）。TLCP 随着温度的变化，可呈现向列相、近晶相、胆甾相 3 类中间相，影响熔体流动性和制品力学性能（如向列相适配薄壁成型）。

TLCP 的制造商包括 Solvay（Xydar）、Sumitomo（Sumikaexcel LCP）、Ticona（Vectra 和 Zenite）和 Toray（Siveras）。杜邦 Zenite 的业务转移到了 Ticona。

1. 性能与加工

介晶结构对材料性质有着深远的影响。在剪切应力，特别是拉伸应力的作用下，可以形成非常高的取向度。TLCP 模塑制品具有比传统聚合物大得多的定向度。熔体不是特别有弹性，显示出极低的模具膨胀，并且具有低的模具收缩率。

这与传统聚合物形成对比，传统聚合物不愿意取向，并且一旦去除取向应力就会恢复到优选的无规状态。

分子链回复到随机状态使得很难获得高度定向的元件。

定向冻结会导致应力冻结，这会影响环境阻力并导致尺寸稳定性不足（尤其是在高温下）。

总的来说，TLCP 提供了许多优点。

1）流动性好，适合薄壁零件（如连接器中 0.15mm 厚的壁）。

2）流动方向的模量和拉伸强度非常高。

3）模具冷却时间短，无飞边。

4）低吸湿性和连续使用温度高，并具有高的尺寸稳定性（尺寸稳定性可媲美金属、陶瓷）。

5）高的变形温度（通常高达 340℃，但某些等级要低得多）

6）高的连续使用温度，通常高达 260℃，V-0 阻燃等级，极限氧指数通常高至 50%，低烟无卤。

7）高抗辐射性。

8）低渗透性。

9）良好的耐化学性（尤其是对有机溶剂；聚酯在高温下可被酸和碱水解）。

10）对气体和水蒸气的渗透性极低。

11）高阻尼特性。

12）低放气（用于高真空环境中的应用，如航空航天或半导体）。

不幸的是，这种独特的形态也产生了一些重要的局限性：具有高度各向异性，熔接线强度低，断裂行为类似于木材；在未填充的材料中，横向方向上的刚度是流动方向上刚度的30%；特性可能取决于壁厚，因为薄壁会导致更高程度的定向；与传统聚合物相比，玻璃纤维的加入可以降低各向异性；抗紫外线能力也是有限的。

2. 应用

TLCP最著名的应用可能是各种形式的精细、高精度和尺寸稳定的电子连接器（见图2-78）。小型化程度的不断提高，对此类产品的需求也越来越大，其中包括壁厚为0.15mm的电路板连接器。

图 2-78　TLCP 电子连接器

TLCP是一种专门设计用于降低介电损耗的液晶聚合物。由于其低吸湿性和卓越的流动性，使其成为5G天线基板（见图2-79）和外壳的最佳选择。此外，TLCP在极高的温度下能提供持久的强度和性能，即使在最复杂和最具挑战性的环境中也能提供卓越的寿命和可靠性。

矿物填充的TLCP越来越多地用于热成型炊具，如松饼托盘、烤箱板和烤盘。多层膜可以在食品和非食品包装应用中使用TLCP的卓越阻隔特性。已经开发了各种技术，如旋转模具，可用于生产双轴取向的薄膜和管材。导管的应用包括内窥镜、腹腔镜和泌尿外科器械，这些器械得益于TLCP提高了产品的硬度和抗压强度。同时，人们对使用TLCP生产柔性电路越来越感兴趣（见图2-80）。

图 2-79　TLCP 5G 天线基板

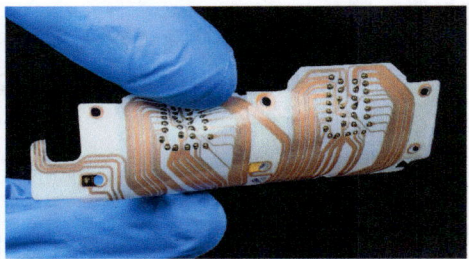

图 2-80　TLCP 柔性电路

2.4.3 全氟聚合物（PTFE、FEP、PFA）

全氟聚合物是氢原子被氟取代的聚烯烃。全氟化的结构具有出色的高温性能和耐化学性，广泛用于化学工艺、机械工程和电气行业。它们柔软且易蠕变，但引入氢虽能提升力学性能，却会降低连续使用温度、耐高温和耐化学性。

全氟聚合物的供应商包括 AGC、Arkema、Daikin、DuPont、Dyneon 和 Solvay Solexis。聚四氟乙烯（PTFE）是最早可商购的全氟聚合物。

氟化乙烯-丙烯（FEP）和全氟烷氧基（PFA）分别是众所周知的四氟乙烯（TFE）与六氟丙烯和全氟丙基乙烯基醚的可熔融加工共聚物。FEP 和 PFA 的一般结构如下：

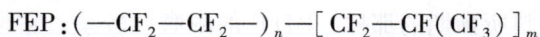

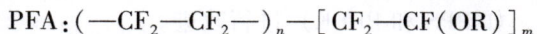

$$FEP:(-CF_2-CF_2-)_n-[CF_2-CF(CF_3)]_m$$
$$PFA:(-CF_2-CF_2-)_n-[CF_2-CF(OR)]_m$$

其中，$R=OC_3F_7$ 全氟丙基乙烯基醚（PFA）。

氟是一个比氢大的原子。在 PTFE 中，氟原子在碳骨架周围形成紧密堆积的"保护螺旋"，其结果是具有非常弱的链间相互作用的刚度、非极性、高度结晶的结构。因此，PTFE 具有低的摩擦系数，并且是明显的软弱和柔软的。为了获得最佳的力学性能，需要非常高的摩尔质量（约 1000000g/mol）来形成足够的链缠结，这限制了熔体的可加工性。PTFE 的熔点很高，即使是熔融处理的材料也可以接近 70% 的结晶度因此它的耐化学性非常好，因为很难破坏高度结晶的非极性结构。

C—F 键是非常强的且氧化稳定性是极好的。正是这样的高温性能和耐化学性使全氟聚合物成为高性能工程塑料。相对较差的力学性能可以通过引入氢原子来改善。链是极性的，链间静电相互作用提高了力学性能，但这是以牺牲连续工作温度、熔点和耐化学性为代价的。

FEP 通常含有摩尔分数为 10%~12% 的 CF_3 侧链，这使得链能够锁定在一起，并在较低摩尔质量下获得较好的力学性能，从而提高熔体可加工性。熔点降低是因为侧链破坏了晶体结构，并降低了晶体的尺寸和完美度。不幸的是，由体积庞大的 CF_3 侧链引入的空间应力也促进了氧化降解过程，并且降低了连续工作温度。

PFA 共聚单体的使用水平低于 FEP 共聚单体，因此熔点的降低较少。因为 PFA 的侧链更长，因此比在 FEP 中更能有效地锁定在一起。其连续工作温度与 PTFE 相当。

1. 性能与加工

1）PTFE 在 327℃ 下熔化，连续工作温度为 260℃。在较低的温度下，需要考虑它与其他转变相关的密度变化。PTFE 在 19℃、30℃、90℃ 存在三次晶型转变，并伴随密度变化（19℃ 时密度为 2.2g/cm³，90℃ 后达 2.3g/cm³，30℃ 为次要转变，影响分子链构象），需要关注低温使用时的尺寸稳定性。

2）对于工程聚合物来说，PTFE 的力学性能很差，接近 PE。蠕变发生在室温和相当低的负载下通过添加填料可以减少蠕变，提高冲击性能和耐磨性，但当温度高于 200℃ 时，强化效果几乎消失。

3）PTFE 的耐化学性非常好，但在高温下会受到碱金属、氟、金属氢化物（高浓度）以及胺和亚胺的侵蚀。膨胀在某些环境中可能是一个问题（如氟化烃）。紫外线耐受性很好。辐照被用来降低摩尔质量，并产生可以研磨成细粉末的等级。这种低摩尔质量细粉末通常由回收的 PTFE 制成，并用作其他工程热塑性塑料的添加剂，以改善摩擦和磨损性能。如果在工程塑料中添加少量（质量分数通常为 10%）的细粉末，则由于界面摩擦的减少，磨损特性得到显著改善。这是因为 PTFE 在滑动界面形成了一层连续的涂层，大幅度减少了摩擦和热量积聚。正如对软质材料所预期的那样，PTFE 的耐磨性较差，它可以通过填料（包括更硬的工程塑料，如 PPS 和 PEEK）进行改进。

4）FEP 和 PFA 通常具有与 PTFE 相似的环境耐受性。FEP 具有较低的 T_m（约 277℃）和 CUT（约 204℃），确切的值取决于共聚物的组成；PFA 的 T_m 为 310℃，CUT 为 260℃。它们更硬，蠕变的倾向更低。这两种材料通常表现出低渗透性。传统的熔融加工意味着它们的孔隙率通常比 PTFE 低得多，从而进一步提高了力学性能和渗透性。

5）全氟聚合物的介电和绝缘性能通常都很好。不支持燃烧，但在火灾情况下会降解，产生有毒和腐蚀性产品。

6）与 FEP 和 PFA 不同，PTFE 不能使用传统的热塑性技术进行熔融加工。当 PTFE 熔化时，它会变成凝胶状，并由于其极高的摩尔质量而保持其形状。即使在 380℃ 的情况下，PTFE 的黏度也比其他高温塑料高出几个数量级。

7）处理 PTFE 的方法与粉末冶金中使用的方法相似。

FEP 是相当黏稠的，并且处理温度受到热稳定性的限制，它通常是挤压成型的，而不是注射成型的。PFA 可以通过挤出、压缩、吹塑、转移和注射成型进行加工。MFA 具有比 PFA 更低的熔点，并且某些类型可以用作具有成本效益的 FEP 替代品。

2. 应用

PTFE 占全氟聚合物需求的 60%~70%。PTFE 具有使用温度范围广、耐化学品性、电气绝缘性、低摩擦性、不黏性、耐候性、难燃性等卓越性能，通常为通过 PTFE 板材、棒材、胚料加工成各类塑料件（见图 2-81）。

PTFE 因其出色的高温性能和耐环境性能而得到广泛应用。在化工设备中，它常用于制造储罐、泵、阀门等的衬里和密封件。改性 PTFE 具有更低的蠕变和渗透性。PTFE 纤维用途多样，包括过滤、轴承、船用遮阳篷等。在机械工程中，因 PTFE 的低摩擦系数和无黏滑效应而用于制造密封产品的轴承。在电气行业中，PTFE 用于制造测量探头、线缆等，其绝缘性能优异。不粘涂层和膨胀微

图 2-81　用 PTFE 板材、棒材、胚料加工成的各类塑料件

孔 PTFE 也是常见的消费应用。

　　FEP 经常用于电线绝缘和化学加工行业，利用 FEP 的韧性、耐高温和耐化学性进行注射成型和挤压成型。图 2-82 所示为用于水消毒的 FEP 线圈。

　　利用 PFA 制造的半导体，电线电缆绝缘等在极端环境下表现出色。其软管结构替代了刚性金属管，薄膜形式可用于光伏前片，并且可以注射成型，如图 2-83 所示。

图 2-82　用于水消毒的 FEP 线圈

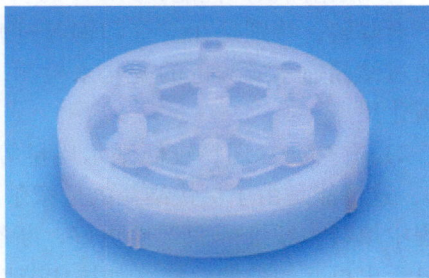

图 2-83　PFA 注射成型件

2.4.4　聚芳醚酮（PAEK）

　　聚芳醚酮（PAEK）是一类高温结晶型热塑性工程塑料，其玻璃化转变温度（T_g）通常为 140~180℃，引入砜基、联苯等刚性共聚单元可使 T_g 突破 200℃（如聚芳醚砜酮的 T_g 达 220℃）。熔点（T_m）因结构而异，PEEK 的 T_m 约为 343℃，PEK 约为 375℃，整体范围为 330~390℃。注射制品结晶度通常为 30%~40%（PEEK 约为 35%），高结晶度赋予了其优异的耐化学性和抗疲劳性。PAEK 熔体黏度与通用工程塑料（如 PPS）相近，可采用注塑、挤塑、模压等传统工艺加工，其性能优势显著：长期使用温度达 250~280℃（PEEK 为 260℃），远超 PPS 的 200℃；耐水解、耐化学腐蚀，在恶劣环境中性能稳定；还具备生物相容性（通过 ISO 10993 认证）、低烟无卤、高纯度（金属离子含量<10×10^{-6}）等

特性。在全球生产格局中，Victrex 是 PEEK 的龙头企业，产品覆盖纯树脂及复合材料；Solvay 提供全系列 PAEK（PEK、PEEK、PEKK 等），侧重高端改性；长春吉大特塑工程研究有限公司则是国内 PAEK 的产业化先锋，专注 PEEK、PEK 基础树脂与制品。

而 PAEK 家族按结构可分为 PEEK（占市场 80% 以上，含"醚-酮-醚"结构）、PEK（含更多酮键，T_m 更高）、PEKK（酮键比例高，结晶度可调，适配 3D 打印）等，其命名中的"E"代表醚键、"K"代表酮键，对位结构比例影响极性与热性能，极性越高（K 单元越多），高温尺寸稳定性越好。

最著名的 PAEK 是 PEEK，其重复单元结构如图 2-84 所示。

其次是 PEK，其重复单元结构如图 2-85 所示。

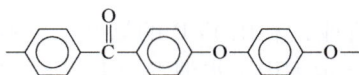

图 2-84 PEEK 重复单元结构   图 2-85 PEK 重复单元结构

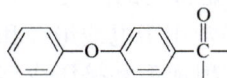

1. 性能与加工

1）根据测量的性能，PAEK 的长期连续使用温度通常为 180~260℃，在高温下会降解，特别是在空气和铜等过渡金属催化剂存在的情况下。降解通常可以通过结晶速率或颜色的变化来检测，并可能导致在熔融加工过程中形成凝胶和碳化黑点。

2）有时会发现，较低摩尔质量等级的 PAEK 具有较高的短期特性（如模量），这可能是由于更快结晶的低摩尔质量树脂的结晶度略高，或者在一些生产过程中填料和纤维的润湿性更好，断裂更少。然而，高摩尔质量的材料确实可以显示出更好的长期性能（如抗疲劳性）。连续碳纤维增强 PAEK（碳纤维体积分数≤68%）具有优异的强度和刚度特性，摩擦学等级的耐磨性优异。

3）PAEK 的耐化学性通常非常好，并且耐水解性优异。PAEK 的半结晶结构能抵抗化学环境的溶胀和进入，并且晶体的溶解在能量上是不利的。材料供应商制作了大量的耐化学性表格，其中包括汽车流体、喷气燃料、液压流体、制冷剂和油田半导体制造化学品。然而，在某些环境（如卤素、强酸、强氧化环境、高温芳烃和胺）中，PAEK 的性能可能会受到限制。PAEK 对紫外线辐射的抵抗力是有限的，但对硬辐射（伽马射线等）的抵抗力可能非常好。

4）PAEK 不支持在空气中燃烧，产生的烟雾很少，并在过量的氧气中燃烧时产生二氧化碳和水，但极限氧指数不是特别高（如在 PEEK 中 LOI 为 35%）。通过添加填料可以提高 PAEK 的耐火性能。

5）PAEK 生产中使用的提取工艺可以产生金属离子和挥发性有机化合物（脱气）方面的非常纯的聚合物。

6）PAEK 在各种环境和温度下都是良好的电绝缘体，但相比漏电起痕指数（CTI）可能相对较低，反映出易于降解为导电炭。极性羰基意味着介电常数和损耗因子低于含氟聚合物。

7）PAEK 可以注射成型和压缩成型，挤压成薄膜、片材和纤维，定向、粉末和分散涂层、吹塑、激光烧结、转化为热塑性复合材料、焊接、金属化、黏合和机械加工。

虽然水分不会导致化学降解，但它会产生成型缺陷，PAEK 在加工前需要干燥。熔体温度通常比熔点高 $30\sim60\,℃$。生产结晶成分需要合适的冷却方案，这将涉及超过 T_g 的注射成型模具温度。

无定形材料在表面上可能表现为棕色，这不应与热降解混淆。如有必要，可以通过退火去除，但最好使用正确的模具温度。退火有时用于增加结晶度和/或去除残余应力。

2. 应用

由于 PEEK 具有优异的综合性能，它可以在许多特殊领域取代金属和陶瓷等传统材料，并且许多都可以使用标准型材通过机械加工制成所需的零件，如图 2-86 所示。

由于其坚固性，PEEK 被用于制造苛刻工况下使用的产品，包括轴承、活塞部件、泵、高效液相色谱柱、压缩机平板阀和电缆

图 2-86 PEEK 机械加工制成的齿轮

绝缘，它也是为数不多的与超高真空应用兼容的塑料之一。图 2-87 所示为利用 PEEK 制造的油气田密封端子和军用级连接器。

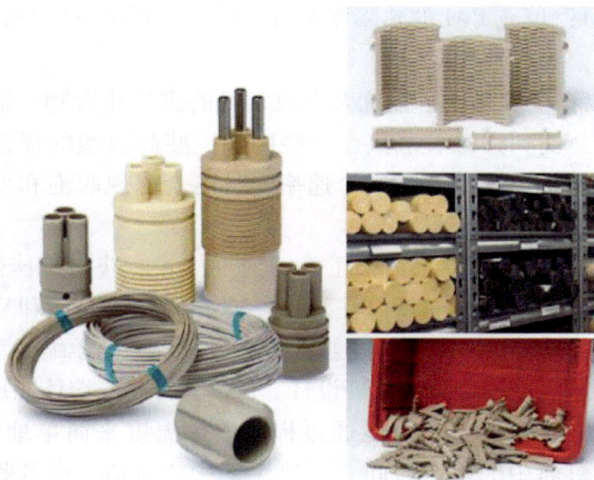

图 2-87 利用 PEEK 制造的油气田密封端子和军用级连接器

在汽车领域，PAEK 可以替代不锈钢和钛用于制造发动机内罩，用其制作的轴承、垫片、密封件、离合器齿轮、转向柱套筒、燃油管、挺杆和柱塞等各种零部件在汽车的传动系统、制动系统和空调系统中被广泛应用。

PAEK 齿轮则主要用于转向调节的蜗轮，以及空调、座椅调节和电子动力转向系统。与金属齿轮相比，PAEK 齿轮具有设计灵活性、重量轻、耐蚀、制造成本低、噪声低，以及无须润滑即可运行的特点。

PAEK 在手机的应用包括电池垫圈、铰链，以及扬声器和送话器中的薄膜。

PAEK 在办公设备中的应用包括复印机和打印机的齿轮、叉指和衬套，以及数字投影仪的灯座。PAEK 薄膜也被用于制造柔性印制电路板。

2.4.5 聚酰胺（酰）亚胺（PAI）

聚酰胺（酰）亚胺（PAI）有很多可能的品种，但最著名的可能是索尔维（前身为阿莫科）生产的 Torlon PAI。PAI 也可以从东丽获得。PAI 由 4,4′-二氨基联苯醚和 1,2,4-偏苯三甲酸酐酰氯在极性溶剂二甲基乙酰胺中进行缩合反应，制成聚酰胺亚胺酸，然后在高温下闭环生成不溶、不熔的高聚物，其中三甲酸酐（TMA）是关键原料。

1. 性能与加工

1）PAI 作为一种可注射成型的材料，具有非凡的强度和刚度，并可保持高温；比强度与某些金属材料的比强度相当；玻璃化转变温度为 275℃，热变形温度（HDT）的范围为 278（未填充）~284℃，具体取决于等级；抗压强度、韧性和耐磨性都很好。

2）未填充和填充 30% 玻璃材料的连续使用温度范围为 200~220℃，极限氧指数较高（45%）；填充 PAI 的热膨胀系数（CTE）几乎可以与许多金属材料的热膨胀率相匹配，导热系数低。

3）PAI 可以在中等温度下抵抗大多数常见的碳氢化合物、氯化溶剂和许多酸的侵蚀，但它会受到强碱、蒸汽、一些胺和一些高温酸的侵蚀；吸水率限制了可接受的最大加热速率，超过这个速率，可能会出现起泡和变形，除非吸收的水有时间从零件中扩散出来。

4）所有高性能工程塑料都需要正确的加工技才能获得最佳性能。PAI 寻求获得聚酰亚胺的优点，同时保持可注塑性。需要特殊的成型和后固化条件，正确的加工技术至关重要。PAI 可以注射成型、挤压成型和压缩成型。注射成型时可能需要重型高速机器和特殊的螺杆设计。PAI 具有高的熔体黏度，并且在熔体状态下是反应性的。因此，不可能通过提高熔体温度来简单地降低熔体黏度，需要仔细控制在机筒中的停留时间，不建议使用热流道。模具收缩率低，熔体将与型腔表面紧密匹配，除非使用滑块，否则不允许有扣位。

2. 应用

PAI 主要应用于工业、航空航天、化学加工、半导体制造、电传电子和实验室设备。PAI 的主要优点包括高强度和刚度、尺寸稳定性、耐环境性、保形性、耐磨损、抗蠕变、低热膨胀系数、耐冲击性，以与金属件相比重量轻和自润滑（在某些等级中）。

PAI 在离心式压缩机迷宫式密封中替代了铝（见图 2-88），提供了更高的可靠性、效率和运行时长。与铝相比，PAI 的耐磨性和保形性更出色，使寿命提高 2~3 倍。PAI 也可通过精密微注射成型制成心血管修复设备用微小零件，这些零件比机械加工的金属件更便宜，且能在高温和高转速下运行。

PAI 在工业中有着广泛的应用，如用于制造泵壳、压缩机阀板和电动机端盖，也可用于制造各种润滑和非润滑的磨损件，如轴承、垫圈和活塞环等。此外，PAI 还用于制造齿轮和止回球，后者在汽车变速器中能提供良好的密封表面。在飞机上，PAI 夹螺母用于固定内饰、地板和整流罩，它们轻且不会损坏金属涂层。PAI 还取代了钛合金喷气发动机部件，并在电子领域得到应用，如芯片套和电连接器。可用 PAI 板材、棒材等加工成最终的零件，如图 2-89 所示。

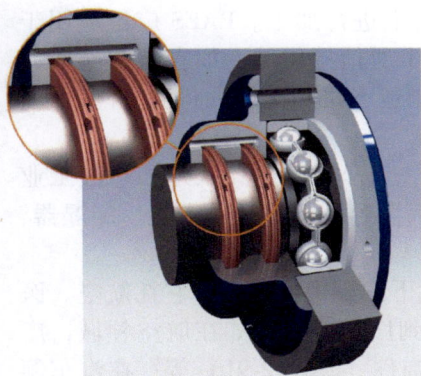

图 2-88　PAI 替代离心式压缩机
迷宫式密封中的铝

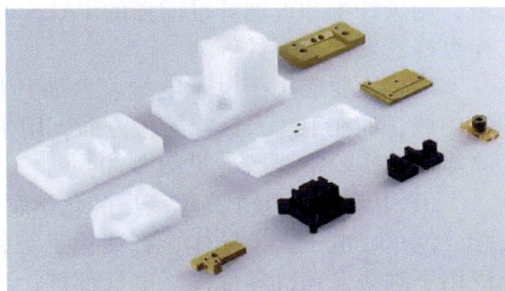

图 2-89　用 PAI 板材、棒材
加工的零件

2.4.6　聚芳醚砜（PAES）和聚醚酰亚胺（PEI）

聚芳醚砜（PAES）的主链主要由苯环、砜基和醚基组成，是非晶型透明和半透明聚合物。按照合成单体的不同，PAES 可分为普通双酚 A 型聚砜（PSU）、聚芳砜（PASF）、聚醚砜（PES）和聚苯砜（PPSU），其中已商品化且较为成熟的 PAES 有 PSU、PPSU 和 PES。

1. 性能

PAES 具有高玻璃化转变温度，长期使用温度可达 160℃，短期使用温度为

190℃。这些塑料可用于制造连接器、泵部件、眼镜等,但在某些环境下性能可能受限。

PSU 成本较低,但其他性能可能稍逊。

PPSU 是一种无定型材料,具有与 PSU、PES、PET 相比更强的冲击强度、化学稳定性和抗水解能力,其持续工作温度大约为 180℃,可自熄火,不含阻燃剂,并具有低热膨胀系数、低发烟率,可消毒性好等特点。

PES 由多家公司生产,其砜基提供热稳定性,但吸水率随砜基比例的增加而增加。它具有良好的水解稳定性,适用于极端水环境。

聚醚酰亚胺(PEI)由 Sabic 生产,具有高热性能,与砜的混合物可改进性能。Ultem 树脂是另一种高性能材料,具有高玻璃化转变温度、低收缩和低热膨胀系数,适用于需要高尺寸稳定性的应用;它还具有高模量、高强度和低可燃性。某些级别的 Ultem 增强了化学抵抗力。

PEI 常与其他树脂混合,以结合各种性能优势。与 PC 的混合物提高了冲击强度和流动性,与 PPS 的混合物提供了红外钎焊能力和耐化学性,与 PAEK 的共混物结合了耐化学性和高温性能。

2. 应用

PAES 和 PEI 可在注射成型和挤压成型设备上进行加工。PAES 广泛应用于汽车、航空航天、石油化工、医疗、机械、电子通信等领域,如在航空航天领域,用碳纤维和玻璃纤维增强的 PAES 可用于制造飞机和飞船的机舱、门把手、操纵杆、发动机零件等。

PSU 主要应用于电子电气、食品和日用品、汽车、航空、医疗和一般工业等领域,如在卫生及医疗器械方面,用于制作灭菌容器、外科手术盘、加湿器、喷雾器和实验室器械(见图 2-90)等。

PPSU 特别适用于高温高压和化学腐蚀环境下的零部件制造,它在航空、医疗、汽车、电子、半导体、石油化工等领域得到广泛应用,如在航空领域,广泛用于制造发动机零部件、电气部件、飞机内饰件(见图 2-91)等;在汽车领域,用于制造汽车发动机盖、水箱、传感器、开关等汽车零部件;在日常生活中,PPSU 的典型应用有餐具、奶瓶(见图 2-92)等。

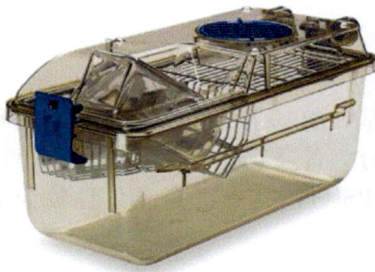

图 2-90　PSU 动物实验笼

图 2-91　PPSU 飞机内饰件

图 2-92　PPSU 食品托盘和奶瓶

PES 在汽车、医疗器械、电子、包装、航空航天领域得到广泛应用，如在医疗器械领域，用于制造人工关节、医用导管和医用植入物等；在电子行业中，用于制造连接器、电缆绝缘材料、电池隔膜等。

PEI 在电子、汽车、航空航天、医疗器械、化工等领域得到广泛应用，如在汽车领域，用于制造高性能零部件，如涡轮增压器叶轮、气动驱动器、水泵等；在化工领域，用于制造反应器、分离膜和填料等。

2.4.7　半芳香族尼龙（PPA）

为了改善常规尼龙（PA）耐热性不足以及吸水后尺寸易变的缺点，在脂肪族 PA 中引入含有苯环的 PA 链段，从而制得了一种新型材料，即半芳香族尼龙。聚邻苯二甲酰胺（PPA）是一种常见的半芳香族尼龙。

美国材料与试验协会（ASTM）对 PPA 的定义为：其链重复单元结构中的二羧酸部分至少包含55%的间苯二甲酸（IPA）结构或对苯二甲酸（TPA）结构，或是这两种结构的组合，从而构成的均聚型半芳香族 PA 产品。PPA 主链结构式为

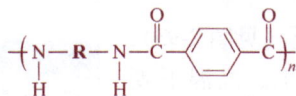

$$\left(\!\!\begin{array}{c}N-R-N-C-\!\!\bigcirc\!\!-C\\|\quad\quad|\quad\|\quad\quad\|\\H\quad\quad H\quad O\quad\quad O\end{array}\!\!\right)_n$$

或者

$$\left(\!\!\begin{array}{c}N-\!\!\bigcirc\!\!-N-C-R-C\\|\quad\quad|\quad\|\quad\quad\|\\H\quad\quad H\quad O\quad\quad O\end{array}\!\!\right)_n$$

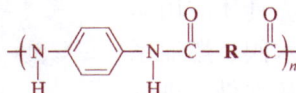

其中，R 代表脂肪链，构成了不同类型的半芳香族 PA。以对苯二甲酸为关键原料的半芳香族 PA，依据其重复单元中脂肪链碳原子的数量，可细分为 PA6T、PA9T、PA10T 和 PA12T 等几种。

聚己二酰间苯二甲胺（PAMXD6）是另一种至关重要的半芳香族 PA，具有高流动性和抗刮擦性，其结构式为

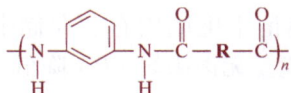

$$\left(\!\!\begin{array}{c}N-\!\!\bigcirc\!\!-N-C-R-C\\|\quad\quad|\quad\|\quad\quad\|\\H\quad\quad H\quad O\quad\quad O\end{array}\!\!\right)_n$$

PPA 主要用于弥补脂肪族尼龙（如 PA66 和 PA6）与高价聚合物（如聚芳醚酮 PAEK）之间的性能差异。作为结晶塑料，它在高温下展现出高强度和刚度，产品形式多样，包括玻璃纤维增强、冲击改性、矿物填充、高流动、阻燃、高反射及电气级等版本。

普通 PA 性能受氧化稳定性和吸湿性制约，吸湿会导致尺寸变化和性能下降。相比之下，PPA 吸湿性较低，对水分不敏感。水分吸收源于水与酰胺基团的氢键作用，可通过干燥环境减轻影响。易燃性受脂肪族成分影响，但阻燃剂能有效改善此问题。芳香族成分通常可以增强耐化学性，但酰胺基易水解。PPA 在熔接强度和动态应力性能方面表现优异，加工时需要控制干燥条件、模具温度和熔体温度，以防性能受损。

与 PA66 相比，PA6T 具有更好的耐热性、尺寸稳定性、耐化学性、抗水解性、刚度及拉伸强度，它还提供了较低的吸湿性，但冲击强度和可加工性略低。与 PA6T 相比，PA10T 具有更好的抗水解性、耐化学性、可加工性，更低的吸湿性和更高的冲击强度。

PPA 与其他聚合物相比的优势如下。

1）与 LCP 相比，PPA 可以提供更好的熔接强度和动态应力性能。

2）与 PES/PPSU 相比，PPA 可以更好地抵抗化学物质和环境应力开裂（PES/PPSU 是非结晶的）。

3）与 PPS 相比，PPA 可以提供更好的韧性和断裂伸长率，并且可以更好地应对动态应力。

4）与 PA46 相比，PPA 可以提供更低的吸水率、更好的尺寸稳定性和不易受湿气影响的力学性能。

PPA 在汽车领域应用广泛（见图 2-93），其优点包括耐热老化、易加工、高温下硬度和强度高、抗水解、尺寸稳定、表面美观、油漆附着力和可焊性好。具体应用实例有水泵、发动机安装板、水阀、燃油系统、滤清器壳体、废气再循环部件、进气歧管、机油冷却器、加热器芯端盖、电气端子、模制垫圈、控制系统外壳、噪声封装装置和发动机罩等。

图 2-93 在这款发动机零件中，PPA 取代了钎焊金属，减轻了重量

复杂电子元件可采用高流动材料制造，该材料需要耐湿热且兼容无铅焊接。PPA 可用于高级连接器及笔记本电脑内存、存储卡连接器，虽流动性略逊于 LCP，但韧性和熔接强度更优。无卤阻燃 PPA 降低了 LCP 的某些优势，适用于

笔记本电脑底座。此外，PPA 还提供耐用、高反射性的白色材料，用于 LED 支架（见图 2-94），具备出色的紫外线稳定性、尺寸稳定性和粘合性，可提升 LED 的耐用性、坚固性和效率。导热级 PPA 则有助于改善热管理。

PPA 在薄壁部件中展现出高强度和高刚度，且表面光洁度极佳，抗划伤。其外观和质感近似金属，常用于外观部件，如手机壳、剃须刀头、电熨斗、缝纫机部件、汽车门把手、镜壳和前照灯框等。

PPA 在薄壁部件中具有非常高的强度和刚度，具有优异的抗划伤表面光洁度。它们的外观和感觉都像金属，用于美观的部件，如手机外壳、剃须刀头、电熨斗部件、缝纫机部件、汽车门把手、镜壳和前照灯周围。

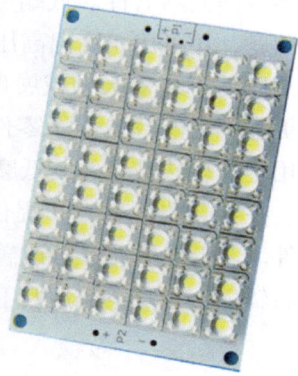

图 2-94　LED 支架

2.4.8　聚酰亚胺（PI）

酰亚胺基团广泛存在于多种聚合物中，包括热塑性塑料和具有热固性功能的材料。非熔融聚酰亚胺（PI）通过烧结工艺形成，虽可能增加成本，但在某些应用中优于热塑性材料，具备高温、耐磨、抗辐射和低放气性等优点。

1. 性能

Vespel SP 作为此类材料的代表，无玻璃化转变温度或熔点，性能随温度线性衰减，高温蠕变低，结晶度适中，可在高温下连续工作，耐磨性能出色，排气量低，抗辐射强，顺应性高，但尺寸稳定性受限，易水解和受侵蚀。对多数有机溶剂耐受性好，但高温下性能会降低。

其他 PI，如 Vespel SCP、Upimol S 等也具备高热性。高的热变形温度提供了高温性能，但模量与温度关系图更有助于比较不同材料。这类 PI 不能通过挤出或注射成型，但可采用等静压烧结和直接成型技术。直接成型零件成本较低，适用于大批量生产，与机械加工结合可用于制造高精度复杂部件。

在选择 PI 时，需考虑其加工方法和性能测试条件，以确保满足实际应用需求。

2. 应用

PI 广泛用于高温磨损场合，如用于制造密封环、衬套、止推垫圈、滚珠、套筒（见图 2-95），以及干式运转活塞环、

图 2-95　PI 密封环、衬套、止推垫圈、滚珠、套筒等高温耐磨件

真空泵中的无润滑叶片、喷气发动机中的耐磨垫、废气系统、复印机轴承、导丝器等高温耐磨件。低蠕变性能意味着它也可用于制造高温阀座，如果存在泄漏问题，还可用于高温高压下的金属密封。

PI 在航空航天领域展现了类金属特性，但重量更轻，摩擦、减振和隐身性能更佳。它能替代金属零件，并应用于发动机卡箍、飞机磨损件等。同时，它适用于处理热玻璃，其低磨损、耐温和低吸油性优于碳石墨替代品。

在半导体行业，PI 提供了高纯度、低脱气、高公差等特性，用于制造多种组件。其低热膨胀系数改善了密封性能，PI 低脱气特性在 γ 辐射后提升，适用于高辐射水平真空应用及卫星部件等。

2.4.9 聚苯并咪唑（PBI）

1. 性能

聚苯并咪唑（PBI）以其出色的热性能、稳定性、强度和耐火性而著称，其玻璃化转变温度高达 427℃，极限氧指数为 58%，抗压强度达 400MPa，适用于极端环境。尽管纯 PBI 不是热塑性材料，但已研发出可熔融加工的共混物，继承了 PBI 的某些特殊性能。其化学和热稳定性得益于其独特的芳香"阶梯"骨架，可承受超过 700℃ 的高温几分钟。

PBI 热解后会留下大量焦炭。其密度适中，适用于高强度、轻重量应用，热膨胀系数与铝相近，能耐受多种溶剂，但对酸碱的抵抗力有限。纯 PBI 部件通过机械加工而成，而 PBI 与 PEEK 的共混物则结合了 PBI 的优异性能与 PEEK 的可加工性，提供了高拉伸强度、模量和低蠕变特性，适用于高温环境。该共混物可挤压或注射成型，但对熔体和模具温度要求较高。PBI/PEEK 在磨损测试中表现卓越，具有低磨损和小摩擦系数。在特定条件下，它是唯一能承受高负载的材料。在需承受极端磨损的应用场合，建议联系供应商获取最佳推荐等级数据。

2. 应用

PBI 是一种用于热防护和密封的优秀材料。在石油和化工行业，材料的热稳定性和耐化学性是关键因素，PBI 可用于制造球阀阀座、液压密封件和支承环；用于处理热玻璃的滚轮和底座由 PBI 制成。它可用于制造塑料注射成型模具的隔热热流道衬套，许多熔融塑料不会黏附在 PBI 上。在旋压场合，与金属旋压轮相比，PBI 旋压轮具有更好的硬度和磨损特性（见图 2-96），并能更好地保持其加工形状。

气体等离子体蚀刻设备的 PBI 部件据说比 PI 部件使用寿命更长，因为侵蚀率降低，纯度和脱气性能可以非常好。

图 2-96　与金属旋压轮相比，PBI 旋压轮具有更好的硬度和磨损特性

PEEK/PBI 共混物在半导体行业用于制造钎焊工具、晶圆运输舱，以及旋涂和蚀刻工艺中的腔室零件。PEEK/PBI 已被用于制造机械臂的末端执行器，因为它具有耐高温和较高的强度，以及低脱落、高耐磨性和光滑的表面。

PBI 纤维不会在空气中燃烧，不会熔化或滴落，即使烧焦也能保持一定的灵活性和完整性。它被用于制造消防员和军事人员的防护服（见图 2-97）、赛车手的西装，以及镀铝碰撞救援装备、飞机防火层和墙布、火箭发动机绝缘材料，如果合适的话，还可以作为石棉纤维的替代品。

图 2-97　防护服

2.5　生物降解塑料的性能与应用

生物降解塑料既可以基于石化，也可以基于可再生资源。生物降解塑料的降解性最终只受聚合物的化学和物理微观结构的影响，既不受所用原材料来源的影响，也不受制造这些聚合物的工艺的影响（见图 2-98）。

按照制备方法的不同，生物降解塑料可分为：

1）微生物合成降解塑料，它是微生物把某些有机物作为食物源，通过生命活动合成的高分子化合物。这类降解塑料以聚羟基脂肪酸（PHA）为主。

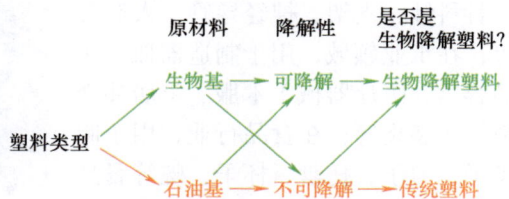

图 2-98　生物降解塑料的原材料来源和降解性

2）化合物合成降解塑料，大多是在分子结构中引入能被微生物降解的含酯基结构脂肪族聚酯，代表性的产品有聚乳酸（PLA）、聚丁二酸丁二醇酯（PBS）和聚己内酯（PCL）等。

3）天然高分子共混降解塑料，即用一些既能生物降解又具有良好物理性能的天然高分子化合物，如纤维素、甲壳质、淀粉、废糖蜜、蛋白质等作为塑料代用品。

这里主要介绍聚羟基脂肪酸、聚乳酸和聚丁二酸丁二醇酯。

2.5.1 聚羟基脂肪酸（PHA）

聚羟基脂肪酸（PHA）是微生物通过各种碳源发酵而合成的不同结构的脂肪族共聚聚酯。PHA 具有生物相容性和生物降解性，因此在生物医学领域有着广泛的应用，包括组织工程、生物植入贴片、药物递送、手术和伤口敷料。PHA 是一种绿色塑料，与传统塑料相比，在自然环境中可生物降解、可堆肥，并具有生物相容性。此外，PHA 在生物体内使用时不会产生有害物质。PHA 是一种可再生和可持续的资源，可以在不持久或不造成污染的情况下减少垃圾填埋需求。为了获得更好的产量和经济效益，研究人员已经开发了广泛的碳源、菌株、发酵条件和回收方法。合成生物学和基因工程的最新进展已经能够从不产生 PHA 的菌株中生产出不含毒素的 PHA，回收技术的进步提高了从高纯度生物质中提取 PHA 的效率。

PHA 可通过可再生碳基原料（如甲烷）发酵制成，使其 100% 基于生物，使其在土壤和海洋环境中也是可生物降解的。

PHA 在 1.8MPa 的热变形温度为 75℃，悬臂梁缺口冲击强度为 26J/m，拉伸强度为 25MPa。

当某些类型的细菌在菜籽油中发酵时，它们开始以粉末形式形成 PHA。所得粉末可用于造粒、注射成型或挤出成膜。它是食品安全的，最重要的是，它是可生物降解的。

PHA 广泛应用于农业、医学、工业、能源、环境治理和食品等领域，如在农业领域，用于制造农业药物的缓释载体、化学肥料、除草剂、杀虫剂等；在医学领域，用于制造绷带、心血管补丁、骨科针、支架、神经导管、人造食道等；在工业领域，用于制造器皿、化妆品容器、医疗器械手术服、家居装饰材料、包装袋等；在食品行业，用于制作叉子、刀子、托盘、杯子、碗等餐具（见图2-99）。

图 2-99 PHA 餐具

2.5.2 聚乳酸（PLA）

聚乳酸（PLA）是一种新型的生物基及可再生生物降解材料，使用可再生的植物资源（如玉米）所提取的淀粉原料制成。淀粉原料经由糖化得到葡萄糖，再由葡萄糖及一定的菌种发酵制成高纯度的乳酸，再通过化学合成方法合成一定分子量的聚乳酸。目前是全球范围内产业化最成熟、产量最大、应用最广泛的生物降解塑料。

PLA 在 1.8MPa 下的热变形温度为 50℃，悬臂梁缺口冲击强度为 20~60J/m。PLA 具有良好的生物可降解性，使用后在自然界中被微生物在特定条件下完全降解，最终生成二氧化碳和水，但降解速度非常缓慢。

PLA 适用于吹塑、热塑等加工方法，可用于制造各种塑料制品，如食品包装盒（见图 2-100）、快餐饮盒、纺织品纤维和薄膜等。它可作为其他塑料的合金树脂，以获得部分生物基成分，如 Arkema 的 Plexiglas "Rnew"，它是 PLA 和丙烯酸的合金。

与传统塑料相比，PLA 在塑料市场上具有巨大的潜力。石油基塑料需要数百年的生物降解时间，并且是由不可再生资源制造的，而 PLA 是可回收的，通过能耗较低的工艺生产，可堆肥。

在医疗卫生领域，PLA 可制成医用组织骨架材料和医药载体用于人体内。

PLA 3D 打印材料（见图 2-101）在熔融丝制造中发挥着重要作用。熔融丝制造是一种商用的、低成本的 3D 打印技术，这种打印技术是开发电子产品功能部件或外壳的经济工具，如用于样品制作。

图 2-100　PLA 食品包装盒　　　　图 2-101　PLA 3D 打印材料

2.5.3 聚丁二酸丁二醇酯（PBS）

聚丁二酸丁二醇酯（PBS）是一种新型的可生物降解材料，具有广阔的应用前景。此外，由于其对环境无害的性质和可生物降解性，它也被认为是首选的生物聚合物之一。尽管 PBS 具有各种优点，但其脆性、热稳定性和缺乏工业应用所需的高相对分子质量限制了其商业实施。已经使用了各种催化剂体系来生产高相对分子质量的 PBS。此外，还尝试了各种策略，如共聚、复合材料和共混物的制备，以改善 PBS 的物理性能和力学性能。然而，合成具有增强性能的相对高分子质量的 PBS 仍然是一项具有挑战性的任务。

PBS 具有耐热性较好、柔软性较好、兼容性较好、可低温热封等优点，但 PBS 透明性能较差、撕裂强度不高。

除上述特性，PBS 的可加工性非常好，可在通用加工设备上进行各类成型加工，是目前通用型生成降解塑料中可加工性最好的，现行树脂材料所用的绝大多数成型加工方法（吹塑成型、注射成型、挤压成型、片材成型、发泡成型、真空成型等）均可用于 PBS 的加工。

在包装行业，由于其优异的阻隔性能和生物降解性，PBS 是包装行业的一个有吸引力的选择。它被用于制造食品和饮料包装、农用薄膜、购物袋等，如图 2-102 所示。

图 2-102　PBS 食品和饮料包装、农用薄膜、购物袋等

在汽车和电气行业，PBS 的高耐热性和冲击强度使其适用于汽车零部件和电气电子设备的制造。

2.6　热塑性弹性体的性能与应用

热塑性弹性体（TPE）是塑料材料世界中一个独特的产品系列，其名称描述了热塑性材料和橡胶弹性体之间的联系，因为 TPE 最初是为了成为橡胶弹性体的热塑性替代品。

TPE 在世界上的市场份额如下：全热塑性聚烯烃（TPO）42%，苯乙烯嵌段共聚物（TPS）36%，热塑聚氨酯（TPU）9%，热塑共聚酯（TPC）3%。热塑性聚酰胺（TPA）列在其他（3%）项下。

在设计极限范围内，TPE 的力学行为类似于热固性橡胶，但当温度高于其熔融温度时，可通过标准热塑性加工方法（如注射成型或挤出）进行熔融加工。与热固性橡胶不同，TPE 可以很容易地进行再加工和回收，提供热固性橡胶不具备的设计和制造自由。

在 TPE 的微观结构水平上发展了硬区和软区。当加热时，这些软区和硬区是可混溶的，但在冷却时分离。这些聚合物中的每一种都是具有软链段和硬链段的嵌段共聚物，软链段通常是脂族的和线性的；硬链段通常是具有极性基团的芳香族，极性基团将形成氢键。

基于 TPE 共聚物的典型结构，其结晶或无定形硬相连接到柔性软相，可以得到一种具有纳米级化学键合填料的弹性体（见图 2-103）。"填料"在高温下熔化，无定形部分像玻璃一样软化，可形成与化学交联硫化橡胶完全不同的物理网络。

TPE 中的嵌段共聚物由结晶或无定形硬链段和柔性软链段构成。在 TPU、TPC 和 TPA 中，硬链段通常是结晶的，并且主要负责力学性能，包括模量和耐久性；软链段主要由摩尔

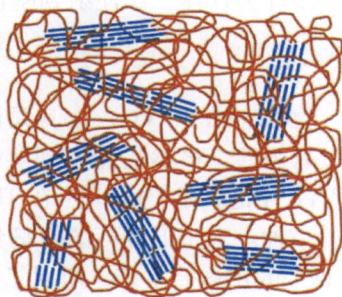

图 2-103　半结晶 TPE 的结构

质量为 1000~3000g/mol 的低聚分子制成，并负责性能的柔性部分。通常，它们的耐化学性也受到软链段化学性质的影响。TPO 和 TPS 是通过纯单体和单体不同嵌段序列的聚合来构建的，目的是在聚合物链中构建通过共价键连接的硬链段或软链段。TPE 的命名与共聚物的无定形或结晶硬相有关。

可以对 TPE 进行细分。例如，基于聚苯乙烯（"S"）硬相和聚丁二烯（"B"）软相的 TPS 被命名为 TPS-SBS。以三元乙丙橡胶为柔性相，聚丙烯为连续硬相的 TPV 称为 TPV-（EPDM+PP）。

2.6.1　热塑性橡胶及其与普通橡胶的区别

在日常交流中，有时会用到"热塑性橡胶"这个术语，这有点让人困惑，因为它实际指的是 TPE，与通常说的橡胶不同。通常说的橡胶指硫化橡胶，具有化学交联的结构（见图 2-104），无法再次熔化。

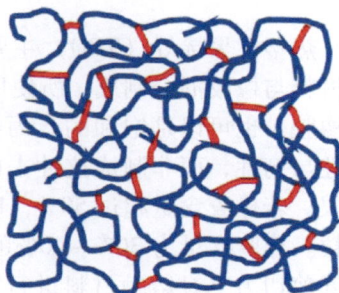

图 2-104　硫化橡胶的结构

像丁苯橡胶（SBR）、天然橡胶（NR）、顺丁橡胶（BR）这类用量大的常见橡胶，为满足技术应用需要，具有很高的分子量，而这是 TPE 几乎无法达到的。在制备橡胶混合物的过程中，材料会发生降解以融入所有组分，最终制成硫化弹性体。交联后，橡胶的链长缩短，其硬度会根据交联密度的上升而增加。如果没有交联这个过程，橡胶在机械载荷作用下就会发生流动。

除了大多数橡胶材料所具有的柔软弹性特性外，交联形成的共价键确保了聚合物不会熔化。这种特性使其在高温下具有良好的尺寸稳定性，也就是说具有较高的热变形温度。这是它与 TPE 的主要区别。另一方面，这也意味着硫化橡胶无法通过熔化进行热塑性加工。

热塑性橡胶的另一个优势是成本方面，与普通橡胶条（制成最终产品前的半成品，还需要经过硫化步骤）相比，热塑性弹性体颗粒加工速度更快、处理更便捷，从而具有成本优势。在热塑性弹性体的一个重要应用领域——将柔软的热塑性弹性体二次注射到刚性热塑性塑料上，这些优势尤为明显。

2.6.2　PVC 增塑

聚氯乙烯（PVC）本身是硬的热塑性材料，需要加很多增塑剂才能变得又软又有弹性。虽然它能归到热塑性弹性体（TPE）类别中，但这种加了增塑剂的 PVC（也就是 PVC-P）在 TPE 出现之前早就有了，而且现在还算是热塑性塑料的一种。对于低温下的柔韧性和弹性，PVC-P 和 TPE 差别不大。不过因为它和 TPE 的用途差不多，所以了解这种材料还是很有必要的。

当用户想要寻找 PVC-P 的替代品时，热塑性弹性体（TPE）产品是合适的选择。当然，就性价比而言，PVC 的优势难以替代。在温度不太高的情况下，PVC 易于加工，力学性能通常也足够良好，且对多种物质具有耐受性，这些特点让它颇具吸引力。不过，PVC 带来的环境污染问题、加工过程中的腐蚀性，以及增塑剂可能发生的迁移现象，都促使人们寻求替代材料。即使有机增塑剂的使用也引发了公众对健康影响的讨论。此外，PVC 燃烧时会产生剧毒的二噁英。出于上述所有原因，寻找替代材料也是必须考虑的。

2.6.3　烯烃聚合物（TPO）

热塑性聚烯烃（TPO）主要通过双螺杆挤出机，将聚丙烯（PP）这一热塑性材料与橡胶混合制成。所使用的橡胶既可以是三元乙丙橡胶（EPDM）等不饱和橡胶，也可以是饱和的乙丙共聚物。橡胶的添加量较多，旨在使材料具备柔软性与韧性，而非制成抗冲击的硬塑料。不过，这两种情况之间难以划定明确界限。若橡胶含量超过 50%，EPDM 会成为连续的主体，PP 则变为分散其中的颗粒。橡胶含量为 30%~40% 的软质 TPO 主要适用于挤出工艺，该工艺可在持续低剪切力下对熔融材料进行加工。例如，用于挤出带花纹的薄膜，作为汽车内饰中仪表板的表皮。有一种特殊工艺是采用电子束对这类薄膜进行处理，使材料发生交联，从而增强表面的耐磨性。

在注塑过程中，由于剪切力较大，材料的结构可能发生变化，进而导致力学性能下降。因此，市场上采用注塑工艺制作的 TPO 产品较少，如汽车保险杠，使用 TPO 是因其减振效果良好（见图 2-105）。该用途对弹性要求不高，主要看重其吸收冲击力、发挥缓冲作用的能力。在这一应用中，TPO 共聚物还可用于改良 PP。

TPO 共聚物家族发展迅速，其半结晶相和柔性相可由 PP 或 PE 嵌段构建。例如，当 PP 嵌段为全同立构时，就会成为更易结晶的部分，如图 2-106 所示。

图 2-105　高能量吸收的
TPO 制造的汽车保险杠

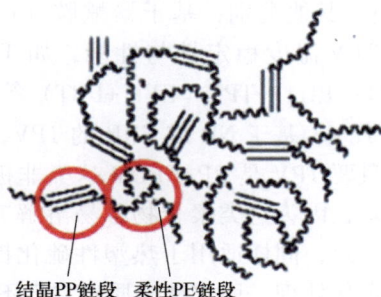

结晶PP链段　柔性PE链段

图 2-106　具有结晶 PP 和柔性 PE 链段的
TPO-C（共聚物）的结构

TPO-C 属于 TPE 家族，是对水基液体等极性介质有抗性的非极性聚合物。不过，它在燃料或油类环境里会膨胀甚至溶解。其对光、紫外线照射及潮湿环境降解的耐受性通常和聚烯烃相近，这为应用于包装，或是汽车内部这类预期潮湿的环境创造了条件。在很多情形下，高透明度、兼具柔性与极性结构的 TPO，可用于制造与食物接触的容器（见图 2-107）。

TPO 的主要应用场景对高弹性需求不高。优先级更高的是利用 TPO 形成包覆成型制品的柔软触感，以及让其持续黏附于刚性

图 2-107　TPO 透明、密封、
微波用食品盒

底层结构。此外，TPO 具备高残余变形能力，可用于制造包装用拉伸膜，满足对良好附着力与低渗透性的要求。

2.6.4　热塑性硫化胶（TPV）

热塑性硫化橡胶（TPV）由热塑性材料与通用橡胶混合而成，橡胶在混合、混炼过程中经动态硫化实现交联，在全球 TPE 市场里，TPV 占比相对较小。

复合工艺赋予 TPV 出色的灵活性与可定制性，大幅拓展了其潜在应用场景，模糊了塑料和橡胶间的界限。

凭借易定制的特性，TPV 在众多行业逐步取代了传统热固性硫化橡胶。TPV 的类别由热塑性材料特性与橡胶类型共同决定，主要包括：

1）TPV-(EPDM+PP)：由三元乙丙橡胶（EPDM 橡胶）与聚丙烯（PP）制成，EPDM 高度交联后，均匀分散于连续 PP 相中。

2）TPV-(NR+PP)：天然橡胶（NR）与 PP 混合，NR 高度交联，均匀分散在连续 PP 相中。

3）其他类别：基于聚酰胺（PA）或聚对苯二甲酸丁二酯（PBT）基体，提升 TPV 温度稳定性与性能，如 TPV-(NBR+PA)、TPV-(ACM+PBT)、TPV-(VQM+TPU)、TPV-(EVM+PBT) 等；还涵盖丙烯酸酯橡胶 TPV（ACM 基）、硅橡胶 TPV、基于 NR 或 ENR 的 TPV，以及聚烯烃弹性体（EOC)/PP TPV。

只要 TPV 是 PP/EPDM 这类非极性结构，就对低分子量油类和燃料的耐受性较差，因为这类聚合物容易溶解。这一点和前文对热塑性聚烯烃（TPO）的描述一致，同样适用于热塑性硫化橡胶。这类材料面对光照和氧化时，必须进行稳定化处理，而水性介质对它们不会造成危害。

因此，以 PA 或 PBT 为基质的热塑性硫化橡胶，可能更耐上述油类和燃料。基质是决定材料温度稳定性的主要因素，尽管交联橡胶颗粒也能起到一定的稳定作用。基质能增强材料性能，当连续的塑料相开始熔化时，材料性能也会随之下降。

用于 TPV 的材料在 0℃ 以下通常不会发生脆化，且具备弹性。弹性模量在 130℃ 左右呈快速下降趋势，此现象由连续相 PP 的热稳定性所决定。在弹性模量出现显著下降前，TPV 可保持良好的尺寸稳定性，而低压缩永久变形为其重要性能优势，该特性依赖于合理的组分配方及选择。

依据供应商数据，TPV 在室温条件下的压缩永久变形<20%，70℃ 时，压缩永久变形处于 20%~60% 之间，甚至在 100℃ 的某些工况下，也能维持较低变形值。这种特殊热稳定性，源于热塑性基体中分散分布的交联橡胶相，其赋予 TPV 良好的压缩永久变形性能，使 TPV 成为垫圈、密封件（见图 2-108）等应用场景的常用材料。

图 2-108　车门密封条

2.6.5 苯乙烯类热塑性弹性体（TPS）

除了 TPE 中最大的一组，苯乙烯类热塑性弹性体（TPS）在 TPE 家族中占第二大份额。由于其卓越的性价比，该产品组几乎在日常生活的所有领域都有应用。也就是说，这种材料在技术应用中很难被认为是纯聚合物。苯乙烯聚合物具有无定形结构，它在升高的温度下融化得非常慢，并且这种硬相非常稳定。可加工性是很差的，因此为了提高加工性，添加了油性增塑剂和/或热塑性聚合物。选择的典型热塑性塑料是 PP（聚丙烯）。

关于纯 TPS（苯乙烯嵌段共聚物），它具有三嵌段结构，在两个硬聚苯乙烯嵌段之间具有烯属或脂族软链段，如图 2-109 所示。

分段的化学成分在 ISO 18064 中进行了分类：

1）TPS-SBS：苯乙烯-丁二烯-苯乙烯嵌段共聚物（未氢化）。

2）TPS-SIS：苯乙烯-异戊二烯-苯乙烯嵌段共聚物（未氢化）。

3）TPS-SEBS：聚苯乙烯-聚（乙烯-丁烯)-聚苯乙烯嵌段共聚物（氢化）。

4）TPS-SEPS：聚苯乙烯-聚（乙烯-丙烯)-聚苯乙烯嵌段共聚物（氢化）。

5）TPS-SIBS：苯乙烯-异丁烯-苯乙烯嵌段共聚物（氢化）。

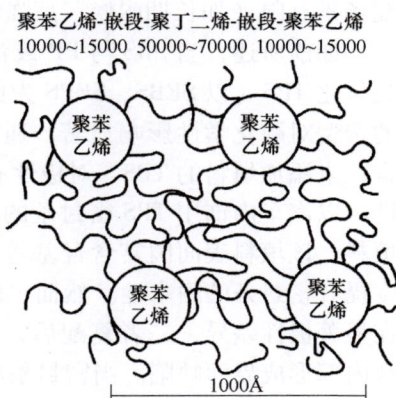

聚苯乙烯-嵌段-聚丁二烯-嵌段-聚苯乙烯
10000~15000 50000~70000 10000~15000

1000Å

图 2-109　TPS 结构

这种 TPE 的不同形态非常复杂，并且与加工者和使用者不太相关。关于 TPS 等级的更重要的信息是了解聚合物是否氢化，非氢化聚合物在链中具有双键，对氧化非常敏感。ISO 18064：2022 通过氢化版本的 TPS-H 和另一个版本的 TPS-N 来区分它们。

硬度为 60~70HS 的 TPS-SEBS 混合物的典型配方见表 2-2。

表 2-2　硬度为 60~70HS 的 TPS-SEBS 混合物的典型配方

组分	质量分数（%）
SEBS	25
PP	10
油	25
填充物	35
其他混杂物	5

油在 TPS 体系中兼具增塑与加工助剂双重作用：纯 TPS 虽可在高能量（高

剪切）条件下熔融加工，但添加 PP 与油后，能显著优化加工流动性，让成型更顺畅。此外，填料（常用碳酸钙）可辅助改善工艺稳定性、降低制品收缩率，对尺寸精度要求高的场景（如精密结构件）尤为关键。最后，材料供应商需要依据客户需求，在产品最终定型前，完成颜色、规格的精准调整。

最简单的 TPS 由苯乙烯-丁二烯-苯乙烯嵌段共聚物（SBS）制成，多用于材料改性或短期应用场景：SBS 最典型的应用是沥青改性——通过添加 SBS 提升沥青阻尼性能、降低滚动阻力，广泛应用于道路工程；另一类短期应用是制作尿布阻隔膜，利用其临时阻隔特性满足需求。不过，从纯技术角度而言，SBS 适配场景有限（如长期耐候、高强度需求场景难以适用）。

如前所述，当 SBS 与 PP 或油复配后，TPS 的技术应用范围得以大幅拓宽，且氢化 TPS（以 SEBS、SEPS 为典型代表）表现更为优异。在配方体系中，PP 的选型对耐化学性影响显著，通常可提升材料耐受化学品侵蚀的能力。一般而言，未添加填料的 TPS，对极性有机液体、弱酸、弱碱水溶液展现出较好的耐受性。以汽车内饰用 TPS 密封条的生产为例，若向 TPS 体系中引入亲水性碳酸钙填料，该填料表面因富含羟基等极性基团，可吸附水分子，初期确实能一定程度提升密封条的耐水性。然而，碳酸钙为强极性填料，与非极性的 TPS 基体存在显著极性差异，二者复配后，会使材料整体极性向非极性方向偏移，且在材料内部形成界面缺陷。当密封条承受外力作用时，这些缺陷易成为应力集中点，进而导致材料拉伸强度、韧性等力学性能指标下降。此外，TPS 于部分溶剂（如异丙醇）中会发生溶胀、溶解，造成体积损失；在高温环境下，其化学分解速率也会进一步加快。

2.6.6　热塑性聚氨酯（TPU）

热塑性聚氨酯（TPU）是 TPE 家族中规模中等的品类，因高耐磨性与良好弹性兼具的特性，成为"需要耐磨+弹性"场景的优选材料。

TPU 的应用覆盖绝大多数技术市场领域，典型应用包括汽车 ABS（防抱装置）、ESP（车身电子稳定程序）的电子转向系统电缆护套（见图 2-110）。这类电缆需适应复杂环境：温度跨度大（-40~80℃，含干燥、潮湿工况）；承受道路冲击（泥土、盐水、石油、燃料等侵蚀）；

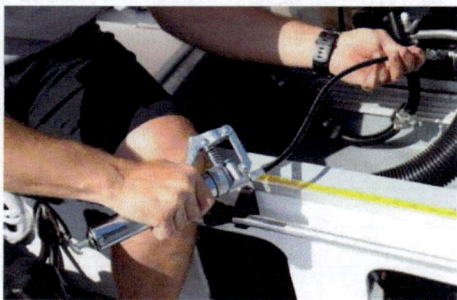

图 2-110　电子转向系统的 TPU 电缆护套

还要抵御汽车行驶中不可避免的机械冲击。

TPU 的分类依据是硬段（烃类，含芳烃、脂肪烃链段）与软段（醚、酯、碳酸酯链段）的化学结构差异，主要子类为：

1）TPU-ARES：芳烃硬链段，聚酯软链段。

2）TPU-ARET：芳烃硬链段，聚醚软链段。

3）TPU-AREE：芳烃硬链段，醚和酯软链段。

4）TPU-ARCE：芳烃硬链段，聚碳酸酯软链段。

5）TPU-ARCL：芳烃硬链段，聚己酸内酯软链段。

6）TPU-ALES：脂肪烃硬链段，聚酯软链段。

7）TPU-ALET：脂肪烃硬链段，聚醚软链段。

通常，TPU 的结构可以通过图 2-111 来描述 TPU 的反应。

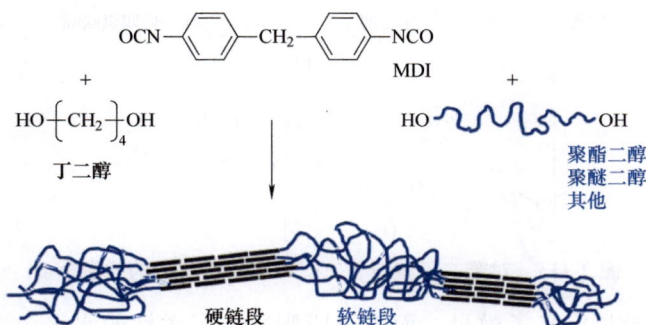

图 2-111　TPU 的反应模型

2.6.7　共聚多酯类热塑性弹性体（TPC）

TPE 家族中的一个特殊类别是共聚多酯类热塑性弹性体（TPC），它有着高耐热性与良好的可加工性，常用于对这两项性能有要求的技术领域。在汽车行业，它应用颇多，毕竟发动机舱环境恶劣、温度高，而它即便在此处也能有较长的使用寿命，很适合用于靠近发动机等需要耐温的部位。此外，它还有个不太起眼的应用——制作薄膜。例如，在医疗领域，纺织品既要能抵御外界环境影响，又要可消毒，TPC 具有良好的可加工性与高强度，能让其制成的薄膜附着在纺织品表面并经久耐用，而且这种薄膜兼具防水性和透气性（见图 2-112），能很好地满足医疗使用需求。

结晶硬相是聚酯，主要是聚对苯二甲酸丁二酯（PBT）（见图 2-113），这意

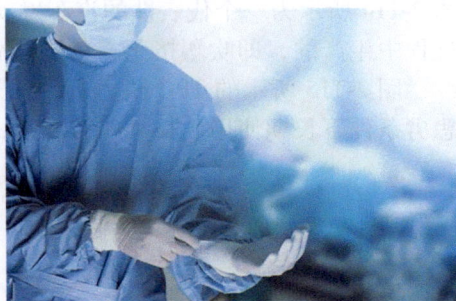

图 2-112　用于医疗的防水透气薄膜

味着硬链段由芳香结构制成，具有非常耐用的构建块。柔性软链段与 TPU 的软链段相当，即聚醚醇或聚酯醇，并且通常由聚四氢呋喃（PTHF）或聚己内酯表示，有时由聚碳酸酯二醇表示，并且这些材料的不同子类用下列缩略语表示：

1）TPC-ES：聚酯软链段。

2）TPC-ET：聚醚软链段。

3）TPC-EE：软链段为酯和醚链段。

4）TPC-CE：共聚酯与聚碳酸酯软链段。

对苯二甲酸　　　　　丁二醇　　　　　聚四氢呋喃

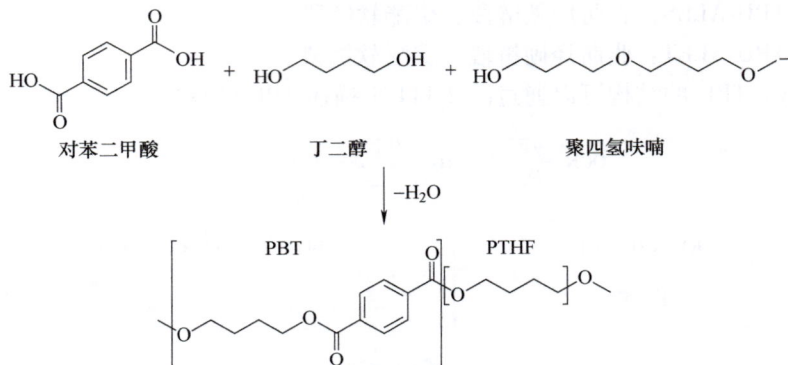

图 2-113　对苯二甲酸与丁二醇和聚四氢呋喃的缩聚反应

硬链段的数量定义了模量，而软链段则决定了柔性的水平。聚酯软链段非常容易水解降解，聚醚软链段容易氧化。由聚碳酸酯二醇制成的替代品是合适的折中方案，但是成本不低。另一方面，将酯与醚聚合物二醇结合是现有技术的折中方案。这在 TPC-EE 的命名法中可见。

逐步缩聚能够使嵌段链分段堆积，从而产生不同的相分离，这意味着硬相和软相是非常纯的，并且不受阻碍。因此，TPC 具有良好的耐热性，并且在加工后能很快变为固体。这些是通过注射成型制造成型件非常重要的标准。关于挤出工艺，熔体稳定性提供了具有良好尺寸稳定性的所得挤出物。良好的耐热性很容易用于汽车发动机罩下的应用，尤其是在暴露于热空气和油的地方。图 2-114 所示为一个代表性的汽车发动机空气导管，它是在一个复杂的一步挤压过程中生产的，即吹塑挤压。在这种情况下，需要精确、可靠的熔体稳定性。

图 2-115 所示的 TPC 压力管的外观不那么美观，但要求在高温和动载荷的恶劣条件下长期使用。在某些情况下，还需要考虑与介质接触的影响。

图 2-114　汽车发动机空气导管　　　　图 2-115　TPC 压力管

2.6.8 聚酰胺类热塑性弹性体（TPA）

TPE 家族中的一个小亮点是聚酰胺类热塑性弹性体（TPA）。市场上流行的等级是由一个脂肪族酰胺的硬链段组成，主要是聚酰胺 12 和一个聚醚软链段。

关于柔性相，其变化与 TPC 的软相类似。因此，这些材料的不同子类用下列缩略语表示：

1）TPA-ES：聚酯软链段。

2）TPA-ET：聚醚软链段。

3）TPA-EE：醚、酯软链段。

图 2-116 所示为 TPA 足球鞋鞋底。运动鞋鞋底要求具有高动态冲击力、透明性和低密度，在鞋类市场中，主要由 TPU 主导，但 TPA 在高性能运动鞋领域更受欢迎。

基于 PA12 的脂族硬链段提供了这些产品的低密度、高透明度和光稳定性，这是户外应用的一大优势。此外，宽的工艺窗口提供了更多的好处。所有这些特性都可以在高级足球鞋的应用中看到。

芳香族聚醚酰胺在市场上几乎看不到，这里将讨论基于 PA12 和聚醚软相的相关 TPA。这类 TPA 耐热、透明、易于加工，但它们的密度较低，类似于 $1g/cm^3$ 附近的聚烯烃。与 TPC 一样，TPA 的构建块也有良好的相分离；硬链段是稳定的，而软链段是相当纯净的。

这类 TPA 具有良好的低温柔韧性，并且可在非常低的温度下使用。可以预期，这些材料在 -40℃ 时不会变脆。应该注意的是，非常均匀的软相（此处显示的 PTHF）倾向于结晶，并且低温柔韧性明显降低。

TPA 的良好熔体稳定性转化为良好的尺寸稳定性。眼镜架材料的技术是低密度、断裂弹性、高透明度和耐热性，如图 2-117 所示。

图 2-116　TPA 足球鞋鞋底

图 2-117　TPA 眼镜架

2.7 热固性塑料的性能与应用

能够形成交联的聚合物树脂称为热固性树脂。交联的过程称为固化。热固性塑料在加热时可能会稍微软化，但在分解之前会保持其形状。正是化学反应在聚合物链之间产生交联，导致这些材料硬化，并且这个过程是不可逆的。固化剂（引发剂）通常用于开始交联过程。

当热固性聚合物发生反应时，通常会在反应过程中释放热量，这被称为反应热，释放的热量被称为放热（放热反应）。热固性树脂可以以几种不同的形式或阶段使用。在"A阶段"树脂中，材料很稀（容易流动），主要是单体；在"B阶段"树脂中，材料是部分聚合的，这也被称为"B阶段"，成型过程中使用的树脂是"B阶段的"树脂；"C阶段"树脂是指材料完全固化的树脂。

2.7.1 酚醛塑料（PF）

酚醛塑料是一种由酚醛树脂制得的塑料。酚醛树脂（PF）是由苯酚、苯酚的同系物和（或）衍生物，与醛类或酮类缩聚反应制得的一类树脂。

由于PF易于制造且价格相对低廉，因此它也经常用作丙烯酸替代品、黏合剂和绝缘体。PF的特性和性能因所用醛的类型而异，尽管甲醛是最常见的。为了将醛和苯酚的混合物转化为酚醛片，可采用合成混合物浸渍纸、玻璃或布，然后分层并使用热和压力压制在一起。由于热和压力的作用，发生聚合反应，树脂与纸、布或玻璃反应，形成坚硬、致密的酚醛片。

在许多应用中，较新的工程热塑性塑料已经取代了酚醛塑料，但由于其优异的耐热性、阻燃性、电绝缘性能和黏合特性，酚醛塑料仍然是许多应用的首选材料，它缺点之一是仅限于通常较暗的颜色。

酚醛材料通常有一系列几何形状，包括酚醛片、管、棒、型材、板、特定形状和块，它也可用作泡沫，通常用于绝缘应用。

酚醛塑料经常用于制造日用品中的胶木手柄和盖子手柄（见图2-118）、电气插头（见图2-119）和开关、电熨斗零件和烧蚀防护罩。

图 2-118　PF 胶木手柄和盖子手柄

图 2-119　Amphenol 黑色酚醛八角针电气插头

酚醛塑料还用于许多涂料和纸张浸渍及层压板（见图 2-120），包括胶合板。酚类物质可以通过机械方式搅打成泡沫并固化，该泡沫产品能够吸收和保持水分，被广泛用作花卉泡沫。

图 2-120　酚醛塑料层压板是通过对材料层施加热量和压力而制成的

酚醛塑料有几个商品名，常见名称包括：

1）Bakelite 胶木：这种塑料由木粉和酚醛树脂制成，通常用作电绝缘体和其他不导电的耐热应用。

2）Novotext 或 Tufnol：这种类型的酚醛塑料由棉或亚麻纤维增强，通常用作负载轴承的衬垫，因为它具有低摩擦系数。类似的产品 Paxolin 是由酚醛树脂和纸制成的。

2.7.2　氨基塑料（UF、MF）

氨基塑料是由氨基树脂制成的塑料，氨基树脂是由含有氨的化合物，如尿素或三聚氰胺，与醛类，如甲醛或可生醛的物质缩聚反应制得的树脂。氨基树脂的颜色比酚醛树脂浅，其加工过程与酚醛树脂非常相似。它们的耐电弧性和黏合性略好于酚醛树脂，但价格略贵。

感兴趣的两种氨基树脂是脲醛树脂（UF）和三聚氰胺-甲醛树脂（MF）。

脲醛塑料俗称"电玉"，是以UF为基本成分而制作的塑料，属热固性塑料，主要有脲醛模塑料、脲醛泡沫塑料、铸塑脲醛塑料和层压脲醛塑料板材四种，其表面光滑、坚硬、色泽鲜艳，耐电弧、耐火焰，电绝缘性能好。与酚醛树脂相比，UF要贵得多，但着色范围宽得多。如果外观重要的话，那一定会选择UF。

UF比MF便宜，略高于PF，它用于制造瓶盖、隔热材料和黏合剂。

MF在加工和应用上与UF相似，但MF更防潮、更硬、更强。MF模塑制品是有光泽的，是最硬的塑料之一，并且它们保持了无尘的表面。这些优点导致从20世纪50年代开始，在模塑塑料板和食品容器中用MF取代了UF。UF和MF的几种应用如图2-121所示。

图 2-121　UF 和 MF 的几种应用

2.7.3　环氧塑料（EP）

环氧塑料是以环氧树脂（EP）为基础的塑料。EP是热固性聚合物，这意味着它们从液态以变化的形式固化，不能以热塑性塑料的方式重新熔化。

EP 的特征是在聚合物链的每一端都存在一个独特的三元环氧基团（见图 2-122）。

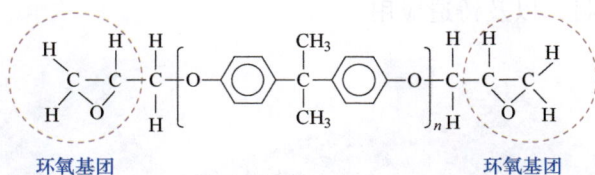

环氧基团　　　　　　　　　　　　　　　　环氧基团

图 2-122　聚合物链每一端的三元环氧基团

这种热固性树脂的交联是由一种具有反应基团的材料引发的，该材料被称为"硬化剂"。环氧树脂和固化剂有时被称为"A 部分"和"B 部分"。纯环氧树脂通常以相等或整体比例（化学计量）的两种成分（树脂和硬化剂，通常是胺）混合，以产生缓慢固化且几乎没有收缩的材料。在纯环氧树脂中，必须遵循正确的比例，否则材料将无法固化。

环氧树脂也可与增强材料结合成型，这被称为预浸料，如图 2-123 所示。

图 2-123　增强强度和结构性能的预浸料材料

环氧树脂被广泛用作高质量的工业级黏合剂，如图 2-124 所示。

图 2-124　环氧树脂黏合剂

其他应用包括集装箱内衬、高质量油漆和涂层，以及航空航天结构部件。由于其低黏度、易于流动和低温固化，环氧树脂被用于电子元件的封装（见图 2-125）和灌封，以及铸造应用。

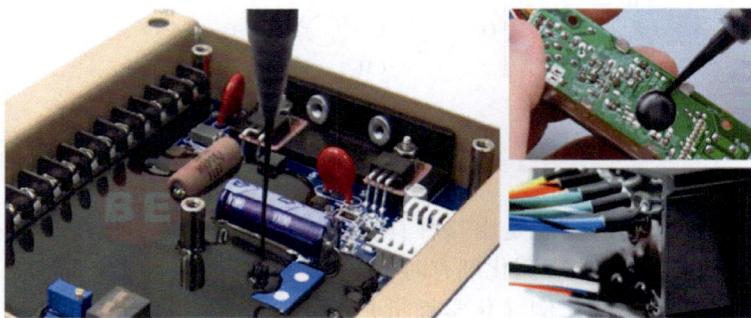

图 2-125　电子元件封装用环氧树脂

2.7.4　热固性不饱和聚酯（UP）

热固性不饱和聚酯（UP），如热塑性聚酯，通过缩聚而成。对于 UP，聚合反应终止，产生短链、低相对分子质量的液体聚合物。这种聚合物能够交联，因为它含有活性碳-碳双键，如图 2-126 所示。双键被认为是"不饱和的"键，所以这些材料被称为"不饱和聚酯"

双键将通过添加引发剂（通常是过氧化物）进行加成聚合反应。这一点很重要，因为不会形成冷凝副产物。当 UP 固化时，不需要去除水或其他副产品，这些副产品可能会在成品中产生气泡。当这些 UP 与纤维增强材料混合时，得到的产品被称为复合材料，或者当使用玻璃时，称为玻璃纤维增强塑料（FRP），如图 2-127 所示。这些产品用于制造玻璃包裹的管道和配件、船体（见图 2-128）和汽车车身。

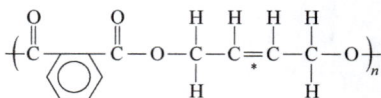

图 2-126　具有活性 C＝C 位点的
不饱和聚酯（*）

图 2-127　玻璃纤维增强塑料（FRP）

图 2-128　船用玻璃纤维不饱和聚酯树脂

2.7.5　热固性聚氨酯（PUR）

热固性聚氨酯（PUR）是通过多官能醇（多元醇）与异氰酸酯的反应制备的。它们的结合类似于缩聚反应，只是不产生水，这是制造成品的一个优势。氨基甲酸酯化学性质的灵活性允许定制广泛的性能，以适应各种各样的应用。异氰酸酯具有反应性和毒性，必须采取适当的预防措施进行处理。

两种液体组分异氰酸酯和多元醇在低压下注入封闭模具时发生反应。当这两种成分以低黏度液体的形式流入模具时，它们被混合在一起，反应会提高模具表面的温度和压力，从而在型腔中形成聚氨酯部件。反应注射成型（RIM）用聚氨酯已发展成为一系列具有特定物理性能的配方，以满足特定的性能要求。几乎可以生产任何产品，从柔性弹性体到泡沫芯零件，再到极其坚硬、坚固和薄壁的聚氨酯部件。零件可以涂底漆、喷漆或表面处理图形，以模拟碳纤维等各种纹理，如图 2-129 和图 2-130 所示。

图 2-129　反应注射成型用
低黏度、硬质聚氨酯泡沫

图 2-130　汽车用反应
注射成型结构件

反应注射成型用聚氨酯可用于生产非常大的零件，如汽车保险杠和医疗设备的外壳，同时可以满足 V-0 和 5VA 的 UL94 可燃性评级，以及耐高温（高达

180℃）的要求。这些特性使外壳具有 X 光机和牙科设备所需的阻燃性。

其他应用包括热固性聚氨酯弹性体，这是一种橡胶替代品，可以制成滚轮与齿轮（见图 2-131）、车轮、保险杠和运动鞋部件，类似于热塑性聚氨酯弹性体。

图 2-131　PUR 滚轮与齿轮

热固性聚氨酯还可用于制造纤维，如"氨纶"和耐磨涂层。它对紫外线的敏感性限制了可能的户外应用。

2.7.6　聚二环戊二烯（PDCPD）

聚二环戊二烯（PDCPD）（见图 2-132）是一种相对较新的材料，通过开环复分解聚合（ROMP）而成。

PDCPD 同时具有高模量、高抗冲性和高抗蠕变，与其他工程塑料相比，显示出优良的综合机械性能。抗弯模量一般为 64～80MPa，缺口冲击强度不低于 150J/m，而且在-40～115℃，PDCPD 冲击强度保持稳定。增强 PDCPD-RIM 的抗弯模量可达 2896MPa 以上。PDCPD-RIM 的耐热性优于 PUR、PVC、PE 及 PP 等材料，尺寸稳定性优于 PUR，抗蠕变性优于尼龙制品，并且具有很好的环境适应性。鉴于此种优势，PDCPD-RIM 制品有取代金属和其他工程塑料的趋势，具有的广泛的应用领域，如图 2-133 和图 2-134 所示。

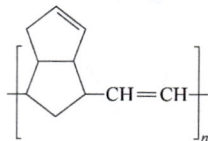

图 2-132　聚二环戊二烯结构

图 2-133　PDCPD 货车前保险杠

图 2-134 PDCPD 军用空投箱

2.8 塑料材料的选择方法

2.8.1 选材过程所需的信息

材料选择始于一系列关于拟议的新塑料应用的问题，这些问题应由材料选用者进行评估。

1. 一般信息

1）零件的功能是什么?

2）装配是如何操作的?

3）零件的几何结构和配置是什么?

4）是否存在空间或重量限制?

5）要求的使用寿命是多少?

6）几个功能可以组合在一个部件中吗?

7）组装可以简化吗?

8）零件故障的后果是什么?

9）零件的生产数量和速度是多少?

10）是否有任何特殊的加工要求或限制?

2. 规范

是否需要验收规范（如 FDA、UL 认证)?

3. 成本

零件的成本和定价限制是什么?

4. 环境注意事项

1）化学环境。

2）暴露于阳光和风化。

3）湿度。

4）工作温度。

5. 机械注意事项

1）该部分在服务中的应力如何？

2）应力的大小是多少？

3）应力与时间的关系是什么？

4）可以容忍的最大变形是多少？

5）摩擦和磨损有什么影响？

6）需要什么公差？

6. 电气注意事项

1）电压要求。

2）电气间隙要求。

3）绝缘要求。

这些都是基本问题，由团队的不同成员，即产品设计师/供应商、材料供应商、加工商和模具制造商，通过表 2-3 中列出的信息提供答案。

表 2-3　信息收集表

产品设计师/供应商提供的信息	材料供应商应提供的信息	加工商提供的信息	模具制造商应提供的信息
零件的功能	树脂等级和类型	工艺方法	模具设计
所需的最低性能	属性和限制	成品单位成本	模具技术
令人满意的功能	必要的设计变更	生产计划	公差和尺寸
零件几何形状和配置	设计计算	质量控制和测试	模具成本
成本	树脂行为和性能（在理想的测试条件下/在要求的操作条件下）	实际公差	交货期
环境操作条件	加工要求	模具维护	模具质量
表面外观	优化模具设计		试模信息
生产数量和速度	树脂成本		必要的变更
特殊要求	附加测试		
公差	公差		
测试和原型			
装配操作			

在这里，我们强调了有效的材料选择是找到一种或多种合适的材料，结合有效的设计、适当的加工和最终集成到最终产品中，从而生产出满足最终用户需求的产品。

当想到一个精心设计的产品时，通常会想到它的整体形状和形式，它的易用性，以及它的性能。然而，大多数精心设计的产品也是为了达到或超过行业标准而生产的产品。只有当零部件本身设计和制造得当时，这才有可能实现。良好的制造并非仅从适当的工艺控制开始，而是建立在稳健的零件设计之上，这需要使用正确的材料和制造工艺。零件设计、材料选择和制造工艺，这三者共同构成了良好制造的基石。

在零件设计、材料选择和制造工艺中，材料选择通常是最麻烦的，尤其是在选择热塑性材料时。人们甚至可以得出结论，有效的材料选择是良好设计的基础。

2.8.2　选材的基本步骤

1. 建立关键标准

在设计之初，需要为每个零件建立关键标准。标准可能包括性能要求、成本目标（零件成本和模具成本，甚至可能包括设备成本）和感觉问题（虽然感觉要求经常被忽视，但它们有时是最重要的标准）。

2. 选择制造工艺

在适宜的制造工艺过程中，零件的尺寸、复杂性、产品体积、产量和可承受的模具成本等因素均为重要考量。其中，产量往往是最关键的决定因素，模具预算也需纳入考量。

3. 拟定候选材料清单

基于关键标准，精心筛选出候选材料，并依化学类别（如聚丙烯系列、尼龙系列等）和可能需添加的助剂（如玻璃增强剂、增韧剂、热稳定剂、阻燃剂等）进行分类。同时，此阶段也可确定潜在供应商。

4. 数据评估

数据评估工作包括材料的机械、化学及/或电气性能，成本估算，结构分析和供应链调研。此外，还可能涉及颜色、声音、振动、导热性或感官体验等方面的评估。评估过程可能简单明了，也可能复杂烦琐，所需时间和工作量因复杂性而异，可能从数日至数月不等。

5. 开发材料

材料选择的下一步发生在开发阶段。这个阶段是一个迭代阶段，涉及详细的设计和工程、原型设计、测试，以及经常的修改和重新测试。就时间而言，这个阶段通常是最长的阶段。在这一阶段，材料的短清单将变得更短，因为一种或几种材料被证明是最有效的。

6. 确定材料选择

最后，进行材料选择的最终确定。这一决策应基于明确的事实，通过稳健的评估得出，并依托可靠、经验证的数据支持。最理想的材料选择应能以最有效的成本满足所有既定标准，不应存在任何猜测或侥幸心理。若材料选择不够明确，或者未能满足所有关键标准，则不应仓促做出最终决定。此时，可能需要回顾并重复之前的某些步骤，进行额外的评估或开发工作。必要时，甚至可能需要调整既定标准。虽然这在新产品开发环境中可能导致项目延期，但及时识别并解决问题，确保材料选择的正确性，通常比仓促做出错误决策更为有利，这有助于避免未来可能出现的更严重延误和潜在的高额成本。

2.8.3 选材案例

如图 2-135 所示，任务是为一款安全帽的防护面罩挑选合适的材料。这一选择过程实质上是寻求设计要求与备选材料性能之间的最佳匹配。目标是确保所选材料能够充分满足面罩的设计需求，同时展现出卓越的性能。

1. 建立关键标准

（1）约束条件（必须满足的条件）

1）必须透明：面罩的透明性对于确保佩戴

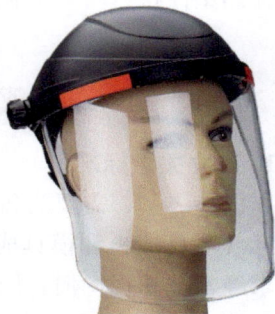

图 2-135　安全帽的防护面罩

者在使用时能够清晰地看到外部环境至关重要。因此，材料必须具有高透明度，以允许光线无阻碍地穿过面罩。

2）易于成型：这一条件意味着所选材料应具有良好的可加工性，以便能够容易地通过注塑、压制或其他成型工艺制成面罩的形状。这确保了生产过程的效率和可行性。

（2）设计目标（在满足条件的基础上，获得更卓越的性能）　尽可能防碎：这意味着所选材料应具有出色的断裂韧度，即在受到冲击或压力时能够抵抗碎裂或破裂的能力。对于安全头盔的保护面罩来说，这一性能至关重要，因为它直接关系到佩戴者的安全。

2. 选择制造工艺

为安全帽的防护面罩选择制造工艺时，应确保该工艺能够充分利用所选材料的性能，并满足面罩的设计要求。以下是一种可能的制造工艺选择：

（1）注射成型工艺　如果所选材料具有良好的可塑性和流动性，注射成型工艺是一个理想的选择。注射成型工艺能够确保面罩的精度和一致性，同时提高生产率。此外，通过调整注射成型参数，可以优化面罩的性能，如增加其耐冲击性和耐磨损性。

（2）表面处理　为了提高面罩的耐久性和美观度，可能需要对其进行表面处理。这包括喷涂、抛光、镀膜等工艺，可以根据具体需求进行选择。表面处理不仅能够改善面罩的外观，还能够提高其耐蚀性和耐磨损性，延长使用寿命。

3. 拟定候选材料清单

为安全帽的防护面罩拟定候选材料清单时，需要考虑面罩的设计要求，特别是它必须易于成型、透明度高，并且具有尽可能高的断裂韧度。以下是一份候选材料清单：

1）聚碳酸酯（PC）。

① 优点：透明度高，强度高，耐冲击性好，易于加工成型。

② 应用：常用于制造安全帽的透明面板，如护目镜部分，因其透明度高且耐冲击。

2）聚苯乙烯（PS）。优点是透明度高，易于加工，成本相对较低。

3）聚甲基丙烯酸甲酯（PMMA）。

① 优点：俗称亚克力，透明度高，耐候性好，易于加工。

② 应用：常用作透明面罩材料，因其透明度高且耐候性强。

4）醋酸纤维素（CA）。

① 优点：具有优秀的透明性、持久的表面光泽和较低的应力开裂风险，耐候性好。

② 应用：常用于制造眼镜架、透镜、工具手柄、显示器外壳、装饰、汽车方向盘。

5）特种玻璃。

① 优点：透明度高，耐冲击性好（特别是经过特殊处理的玻璃）。

② 应用：虽然玻璃本身较重，但在某些特殊需求下，如需要极高耐冲击性的场合，特种玻璃可能是一个选择。

6）聚氨酯（PUR）。

① 优点：可制成透明材料，具有优异的耐冲击性和耐磨性。

② 应用：虽然不常直接用于面罩材料，但聚氨酯在某些特殊应用中可能是一个选择。

请注意，上述清单所列的材料仅为候选项，实际选择时应全面考虑面罩的具体设计需求、成本预算、生产工艺等因素。此外，在选择过程中，还需权衡材料的环保性、耐用性，以及与其他部件的兼容性等因素，以确保最终产品的整体性能和可持续性。

4. 数据评估

在满足透明和易于成型这两项约束条件的前提下，为了实现更高的防碎设计目标，我们对材料进行了排序，主要依据其断裂韧度的高低，见表 2-4。

表 2-4　候选材料的断裂韧度排序

材料	平均断裂韧度 K_{IC}/（$MPa \cdot m^{1/2}$）
PC	3.4
CA	1.7
PMMA	1.2
PS	0.9
特种玻璃	0.6
PUR	—

5. 开发材料

通过对上述材料的对比，初步选定 PC、CA 和 PMMA 作为前三名候选材料。接下来，在开发过程中，将进行更为详细的设计和样机制作，同时执行相应的测试来最终确定合适的材料。

6. 确定材料选择

根据性能测试结果，PC、CA 和 PMMA 均可能满足要求。为了更直观地比较，可以按照单位价格的断裂韧度来排序，即计算每种塑料的平均断裂韧度并除以其单价。具体排序结果见表 2-5。

表 2-5　候选材料具体排序结果

材料	单价/（元/kg）	平均断裂韧度 K_{IC}/（$MPa \cdot m^{1/2}$）	单位价格的平均断裂韧度/ $[（MPa \cdot m^{1/2}）\cdot kg/元]$
PC	40	3.4	0.085
CA	35	1.7	0.049
PMMA	20	1.2	0.06

从表 2-5 中的数据可见，PC 材料展现了最高的性价比，因此最终选定 PC 作为我们的材料。

第 3 章

注射成型工艺及其对设计的影响

3

3.1 成型工艺简介

注射成型是一种高速、自动化的成型工艺，可用于生产几何形状非常复杂的塑料件。然而，重要的是，设计工程师要认识到，产品的设计将最终决定零件的"成型性"或"可制造性"，以及对模具的要求和成本。同时，也应认识到，通过改变产品的整体形状和特定特征细节以提高塑料件的成型性也是十分重要的。

此外，设计工程师也必须认识到，模制品的性能在很大程度上会受到模具设计和加工工艺条件等因素的影响。为了生产出高质量的零件，设计工程师、模具工程师、材料供应商和工艺工程师必须共同努力，才能开发出既可成型又符合功能要求的零件。如果遵循这种并行的工程实践，设计工程师就更有可能设计出非常成功的产品。

3.1.1 成型阶段

注射成型是一个复杂的过程，涉及一系列连续的工艺阶段，包括填充阶段、加压阶段、保压阶段、冷却阶段和顶出阶段。

（1）填充阶段　模具闭合后，熔体从成型机的注射单元通过主流道、分流道、浇口注入相对较冷的闭合模具型腔。

（2）加压阶段　熔体被加压和压缩，以确保完全填充，实现详细的表面复制。

（3）保压阶段　熔体在压力下保持在模具中，以补偿零件冷却时的收缩。保压压力通常施加到浇口固化。一旦浇口固化，熔体就不能再流入（或流出）型腔。

（4）冷却阶段　熔体在没有收缩补偿的情况下继续冷却和收缩。

（5）顶出阶段　模具打开，冷却后的零件从型芯或型腔中脱模（在大多数情况下使用机械脱模系统）。

注射成型是一个周期性的循环过程，每个循环内要完成模具关闭、填充、保压、冷却、模具打开、顶出零件等操作，其中注射（熔体填充）、保压和冷却是关系到能否顺利成型的三个关键环节。然而，熔体的流动行为和填充特性又与填充压力、填充速度和熔体温度密切相关，因此了解熔体的流动行为等相关特性，对于设计整个注射成型工艺意义重大。注射成型的每个阶段都会对塑料件的设计产生影响。为了使塑料件被认为是可成型的，它必须满足上述五个工艺阶段中每个阶段的成型性要求。

流动技术关注的是塑料熔体在填充过程中的行为。塑料件的特性取决于其成型方式，在相同尺寸、相同材料但不同条件下成型的两个零件将具有不同的应力和收缩水平，并且在现场的表现也不同，这意味着它们在实践中是两个不同的零件。

熔体注入模具的方式对于确定零件的质量至关重要。通过预测压力、温度和应力，可以清楚地分析型腔的填充过程。

3.1.2 注射速度的影响

注射速度指的是注射过程中螺杆向前推动的速度，它直接影响型腔的填充速度。零件的几何形状和注射速度的快慢共同决定了型腔填充的快慢。显然，较快的注射速度能够缩短注射时间，而较慢的注射速度则会延长注射或填充的时间。值得注意的是，较快的注射速度会导致注射压力迅速增大，因为注射速度越快，所需的注射压力（包括液压和型腔压力）就越大。另一方面，当采用较慢的注射速度时，由于固体层的快速生长，喷嘴和通道中会出现压降现象。在这种情况下，液体层会变薄，压力无法有效地传递到更远的区域。因此，螺杆向前推进的速度应当得到精确控制，以确保熔体稳定而迅速地进入型腔。填充过程应尽量保持稳定和快速，以确保注入压力的斜率恒定，从而获得最佳的成型效果。

理想的填充模式应确保在整个过程中，流动前沿能够以恒定的速度同时到达型腔的每个末端。如果无法做到这一点，零件内部可能会出现因过早填充而形成的局部过度保压区域。

在填充过程中，如果流动前沿的速度不稳定，它将影响塑料的分子或纤维取向。当熔化的塑料与冷的模具接触时，它会迅速在零件的表面区域冻结，从而导致各种变形。对于具有复杂型腔几何形状的模具来说，即使保持恒定的注射速度（或恒定的体积流速），前进的流动前沿速度也可能不是恒定的。每当型腔的横截面积发生变化时，某些区域可能会比其他区域更快地填充。如图 3-1 所示，在孔的镶件周围，流动前沿速度明显加快，尽管体积流速保持恒定。这种速度的变化会导致高应力的产生和沿镶件两侧的不同取向，这些因素共同作用可能会引发零件产生不均匀的收缩和翘曲现象。

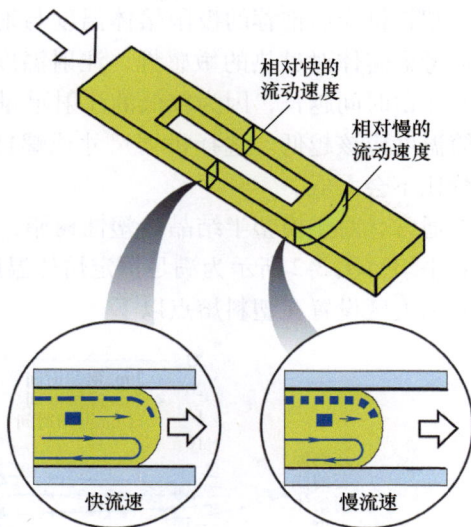

图 3-1 流动前沿速度和流动前沿面积

注意，由于型腔的几何形状和填充模式可变，恒定的体积流速不一定能保证前进流动前沿的恒定速度。在可变的流动前沿速度情况下，材料（由图 3-1 中的小正方形表示）将以不同的方式拉伸，从而产生不同的分子和纤维取向。

一般来说，必须在尽可能短的时间内完成型腔填充，这样不仅可以缩短总的注射成型时间，还可以防止固体层过早生长，从而使型腔的适当加压更加困难。但是，必须考虑到以下两个方面：

1）非常快的注射速度可能会导致材料过热和热降解，从而产生过大的剪切应力，这些应力可能引发分子链的断裂，最终导致材料性能损失。同时，还可能造成固化层的拉伸和位移，使内部熔融层在冷却时向外移动，这不仅会影响产品的外观质量，还可能会造成剥落等质量问题。

2）非常慢的注射速度会导致在型腔接触面形成较厚的冷凝层，进而减少通道面积，从而增加流动所需的注射压力。

加快填充速度后，熔接线的外观和强度得以改善，零件表面光泽度增加，结晶度也随之提升。然而，这也可能带来熔体温度升高和所需夹紧力增加的问题。但值得注意的是，型腔压力的平衡度会更高，同时表面分子链或玻璃纤维的定向程度也会更高。

3.1.3　温度的影响

1. 机筒温度

塑料供应商推荐的极限熔体温度与射出百分比和循环时间之间存在密切关系。考虑熔体对过热的敏感性，注射温度必须与滞留时间相匹配。熔体在机筒中的滞留时间越长，因为较低的注射重量或较长的循环时间（如因镶件放置），机筒温度应该越低。选择机器尺寸或螺杆直径时应格外小心，以使产生的射出百分比不会太低。

通常，对于模塑半结晶热塑性树脂，以 Crastin PBT 为例，机筒温度分布应相对平坦。图 3-2 所示为满足恒定熔体温度的机筒温度设置曲线。应避免将任何机筒温度区设置在塑料熔点以下。

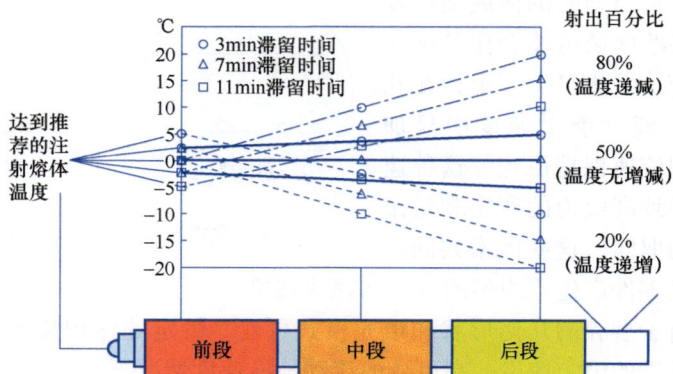

图 3-2　满足恒定熔体温度的机筒温度设置曲线

2. 螺杆转速

熔体温度不仅取决于机筒电加热器提供的热量，还取决于熔体和塑化过程中螺杆内摩擦和剪切产生的热量。用于确定螺杆切向速度的单位为 m/s。Crastin PBT 塑料基于螺杆直径的最大螺杆转速如图 3-3 所示。一些材料建议的螺杆切向速度见表 3-1。

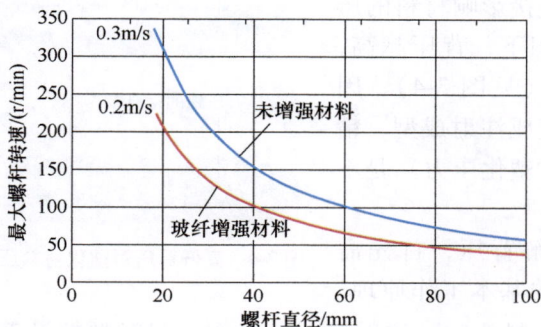

图 3-3　Crastin PBT 塑料基于螺杆直径的最大螺杆转速

表 3-1　一些材料建议的螺杆切向速度

材料	螺杆切向速度/(m/s)
PE	0.8
PP	0.7
PS	0.7
PA	0.5
POM	0.1~0.25
PET	0.3
PBT	0.35
ABS、ASA	0.5
SAN	0.55
PC	0.35
CA	0.45
PPE/PA、PPO	0.4
HYTREL	0.4
ABS/PC	0.2
PA66	0.8
TPU	0.2

3. 背压

背压是注射成型中一个常被忽视但至关重要的因素，它不仅影响系统压力与螺杆运动，还深刻影响着整个注射成型过程的多个方面。注射成型是多个事件相互作用的结果，需要监控和控制多个参数，背压就是其中的一个。背压的高低直接影响材料的压缩程度，相同体积下，背压越高，压缩的材料越多（见图 3-4）。因此，为了有效地完成注射成型，精确控制背压（或称塑化压力）是不可或缺的。

为了深入理解背压，首先需要了解注射成型的基本工作原理。

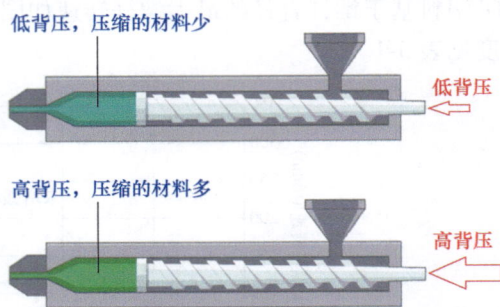

图 3-4　高低背压对塑化材料压缩程度影响的差别

当塑料颗粒被送入料斗时，注射机开始工作，塑料颗粒沿着通常水平设置的机筒移动。在机筒中，这些颗粒经过加热并受到塑化螺杆的剪切作用（这是由螺杆的旋转产生的）。随着螺杆的旋转，它同时向后移动，将熔化的塑料推向螺杆的前部。这时，熔化的塑料在螺杆前形成了一定的流体压力，这个压力反过来又使螺杆向后移动，从而增加了熔体室的体积，实现了所需的备料尺寸。

为了获得理想的熔体压实度和均一性，需要控制这个熔体室的体积，以确保在熔体上施加足够的压缩压力。在螺杆另一端施加的这种压力与熔体产生的压力相反，即所谓的背压。这种背压是在塑料的塑化过程产生的，因此也被称为塑化压力。

背压对注射成型过程的影响很大。注射成型的核心是螺杆的前后运动，而螺杆的运行方式受到多个参数的影响。首先是螺杆的转速，在大多数机器中，螺杆的转速范围在 20~60r/min 之间，具体数值取决于塑料的性质；另一个是计量距离的大小，它决定了注射量，由注射机台的限位开关设定，以控制螺杆后退的距离。

背压在这个过程中起到了关键作用。当螺杆向后移动时，熔体室的体积增大，而螺杆另一端的体积减小，这会导致压力增加。背压就是用来控制这种压力参数的。螺杆向后移动的速度受到体积逐渐增大的控制，同时也受到熔体施加的压力和背压之间平衡的影响。这种净压力决定了螺杆的加速度，进而影响螺杆向后移动的速度。

在注射成型中，时间控制也非常重要。背压通过影响螺杆的运动来间接影响整个注射成型的时间。通过调整背压，可以控制螺杆后退和前进的速度，从而精确控制熔体的注入时间和压力，最终影响零件的质量和生产率。如果背压太低，螺杆向后运动就很容易；如果背压太高，熔体则会经历太多的剪切。

背压具有以下几个作用：

1）压实，随着压力的增大，分子越来越靠近。

2）排气，即使在非常干燥的地方，也很难避免空气进入熔体，而背压有助于排气。

3）工艺定时，当螺杆向后移动时，另一个过程正在发生：上一个循环中，型腔内的熔体正在冷却。因此，螺杆的向后运动需要与产品的顶出同步。

4）收缩，在熔体处于压力的情况下，总体积的减少将导致更小的间隙（与施加压力较小的地方相比），因此背压可以提供更好的尺寸稳定性。

5）型腔填充，背压有助于提高型腔填充的速度和压力。

6）熔体温度，压力与温度有关，当系统的压力增大时，温度也会升高。如果背压过高，温度升高会导致塑料降解。背压引起的温升不如螺杆旋转引起的温升高。

在填充有纤维的塑料/复合材料中，必须注意不能产生有害影响。高背压可以剪断纤维长度，长纤维尤其容易损坏。

4. 熔体温度

熔体温度必须在塑料制造商建议的加工范围内，同时考虑以下因素，即材料熔体流动性、模具设计（浇口、流道、冷却系统）和零件设计（流道长度、厚度比等）。

如果提高熔体温度，将得到：

1）较低的材料黏度和增加的熔体流动性。

2）取向的减少。

3）内部应力的降低。

4）熔接的阻力降低和熔接性能的提高。

5）型腔中的压力损失较小。

6）收缩率的增加。

7）产生更多的气体。

8）冷却时间延长。

9）结晶度的增加。

10）表面粗糙度值减小。

11）产生飞边的趋势增加。

5. 压力的影响

型腔中的压力曲线（以及熔体温度和模具温度）决定了零件的质量。探讨注射压力和型腔内部压力之间的联系，以便在注射过程中对型腔中的压力循环施加更好的控制，实现控制零件质量的目的。

驱动螺杆的压力（如在螺杆的液压冲程或伺服驱动中）和注射压力（如在螺杆前部腔中）实际上呈一定的比例关系（与注射条件无关），并显示相同的循环（如果忽略螺杆向前移动时的摩擦损失），如图3-5所示。

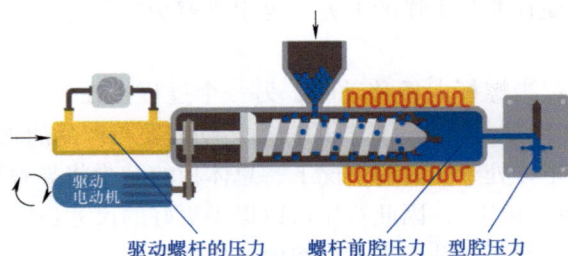

图 3-5 注射过程中的压力

另一方面，型腔压力低于注射压力，这是注射过程中流动损失造成的结果。流动损失的大小取决于熔体的黏度、注射速度和流动路径的几何形状。

图 3-6 所示为成型过程中的压力分布，图 3-7 所示为型腔压力曲线与注射压力的关系。型腔压力可以通过模具内的传感器进行测量。浇口附近的压力循环是最关键的因素。

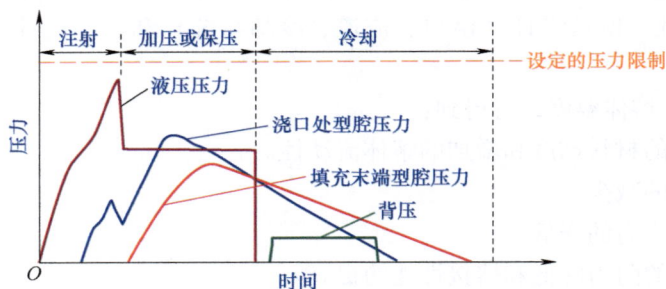

图 3-6 成型过程中的压力分布

从图 3-6 和图 3-7 中可以看出，型腔压力跟随注射压力，并有一个时间延迟。即使注射压力保持不变，由于塑料的收缩，型腔压力也会略有下降。

0~A 填充阶段，或者更准确地说是动态填充阶段，因为即使开始固化，熔体也会被压入型腔中，直到固化点 C。

A~D 准静态阶段，模具按体积充填。熔体的流动（螺杆前腔的保留推力）仅短暂发生，直到压实（达到点 B）和固化过程中收缩的平衡（达到点 C）。

A~B 压缩阶段，补料。

B~C 保压阶段（直至浇口固化）。

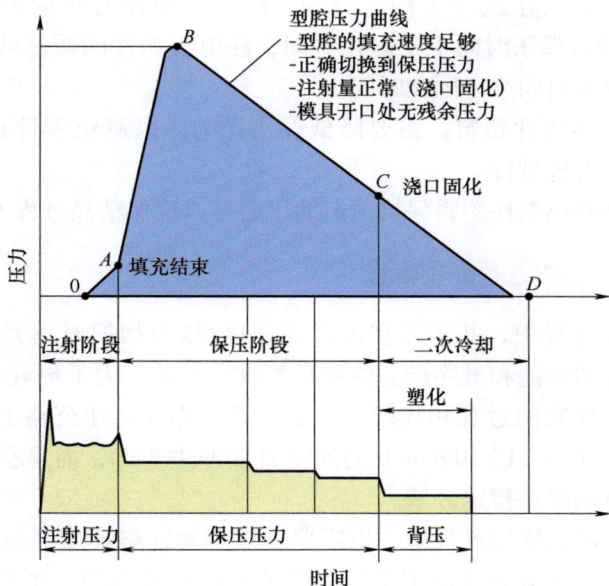

图 3-7　型腔压力曲线与注射压力的关系

$C \sim D$ 冷却阶段（冷却至特定温度，在该温度下将零件从模具中顶出）。

注射压力和保压压力，所选择的注射压力和保压压力必须尽可能高，以足够快、完全和有效地填充型腔，但另一方面，也必须尽可能低，以生产低应力的注射成型件，并避免零件从模具中顶出时出现困难。

保压时间，即保压压力作用的持续时间，必须选择为刚好足够以固化（密封）浇口。如果保压时间太短，熔体可能会回流，外观出现缩痕，并且通常存在较大的尺寸公差。过长的保压时间是不经济的，并且会增加注射成型件的内应力，尤其是在靠近浇口的地方。正确的保压时间可以通过零件质量来确定，如图 3-8 所示。

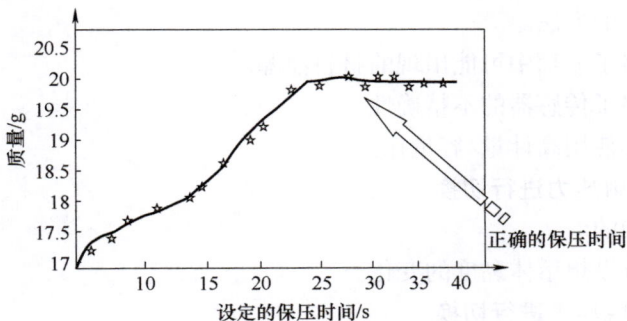

图 3-8　用零件质量确定保压时间

随着保压时间大于或等于固化时间，注射成型件的质量实际上保持不变（不会增加）。随着保压时间小于固化时间，注射成型件的质量减小。缩痕的出现也确实表明保压时间小于固化时间。

对于非结晶热塑性塑料，需要降低保压压力，以避免零件顶出时的困难，并获得低应力注射成型件。

建议对半结晶热塑性塑料保持恒定的压力，以确保结晶过程不受干扰。

3.1.4 速度/压力切换的影响

在注射成型过程中，并不希望零件在速度/压力切换时达到100%的填充，因为这对成型机的性能和最终产品的质量都没有好处。为了更好地理解这一点，可以将其与开车回家的过程相比较。想象一下，你在高速公路上全速行驶，但当你接近家时，你不会以100km/h的速度直接冲进车库，而是会减速以确保安全，并准确地将车停在指定区域。

同样地，在注射成型过程中，也需要通过控制注射速度（或压力）来确保零件的精准填充。不应该让注塑螺杆突然全力前进或急停，而是应该逐步调整速度和压力，使零件在速度/压力切换时达到一个稳定且不过度填充的状态。这样做不仅能保持零件保压的一致性，还能避免某些零件因过度填充而出现问题。

速度/压力切换的关键在于找到合适的方法，使注射速度和压力在切换点得到平滑过渡，确保产品质量和成型机的稳定运行。通常有以下的速度/压力切换方法。

1. 按时间切换

1）所有方法中最糟糕的。

2）它忽略了熔体黏度的变化。

3）它忽略了熔体温度的变化。

4）在高注射速度下成型时可能会损失零件精度。

2. 按行程切换

1）最常用的方法。

2）它忽略了喷嘴中可能出现的材料泄漏。

3）它忽略了传感器的不精确性。

4）不推荐使用高计量/容量比。

3. 通过注射压力进行切换

1）可信赖的。

2）它没有设想熔体黏度的变化。

4. 通过型腔压力进行切换

1）最可靠、最昂贵。

2）它忽略了质量和模具温度的变化。

3）它可以补偿速度、黏度、材料泄漏等方面的变化。

在图 3-9 所示的型腔压力曲线中，注射阶段持续 1s，然后切换到保压阶段，保压阶段又持续约 5.5s。当保压阶段变为冷却阶段时，下一次注射的计量阶段已经开始，型腔中的压力持续下降。由于热膨胀减少和模具收缩的相互作用，零件正在冷却。10s 后，零件将顶出，现在重要的是剩余压力（约 10MPa）不要太高，因为可能会出现黏模、变形或破裂的问题。

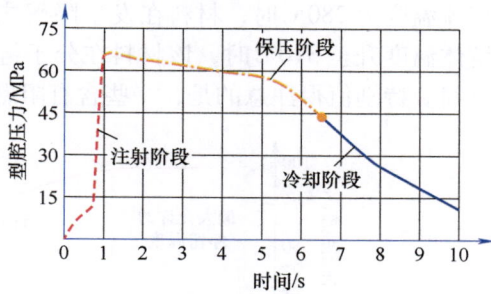

图 3-9　型腔压力曲线

3.1.5　时间的影响

计量时间不是一个设置参数，而是几个因素综合作用的结果。它受零件体积、机筒尺寸、实际螺杆速度和背压的影响。该值通常显示在机器的显示屏上。

然而，冷却时间是一个输入参数。为了缩短循环时间，进而提高生产率和经济性，应该使冷却时间尽可能短，但又不能过短，以防零件在顶出过程中变形。如果使用的是开式喷嘴，这是正常的情况，冷却时间必须比计量时间长一点。一般规则是在计量时间上增加 0.5～1s，以获得冷却时间。如果计量时间不同，这个额外的裕度可以被视为防止生产停止的安全裕度。

如果使用的是关闭喷嘴，可以有比计量时间更短的冷却时间，因为在这种情况下，可以在整个开模、脱模和关闭阶段继续塑化计量。总循环时间是所有部分时间的总和（见图 3-10）。

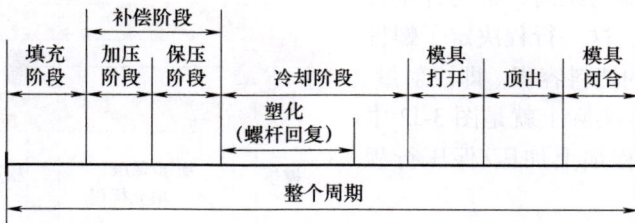

图 3-10　注射成型周期

大多数注射成型机的显示屏上都会显示注射成型循环时间，结合最大计量长度、实际计量长度和模垫的数据，可以计算出连续生产过程中机筒内材料的平均停留时间。尽管以下计算公式并非绝对精确，但它提供了一个非常实用的参考。

停留时间=最大计量长度×2×循环时间/（实际计量长度−模垫长度）

如图 3-11 所示，增韧 PA66 的冲击强度受到机筒内材料停留时间的影响。当熔体温度为 280℃时，材料在发生降解之前能够耐受大约 15min 的停留时间；当熔体温度升至 310℃时，该材料在分子链开始降解之前仅能承受约 7min 的停留时间。特别值得注意的是，一些含有阻燃剂等级的塑料对停留时间尤为敏感。

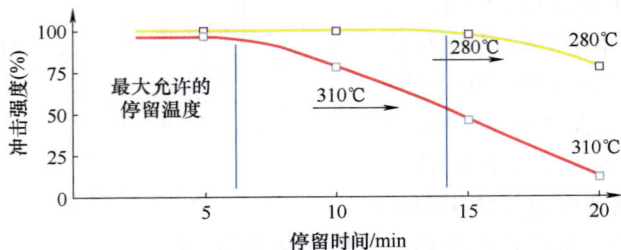

图 3-11　机筒内材料停留时间对增韧 PA66 冲击强度的影响

3.2　注射成型工艺参数

3.2.1　储料参数

储料参数主要包括加料量（即注射量）、余料量（也称为模垫）、螺杆转速、多段储料、背压（也称为塑化压力）和倒塑（或称为松退），这些参数共同决定了注射成型过程中的塑化能力和加料时间。

1. 加料量

螺杆从注射终止位置后退到加料终止位置所覆盖的距离，称为计量行程或储料行程。这一行程决定了螺杆前端射出部分的塑料容积，即注射量。因此，计量行程实际上就是图 3-12 中所示的填充行程加上加压/保压行程的总和。

2. 余料量（模垫）

当料量设定时，机筒前端熔体被注射出后还需在零位前要预留一段材

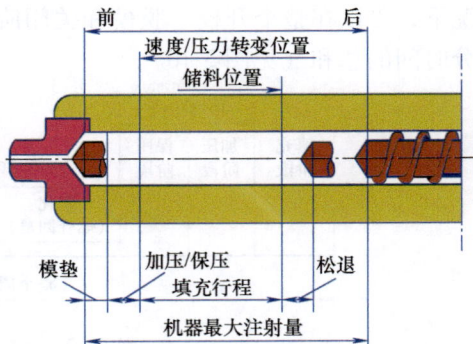

图 3-12　各个阶段的螺杆位置

料作缓冲用，称为"模垫"（见图 3-12）。为了确保注射过程的稳定性和准确性，此段位置不少于 3mm，通常设定 10mm。调整余料量的作用主要体现在以下几个方面：

1）设定模垫能够显著提升注射量的重复精度，从而稳定注塑件的成型质量。

2）在保压阶段，需经历一个缓慢而稳定的推进过程，以确保熔体能够持续向型腔及流道传送，从而在注塑件冷却收缩过程中不断得到充足的材料补充。

3）通过保压阶段的缓慢推进，熔体得以持续补充，这不仅改善了注塑件的密度，还使注塑件表面光泽度更佳、颜色更均匀、尺寸更稳定，同时有效减少了内应力，进而显著提升了注塑件的整体质量。

4）调整模垫位置的大小，可以有效改善某些工艺上的不足之处。

5）为保护螺杆头，需确保在射胶过程中不将螺杆射至零位置，并预留足够的注射终止位置。否则，在注射惯性或机器控制失准的情况下，螺杆头可能会卡住机筒头，严重时甚至会在预料动作中拧断螺杆头。

3. 螺杆转速

螺杆转速是影响塑化能力的关键因素。转速越高，熔体在螺杆中的输出能力和剪切效应越好。调整螺杆转速实际上是在调整塑化能力及加料时间。通常，加料时间的长短由螺杆转速和背压共同决定：转速越高，背压越小，加料时间越短；反之，加料时间则越长。因此螺杆转速是影响塑化能力、塑化质量和储料时间的主要参数。调整螺杆转速和背压时，要控制加料时间短于冷却时间。为了达到机筒温度的准确控制，通常最佳的做法是调整螺杆的旋转速度，使加料时间在许可范围内尽量长（比冷却时间略短 1~2s），这样可减少因螺杆旋转摩擦而产生的热量，避免熔体温度过高。

4. 多段储料

在储料阶段，螺杆会向后退动，这意味着塑料从料口输送到螺杆端部的有效长度会有所不同，同时螺杆对塑料的剪切力或能量也会随之变化。储料行程越长，塑化作用的有效长度变化就越大，可能导致的不稳定性也越高。为了抵消因螺杆塑化有效长度变化和螺杆越位现象带来的不稳定影响，需要在不同的螺杆后退位置采取逐渐递增的背压和逐渐递减的螺杆转速，这样有助于确保塑化质量的稳定和均一。在多段储料的设定中，通常在储料开始阶段以合适的背压和螺杆转速完成行程的 60%~80%；随后，提高背压并降低螺杆转速（50%），直至储料完成；最后，将螺杆后退 4~5mm 并卸压，以确保整个过程的稳定性和运行质量。

5. 背压

背压对熔体温度的影响是非常明显的，因为背压增加了熔体的内压力，加强了剪切效果，形成剪切热，从而提高了熔体的温度，塑化质量也得到了改善。在熔化塑料过程中，因螺杆的后退，射胶液压缸内的液压油要排回油箱。当利用液压阀调节液压油的排放量时，射胶液压缸内的压力便会因螺杆后退而上升，背压即为这时射胶液压缸内的压力. 即背压是用来限制螺杆后退速度而增加塑料在熔化过程中所承受的压力，又称为塑化压力。

背压的作用：

1）可解决注塑件混色不良。增加背压后，塑料要经过多次的搅拌才会被推送到螺杆前端，因此颜色的混和会比没有背压时更好。

2）可解决注塑件气纹及气泡。增加背压后，熔化的塑料因压力的上升使其密度增加，使塑料含有空气的机会降低，避免了气纹及气泡的产生。

3）可稳定注塑件成型质量。增加背压能改善塑化能力。增加熔体的单位密度，避免了因塑料塑化不良而导致注塑件在质量及尺寸上的不稳定。

4）可快速转换塑料或颜色。增加背压，使附于螺杆上的塑料所承受的压力上升，塑料在承受一定压力搅拌时，附于螺杆表面上的旧料或颜色比较容易地被带走及射出，达到快速转换塑料的目的。

6. 倒塑（松退）

当螺杆完成计量后，会额外后退一段距离，这一操作旨在增加计量室内熔体的容积，从而降低其内部压力，有效防止熔体通过喷嘴或间隙从机筒中溢出。这一后退动作通常被称为倒塑，也称松退或防涎量，而这段后退的距离则被称为倒塑量或倒塑行程。

倒塑的作用显著：首先，它能防止喷嘴处熔体的流涎现象；其次，在固定加料的情况下，它能降低从喷嘴到流道系统的压力，减少内应力；再者，它有助于在开模时更轻松地抽出料杆；最后，它还能稳定计量的精度，确保注塑过程的准确性和可靠性。

倒塑的设定方法如下：螺杆后退速度通常选取最快速度的20%～35%。因为较慢的螺杆后退速度可以确保螺杆前端的止逆环在每个注塑循环中都能回复到同一位置，从而减少螺杆垫料量的变化。在设定螺杆后退位置时，必须以螺杆的直径和止逆环的实际移动范围为依据。一般来说，倒塑量为4～10mm。如果螺杆后退位置过大，可能会导致吸气现象，进而使注塑件表面产生缺陷。

3.2.2 注射参数

注射参数主要包括注射压力、注射速度、保压压力与保压时间，以及分段注射的设置。

1. 注射压力

在注射过程中，为了克服熔体流经喷嘴、流道和型腔等各个环节的流动阻力，并确保熔融塑料在设定的时间内完全且均匀地填充温度较低的型腔，注射螺杆需要提供足够的推进力。这种推进力即所谓的注射压力。

影响所需注射压力的因素众多，主要包括以下三个方面：首先是影响塑料流动性的因素，如材料的黏度、注射速度、材料温度和模具温度等；其次是影响塑料流动阻力的因素，如喷嘴的形式和射孔尺寸、模具流道系统的尺寸设计，以及塑料件的形状和尺寸；最后是塑料件的尺寸精度或其他特定的品质要求。

注射压力的设定应确保在不会引发注塑件黏模或飞边的前提下，选择稍高的压力进行注射。这样做可以确保在型腔内熔融体完全冷凝之前，始终能够获得足够的压力和质量补充。确定任何塑料所需的注射压力时，应以注塑件刚好欠注为基准，并适当补充一定的注射压力，以确保产品最终达到质量要求。

2. 注射速度

注射速度是螺杆在注射动作中向前推进的速度，通常以 mm/s 为单位表示。注射速度是调节充模熔体流动速率和决定充模时间的关键因素。为了获得质量满意的塑料件，设置的注射速度必须确保熔体在充模过程中实现最佳的连贯性流动。

注射速度对残余应力也有显著影响，特别是熔体通过喷嘴射出的速度，它直接关系到最终塑胶产品分子的排列和残余应力的大小。在充模阶段，注射速度影响着剪切力和剪切速率，这两者又是影响产品成型质量的重要因素。因此，精确控制注射速度对于保证产品质量至关重要。

3. 保压压力和保压时间

塑料件的密度主要取决于封闭浇口时施加的压力大小，而非充模过程中的压力。在型腔被熔体完全填充之后，为了确保塑料件的质量，需要继续施加一定的补充压力，直到浇口完全冷却封闭为止。这一过程中施加的压力称为保压压力。

保压压力的主要作用是在浇口附近补充料量，直至浇口完全硬化封闭，从而确保塑料件质量。这一压力可以有效阻止型腔内的熔体在残余压力作用下倒流，进而防止注塑件收缩和减少气泡的形成。

保压时间的选择与料温、塑料件厚薄和浇口大小有着直接关系。一般来说，料温越高、塑料件越厚、浇口越大，所需的保压时间就越长。反之，如果料温较低、塑料件较薄或浇口较小，则保压时间可以相应缩短。在实际操作中，保压时间通常根据塑料件的质量或可接受的凹痕程度来确定最短时长，以确保塑件既满足质量要求又不过度延长生产周期。

在制造分量较重且胶壁较厚的塑料件时，对保压压力进行多段设定就显得尤为重要。这类塑料件由于结构特性，保压范围和行程相对较大，因此必须采用多段保压的方式，以避免在长时间的保压过程中产生分子取向和内应力差异，从而影响塑料件的质量和性能。

多段保压的设定方法：多段保压参数的设定，以压力和时间来划分，通常是逐段递减。保压时间在确定的偏短时间开始调整，每注射一次都增加一段保压时间，直到注塑件可接受为止，此时保压时间便不再增加。

保压时间的设定方法：设定一个偏短的保压时间，进入半自动注射成型，然后测量产品的质量，并以质量为参考点，逐渐增加保压时间。通过一系列的注射成型测试和微调保压时间，一直到产品质量不再增加为止，这样就可获得最佳的保压时间。

4. 分段注射

分段注射是在充模过程中，当螺杆向型腔内推进熔体时，根据不同的位置和需求，灵活地调整注射压力和注射速度。

在没有采用分段注射的情况下，由于型腔结构的复杂性，充模熔体的流速往往难以保持恒定。这不仅可能影响塑料件的质量，还可能导致生产率下降。而分段注射技术的应用，能够实现对熔体流速的精确控制，使其接近恒定状态。通过分段注射，可以有效避免熔体过早凝固和高剪切形成的湍流现象。

1）注射料量与切换位置的确定。在试注射和调整注射缺陷的过程中，核心任务是精确找到速度切换点。这需要根据成型结果来估算料量的计量比例与充模流程比例，并进行位置的比较分析。通过这一过程，可以判断速度转换点的正确性。

2）确定分段段数。在多段注射工艺中，分段注射的段数选择通常基于多个因素，包括流道的结构、浇口的形式、塑料件的几何形状、生产率要求和产品质量标准。

3）寻找分段位置的方法。在设定各段注射速度的切换点时，通常采用欠注法（短射法）。这种方法能够迅速且直观地确定实际所需的位置切换点。

3.2.3 温度参数

温度参数主要包括机筒温度、模具温度和油液温度。

1. 机筒温度

机筒温度指的是机筒表面的加热温度，但它并不直接等同于机筒内部熔体的实际温度。机筒内的料粒主要通过两个热源受热熔融：首先是电热圈从机筒外部向内部传递的热量；其次是螺杆旋转时与料粒产生的摩擦热（也称为剪切热），这种热量直接作用于料粒上。

在设置机筒温度时，需要确保各段的温度都在塑料的分解温度以下，以避免材料分解。通常，从进料段到出料段，机筒的温度会逐渐升高，以确保塑料在通过机筒时能够均匀受热和充分熔融。

2. 模具温度

模具温度是型腔的表面温度，通常通过通入的冷却介质来保持恒定。这种冷却介质不仅有助于恒定型腔温度，还能在成型周期内控制热平衡，确保型腔温度在一定时间内保持恒定，从而使型腔内的注塑件得以充分冷却并定型。每一周期内保持恒定的模具温度是确保注塑件质量稳定的重要前提条件。

1）模具温度波动大影响产品质量。假如模具温度波动较大，对注塑件的收缩率、变形、尺寸稳定性、强度、应力和表面质量会产生影响。

2）模具温度影响产品质量。模具温度主要影响充模熔体的流动性，其次是塑料的结晶程度。过低的模具温度会降低熔体充模流动性，必然要通过增加注射压力来帮助充模。这样会增加注塑件内应力，降低注塑件的强度。

3）模具温度影响冷却时间。提高模具温度，一方面可提高塑料熔体的充模流动性，但另一方面会导致注塑件成型收缩率增大和延长冷却时间，降低生产率。

4）模具温度影响内应力。合适的模具温度是保持用额定最大注射压力的80%以下的压力，这样有利于注塑件各部位收缩缓慢、冷却均匀一致，应力便得到充分松弛，避免了注塑件因模具温度不当而产生缩痕或应力开裂等缺陷。

5）模具温度与塑料种类。对结晶类塑料，由于模具温度影响结晶，高温下的强度高，因此在生产上使用略高一些的模具温度和较短的冷却时间。

对非结晶塑料，由于无结晶要求，可以通过低的模具温度提高注塑效率，因此普遍使用较低的模具温度及较长的冷却时间。

6）模具温度的选取原则。模具温度应该是在熔体的流动性与模具温度之间作折中选择。较低的模具温度可以加快成型周期。故应尽量使用可接受的最低模具温度。

3. 油液温度

油液温度是液压系统中液压油的工作温度。油液温度的变化会直接影响注射工艺参数，如注射压力和注射速度等的稳定性。

具体来说，当油液温度升高时，液压油的黏度会降低，这会导致油的泄漏量增加。油液泄漏不仅会造成液压系统压力和流量的波动，还会使注射压力和注射速度降低，进而影响产品的质量和生产率。因此，在调整注射成型工艺参数时，必须密切关注油液温度的变化。

为了确保液压系统的正常运行和产品的质量稳定，通常建议将油液温度控制在 30~50℃ 的范围内。

3.2.4 时间参数

时间参数主要包括注射时间、保压时间、停留时间、冷却时间和储料时间。保压时间和停留时间在前文中已有叙述，这里主要介绍注射时间、冷却时间和储料时间。

（1）注射时间 为了成功注满一个型腔，需要一定的注射时间。一般而言，注射速度越快，所需的注射时间越短；反之，如果注射速度较慢，注射时间则会相应延长。

注射时间的长短通常取决于塑料熔体的黏度、设定的注射速度、注射量和塑料件的质量要求。具体而言，当注射速度较快时，充模时间相应缩短，这有助于减小熔体成型过程中的温差，使注塑件的光泽度更佳，并且生产率也能得到提升。然而，如果注射速度过慢，充模时间会变长，虽然这样能使熔体成型密度更高、尺寸更稳定，但相应地也会降低生产率。

（2）冷却时间　冷却时间是确保注塑件在型腔内充分定型，达到脱模要求所需的时间。注塑件在型腔内的定型过程同时也是一个散热过程，模具在此扮演了热交换器的角色。理论上，注入的热量和随冷却介质带出的热量应达到平衡，以维持模具温度的恒定。

在选择冷却时间时，需要考虑的主要因素包括注塑件的厚度、材料的热熔量和结晶程度、模具温度，以及出模时的硬化程度等。过长的冷却时间不仅会降低生产率，还可能增加脱模的难度。

因此，在注射成型过程中，为了平衡生产率与注塑件质量，大多数冷却时间的设定都遵循一个原则：确保注塑件在出模时不变形，并在此前提下尽可能设定最短的冷却时间。

（3）储料时间　就是从螺杆开始旋转，对塑料进行输送、塑化，直至螺杆前端的塑料熔体达到预设的注射量所需要的时间，它代表着为后续注射成型储备足够塑料熔体所花费的时长。

3.3　浇口的影响

浇口作为流道和型腔之间的连接区，在注射成型过程中起着至关重要的作用。浇口，无论是其样式还是放置位置，都会影响整个循环时间、模具成本和成型件的外观。

浇口设计的目标：

1）方便去除浇口。为了节省生产成本，浇口和流道在脱模时应能自动与模具分离。

2）考虑美观。由于浇口在物理上与成型件相连，因此移除浇口将在成型件表面留下痕迹。一种常见的方法是使用一个非常小的浇口（如点浇口）与合适的纹理相结合，掩盖浇口痕迹。

解决这一问题的另一种常见方法是在不可见表面上放置浇口，如图3-13所示。

3）避免过度剪切或压力损失。美观性和方便去除浇口都表明需要尺寸较小的浇口，但从流动的角度来看，小浇口可能会提供过大的剪切速率和压力损失，由此产生的一些缺陷可能包括材料降解，非层流和将熔体喷射到型腔中，张开条纹和其他外观缺陷，延长填充时间，以及短射。

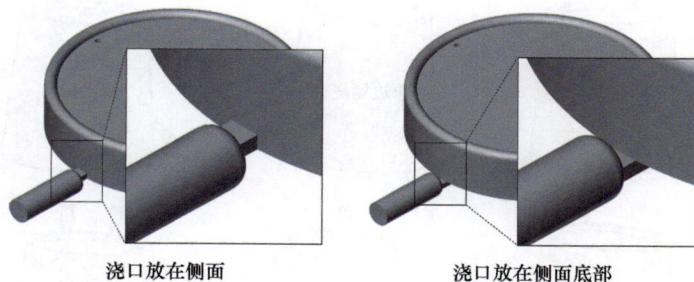

浇口放在侧面　　　　　　　浇口放在侧面底部

图 3-13　浇口放置在不可见表面

出于这些原因，应计算剪切速率，并验证其是否低于最大允许值。如果剪切速率是允许的，那么压力损失通常也是可以接受的。但是，模具设计者应该计算压力损失，以确保压力损失不会过大。通过浇口的典型压降约为 2MPa，如果压降为 6MPa，则可能过大。

4）控制保压时间。浇口的另一个重要功能是控制熔体进入型腔的保压时间。在型腔充满塑料熔体后，成型机保持高的压力，迫使额外的熔体进入型腔，以补偿型腔中熔体冷却时的体积收缩。真正决定聚合物熔体填充型腔所需时间的是浇口，而不是成型机。如果浇口过小，浇口中的熔体会过早固化，并阻止额外的熔体输送到型腔中。结果会导致大的体积收缩，造成尺寸过小或外观缩痕较大的缺陷。反之，如果浇口过大，则浇口不能及时固化，需要过长的保压时间。

3.3.1　典型浇口形式

浇口形式可能会对零件质量产生巨大影响。在许多情况下，从外观和功能出发，指定零件浇口形式的是产品设计工程师，而不是模具设计师。但是，产品设计工程师对模具并不是很精通，通常最好在零件设计的早期阶段，随着零件几何形状的形成，将模具工程师带入设计循环。这样，模具工程师和产品设计工程师就可以共同做出与浇口相关的关键决策。

1. 封闭筒形或杯形零件的浇口形式

在考虑图 3-14 所示的封闭筒形或杯形零件成型时，有多种浇口形式可供选择。

每种浇口形式都有其特定的优点和局限性。对于产品设计工程师来说，充分考察各种浇口选项，并在可成型性与最终使用性能之间寻求最佳平衡，是一种明智的做法。以单边侧浇口为例，它适用于简单的两板模生产，但可能存在模芯偏转、困气、熔接线和尺寸问题等风险。而双边侧浇口设计虽然在一定程度上改善了这些问题，但熔接线和排气问题依然显著，并且可能产生额外的废料。

图 3-14　封闭筒形或杯形零件的典型浇口形式

对于图 3-14 所示的封闭筒形或杯形零件,特别是圆柱形或对称形状的零件(如水桶、浴缸、头盔、杯子、圆盘形零件等),通常推荐采用顶部中心浇口。这种设计能使塑料熔体流动更加平衡,自然地在分模线上排气,并且避免了熔接线的产生,是实现高质量成型的理想选择。

2. 中空圆盘形零件的浇口形式

对于如图 3-15 所示的环形平板零件,浇口形式的设计同样至关重要。

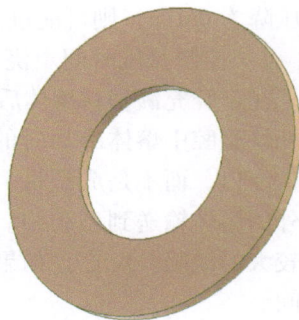

图 3-15　环形平板零件

对于这种形状的零件,常见的浇口形式是轮辐式浇口与盘式浇口,它们的特点和适用场合有所不同。

图 3-16 所示的轮辐式浇口是一种环形浇口,通常设置在模具的分型面上。

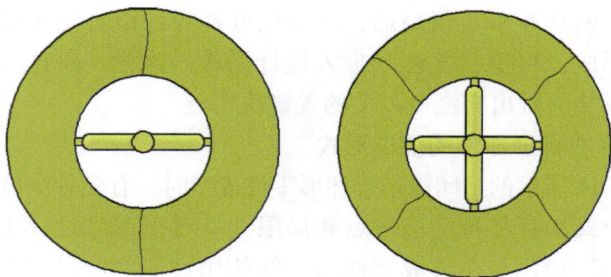

图 3-16　轮辐式浇口

轮辐式浇口具有以下优势:首先,它能够有效地避免熔体喷射和流动不均匀的问题,这有助于提高制品的整体质量和尺寸稳定性;其次,通过调整轮辐的数量和直径，轮辐式浇口能够灵活控制熔体的流动速度和填充效果，进一步优化制品的生产率和良品率。特别地，在成型大直径孔的零件时，轮辐式浇口能够显著减少材料的浪费。

然而，轮辐式浇口也存在一定的局限性，即在熔体流动过程中，由于轮辐的存在，可能会在制品上形成熔接线。因此，在零件和模具设计阶段，就需要充分考虑并合理规划轮辐的位置和数量，以减少熔接线对制品质量的影响。

图 3-17 所示的盘式浇口是一种圆形或椭圆形的浇口，通常设置在模具的型芯或型腔上。

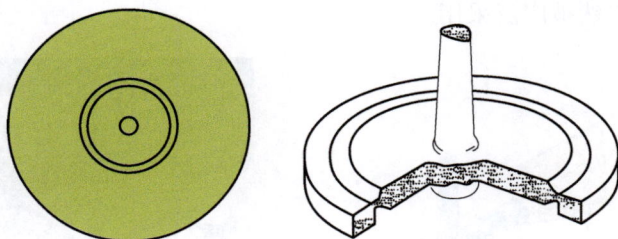

图 3-17　盘式浇口

盘式浇口的优点是可以提高熔体的流动性和填充效率，减少熔体的流动阻力和缩短充模时间，从而提高制品的生产率和尺寸稳定性。此外，盘式浇口还可以通过调整浇口的直径和深度来控制熔体的流动速度和填充效果，从而提高制品的质量和良品率。对于带有中心孔的单腔模具，这种类型的浇口可获得均匀的径向填充。盘式浇口的缺点是需要通过随后的机械加工操作移除。

3. 平板类零件的浇口形式

要求没有浇口痕迹的平板零件对浇口形式提出了特别严格的要求。

当采用侧壁点浇口进行注射成型时，往往会引发一个常见问题，即喷射现象，如图 3-18 所示。

原因是，塑料熔体不会形成锋面流动，喷射出的线状塑料接触模具后冷却，随后进入的熔体不能和先喷射的熔体很好地融合，如图 3-19 所示。

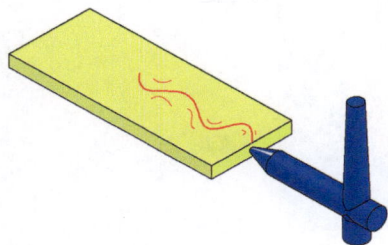

图 3-18　侧壁点浇口引发的喷射现象　　图 3-19　PC 零件的喷射纹及喷射周围的乳白色外观

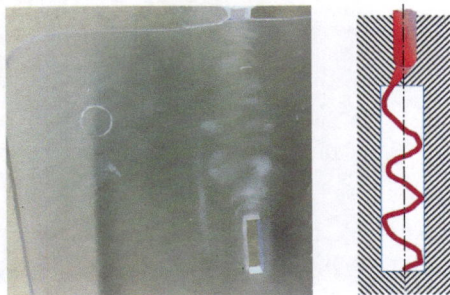

因此，浇口优化的目标必须是确保熔体立即呈现有锋面流动的形式。补救措施：增加浇口横截面积，浇口不要直接射入，增加转角，降低注射速度，或者使用变速注射，先慢后快。

对于无法通过侧壁上的转角表面注入熔体以确保其形成稳定锋面流动的平坦零件，需采用薄膜浇口技术来填充型腔。这种技术能够有效保证熔体在模具中的平稳流动，如图 3-20 所示。

尽管在透明部件，如前照灯散光罩（见图 3-21）的生产过程中，薄膜浇口的使用使浇口的移除变得更加复杂，但它能够确保制品的透明度和外观质量，因此这种浇口仍然被广泛采用。

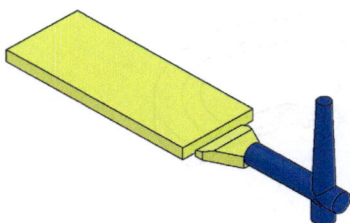

图 3-20　薄膜浇口

图 3-21　前照灯散光罩

4. 薄膜浇口

在薄膜浇口（见图 3-22）的设计中，主流道供给的熔体首先经过预分配器进行分流，以达到与浇口宽度相匹配的流量。预分配器的设计至关重要，它必须确保熔体在流经该路径时受到均匀且相等的压力。图 3-22 所示的带有三角形分配器的薄膜浇口就是一个典型的例子，这种设计能够有效地实现压力的平衡，从而确保流道上的熔体在流动过程中保持恒定的压力，这对于确保制品的均匀性和质量至关重要。

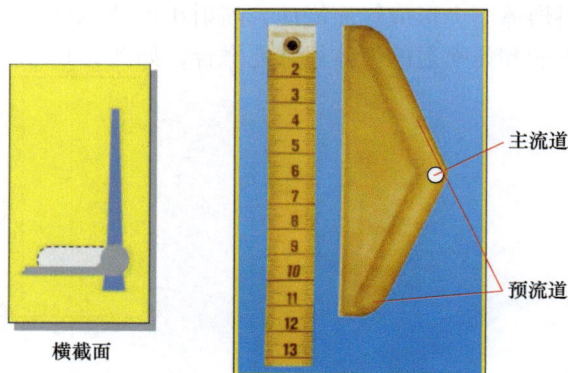

横截面

主流道

预流道

图 3-22　平衡薄膜浇口

具有敏感表面的部件和对应力敏感的部件，如图 3-23 所示的 PC 灯罩，总是通过薄膜浇口注入，以降低剪切水平。

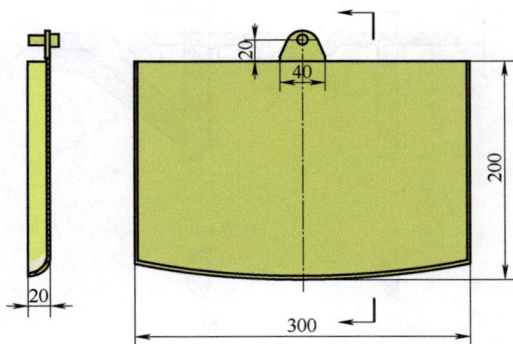

图 3-23　PC 灯罩

5. 隧道浇口

隧道浇口（见图 3-24）因能满足自动化生产的高效需求，在当今制造业中得到了广泛的应用。然而，值得注意的是，即使在遵循工程标准的情况下，隧道浇口的设计也往往被简化为一个圆锥体形状，这可能限制了其在实际应用中的性能表现。

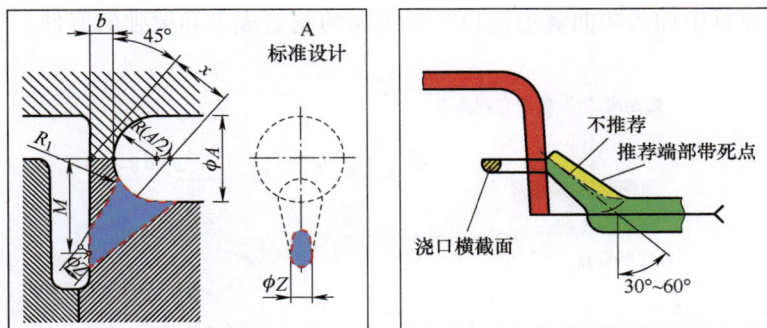

图 3-24　隧道浇口

经过充分的研究和实践，已经有确凿的证据表明，采用带末端死点的隧道浇口设计在多个方面展现出显著优势，特别是在确保制品拥有高质量表面这一关键方面。

6. 凸耳上的隧道浇口

一种有效避免喷射现象的方法是将隧道浇口设计在附属凸耳上，如图 3-25 所示。当熔体从隧道浇口流入模具型腔时，它会撞击对面的壁面，从而引导熔体以所需的锋面流动方式继续填充型腔。这里应注意确保横截面尺寸的正确与协调，如图 3-25b 中推荐的设计所示。

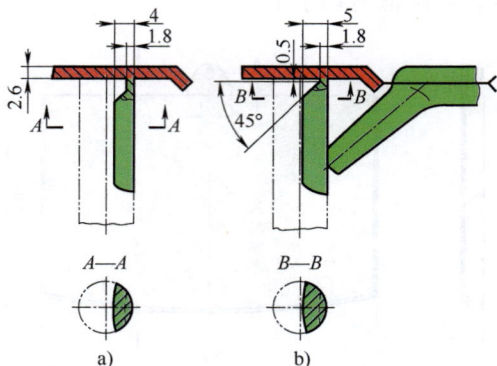

图 3-25　凸耳上隧道浇口
a）不推荐的设计　b）推荐的设计

　　附属凸耳被加工在顶针上，以便在顶出过程中脱模。然而，附属凸耳仍然留在零件上，因此通常需要在后续的加工步骤中将其切除。

7. 弯曲隧道（牛角）浇口

　　就像附属凸耳上的隧道浇口一样，弯曲隧道（牛角）浇口（见图 3-26）也因同样的原因用于平面零件。此外，它还具有不需要任何额外精加工的优势。然而，在模具中加入弯曲隧道浇口需要更高的制造成本和单独的嵌件。

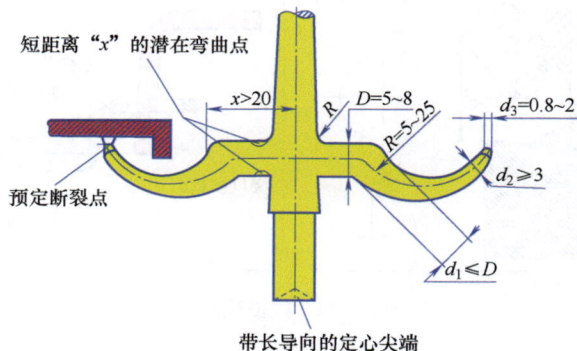

图 3-26　弯曲隧道（牛角）浇口

　　为了确保熔体的可靠运行，弯曲隧道（牛角）浇口应遵守以下尺寸：

1）弯曲杆 $x > 20$mm。

2）分配器直径 $D = 5 \sim 8$mm。

3）弯曲隧道的半径至少为 $R = 5 \sim 25$mm。

弯曲杆和弯曲隧道必须具有足够的柔韧性，以允许在脱模阶段进行拉伸，

而不会超过允许的断裂拉伸应变。为了保证脱模过程的顺利进行，建议使用带有长导向的定心尖端来支撑和引导脱模操作

3.3.2 浇口的位置

浇口的位置对于流动前沿的轮廓和保压的效果起着决定性作用，因此也对成型件的强度和其他性能有一定的影响。

浇口位置不佳可能带来的负面影响：

1）如果浇口位置选择不当，即便是采用半结晶工程塑料精心设计的零件，其性能也可能遭受损害。以下是一些明显的迹象，它们既适用于增强型树脂，也适用于非增强型树脂：熔接线和困气问题，这些问题往往源于不理想的流动前沿轮廓，它们不仅会损害零件的表面粗糙度，而且在采用纤维增强材料时，还会对零件的力学性能产生不利影响。值得注意的是，即使通过调整加工条件，如温度、压力和速度等，也难以有效改善由浇口位置不当所带来的这些问题。因此，在设计和制造过程中，正确选择浇口位置是至关重要的。

2）如果浇口被设置在注塑件的较薄区域，那么在注塑件的厚壁部分很可能出现缩痕和空洞等缺陷。这是因为材料在薄壁部分会更快地结晶固化（见图3-27），导致需要更长保压时间的厚壁部分无法得到足够的熔体供应。

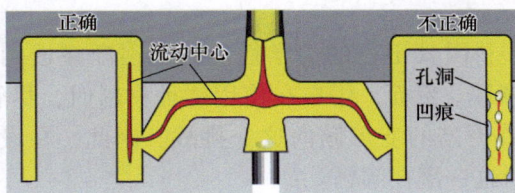

图 3-27　在保压阶段结束前的短时间内的横截面

3）如果浇口数量不足且位置选择不当，将导致流动距离显著延长，从而需要更高的注射填充压力。在这种情况下，若锁模力不足以应对高压注射，或者使用的聚合物黏度较低且结晶速度缓慢，那么模具的飞边现象将会显著增加。更为棘手的是，加工"窗口"会受到极大限制，使得通过调整成型条件来微调公差变得不再可行。

关于最佳浇口位置的建议：

1）总是尽量在壁厚最大的区域设置浇口。

2）浇口不应靠近高应力区域。

3）对于长部件，特别是注射加玻璃纤维的材料，应优先考虑纵向设置浇口，而非横向或中心位置。

4）在多型腔模具中，零件和浇口位置应相对于主流道对称布置，以确保各

型腔的填充平衡及模具的受力均衡。

5）对于齿轮、圆盘、叶轮等轴向对称部件，推荐采用薄膜浇口中心进料或三板模多点浇口设计，以实现更好的圆度和均匀性。

6）带有整体铰链的零件应进行浇口设计，使熔接线远离铰链。应不惜一切代价避免铰链附近的流动中断。

7）杯形零件（如小型外壳、电容器杯等）应在底部附近进料，以防止空气被困。

8）对于管状零件，熔体应首先填充一端的环形周长，然后再填充管本身的长度。这样可以防止流动前沿轮廓不对称。

9）在围绕型芯销、熔体型芯和其他金属嵌件进行嵌件成型时，熔融树脂应能够在嵌件周围呈圆形流动，以将嵌件的错位最小化。

10）对于不允许有浇口痕迹的表面，可以从底部进料，使用隧道浇口到顶针上进胶。

11）在复杂零件或不同形状的多腔模具中，浇口位置的选择应尽量避免填充过程中出现短暂的流动前沿停滞。

请注意，这些建议虽然广泛适用，但无法涵盖所有特定应用。在特定造型的复杂性面前，可能需要根据实际情况做出妥协和调整。

3.3.3 浇口对加玻璃纤维材料的影响

玻璃纤维增强塑料因其出色的力学性能，正逐渐渗透到传统材料（如钢、铝）所主导的应用领域。然而，用户在使用这种材料时，尽管享受到了性能上的提升，却也面临着更高的变形倾向这一挑战。因此，在设计零件与模具时，必须充分考虑并应对这一潜在问题。

图 3-28 所示为 PBT-GF 烤面包机上壳，该件通过冷流道在上方矩形开口中设置了两个浇口进行注射，但发现底部出现了显著的塌陷（变形）现象。右图的模拟结果显示了剪切层中玻璃纤维的分布情况。其中，沿着侧面的玻璃纤维呈垂直向下排列，而沿着下边缘的玻璃纤维则沿着边缘平行定向。这种玻璃纤维定向的差异是导致变形的主要原因。

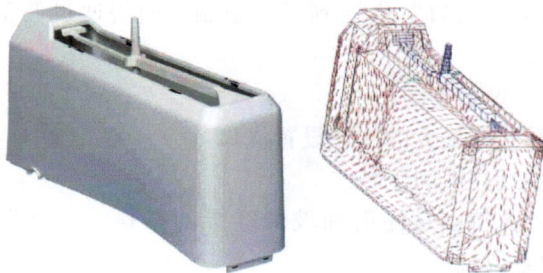

图 3-28 PBT-GF 烤面包机上壳

在图 3-29 中可以观察到，沿着侧面的水平收缩分量显著较高。由于这种不均匀的收缩，内应力集中作用在边缘层上，导致边缘处产生了压缩应力。这种压缩应力进而使得边缘材料发生凹陷。

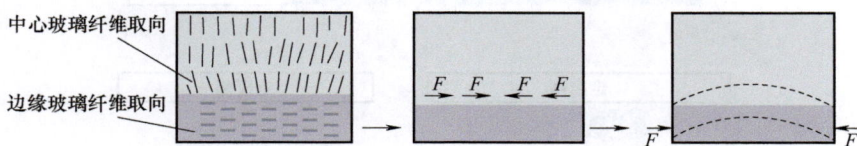

中心玻璃纤维取向

边缘玻璃纤维取向

图 3-29　玻璃纤维取向影响的收缩率及内应力

3.4　流动取向的影响

设计工程师应深刻认识到，注射成型的塑料件普遍存在"冻结"分子取向现象。这种取向程度受到聚合物摩尔质量、松弛特性和生产加工条件的共同影响。为降低成型过程中的净取向水平，促进分子松弛的工艺变量尤为重要。同时，与模具填充相关的取向问题，也能通过精细的设计和工艺变量调整得到有效控制。

例如，提高模具温度能使熔体在高温状态下保持更长时间，从而促进分子松弛和再随机化。这种工艺调整虽然有助于降低取向程度，但也可能延长生产周期。因此，在生产过程中，需要仔细权衡这些相互矛盾的因素，特别是模具填充和保压过程中引起的取向程度，更应成为关注的重点。

3.4.1　流道及型腔中的流动速度分布及取向

在填充阶段，熔体经过喷嘴、流道、浇口直至注入型腔的过程中，由于层流行为中速度梯度的存在，聚合物链会经历拉伸，从而导致分子取向现象的发生，如图 3-30 所示。

大多数聚合物熔体的流动速度分布形状导致的分子取向主要出现在零件表面附近，而位于芯部的分子保持无规卷曲的形态，如图 3-30 所示。这在注射成型中是一个大问题，因为靠近"相对较冷"的模具侧壁的熔体首先冻结，导致熔体和冻结层之间的界面剪切应力较高，并导致冻结分子取向的问题。在保压阶段，分子取向会继续发展，因为熔体会继续流入型腔以补偿体积收缩，尤其是在靠近浇口区域。可以使用与时间相关的逐渐降低的保压压力分布等与保压相关的工艺变量，最大限度地减少与保压相关的分子取向程度。分子取向问题对于高摩尔质量（长链）聚合物等级和纤维增强聚合物来说最为重要。与聚合物分子不同，增强纤维即使在有利条件下也不能松弛或再随机化。

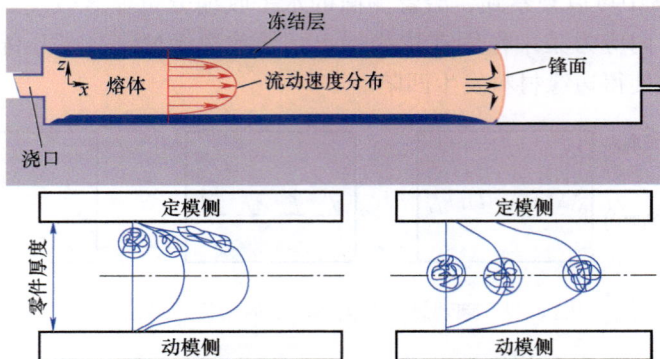

图 3-30 流道或型腔中的分子取向现象

3.4.2 浇口附近的发散流动

在填充过程中，聚合物链往往会沿着熔体的流动方向发生分子取向。由于所有进入型腔的熔体都必须经过浇口，因此这些定向的链通常会从浇口开始，沿流动方向辐射至流动结束处，如图 3-31 所示。

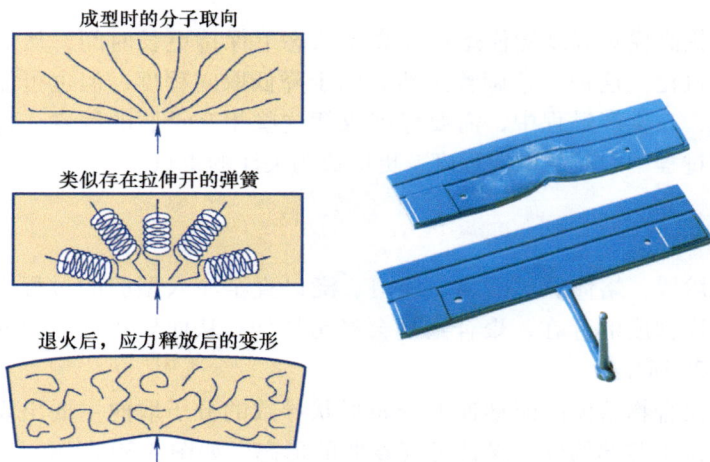

图 3-31 浇口处的内应力

聚合物分子并不希望处于这种伸展链状态，类似于图 3-31 中所示的拉伸开的弹簧，否则浇口区域会受到很大的内部应力。与分子取向相关的内部应力可能导致翘曲（当应力高到足以引起屈曲时）或仍然作为内部应力存在，叠加在使用相关的应力上，会降低成型件的耐久性和耐环境应力开裂性。内部应力可以通过对成型件进行退火来缓解，但如果零件没有正确固定，很可能会发生尺寸变化。同样，如果残余取向水平较高，成型件在较高的使用温度下可能开始变形或翘曲。冻结分子取向也可能会导致模具收缩和最终使用性能的各向异性。

3.4.3　流动取向对塑料件强度的影响

图 3-32a 所示为使用沿成型件短边的宽扇形浇口生产的试样。这种浇注系统会导致沿流动方向（即沿零件长度方向）一定程度的取向。零件的性能会随着测试方向的不同而变化。例如，与垂直于流动方向的强度相比，沿流动方向的拉伸强度和压缩强度往往更高（见图 3-32b）。从流动方向切割的悬臂梁冲击试样往往会表现出更高的冲击强度。

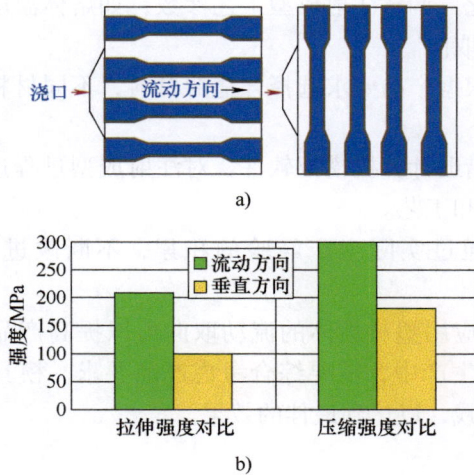

图 3-32　流动取向与强度的关系

a）试样　b）强度对比

各向异性行为意味着材料的特性在不同方向上有所不同，这取决于聚合物分子链的取向或增强材料中的纤维方向。在型腔中，沿流动方向和垂直于流动方向的机械特性往往差异很大，因此在成型承受载荷的组件时，正确选择浇口位置非常重要。

3.4.4　流动取向的合理应用

合理应用塑料熔体的流动取向可以带来以下好处：

1）优化产品性能：通过控制流动取向，可改善塑料件的力学性能，如强度和韧性。例如，让流动取向与受力方向一致，能提高零件的承载能力。

2）减少变形和收缩：合理的流动取向可以减少零件内部的应力集中，从而降低变形和收缩的风险，提高尺寸稳定性。

3）改善外观质量：控制流动取向可以减少表面缺陷，如流痕、缩痕和光泽不均匀等，提高产品的外观质量。

4）优化模具设计：根据熔体的流动取向特点，进行合理的模具设计，如浇口位置、流道布局等，有助于提高注射成型的效率和质量。

5）降低成本：通过优化流动取向，可减少材料的浪费和生产过程中的缺陷，降低生产成本。

要实现塑料熔体流动取向的合理应用，可以采取以下措施：

1）模具设计：精心设计模具的浇口位置、流道系统和型腔形状，以引导熔体的流动。

2）工艺参数优化：调整注射成型工艺参数，如熔体温度、注射速度和压力等，优化熔体的流动取向。

3）材料选择：根据产品要求选择合适的材料，不同材料的流动特性和取向行为可能有所不同。

4）模拟分析：借助计算机模拟软件，对注射成型过程进行模拟分析，预测流动取向，优化设计和工艺。

5）经验积累：通过实际生产经验的积累，不断改进和优化流动取向的应用。

综上所述，合理应用塑料熔体的流动取向可以提高产品质量、降低成本和增强竞争力。在实际生产中，需要综合考虑产品要求、模具设计、工艺参数等因素，不断探索和实践，以达到最佳的效果。

3.5 导流与限流

导流是通过局部增加成型件的壁厚以促进熔体流动，而限流则是通过局部减少成型件的壁厚以抑制熔体流动。如果使用正确，当常规方法无法奏效时，导流与限流可以提高塑料件的质量。

以汽车前格栅为例，由于浇口位置的限制和浇口顺序改变的有限性，很难通过调整这些参数来改变填充模式以满足质量要求。对于这样一个对美观度要求极高且需要减少可见缺陷的零件，没有任何一种浇口/顺序组合能够产生令人满意的接合线效果。最终，通过在特定位置增加壁厚，而在其他位置减少壁厚的策略，达到了预期的接合线位置，如图 3-33 所示。

一般来说，当流体在两条不同的流动路径之间进行选择时，它们会选择阻力最小的路径。在注射成型模具中，塑料熔体从浇口流出时会向多个方向流动和扩散。如果零件的壁厚是恒定的，那么塑料熔体在流动前沿的每个点上的速度大小将是相同的。然而，如果流经的某一部分壁厚相对于其他部分突然增加，那么由于流动阻力较小，该部分的塑料熔体流动速度将会加快。相反，如果壁厚减小，它将减速。这种对不同壁厚部分的反应可以用来创建更好的填充模式。

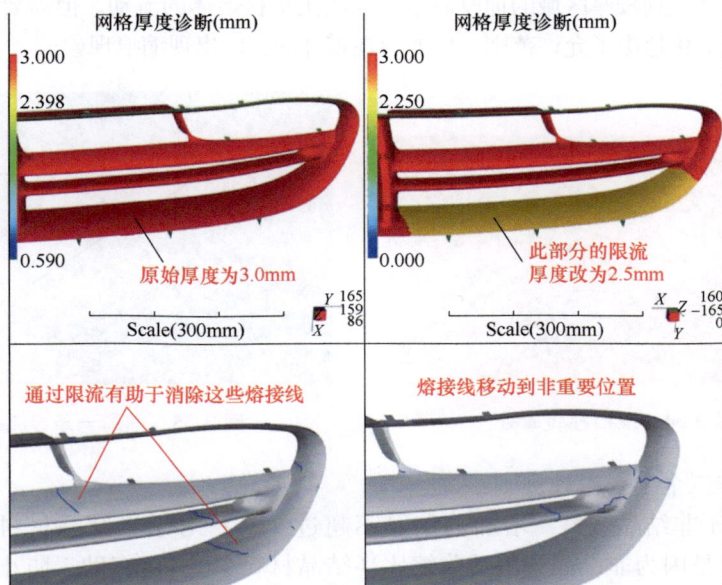

图 3-33　汽车前格栅的限流设计

什么样的填充模式才是理想的呢？这种模式可以是平衡地填充到模具型腔的周边，将结合线放置在隐藏的位置，或者避免回流可能在模具中困住空气并导致烧伤或气孔的区域。使用导流来平衡流动可以产生更均匀的收缩。在填充过程中，靠近浇口的区域比靠近填充结束的区域要承受更高的压力。因此，那些高压区域受到的压缩更多，收缩比最后填充的区域更少。

3.5.1　导流的应用

就像之前讨论的那样，塑料熔体中心能够流动的横截面面积会随着熔体远离浇口而减小。现在想象一下，一个较厚的区域要被一个较薄的区域填充。在大多数情况下，由较小的横截面填充较大的区域，较大的区域将无法被妥善填充。填充不充分会导致短射和内部孔洞，如图 3-34 所示。

一般来说，解决这个问题的常用方法是加大填充压力，这会导致整个零件的内部应力增大。图 3-34 很好地展示了材料从薄区域流向厚区域时会发生的情况，浇口位于一个厚度只有其需要填充区域一半的地方，这就导致了厚的区域不能完全被填充，留下了很大的内部空隙。

在理想情况下，每位设计工程师都能确保每个设计规则都得到严格遵守，但实际情况往往并非如此。以零件的外观要求为例，当浇口位置被限制在一个较薄的区域时，可以采用流道导流的设计策略，增加一条导流线，如图 3-35 所示。这意味着设计一条从浇口到较厚区域的加厚通道，以优化塑料熔体的流动。但需要注意的是，如果壁厚的变化超出了允许范围，可能会在零件的背面出现缩痕现象。

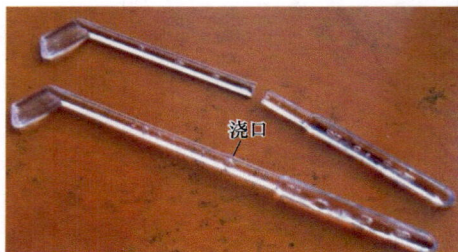

图 3-34　浇口在较薄处

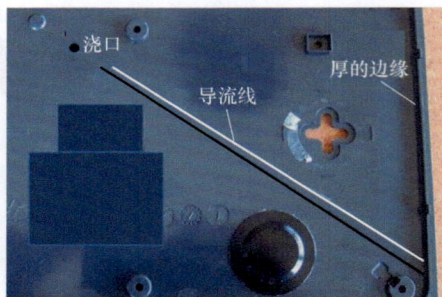

图 3-35　增加一条导流线

导流有三个主要设计规则：

1）对于非结晶塑料，增加的壁厚不超过 25%；对于半结晶材料，不超过 15%（差异是因为非结晶塑料的收缩比半结晶材料少）。这有助于防止因导流部分变得太厚而产生缩痕，并防止冷却时间过度延长。

2）将流道部分与原始壁厚材料混合（见图 3-36），这有助于防止相对表面出现瑕疵。

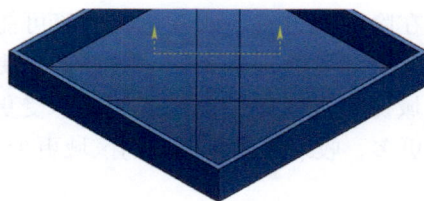

大的过渡和原始壁厚混合在一起

图 3-36　流道部分与原始壁厚材料混合

3）从浇口开始设计导流。这一点很重要，这样浇口区域就不会在导流部分充分填充之前冻结/凝固。

3.5.2　限流的应用

通过局部增加成型件的壁厚或导流线使熔体流向难以到达的区域，这是一种使型腔填充均匀、达到平衡填充的绝佳方法。另一种方法是限流，它可以单独使用，也可以与流道导流一起使用。一般来说，限流在改变流动方面比流道导流更加有效。

与流道导流完全相反，限流是设计在零件中用于抑制流动的区域或通道，就像水坝一样，限流将熔体的流动重新定向到零件中难以填充的区域。这种方法最常用于注射成型的面板（其长度是宽度的三倍或更多倍）。

鉴于零件的几何形状，限制从一侧到另一侧的流动使熔体有机会同时到达或接近所有区域，这可以防止在较小尺寸中产生压力，并且允许零件在较低吨位的压片机中成型，因为现在零件的所有末端被同时填充。

限流还可用来使熔体流向其他特定区域。例如，在大的肋骨或凸台后面巧妙地放置一个凹槽或限流槽，就会产生所需的压降，迫使熔体流入高的特征并将其填满（见图3-37）。限流在填充比相邻壁薄的特征（如卡扣）或远离注射点的特征时也非常有效。

如图3-38，将限流特征纳入零件设计时，对于区域限流，将壁厚减少10%～25%；对于通道限流器，将壁厚减少30%～50%。将该特征与相邻的壁融合，以实现平稳过渡。为了有效阻止熔体流动，将通道限流设计为比相邻壁厚宽1～1.5倍。

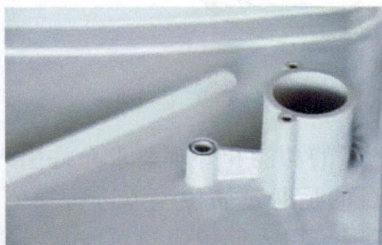

图 3-37　限流槽的应用

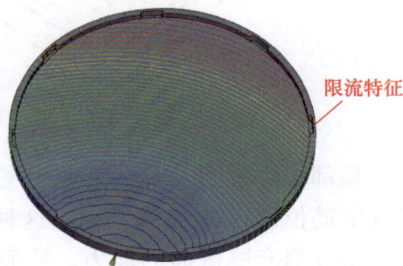

限流特征

图 3-38　将限流特征纳入零件设计

3.5.3　应用场景

如图3-39所示，面对一个周边较厚而中心较薄的圆盘零件，浇口的放置应当如何考虑呢？

针对具有这种几何形状的塑料件，存在多种可能的浇口设计方案。每种方案都有其独特的优势和局限性，需要根据具体的应用场景和加工需求来选择最合适的方案。

如图3-40所示，顶部中心浇口的优点在于能够实现流动平衡，确保分型线处的排气均匀，从而避免熔接线的产生。然而，由于塑料熔体是从较薄的区域流向较厚的区域，这可能导致较厚的部分在填充时遇到困难，进而产生缩痕或缩孔的问题。

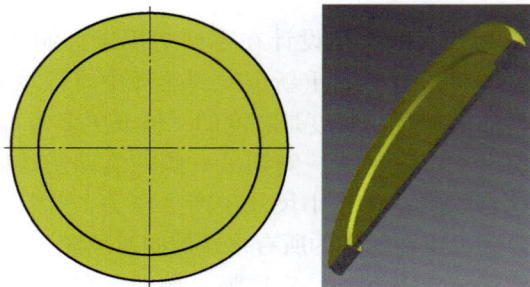

图 3-39　周边较厚而中心较薄的圆盘零件

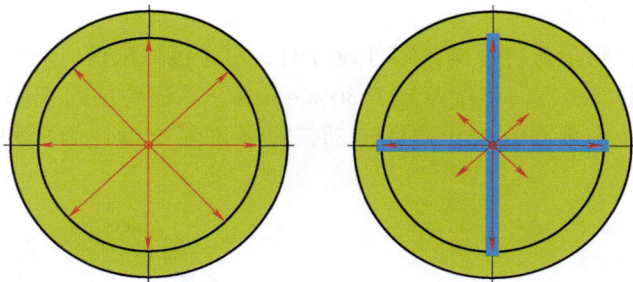

图 3-40　顶部中心浇口

　　顶部中心带四条筋位流道的浇口通常仅当产品的功能和外观要求允许引入额外的筋位流道时才被考虑。这种设计的主要目的是通过筋位流道进行导流，从而增强填充厚截面的能力。然而，值得注意的是，引入筋位流道可能会带来熔接痕和流动停顿的问题。尽管从填充效果的角度来看，这一设计是顶部中心浇口的一种改进，但在实际应用前，建议通过模具填充模拟进行评估，因为筋位流道对模具的填充性能具有显著影响。

　　如图 3-41 所示，侧面边缘浇口对于零件厚截面的填充具有优势。然而，由于熔体在外部边缘的流动速度可能较快，这可能形成熔接线，并增加因流动停顿而产生气孔或短射的风险。此外，这种浇口形式还可能对零件的"圆度"产生一定影响。

　　如图 3-42 所示，多个顶部边缘点浇口既继承了多个边缘浇口的优势，也面临着相应的限制。这种顶部浇口的优势在于，当使用三板模时，可以实现自动脱模；在热流道模具的情况下，还可以实现无废料成型，从而提高生产率。然而，由于中心或困气的问题，可能需要增加排气针来优化排气效果，或者直接在中心位置放置顶针来辅助排气。

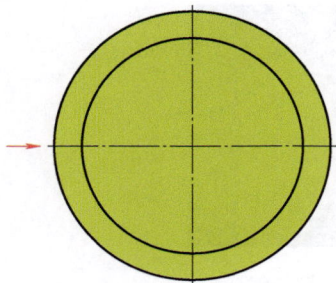

图 3-41 侧面边缘浇口

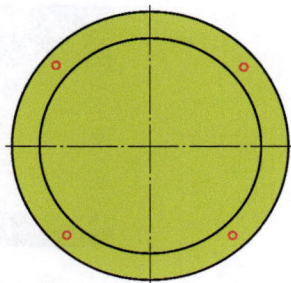

图 3-42 多个顶部边缘点浇口

3.6 熔接线的影响

工程师对熔接线给予了高度关注，因为它们的存在可能会显著影响零件的功能性和外观质量，如图 3-43 所示。

图 3-43 熔接线

在功能性方面，熔接线会导致材料的强度显著降低，从而影响零件的整体性能。更为复杂的是，熔接线与潜在失效点之间的关系往往并不直观。例如，虽然熔接线在视觉上可能只表现为零件表面上的一条线，但实际的弱点可能隐藏在其他不易察觉的位置。此外，熔接线在形成后，还可能因注射成型方式或浇口加压等因素而发生位置偏移。

从外观角度来看，熔接线会造成明显的表面缺陷，这不仅会降低零件的整体美观度，还可能影响潜在客户对产品的感知价值。这种缺陷在带有金属颜料的塑料中尤为显著，因为额外的光线反射会进一步凸显其存在。即便零件的内部强度对其性能并非关键因素，但熔接线仍然可能导致产品被拒绝接受。

图 3-44 所示为电子显微镜下的熔接线。在此处，当两个流动前沿相遇并停止移动时，由于聚合物链混合不足，材料的强度会显著降低。特别是在添加了纤维的塑料中，熔接线问题会变得更加复杂，因为纤维的存在可能进一步影响

材料的均匀性和强度。

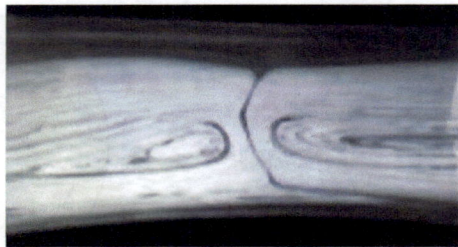

图 3-44　电子显微镜下的熔接线

3.6.1　熔接线的本质

熔接线是两股塑料熔体在模具中汇合处形成的。流动路径长，导致温度下降，且可能夹带气体，使熔体难以混合。这造成两大问题，即外观可见的熔接线和熔接线处强度低于基材，影响整体强度。

如图 3-45 所示，为了获得更好的熔接强度，需要关注那些能提高熔接界面熔体温度的零件设计或模具设计以及工艺变量。同样地，熔体在熔接处的压力也是一个关键因素。众多工艺变量，如熔体温度、注射速度和保压压力等，均已被证实对熔接强度具有显著影响。此外，型腔壁温度、保压压力和保压时间也是需要考虑的因素，但其具体的重要性因材料而异。多数研究表明，熔体在熔接处的温度对分子流动性的影响最为显著，因此被视为最重要的工艺变量。提高熔体温度通常能增强熔接强度，但也需要留意，过高的温度可能会导致的分子降解和排气问题。

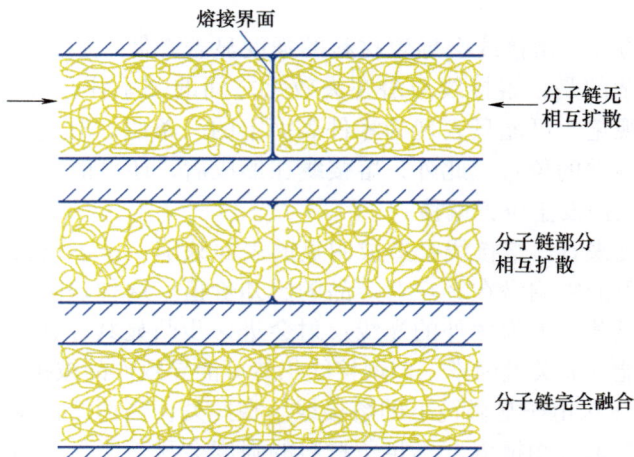

图 3-45　熔接线的本质

通常在熔接位置可以观察到类似 V 形缺口的明显缺陷，即所谓的熔接线。这种缺口不仅损害了零件的外观美观性，更关键的是，它可能导致零件在受到拉伸或弯曲应力时产生应力集中，从而增加零件失效的风险。

3.6.2 熔接线出现的场合

熔接线通常出现在以下场合：

1）多浇口：当使用多个浇口进行注射成型时，熔接线可能会在不同浇口的熔体相遇处形成。

2）壁厚变化：在零件设计中，如果存在壁厚变化较大的区域，熔体在流动过程中可能会产生熔接线。

3）嵌件：如果在注射成型过程中使用嵌件，熔接线可能会在嵌件与周围熔体的结合处形成。

4）两股熔体相遇：当两股熔体在模具型腔内相遇时，可能会形成熔接线。

3.6.3 熔接线的类型

熔接线有两种主要类型，每种类型都可能导致不同程度的强度损失。

1）对碰熔接线或冷熔接线，如图 3-46 所示。

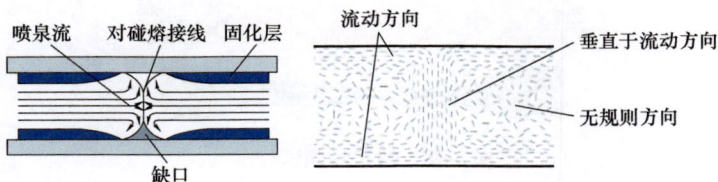

图 3-46　对碰熔接线

在双浇口注射成型中，反向流动的塑料熔体锋面在填充结束时相遇并快速固化，因混合不足而形成明显熔接线。这条熔接线由于黏合不良，会显著降低零件强度，成为性能隐患。

2）熔合线或热流熔接线，如图 3-47 所示。

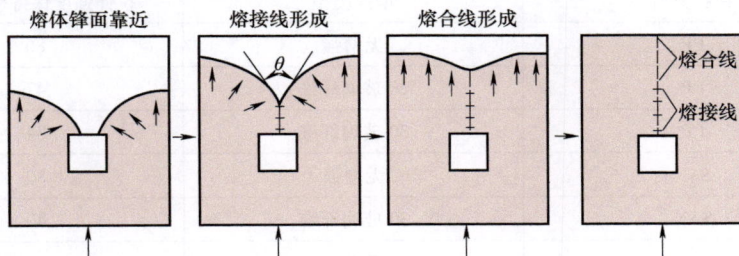

图 3-47　熔合线

当沿相同方向移动的熔体锋面被障碍物（或多个浇口）隔开并重新结合时，聚合物的混合程度比对碰熔接线更高。虽然这并不理想，但强度损失并不那么严重。

一般来说，熔体锋面之间的角度将熔接线与熔合线区分开来。例如，在 Autodesk Moldflow 软件中，小于 140°的平面角被归类为熔接线，大于 140°的为熔合线。

3.6.4 熔接线强度

模拟分析的核心在于基于现实中的测试数据。对熔接线而言，拉伸测试是评估熔接线对强度损失影响的有效手段。如图 3-48 所示，这些测试样条提供了直观的数据支持。

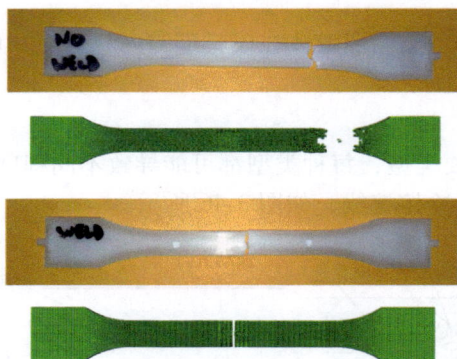

图 3-48　熔接线测试样条

通过对比无熔接线试样与仅含一条熔接线试样的拉伸测试结果，研究人员能够计算出拉伸强度差异的比率，即熔接线强度保持率。简而言之，这一指标反映了熔接线出现时材料强度的保留程度。经过深入研究，已确定了不同材料类型和增强类型下的对碰熔接线拉伸强度保持率，见表 3-2。

表 3-2　典型对碰熔接线拉伸强度保持率

材料类型	增强类型	拉伸强度保持率（%）
PP	无增强	86
PP	20 玻璃纤维	47
PP	30 玻璃纤维	34
SAN	无增强	80
SAN	30 玻璃纤维	40
PC	无增强	99

材料类型	增强类型	拉伸强度保持率（%）
PC	10 玻璃纤维	86
PC	30 玻璃纤维	64
PSU	无增强	100
PSU	10 玻璃纤维	62
PPS	无增强	83
PPS	10 玻璃纤维	38
PPS	40 玻璃纤维	20
PA66	无增强	83~100
PA66	10 玻璃纤维	87~93
PA66	30 玻璃纤维	56~64

注：20%玻璃纤维指在材料中添加质量分数为20%的玻璃纤维，余同。

这些测试凸显了减少熔接线影响的重要性。若设计零件时假设材料强度为100%，而熔接线仅能提供20%的强度，那么设计团队必须高度重视并解决这一关键问题，以规避潜在的灾难性失效风险。

3.6.5 纤维增强材料对熔接性能的影响

在设计纤维增强复合材料零件时，强烈推荐进行填充分析。通过填充分析，不仅有助于优化零件几何形状，还能准确预测熔接线的位置并估算填充压力，从而避免熔接线出现在零件的高应力区域，并确保选定吨位的注塑机能够顺利完成零件的填充。

在成型的填充阶段，熔体锋面汇合时会形成熔接线。工艺条件的不同，熔接线强度可能会有很大差异。纤维增强材料特别容易在零件内部的熔接线处出现弱点，因为当熔体锋面汇合时，纤维无法穿过熔接线。在这些位置，零件强度可能低至未填充的材料。建议注意熔接线的位置，并避免在关键区域出现熔接线。如果零件设计不合理，薄弱的熔接线可能导致零件过早失效。

一般情况下，通过使用玻璃纤维增强塑料可以提高注射成型件的大多数力学性能。材料中玻璃纤维的含量越高，其成型件的力学性能提高越多。然而，对于熔接线强度而言并非如此，材料中玻璃纤维的含量越高，其成型件的熔接线强度越差。类似于聚合物链，熔接线部分的玻璃纤维取向是喷泉流效应的结果，这使得两股熔融锋面的玻璃纤维在 V 形缺口附近的零件表面垂直定向，并在熔接线形成的地方横跨零件厚度，如图 3-49 所示。

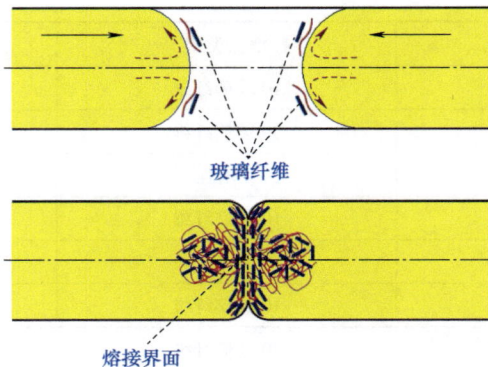

玻璃纤维

熔接界面

图 3-49　玻璃纤维增强塑料熔接线

与可压缩的聚合物链不同，玻璃纤维是刚体。这种存在于熔接界面和两个聚合物链群之间的刚体对成型件的熔接线强度会产生不利的影响，因为它们作为障碍物阻碍了穿过熔接界面边界的聚合物链的扩散和缠结。研究表明，在某些塑料中，与没有熔接线的测试拉伸棒试样相比，没有玻璃纤维增强的拉伸强度降低了 0~15%，10%玻璃纤维增强的降低了 15%~35%，20%玻璃纤维增强的降低了 50%~55%，30%玻璃纤维增强的降低了 40%~65%，40%玻璃纤维增强的降低了 75%~80%。材料中玻璃纤维的含量越多，对其熔接线强度的负面影响越大。

3.6.6　怎样解决熔接线问题

基于对上述热塑性材料熔接线微观结构的理解，针对熔接线问题，提出了一些模具设计和成型工艺条件的原则，如下所述。

1. 模具设计原则

1）在考虑熔体填充模式的情况下，设计模具的流道和浇口系统，使产生的熔体填充模式不会在零件上形成熔接线，或者在不影响其外观和强度的地方形成熔接线。

2）设计有效的排气系统，使型腔中原有的空气能够释放出来，不会被压缩，尽可能减小 V 形缺口的深度，减少产生裂纹的可能性。例如，在熔接线附近设计带有排气机构的顶针或分体式模具嵌件，或者在熔体填充之前，通过额外的真空系统将型腔中的所有空气抽出。

3）设计尽可能短的流道长度，使熔接线处的熔体温度在填充过程中更容易保持高温，这为聚合物链提供了更多的能量，以进行扩散和纠缠。较短的流道长度还便于从机器喷嘴到熔接线的填充/保持工作，使两股熔体锋面的聚合物链组更紧密地结合在一起，这也有利于更多的聚合物链进行扩散和纠缠；这也便于将模具表面下的材料向外包装，使 V 形缺口变得更钝、更浅。从这个角度来看，热流道系统可能会有所帮助，因为传统的冷流道模具的浇口长度至少会消失。

4）设计尽可能大的流道和浇口的横截面积，以便填充/保压工作更容易到达熔接线，并产生上述积极效果。

5）设计可行的较大的脱模斜度和较大且平衡的脱模面积，以便在熔接线处施加更强的填充/保压工作，产生上述积极效果。此外，这可能有助于避免使用脱模剂。

2. 成型工艺条件原则

1）适当提高熔体温度，为聚合物链的扩散和纠缠跨越熔接界面边界提供更多能量。

2）适当提高模具温度，使冷却速度变慢，为塑料从熔融状态固化并进行更多的聚合物链扩散和纠缠创造更多时间。

3）增加保压压力和保压时间，使熔接线能到达上述积极效果，使两股熔体锋面的聚合物链组更紧密地结合在一起，有利于更多的聚合物链进行扩散和纠缠，这也有利于将 V 形缺口下的材料向外包装到模具表面，使 V 形缺口变得更钝、更浅。

4）如果保压工作在熔接线处产生效果，可能会导致零件厚度中心区域的局部熔体流动缓慢，这是来自相反方向的不相等压力造成的。这种熔体流动只会产生剪切效应，而不会出现喷泉流现象，这意味着零件厚度中心区域靠近熔接界面的部分聚合物链和玻璃纤维会被朝向流动方向剪切，使它们的方向更平行于零件表面并跨越熔接界面边界，如图 3-50 所示。这有利于更多的聚合物链扩散和纠缠，并更有可能防止裂纹在零件厚度上传播。

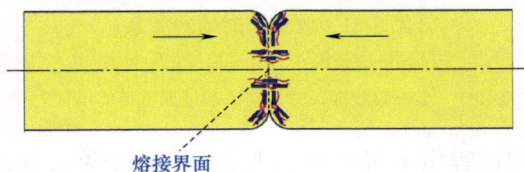

熔接界面

图 3-50　具有有效填充/保压的熔接处的聚合物链和玻璃纤维取向

一般来说，解决熔接的外观和强度问题的方法是相互一致的。当熔接线变得更加不明显时，它也会变得更强。

3.7　注射成型中的收缩与变形

当热塑性塑料通过注射成型加工时，成型件的尺寸会随着零件冷却而变化。通常，这些变化被称为"收缩"或"变形"。

严格来说，收缩是由于塑料的可压缩性和热膨胀引起的。当热塑性塑料收缩时，它们会发生体积变化。相比之下，变形时，形状会发生变化，而总体积保持不变。因此，模具制造商必须预测由于收缩导致的模具型腔尺寸与成型件尺寸之间的差异。在许多情况下，这并不是一项容易的任务，因为收缩受到许多参数的影响。除了工艺控制（温度、压力）和材料特性（如其 PVT 行为、填料含量及非结晶或半结晶性质），成型件的刚度和壁厚也会影响收缩。

实际零件在其长度、宽度和厚度三个方向上不可能均匀收缩。只有在零件的厚度方向上，才会发生几乎不受阻碍的收缩。即使模具丝毫不妨碍收缩，成型层从外向内冻结的事实也说明零件在长度和宽度方向上的收缩受到了阻碍。

由于收缩是一个与时间相关的参数（见图 3-51），因此必须指定脱模后测量收缩的时间点，以便获得精确的定义。

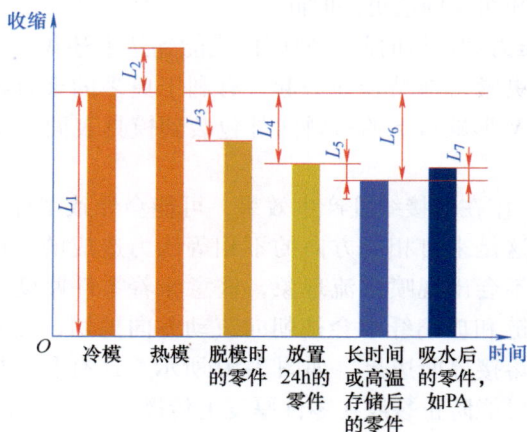

图 3-51　收缩与时间的关系

L_1—模具尺寸　L_2—模具热膨胀尺寸　L_3—模具收缩尺寸　L_4—成型收缩尺寸
L_5—模后收缩尺寸　L_6—总收缩尺寸　L_7—通过调混可能增加的尺寸，如 PA

收缩是注射成型过程中不可避免的现象，它源于聚合物的密度随加工温度和环境温度的变化（参见比容图）。在注射成型时，零件整体和横截面的收缩变化会产生内应力，这些内应力被称为残余应力。这些残余应力对零件的影响与外部施加的应力相似，若其累积值足够强大，足以破坏零件的结构完整性，则零件在脱模时可能会发生变形，或者在后续承受外部负载时出现开裂。

3.7.1　影响收缩的因素

如图 3-52 所示，成型件的收缩和变形倾向受到制造过程中各个因素的深刻影响，包括材料特性、工艺条件和模具设计等。要有效预测和纠正这些倾向，关键在于深入理解并掌握收缩和变形的规律。

各影响因素之间的相互作用错综复杂，有些因素之间还存在相互依赖关系。例如，浇口尺寸设计不当可能直接影响保压效果。因此，在评估影响因素与收缩之间的相关性时，应始终基于温度分布、内应力和结晶这三个核心机制进行考量。

1. 材料特性

在注射成型过程中，所选用的材料特性对收缩行为具有显著影响。不同塑料的收缩率各不相同（见表3-3），这一差异主要受到相对分子质量、结

图 3-52　影响收缩的因素

晶度和玻璃化转变温度等因素的影响。具体而言，结晶度较高的材料比非结晶材料更容易产生较大的收缩，而高相对分子质量的材料则倾向于表现出较小的收缩。此外，塑料中添加的填料或增强材料也可能进一步改变其收缩特性。

表 3-3　常见塑料的收缩率

非结晶塑料	收缩率（%）	结晶塑料	收缩率（%）
ABS	0.3~0.8	PP	1.0~2.5
PPE	0.4~0.8	PP+40%Talc	0.8~1.5
PC	0.5~0.7	PP+40%CaCO$_2$	0.7~1.4
PC+10%GF	0.2~0.5	PE-HD	1.5~4.0
PC+30%GF	0.1~0.2	PA6	0.5~1.5
PS	0.4~0.7	PA66	0.8~1.5
—	—	PA66+30%GF	0.3~0.5
—	—	POM	2.0~2.5

注：Talc 为滑石粉，GF 为玻璃纤维。

选择适合注射成型的塑料对于最大限度地减少收缩至关重要。制造商应优先考虑收缩率低、尺寸稳定性高的材料。同时，可咨询材料供应商，以确定所选材料的最佳加工条件，也是不可或缺的一步。

对于半结晶热塑性塑料而言，冷却过程中的结晶现象尤为关键。这一结晶过程受时间和温度的影响显著。冷却速率直接决定了成核和晶核生长的速度，从而进一步影响材料的整体结构。具体而言，冷却过程越缓慢（如通过提高模具型腔的表面温度），结晶程度就越高，相应的收缩程度也会更大。反之，如果温度下降过快，则可能抑制成核和晶核生长，导致较低的结晶度和较低的成型收缩率，但这种情况下，后续可能会出现更明显的后结晶现象，从而引发不希望的后收缩问题。

填料和增强材料对收缩率有着显著影响。具体而言，使用球形填料增强塑

料，由于其具有较低的线胀系数，会导致整体收缩率降低。而玻璃纤维对收缩的影响则更为显著，这是因为玻璃纤维在塑料内部形成了一种额外的约束，这种约束阻碍了沿纤维方向的热收缩，从而使收缩值相对较低。在垂直于纤维取向的方向上，虽然纤维的作用类似，也能降低收缩率，但效果相对较弱。

在 PA6 塑料中，填料的含量和类型对收缩率具有显著影响，见表 3-4。

表 3-4　填料对 PA6 收缩率的影响

填料	纵向/横向收缩率（%）
无填充 PA6	1.0/1.2
矿物填料	1.2/1.2
30%玻璃纤维	0.2/0.8
15%玻璃珠/25%玻璃纤维	0.3/0.9

使用玻璃纤维作为填料，可以在纵向纤维方向上显著降低收缩率，降幅高达 50%~80%。然而，对于半结晶热塑性塑料，当玻璃纤维含量超过 20%~25%（体积分数）时，其对收缩行为的影响将趋于稳定，不再产生显著变化，如图 3-53 所示。

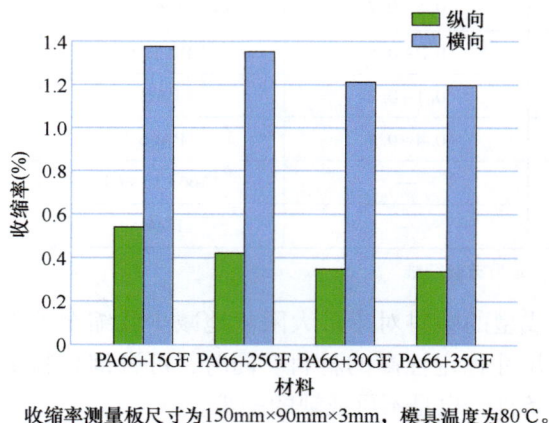

收缩率测量板尺寸为 150mm×90mm×3mm，模具温度为 80℃。

图 3-53　不同含量的玻璃纤维对 PA66 收缩率的影响
注：15GF 表示玻璃纤维的体积分数为 15%，依此类推。

2. 工艺条件

图 3-54 所示为工艺参数与成型收缩率的关系。

（1）保压时间　保压的主要目的是通过向型腔中输送更多的熔体来补偿材料的收缩。在保压过程中，型腔内的材料被压缩，进而抵消了冷却过程中产生的体积收缩。因此，保压时间的长短直接影响额外熔体的注入量和收缩的补偿效果。具体而言，保压时间越长，成型收缩率越低。

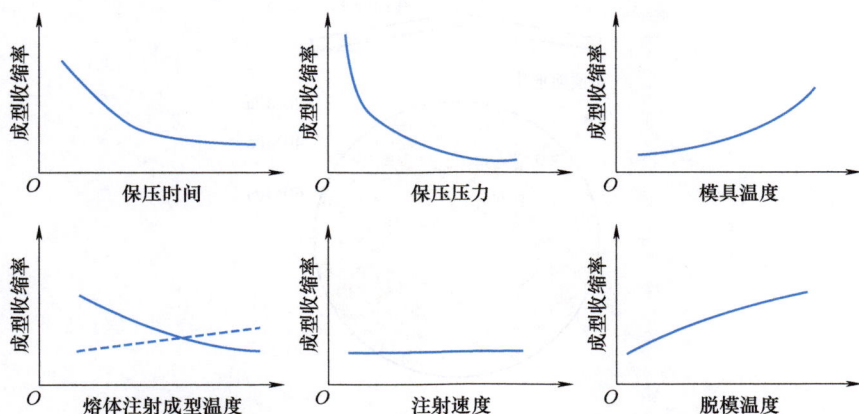

图 3-54　工艺参数与成型收缩率的关系

对于非结晶材料而言，由于其输送至型腔的额外熔体体积相对较少，保压时间的影响相较于半结晶材料略为减弱。为了最大化保压效果，通过使用具有较大横截面的浇口可以显著延长保压时间。因此，在设计模具时，浇口的位置应优先考虑设置在壁厚最大的区域，以确保最佳的保压效果。

（2）保压压力　对于非结晶和半结晶热塑性塑料而言，保压压力对收缩程度有着决定性的影响。保压压力越高，成型收缩率就越低，但保压压力对成型收缩的影响程度是递减的。换句话说，随着保压压力的增加，成型收缩的减少变得不那么明显。通过优化浇口系统和成型件，可以通过增加保压压力将半结晶热塑性塑料的收缩率降低多达 0.5%。对于非结晶热塑性塑料，由于收缩潜力较低，收缩率降低不超过 0.2%。

图 3-55 所示为浇口附近与远离浇口区域不同保压压力对成型收缩率的影响。

（3）模具温度　成型收缩率会随着型腔壁温度的上升而增加。型腔壁温度会对流动过程（保压阶段）、结晶和内应力分布等产生影响，并且各种不同的因素会相互叠加。这一点在半结晶材料中尤为明显。若模具温度较高，则成型收缩率越高，而后期收缩率和总收缩率（即成型收缩率+后期收缩率）会低于模具温度较低的情况。通过在烘箱中对零件进行退火处理，能够加速半结晶塑料的后期收缩和总收缩。

图 3-56 所示为由 DuPont 公司生产的 Delrin 500 POM 制成的 3.2mm 厚试棒，在经过约 1h、160℃的退火处理前后，其总收缩率随模具温度的变化情况。需要注意的是，退火是指将样品放置在 160℃的烘箱中约 1h。其中，蓝色曲线表示经过约 24h 测量后的成型收缩率；红色曲线则表示经过退火处理后的总收缩率，也就是试棒在室温下收缩几个月后的最终收缩率（若不进行退火处理）。

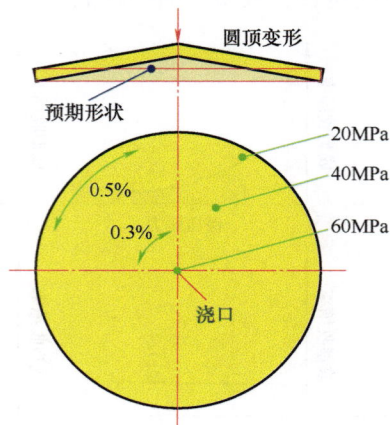

图 3-55　不同保压压力对成型收缩率的影响

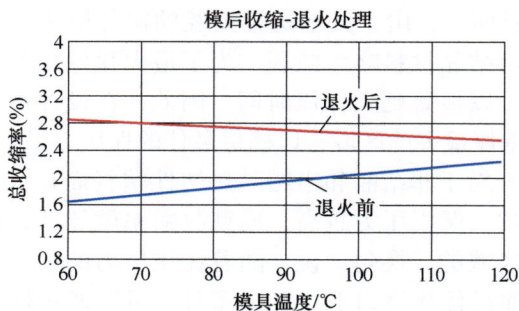

图 3-56　Delrin 500 POM 试棒总收缩率随模具温度的变化情况

　　在试验中，当使用低温（60℃）生产试棒时，其成型收缩率为 1.6%，但经过退火处理后，总收缩率增加至 2.9%。相比之下，当按照塑料生产商推荐的模具温度（90℃）生产试棒时，成型收缩率略高，达到 1.9%，但退火后的总收缩率则较低，为 2.6%。如果进一步提高温度，退火后的总收缩率将持续降低。这两条曲线将在 POM 的熔点（175℃）处相交。

　　图 3-57 所示的齿轮通常采用 POM 这种半结晶热塑性塑料制造，这种材料的结晶度非常高。为了确保齿轮在组装后不会因时间推移而出现尺寸或齿形问题，通常会在组装前对齿轮进行退火处理，以使其达到预期的（最终）尺寸。

　　（4）熔体注射成型温度　熔体注射成型温度对收缩行为也有影响，涉及两种相反的效应，如图 3-58 所示。

图 3-57　POM 齿轮

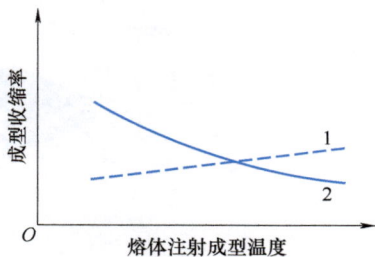

图 3-58　熔体注射成型温度与成型收缩率的关系

首先，提高熔体注射成型温度会增加树脂的热收缩潜力（导致收缩增加，曲线 1）；其次，它会降低熔体黏度，从而提高填充效果，最终减少收缩（曲线 2）。一般来说，观察到的是曲线 2，即填充效果的改善超过了收缩的潜力。然而，如果存在壁厚不合理和填充条件较差的情况，那么提高熔体注射成型温度实际上会增加收缩（产生缩痕，曲线 1）。在优化其他工艺参数时，保持熔体注射成型温度恒定通常是有所帮助的。

（5）注射速度　注射速度对整体收缩的影响微乎其微。显然，取向与再取向，以及剪切产生热量与压力分布等相反的影响会相互抵消。

（6）脱模温度　成型件在模具中停留的时间越长，冷却时间就越长，脱模温度也就越低。同时，成型件受到的模具束缚也会增加，尤其是对于半结晶热塑性塑料，较低的脱模温度通常会导致较少的成型收缩。随着脱模温度的升高（冷却时间缩短），成型收缩增加。

3. 模具设计

模具设计也可能导致注塑成型收缩。例如，如果模具型腔设计不当，可能无法使塑料均匀冷却，导致不均匀收缩。同样，如果浇口位置或尺寸不理想，可能会导致型腔填充不均匀和成型件收缩不均匀。

（1）模具温度　模具不同区域的加热和冷却程度不同，会导致不同的成型收缩，进而影响成型件的特性。当内外侧模具温度不同时，较热一侧模具的塑料会发生更明显的收缩。在不均匀冷却过程中，固化熔体的温度分布会发生变化，导致不同的收缩潜力和冷却应力。

由于产生的不对称应力分布，成型件可能会发生翘曲（见图 3-59）。因此，要注意确保模具壁温度均匀。在非增强热塑性塑料中，模具中的加热/冷却影响要比玻璃纤维增强热塑性塑料大得多，而在玻璃纤维增强热塑性塑料的情况下，纤维对收缩的影响占主导地位。

（2）浇口　不同几何形状的零件通常需要采用不同类型的浇口形式。无论浇口形式如何（如薄膜浇口、隧道浇口等），都应以实现良好的填充为目的。这样，保压压力或填充压力在最大程度减少收缩方面才会更加有效。

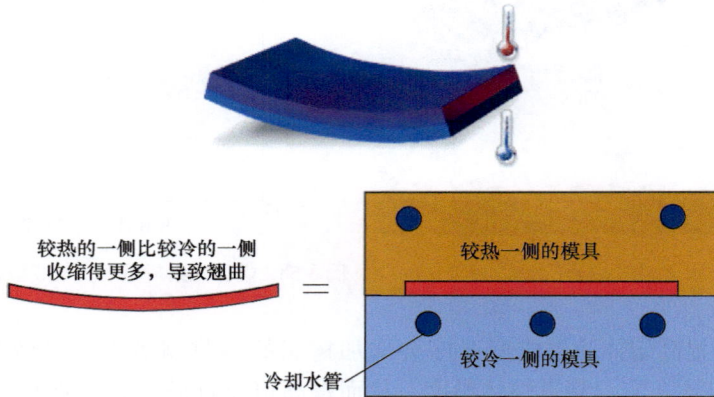

图 3-59　模具温度差异造成的收缩不均衡

　　如图 3-60 所示，改进的隧道浇口只有在塑料和零件都达到最佳设计时，才能为有效的保压阶段（就对收缩的影响而言）提供最佳条件。设计不当的浇口不仅会降低保压效果，还会在注射过程中对熔体造成更大的热应力和机械应力。

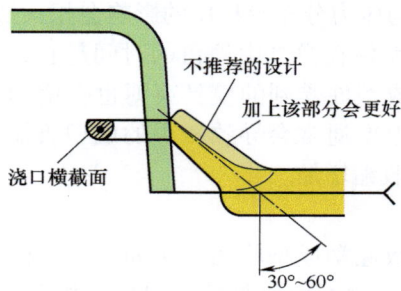

图 3-60　改进的隧道浇口

　　（3）浇口位置　应尽可能将浇口设置在零件最厚的区域。这样，如果有必要，可以通过调整零件壁厚来最大限度地减少收缩差异。

3.7.2　与收缩相关的现象

1. 变形

　　塑料件变形通常是由于零件各部分收缩不均匀造成的，半结晶塑料具有较高的收缩潜力，通常比非结晶塑料更容易发生变形。变形具体表现为以下几种形式。

　　（1）玻璃纤维增强材料在流动方向和垂直方向上的收缩差异　图 3-61 所示

为玻璃纤维增强热塑性塑料圆形板的可能变形趋势，这主要是由于玻璃纤维在中间和边缘的取向不同，进而产生了不同的收缩率。在玻璃纤维增强的塑料中，收缩主要受到玻璃纤维取向的影响，而并非与零件壁厚直接相关。

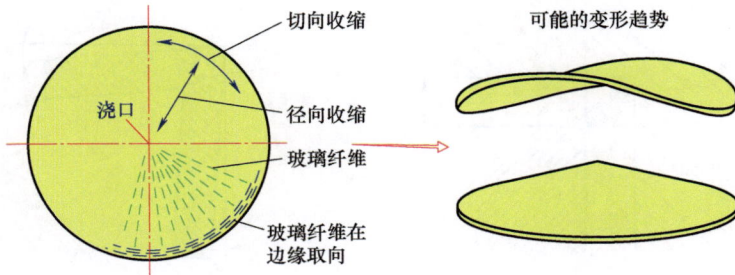

图 3-61　玻璃纤维增强热塑性塑料圆形板的可能变形趋势

（2）零件壁厚不同导致的收缩差异　形状偏差，特别是在壁厚较薄的区域容易出现翘曲或变形，这是由于收缩程度直接受到壁厚的影响（见图 3-62）。当壁厚较小时，收缩程度较小，因此该部分相对较长，这可能导致较薄的区域受到挤压而发生变形。为了纠正这一问题，应尽量确保零件设计时的壁厚保持均匀。此外，即使在使用薄膜浇口时，若浇口在零件完全冷却之前仍然附着，也可能导致成型翘曲。因此，对于薄膜浇口，建议在脱模后零件尚热时立即切除浇口，以减少成型翘曲的风险。

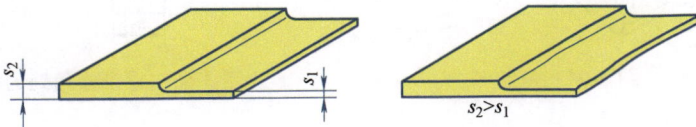

图 3-62　零件壁厚不同导致的变形

（3）局部模具温度不同导致的收缩差异　如图 3-63 所示，图 3-63a 中设计的是直角，而图 3-63b 所示为实际注射成型的零件，其夹角明显变小，并且可能伴随缩孔现象。这主要是因为虽然内外侧具有相同的模具温度，但成型件内外侧与模具接触的面积不同，导致局部冷却不均匀，进而造成内外侧的收缩率产生差异。如图 3-64 所示，这个矩形盒在注射成型过程中出现了显著的角变形。

通常的解决方法和修正措施如下：

1）在模具内侧拐角处增加冷却。

2）减少拐角处的材料堆积，如图 3-65 所示。

（4）局部保压压力不同导致的收缩差异　在注射成型过程中，不同部位的保压压力会影响成型件的收缩率。较高的保压压力会导致塑料在该部位的密度增加，从而减小收缩率。相反，较低的保压压力可能导致该部位的收缩率增加，如图 3-66 所示。

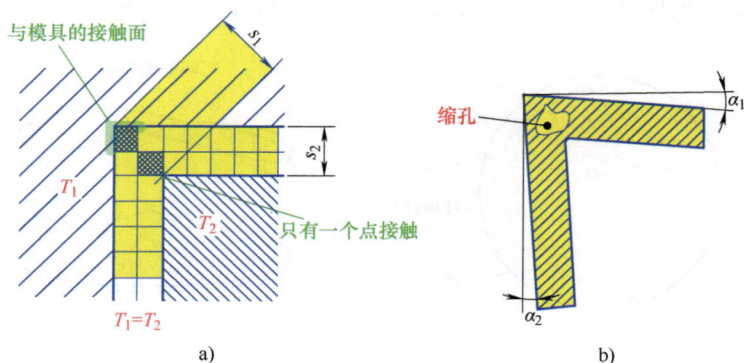

图 3-63　拐角处的变形趋势

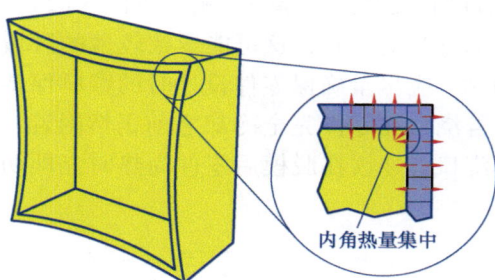

图 3-64　角变形

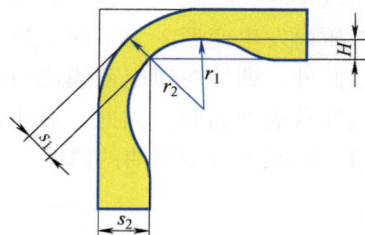

图 3-65　减少拐角处的材料堆积

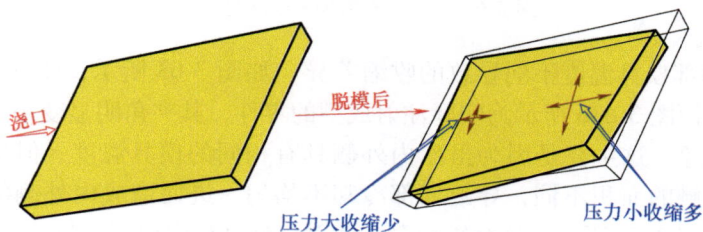

图 3-66　局部保压压力不同导致的变形

局部保压压力不同导致收缩差异的原因是，当不同区域的保压压力不同时，该区域的材料变形和流动也会不同，这将导致材料密度和分布的差异，从而影响成型件的最终收缩率。此外，局部保压压力的不同也会导致材料应力和应变分布的差异，进一步影响成型件的收缩率。因此，在生产过程中，需要尽可能控制局部保压压力，以确保成型件的一致性和稳定性。

2. 内应力

塑料的导热性能较差。注射成型时，模具温度通常高达 200℃。一旦成型件被顶出模具，其外层就会暴露在空气中，并开始冷却和收缩。如图 3-67 所示，成型件内层由于被外层隔离，所以冷却和收缩的速度较慢，仍然保持较高的温度。

图 3-67　塑料壁厚的温度分布

最终的结果是，当成型件冷却时，外层会不断地被内层向内拉扯，而内层则会被外层向外拉扯，这就导致成型件中出现了如图 3-68 所示的应力分布。

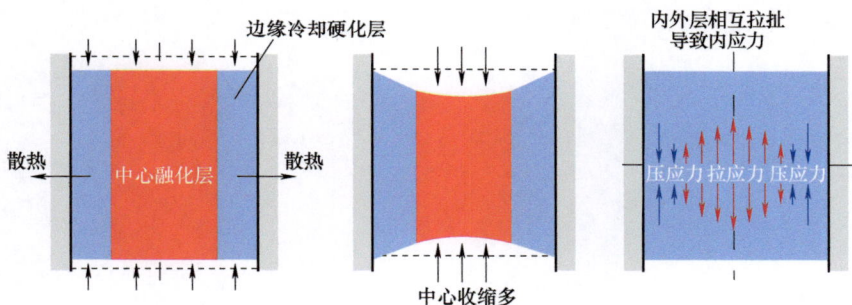

图 3-68　温度造成的应力分布

如图 3-69 所示，手机后盖的厚度为 0.6~1.2mm，主平面的厚度为 1.0mm，而中心矩形区域的厚度仅为 0.7mm。

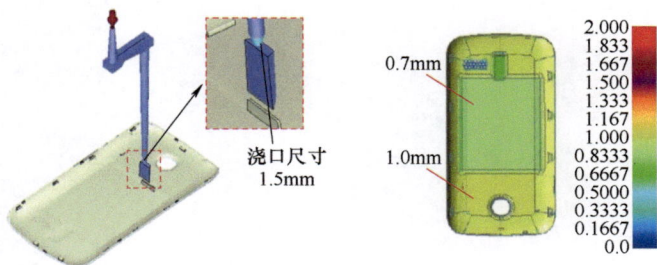

图 3-69　手机后盖厚薄不均

如果塑料件的厚度变化很大，较薄区域的冷却速度与其他区域相比会有显著差异，那么未冷却的熔融塑料将对已冷却的塑料施加应力，从而因内应力而产生应力痕，如图 3-70 所示。

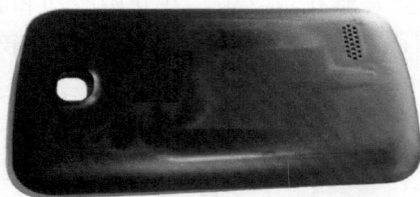

图 3-70　手机后盖上的应力痕

第 4 章

塑料件的一般设计

4

虽然塑料有很多种，而且每种塑料都有不同的加工工艺、性能特点和应用范围，但大多数塑料件都有一些常见的设计元素，如壁厚、筋位、支柱、尖角等，绝大多数设计都必须考虑材料收缩、公差、脱模斜度和表面外观等一般问题。本章将介绍这些一般设计问题，以及在设计由热塑性塑料制成的零件时应考虑的其他问题。

4.1 壁厚的设计

设计塑料件的首要规则是壁厚均匀对称。均匀的壁厚有助于材料在模具中流动，降低凹陷痕迹、成型应力和差异收缩的风险。

图 4-1 所示为垂直拐角的不良设计和建议的设计。不良的设计（见图 4-1a）会导致成型问题，如拐角处收缩有差异、导致两个侧壁翘曲（凹痕），以及较厚的角部内部出现缩孔（见图 4-1b）。为避免产生这些成型问题，建议采用图 4-1c 和 d 所示的设计方案。

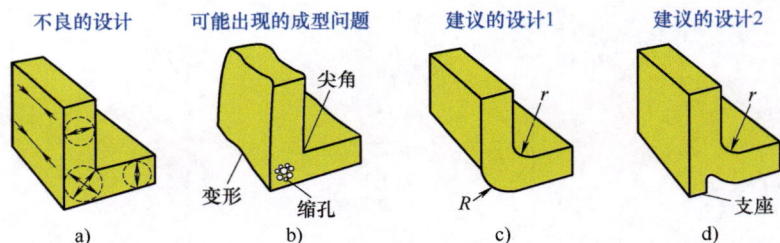

图 4-1 垂直拐角的不良设计和建议的设计

图 4-2 所示为可能导致成型问题的厚壁横截面设计。为了用塑料制造出类似于木材或金属实心形状的部件，通常需要先将厚壁部件进行"抽壳"处理，即

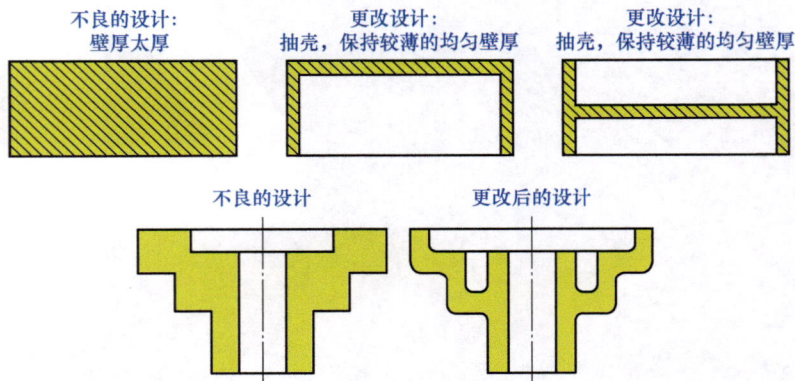

图 4-2 厚壁横截面设计

将其内部掏空，转变为一个"外壳"结构。这样，无论零部件的结构多么复杂，都可以简化为一系列由曲线、倒角、圆角、筋位、台阶和偏移量等元素巧妙连接而成的相对较薄的壁厚，以确保塑料件的顺利成型。

4.1.1　壁厚的影响

传统材料，如金属材料可以制成壁厚很大的实心零件，但模制塑料不适合设计成太大的壁厚。这主要有两个原因：首先，塑料是热加工的，但塑料的导热能力较差。以平板为例，冷却时间与平板厚度的平方成正比，即

$$t_{冷}=\frac{t^2}{\pi^2\alpha}\ln\left(\frac{8}{\pi^2}\frac{T_{熔}-T_{模}}{T_{脱}-T_{模}}\right)$$

式中　$t_{冷}$——冷却时间，表示从 $T_{熔}$ 冷却到 $T_{脱}$ 所需的时间；

$T_{熔}$ 和 $T_{模}$——熔体注射温度和模具温度；

　　t——零件厚度；

$T_{脱}$——脱模温度；

　　α——塑料的热扩散系数。

这意味着厚的部分需要很长时间才能冷却，因此制作成本很高。

例1： 如图 4-3 所示，壁厚为 $t_1=2$mm 和 $t_2=4$mm 的两块 ABS 平板，ABS 的热扩散系数 $\alpha=0.08$mm^2/s，填充后聚合物熔体温度 $T_{熔}=240$℃，模具平均温度 $T_{模}=50$℃，成型件的中心脱模温度 $T_{脱}=80$℃。分别计算它们的冷却时间。

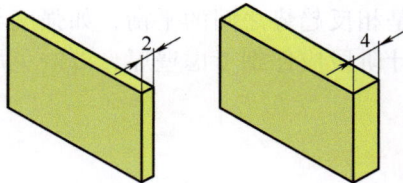

图 4-3　ABS 平板

解：

$$t_1=2\text{mm 时},\ t_{冷1}=\frac{2^2}{\pi^2\times0.08}\times\ln\left(\frac{8}{\pi^2}\times\frac{240-50}{80-50}\right)=8.29\text{s}$$

$$t_2=4\text{mm 时},\ t_{冷2}=\frac{4^2}{\pi^2\times0.08}\times\ln\left(\frac{8}{\pi^2}\times\frac{240-50}{80-50}\right)=33.15\text{s}$$

同样，厚度值越大，收缩也越大。在厚截面中，要么会导致零件表面塌陷，形成难看的凹陷痕迹（缩痕），要么会产生内部孔隙（缩孔）。此外，厚的部分也浪费材料，不经济。不均匀和/或较厚的壁厚会在成型件品中引起严重的翘曲和尺寸控制问题。

图 4-4 所示壁厚变化引起变形的塑料件，其中心区域的壁厚为 1mm，而周边

的壁厚约为 2mm。

图 4-4 壁厚变化引起变形的塑料件

壁厚在产品设计过程中具有举足轻重的地位。它必须足够厚以完成其功能，确保足够的坚固性、硬度和成本效益。同时，它也必须足够薄以实现快速冷却，并且足够厚以确保模具填充的有效性。当材料本身已经非常坚固或坚硬时，壁可以设计得更薄一些。通常，填充增强材料的塑料件壁厚建议控制在 0.75~3mm之间，而未填充增强材料的壁厚度则建议在 0.5~5mm 的范围内。

理想情况下，整个零部件的壁厚应该是均匀的，即标称壁厚。在实践中，这往往是不可能的；厚度必须有一些变化以适应功能或美观。将这种变化保持在最低限度是非常重要的。厚度变化的塑料件将经历不同的冷却和收缩，其结果很可能是零件发生翘曲和扭曲，无法保持精密公差。在厚度变化不可避免的情况下，两者之间的转换应该是渐进的，而不是突然的，所以不要使用台阶，而应使用斜坡或曲线完成从厚变薄的转换。

壁厚强烈影响关键零件的许多特性，如力学性能、感觉、外观、成型性和经济性。最佳壁厚通常是相反趋势之间的平衡，如强度与重量减轻或耐久性与成本之间的平衡。在设计阶段应仔细考虑壁厚，以避免昂贵的模具修改和生产中的成型问题。

4.1.2 壁厚与强度的关系

在简单、平坦的侧壁部分，每增加 10% 的壁厚，大约能带来 33% 的刚度提升。然而，增加壁厚也会相应增加零件的重量、生产循环时间和材料成本。因此，在追求零件刚度的同时，建议考虑使用几何特征（如筋、曲线和波纹）来加固零件。这些设计元素可以在几乎不增加零件重量、生产循环时间和材料成本的前提下，为零件提供足够的强度、刚度。如需了解更多关于零件强度、刚度设计的信息，请参阅第 5 章。

壁厚对冲击性能的影响是由零件的几何形状和材料因素共同决定的。通常而言，增加壁厚能够减少冲击过程中的偏转，并提升零件抵抗冲击时所需的能量。然而，在某些特定情况下，过度增加壁厚可能会使零件变得过于坚硬，导致几何形状难以弯曲以吸收冲击能量，这反而可能导致冲击性能的下降。

一些材料，如图 4-5 所示的中等黏度 PC，其悬臂梁缺口冲击强度与厚度之间存在特定的关系。当零件厚度超过某一临界厚度时，其冲击强度会显著下降。在冲击过程中，这些厚度大于临界厚度的壁更容易发生脆性破坏，而非韧性破坏。值得注意的是，这一临界厚度会随着温度的降低或材料相对分子质量的减小而减小。

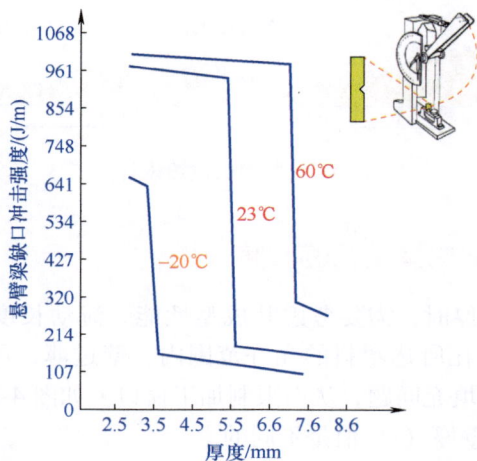

图 4-5　中等黏度 PC 在不同温度下冲击强度的临界厚度

4.1.3　不均匀壁厚的处理

零件壁厚不仅会影响冷却效率，还会对注射成型过程中的熔融行为造成影响。对于一个壁厚分布如图 4-6 所示的零件，壁厚的急剧变化是最糟糕的设计方案，因为这样的设计方案没有为塑料成型过程中的收缩预留过渡区域。

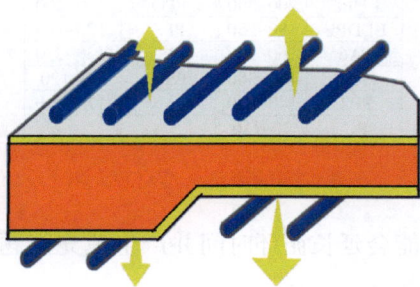

图 4-6　不同壁厚位置的流动行为和散热情况都有所不同

对于非均匀壁，厚度的变化不应超过标称壁的 15%（见图 4-7），并且应逐渐过渡。对于过渡区，建议采用图示的梯度变化，即当厚度差为 t 时，过渡区长度应为 $3t$。为了获得最佳设计，应将厚度差的起始点和结束点设计为圆角，因为对于塑料来说，锐角处可能会积累较大的成型应力。

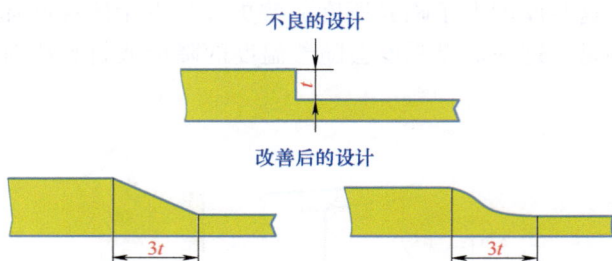

图 4-7 壁厚的过渡设计

4.1.4 壁厚对注射成型工艺的影响

在为零件选择壁厚时，需要考虑其成型性能。流动长度（从浇口到最后填充区域的距离）必须在所选塑料的允许范围内。壁过薄，可能会导致较高的成型应力、外观问题和填充问题，从而限制加工窗口。如图 4-8 所示，不同材料允许的流动长度（L）/壁厚（t）值是不同的。

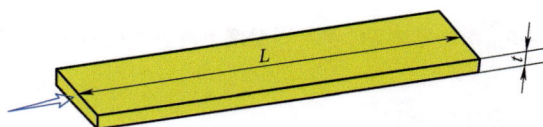

材料	L/t	材料	L/t
ABS	100~200	PET	200~350
ASA	180~230	PMMA	110~170
HDPE	200~270	POM	100~250
HIPS	250~340	PP	230~340
LDPE	200~300	PPO	100~200
LLDPE	180~250	PPS	120~185
PA6	160~300	PS	150~300
PA66	180~300	PSU	60~120
PBT	140~220	SAN	170~200
PC	30~110		

图 4-8 不同材料的流动长度/壁厚值（L/t 值）

相反，壁过厚，可能会延长循环时间并产生填充问题。在考虑零件壁厚时，还需要注意以下几点：

1）应避免薄区域被厚区域包围的结构设计，以防出现气体被困问题（见图 4-9）。

2）避免壁厚变化导致从薄到厚填充的设计。当零件的壁厚需要变化时，最好将浇口设置在较厚的区域，以便塑料从厚到薄流动，这样可以最大限度地减少较厚区域出现收缩和空洞的可能性，以及控制收缩风险，如图 4-10 所示。

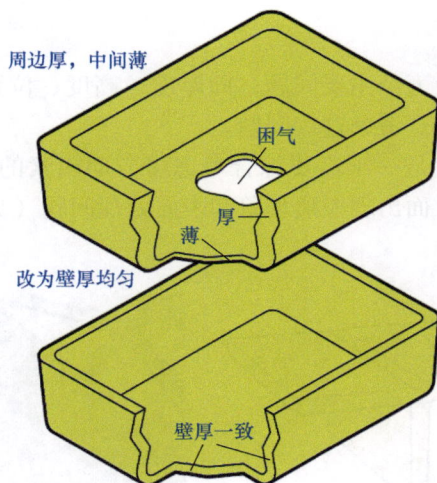

周边厚，中间薄

困气

厚

薄

改为壁厚均匀

壁厚一致

图 4-9　壁厚不均造成的困气

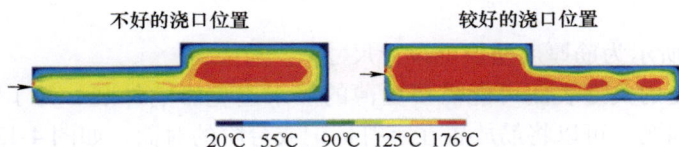

不好的浇口位置　　　较好的浇口位置

20℃　55℃　90℃　125℃　176℃

图 4-10　对具有不同壁厚的零件进行热分析

薄壁件（主壁厚小于 1.5mm 的零件）可能需要特殊的高性能成型设备才能达到所需的填充速度和注射压力，这可能会增加成型成本，从而抵消材料节省带来的好处。薄壁成型通常更适合于实现尺寸的减小或重量的减轻，而不是节约成本。如果零件的流动长度与壁厚之比对于常规成型来说过高，那么壁厚大于 2mm 的零件也可以被视为薄壁件。

4.2　筋的设计

筋是用于增强注射成型热塑性产品强度和刚度的加固结构。筋是工程热塑性塑料成功替代金属材料的关键因素。合理设计和布置筋不仅可以提高热塑性结构部件的承载能力，还可以降低生产成本，缩短生产周期，避免使用会导致凹陷痕迹的厚壁，减少模具中的热点，降低翘曲变形，以及提高成型产品的尺寸精度。筋的设计可能很复杂，尤其是当产品设计师必须通过反复试验来确定筋的强度、几何形状、尺寸和间距时更是如此。

4.2.1 筋厚度的设计

合理的筋设计涉及五个主要问题，即厚度、高度、位置、数量和可模塑性。在设计筋时，请务必认真考虑这些问题。

确定合适的筋厚度是一项需要综合考虑多方面因素的决策。过厚的筋可能会导致其附着表面的反面出现缩痕现象和表面处理问题（见图 4-11），这会影响产品的整体质量和外观。

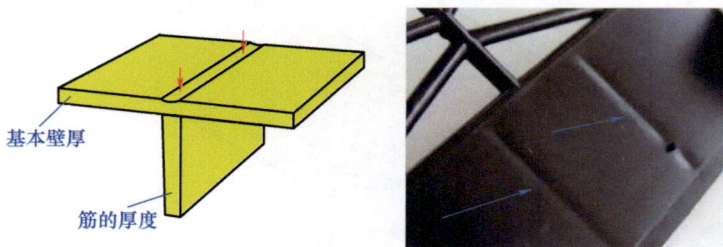

图 4-11　筋的背面出现缩痕

图 4-12 所示为筋厚度建议的设计尺寸。

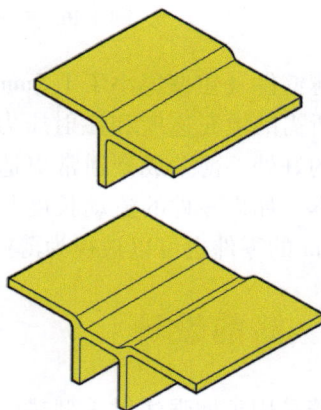

高光泽度的关键表面可能需要更薄的筋来避免影响外观。为了隐藏筋可能带来的缩痕问题，可以将筋放置在字符标记或台阶的对面，如图 4-13 所示。

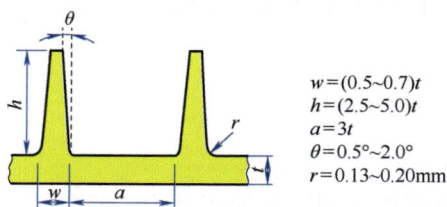

$$w = (0.5 \sim 0.7)t$$
$$h = (2.5 \sim 5.0)t$$
$$a = 3t$$
$$\theta = 0.5° \sim 2.0°$$
$$r = 0.13 \sim 0.20 \text{mm}$$

图 4-12　筋厚度建议的设计尺寸

图 4-13　偏移筋骨以减少穿透和缩痕

薄壁件通常可以承受比推荐设计尺寸中百分比更高的筋厚度。特别地，当零件壁厚达到 1.0mm 或更小时，建议筋的厚度应与壁厚相等，以确保最佳的强度和可模塑性。此外，非常薄的筋可能会因为塑料熔体流动性不足而难以完全填充，这可能导致成型后的零件存在缺陷。

4.2.2 薄壁筋的问题

筋厚度也会直接影响其可塑性。筋太薄或太深可能难以填充。当较厚的主壁部分被填充时，进入薄筋的流动会停滞并冻结，如图 4-14 所示。

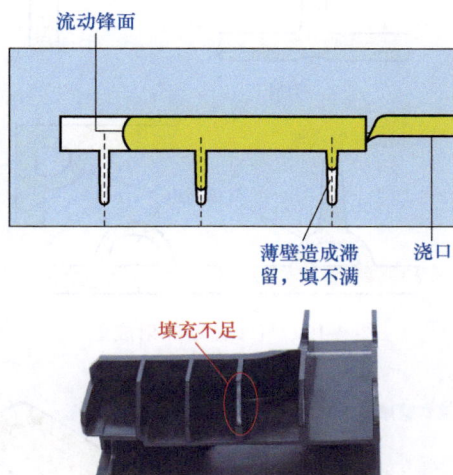

图 4-14 薄壁筋造成的填充不足

由于流动停滞，靠近浇口的薄壁筋有时比远离浇口的薄壁筋更难填充，如图 4-15 所示。

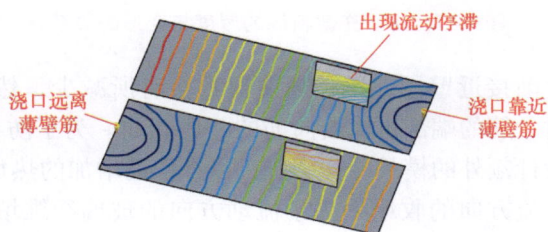

图 4-15 浇口应该远离薄壁筋

厚筋在与基本壁厚相交的地方形成加厚的流道，这些通道可以增强筋方向的流动并改变填充模式。厚筋的底部通常是气体辅助成型应用中气体通道的良好位置。在气体辅助成型过程中，会利用这些通道进行填充，并用注入的气体填充通道，以避免出现缩痕、缩孔或过度收缩的问题，如图 4-16 所示。

4.2.3 筋与变形的关系

筋厚度还会影响其冷却速度和收缩程度，从而影响零件的翘曲情况。在流动和横流方向收缩基本一致的材料中，较薄的筋会较早凝固，并且收缩量比基本壁厚小。在这种情况下，筋的端部可能会向远离筋的一侧翘曲（见图 4-17）。

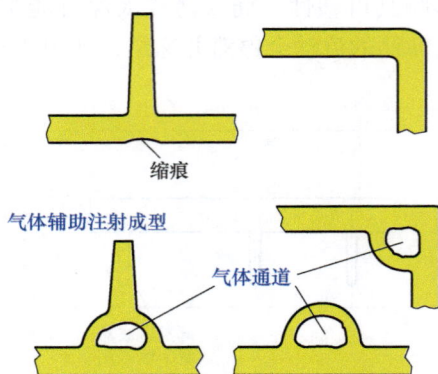

缩痕

气体辅助注射成型

气体通道

图 4-16　气体辅助注射成型

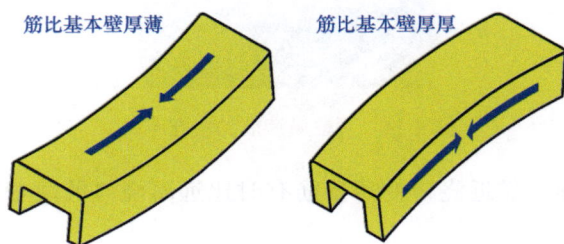

筋比基本壁厚薄　　　　　　　　筋比基本壁厚厚

图 4-17　未填充塑料筋的厚度与变形的关系

随着筋厚度逐渐接近壁厚，这种翘曲通常会有所减少。然而，当筋厚等于或超过基本壁厚时，筋的端部可能会向筋的一侧翘曲。为了防止产生这种翘曲，可以在筋的一侧设计额外的模具冷却装置，以补偿筋增加的热负荷。

对于在垂直于流方向的收缩率高于流动方向的玻璃纤维填充材料，筋厚度对翘曲的影响可能截然不同（见图 4-18）。由于较薄的筋往往是自下而上，而非

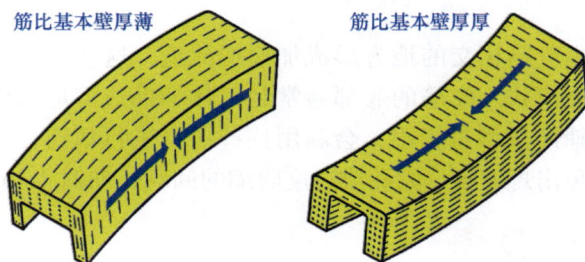

筋比基本壁厚薄　　　　　　　　筋比基本壁厚厚

图 4-18　玻璃纤维填充塑料筋的厚度与变形的关系

沿筋的长度方向填充，因此筋上较高的横流收缩会导致其端部向筋的一侧翘曲。随着筋厚度的增加，流动方向会更加趋于与筋的长度方向一致，这种影响会减弱。当筋的厚度超过壁厚时，翘曲情况可能会发生反转。

4.3 支柱的设计

支柱在多种零件设计中扮演着连接和装配的关键角色。最常见的支柱之一是圆柱形突起，支柱上的孔设计用于接收螺钉、螺纹插入件或其他类型的紧固件。支柱和其他比较厚的部分都应进行掏芯处理。将支柱与邻近侧壁连接，可以改善材料流动性，提高结构刚度。

4.3.1 设计原理及推荐的设计尺寸

根据设计和装配经验，支柱的外径通常建议保持在螺钉或插入件外径的 $2.0\sim2.4$ 倍范围内，以确保适当的连接强度和装配稳定性。更多的支柱设计尺寸如图 4-19 所示。

如果一个零件需要多个支柱，就需要考虑支柱特征之间的距离，如图 4-20 所示。这是因为彼此相距太近的支柱会形成难以冷却的薄壁区域。此外，支柱特征过于靠近，也会影响产品的整体质量和生产率。

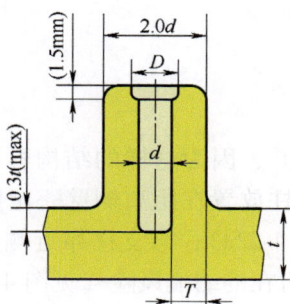

图 4-19 支柱设计尺寸

图 4-20 支柱间距

过薄的壁也会造成冷却困难。此外，这类部件由于冷却不均，难以制造，而且使用寿命不长。建议确保支柱之间的间距大于或等于标称壁厚的 2 倍。

对支柱外径施加适当的脱模斜度，可使零件轻松脱模。若无脱模斜度或脱模斜度不足，零件脱模时易被刮伤，模具也会磨损，从而影响零件表面质量和模具寿命。为避免产生这些问题，建议在支柱外侧壁上施加 $0.5°$ 或更大的脱模斜度。为了降低脱模过程中损坏零件的风险，支柱孔中的脱模斜度应至少为 $0.25°$。

具有脱模斜度的高支柱会导致底部截面变厚、循环周期延长、型芯冷却速度变慢，进而影响孔的尺寸。建议支柱高度小于其外径的 3 倍。

4.3.2 防止缩痕的设计建议

为了减少支柱对面表面的缩痕，支柱壁厚（T）与标称壁厚（t）的比值应遵循筋厚度的指导原则。为了降低应力集中和断裂的风险，支柱的底部应采用平滑半径过渡，而非尖锐边缘。支柱底部的半径应在标称壁厚的 0.25~0.5 倍之间。较大的半径虽能最大限度地减少应力集中，但也会增加出现缩痕或缩孔的可能性。

选用尺寸较小的螺钉或插件，可有效避免支柱过厚。如果支柱壁厚超过建议的比值，可考虑在支柱底部四周添加凹槽（见图 4-21），以减少材料堆积，从而有效缓解和减轻缩痕问题。

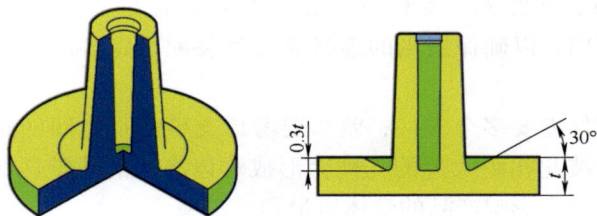

图 4-21 支柱底部加凹槽

4.3.3 与侧壁相连的设计建议

在设计中，应尽量避免支柱与侧壁直接合并，因为这样的结构容易形成过厚部分，进而引发缩痕问题。相反，应该将支柱放置在距离侧壁一定距离的位置，并根据需要采用连接筋来提供支撑（见图 4-22a）；当支柱靠近侧壁时，也可以考虑采用开放式设计，以优化结构并减少潜在的缩痕风险（见图 4-22b）。

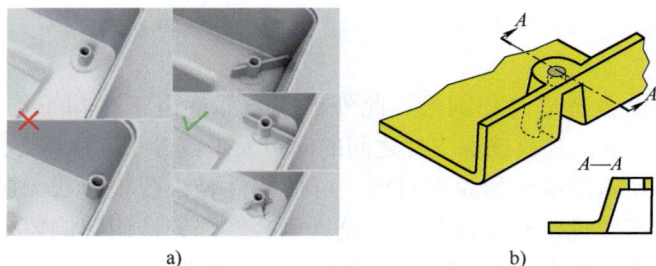

a)   b)

图 4-22 凸台与侧壁相连

4.3.4 内孔深度的设计

通常情况下，在零件设计中即使装配不需要完整深度，支柱孔也应延伸至与基础壁相平的水平位置。因为较浅的孔容易导致局部厚度的增加，进而引发缩痕或空隙的出现。而更深的孔则会削弱基础壁的厚度，从而导致填充问题、熔接线或表面瑕疵的产生。因此，设计时应确保连接壁具有均匀厚度（见图4-23）。

由于脱模斜度的要求，当支柱的高度超过其外径的 5 倍时，可能会遇到顶部填充困难的问题，同时在底部形成不必要的厚度，这不仅影响零件的外观质量，还可能对零件的机械性能造成潜在影响。此外，高支柱在模具冷却和支撑方面也面临着挑战。为了优化这种情况，可以考虑从两侧对高支柱进行掏芯处理，或者将高凸耳的高度设计得与支柱相同，而非整个支柱的高度（见图 4-24）。

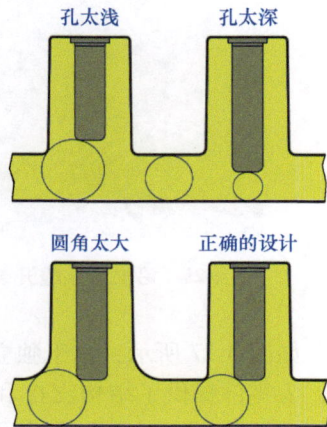

图 4-23　孔深的设计

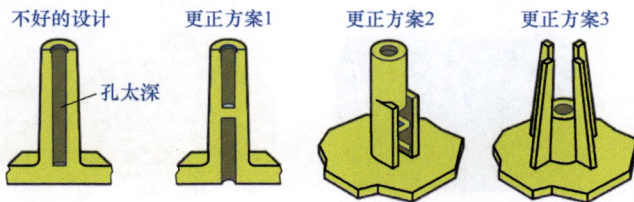

图 4-24　深孔的处理

其他可行的方案包括将高的支柱分割为两个较短的、相互配合的支柱，或者考虑重新设计支柱的位置，使其能够缩短到更为合理的尺寸。

4.3.5 考虑注射成型工艺的设计

对于存在熔接线的支柱，务必关注熔接线对其性能的影响，如图4-25所示。

如图4-26所示，浇口位置会显著影响熔接线对支柱孔的强度。这一差异在设计时需要予以充分考虑。

4.3.6 角撑板的设计

用角撑板来加固支柱和侧壁，筋和角撑板都可以在不增加壁厚的情况下为零件提供稳定性，这对于壁厚已经很薄、可能受力的零件尤其有益。需要注意的是，筋和角撑板的厚度通常不应超过公称壁厚的60%。为了避免筋和角撑板与墙壁相交处出现过厚的部分，这些特征应比主要壁厚薄。

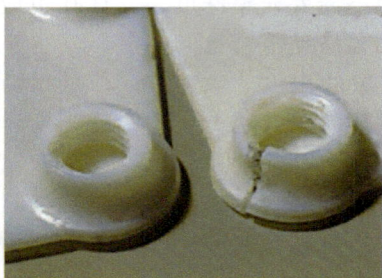

图4-25　沿着熔接线开裂的支柱孔

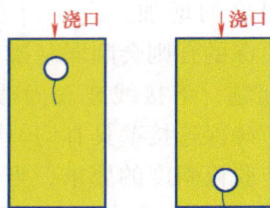

图4-26　浇口位置影响孔的强度

如图4-27所示，位于独立支柱子上或侧壁的角撑板，在不增加壁厚的情况下，为零件提供了结构支撑和整体稳定性。模具中角撑板的位置通常会妨碍实际的直接排气，应避免设计可能困住气体并导致填充和保压问题的角撑板。通过调整角撑板的形状或厚度，将气体从角撑板推出到更容易排气的区域（见图4-28）。

图4-27　角撑板的应用

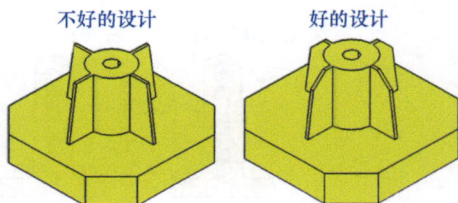

图4-28　角撑板的尖角的排气

4.4　圆角的设计

许多塑料对过小圆角半径形式的凹槽很敏感。根据经验法则，圆角半径应至少为壁厚的一半。如果圆角半径较小，则存在应力集中系数过高的风险，即使在中等载荷下，组件也会断裂。

如图4-29所示，由于应力集中效应的存在，悬臂梁与侧壁相交处的应力值超出了使用标准工程关系计算所得的应力水平。

4.4.1　应力集中

对于大多数脆性材料，实际测量得到的拉伸断裂强度显著低于基于原子键合能的理论预测值。这种差异主要归因于材料表面和内部在正常条件下普遍存在的微观缺陷或裂纹。这些微小的缺陷会降低材料的拉伸断裂强度，因为施加的应力往往会在这些裂纹的尖端处被放大或集中，而放大的程度则与裂纹的方向和几何形状密切相关。

如图 4-30 所示，局部应力的大小随着与裂纹尖端距离的增加而逐渐减小。在远离裂纹尖端的位置，应力达到标称应力 σ_0，即施加的载荷除以试样横截面面积（垂直于该载荷）。由于这些缺陷能够在其局部区域放大施加的应力，它们有时被称为应力集中点。

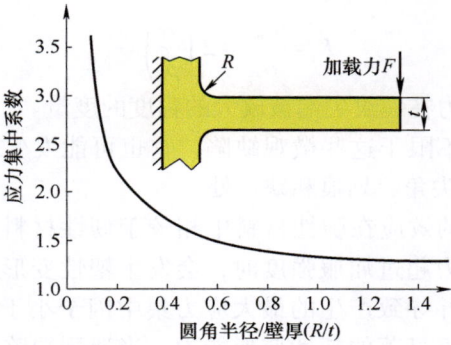

图 4-29　圆角半径与应力集中系数

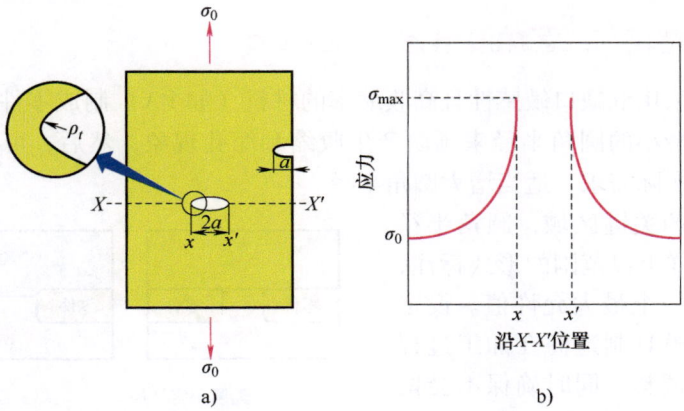

图 4-30　含有裂纹的平板的应力分布

a）含有内部裂纹的平板　b）X-X'截面的应力分布

如果假设裂纹类似于穿过板材的椭圆形孔，并且与施加的应力垂直，那么最大应力 σ_{max} 会出现在裂纹尖端，可以近似表示为

$$\sigma_{\max} = 2\sigma_0 \left(\frac{\alpha}{\rho_t} \right)^{\frac{1}{2}}$$

式中　σ_0——标称施加拉伸应力的大小；

　　　ρ_t——裂纹尖端的曲率半径（见图 4-30a）；

　　　α——表面裂纹的长度或内部裂纹长度的一半。

对于具有小曲率半径的相对较长的微裂纹，因子 $(\alpha/\rho_t)^{\frac{1}{2}}$ 可能非常大，这将产生一个 $\sigma_{\max}$ 值，该值可能是 σ_0 值的许多倍。

有时，$\sigma_{\max}/\sigma_0$ 表示为应力集中系数 K_t。

$$K_t = \frac{\sigma_{\max}}{\sigma_0} = 2 \left(\frac{\alpha}{\rho_t} \right)^{\frac{1}{2}}$$

这仅仅是外部应力在裂纹尖端被放大的程度的度量。

注意，应力放大不限于这些微观缺陷，它也可能发生在宏观内部不连续处（如孔隙或夹杂物）、尖角、划痕和缺口处。

此外，应力集中的效应在脆性材料中相较于韧性材料更为显著。对于韧性材料而言，当最大应力超过屈服强度时，会发生塑性变形，这一过程有助于使应力分布更加均匀，并导致产生的最大应力集中因子小于理论值。然而，在脆性材料中，由于其缺乏显著的塑性变形能力，当遇到缺陷和不连续性时，屈服和应力再分配的现象不会发生到任何明显的程度，因此这些区域基本上会产生理论上的应力集中。

4.4.2　从结构与工艺角度考虑圆角的设计

当设计采用低缺口敏感性且高收缩率的材料（如 PA）制成零件时，初始阶段建议使用最小的圆角半径来预防产生收缩和缩孔现象；然后，可根据原型测试的结果和实际需求，适当增大圆角半径。

在零件的关键区域，圆角半径应在产品图样上以范围的形式标注，而非仅指定一个最大允许值。设定范围旨在让模具制造商在加工过程中能够灵活调整，同时确保不会留下半径小于 0.12mm 的尖角。此外，应避免采用不必要的通用半径设计，以免使边缘过度圆滑，从而增加模具成本（见图 4-31）。

除了会削弱力学性能，尖角还会导致局部剪切率异常增高，这不

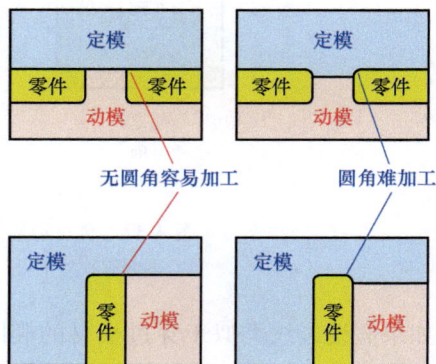

图 4-31　分模面上的圆角增加模具加工难度

仅可能引发材料损坏，还会导致高成型应力和潜在的外观缺陷。

4.5 脱模斜度

脱模斜度是塑料件设计中不可或缺的一个角度（见图 4-32），它对于零件的顶出过程至关重要。在设计塑料件的早期阶段，就应考虑脱模斜度，以防止在脱模时外部表面出现黏附和顶针推杆痕迹。在塑料件的表面应设计合适的脱模斜度或锥度，对于确保零件的可模塑性至关重要。通常，当利用 CNC 进行加工或 3D 打印制作原型时，可能不会特别考虑脱模斜度，但当这些原型需要进一步通过注射成型进行生产时，脱模斜度的考虑就变得不可或缺。如果在设计初期没有考虑脱模斜度，可能会增加制造过程中额外的时间和成本投入。

如果设计中未考虑脱模斜度，零件可能会弯曲、表面粗糙、断裂或因成型件的应力而变形；如果脱模斜度过小，也可能会拉伤成型件的表面，如图 4-33 所示。

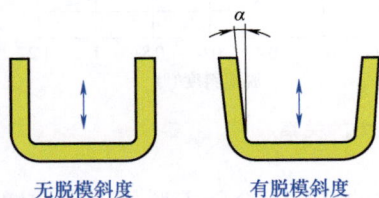

图 4-32 脱模斜度的应用

图 4-33 成型件表面的拉伤

大多数非透镜或镜面的模制件都需要有一些纹理。近乎完美光滑的表面（镜面）可能成本高昂，而且通常不能提供正确的美学或人体工程学。零件可能需要深度纹理以获得更好的抓握力，或者需要纹理表面来隐藏典型的磨损和撕裂。所需纹理的深度越深，所需的脱模斜度就越大。一个很好的设计经验法则是，每 0.025mm 的纹理深度需要 1°~1.5° 的脱模斜度。

例如，以下是 MoldTech 的一些常见纹理，如图 4-34 所示。

MT-11010，深度为 0.025mm，需要 1.5°或更大的脱模斜度。

MT-11020，深度为 0.038mm，需要 2.25°或更大的脱模斜度。

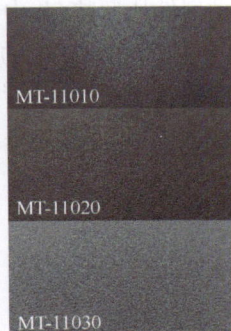

图 4-34 晒纹板

MT-11030，深度为 0.050mm，需要 3°的脱模斜度，模具制造商可能会要求更大。

一些较深的图案样式纹理的深度高达 0.178mm，这需要 10.5°的拔模斜度！这意味着如果设计的杯子需要 21°的开口才能容纳 0.178mm 的纹理深度。

4.5.1 脱模斜度与顶出力的关系

试验研究表明，脱模斜度确实会降低与零件脱模相关的力。图 4-35 总结了一项试验研究的结果，旨在评估脱模斜度对 ABS 和 PE-HD 成型件顶出力的影响。在每种情况下，即使是微小的脱模斜度增加，也会导致顶出力显著降低。

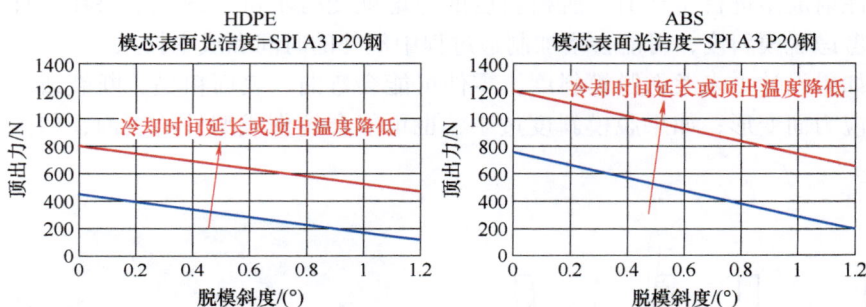

图 4-35　脱模斜度与顶出力的关系

试验结果表明，从型腔/芯中推出成型件时的峰值力会随着脱模斜度的增加而减小。使用脱模斜度还可以最大限度地减少推出过程中的擦伤或表面磨损。

图 4-36 所示为在顶出过程中压缩塑料与剪切塑料的比较；一种的侧壁几乎是笔直的（几乎没有或没有脱模斜度），另一种则具有良好的脱模斜度（7°或以上）。将成型件从型腔/芯中推出的顶出力（F）取决于塑料与型腔/芯侧壁之间的摩擦（和黏性）、型腔/芯的表面处理或塑料可能"卡住"的任何倒钩，还取决于塑料收缩到型芯上所产生的力，它主要取决于侧壁的角度（具有良好脱模斜度时所需的力较小）。此外，如果型腔/芯和成型件之间存在真空，则需要更大的力。

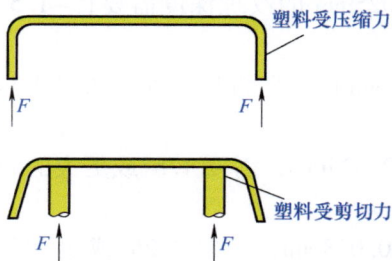

图 4-36　在顶出过程中压缩塑料与剪切塑料的比较

4.5.2 脱模斜度与表面粗糙度的关系

芯/腔的表面处理对塑料件的脱模特性有显著影响。工具钢的类型或表面镀层、表面粗糙度和抛光方向都是重要的影响因素。例如，模具抛光的方向对零件的脱模能力有很大影响：沿脱模方向（即与脱模方向平行）抛光芯/腔或模具是首选，尤其是在不使用或几乎不使用脱模斜度的深度较大的应用中。这是一个关键点，因为有时垂直于脱模方向抛光模具芯/腔或模具更容易。尽管图 4-37 所示的圆柱形芯在车床上旋转时最容易抛光，但重要的是至少最后的抛光步骤应沿零件脱模的方向进行（即沿拉伸方向）以改善脱模。对于筋，也存在类似的抛光问题，通常从侧面到侧面进行抛光更容易，这是垂直于脱模方向的方向。拉伸抛光可最大限度地减少由表面抛光引起的倒钩的负面影响，通过将任何与抛光相关的倒钩保持在拉伸方向上，可以减小脱模力。

在大多数情况下，更光滑、更高度抛光的表面有助于零件脱模，这对于脆性、刚性或玻璃状塑料尤其如此。在其他情况下，轻微纹理化或喷丸处理的表面可以减小脱模力（见图 4-38），这往往适用于某些等级的弹性体或延展性聚合物。虽然这似乎相互矛盾，但可以使用诸如润湿和排气等因素来解释这种现象。成型件的表面纹理不能优于模具的表面纹理。一般来说，使用低黏度（高 MFR）聚合物级时，可以实现更好的表面纹理，因为这些流体能够润湿模具表面。然而，使用高黏度（低 MFR）聚合物级时，较难实现良好的表面纹理，因为较稠的聚合物可能无法彻底润湿模具表面。

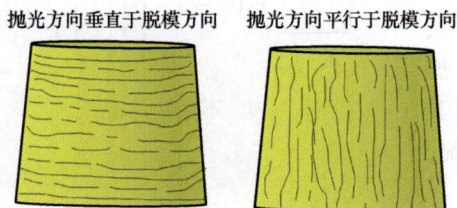

抛光方向垂直于脱模方向　　抛光方向平行于脱模方向

图 4-37　表面抛光方向的影响

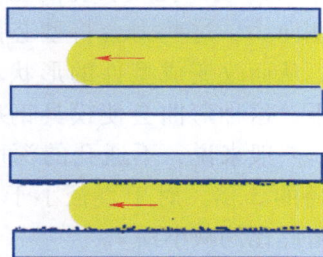

图 4-38　表面粗糙度的影响

如果流体未能完全润湿表面，那么实际的接触面积将会减小，并且在聚合物足够柔韧，能够在从倒钩中脱离时产生偏转的情况下，脱模力也会减小。理想情况下，这些倒钩应是平缓的山丘和山谷，而非尖锐的划痕。虽然这种现象有时会在黏性、柔韧的聚合物中出现，但更高度的抛光表面通常更受青睐，尤其是对于高模量的玻璃态无定形或增强聚合物。

4.6　孔洞的设计

型芯是模具中的突出部分，用于形成孔、洞和凹槽等特征的内表面。型芯还可用于去除较厚区域的塑料，以保持均匀的壁厚。只要有可能，设计零件时应尽可能使型芯可以在开模方向上与零件分离。否则，可能需要添加滑块或液压缸抽芯，这可能会增加模具构造和维护的成本。孔的位置和尺寸需要精心设计，以尽量减少模具制造的复杂性和对零件强度的负面影响。在注射成型件中，型芯销很容易产生孔。通孔比不通孔更容易生产，因为型芯可以在两端得到支撑。

如图 4-39 所示，两个孔特征之间或孔特征与其他特征之间的距离 S 不得小于孔的直径 d。同时，孔的厚度应尽可能大，否则容易破裂。对于螺纹孔，设计则变得非常复杂，螺纹区域周围容易产生内部应力，使塑料件变脆。通常，孔特征到零件边缘的距离必须是孔直径的 2~3 倍。

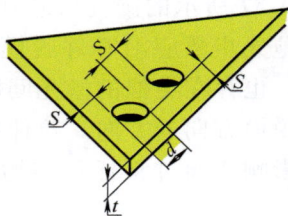

图 4-39　孔间距及孔到边沿的距离

4.6.1　选择合理的深径比

不通孔，仅由模具一侧支撑的型芯形成，如图 4-40 所示。型芯的长度，也就是孔的深度，在充型过程中，流动的塑性会对形成深孔或长孔的型芯施加非常大的侧向力，这些力会将型芯推开或使其弯曲，从而改变成型件的形状。在恶劣的条件下，这种弯曲会使模具钢疲劳并损坏型芯。一般来说，不通孔的深度不应超过其直径的 3 倍。对于直径小于 5mm 的情况，应将此比例减小到 2。

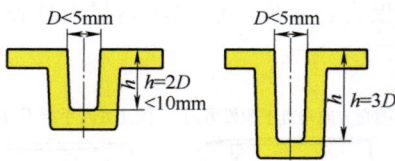

图 4-40　不通孔的设计

如果在无支撑孔型芯周围对称填充，或者型芯位于流速较慢的区域，则深径比可 5∶1 进行设计。考虑采用其他零件设计，避免需要长而脆弱的型芯，可将长孔设计为两部分（见图 4-41）。

对于不通孔，其底部的厚度应大于孔直径的 20%，以避免在相对面上产生表面缺陷，如图 4-42 所示。更好的设计是确保壁厚保持一致，且不存在可能产生应力集中的尖角。

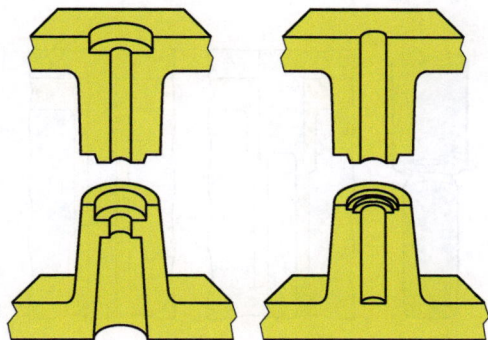

图 4-41　避免长孔的设计

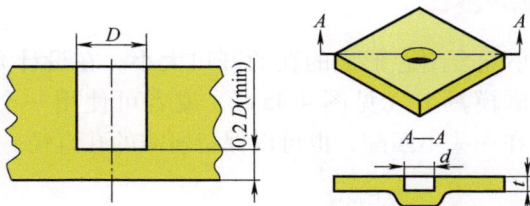

图 4-42　不通孔底部的厚度设计

4.6.2　通孔的设计

对于通孔（见图 4-43），由于模具型腔的另一侧可以对其进行支撑，因此通孔的型芯可以更长。还有一种方法是使用在模具的两半都固定的分开型芯，当模具关闭时，这些型芯会相互锁定。对于通孔，特定尺寸型芯的长度可以达到不通孔的两倍。如果需要更长的型芯，则必须精心设计模具，以确保在填充过程中型芯上的压力分布均匀，从而限制型芯变形。

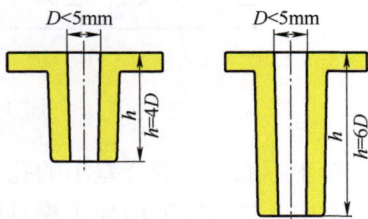

图 4-43　通孔的设计

4.6.3　互锁的设计

如果型芯的两端都得到了支撑，那么孔深径比的准则将翻倍，即通常为 6∶1，但如果型芯周围的填充是对称的，则可以达到 10∶1。型芯端部的支撑水平决定了建议的最大比值。如图 4-44 所示，正确互锁的型芯通常比仅仅端面接触的型芯更能抵抗变形。用于通孔的单个型芯可以与相对的半模形成互锁的结构，以提供支撑。

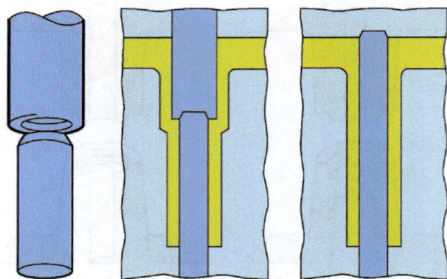

图 4-44　长孔互锁的设计

4.6.4　避免错位的设计

错位可能会减小配合型芯形成的孔的开口大小。在设计允许的情况下，将孔的成型放置在一侧模具上（见图 4-45a），或者可使用一个稍大的型芯（见图 4-45b），即使存在一些不匹配，也可以保持所需的孔直径。

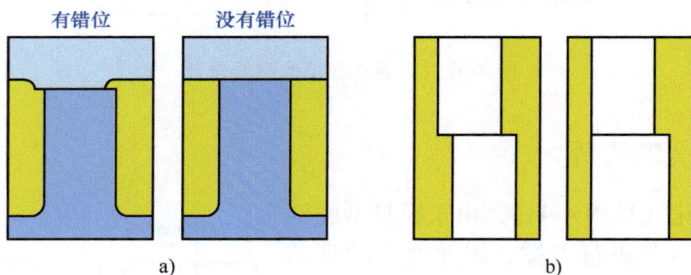

图 4-45　避免错位的设计

对于不能分级的公差小的孔，可能需要在型芯上添加联锁特征以校正轻微的不对中。这些特征增加了模具的构建和维护成本。在可以用一个型芯成型的短通孔上，只需将孔的一侧边缘倒圆，以消除配合型芯并避免不匹配（类似图 4-44 互锁的设计）。

4.7　倒扣的设计

由于某些设计特征的方向性，模具上的某些元素会挡住顶出的塑料件。这些元素被称为"倒扣"，有时重新设计难度较大，可以根据倒扣的深度、形状和成型塑料的柔韧性，强行直接顶出以实现脱模。

4.7.1 直接脱模倒扣的设计

当倒扣特征在顶出过程中足够柔韧，可以在模具上变形时，可以使用直接脱模倒扣。例如，直接脱模倒扣用于制造瓶盖中的螺纹，如图 4-46 所示。

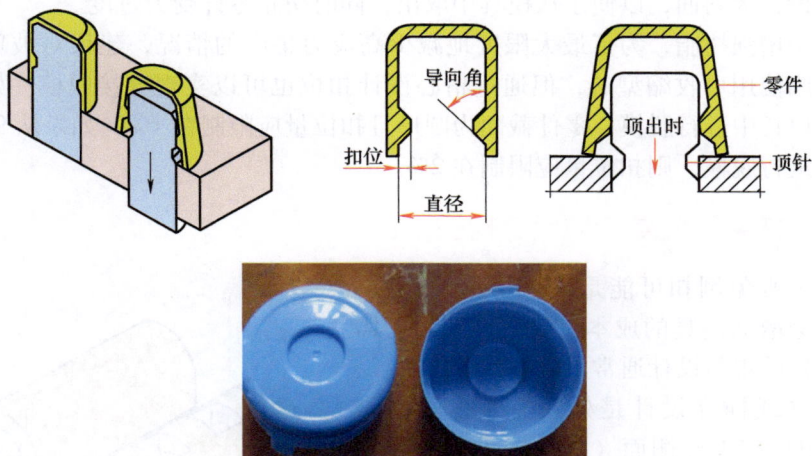

图 4-46 直接脱模倒扣

针对特定塑料的直接脱模倒扣扣位量的设计如图 4-47 所示。

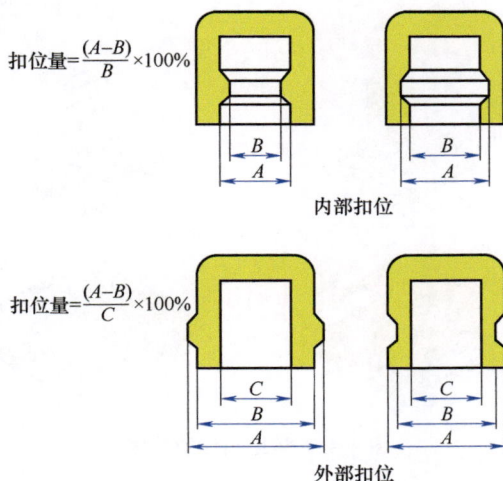

图 4-47 直接脱模倒扣扣位量的设计

例如，对于 POM 材料，如果扣位量小于直径的 5% 且为斜面，则可以将成型件从型腔中直接脱模。通常，只有圆形件才适合直接脱模，而其他形状，如矩形，其角部存在高应力集中，会妨碍成功脱模。对于超过5%的扣位量，应使用可收缩型芯或其他方法，以获得满意的零件。

PA材料的扣位量通常允许在6%~10%时可以从模具中直接脱模。允许扣位量的计算可参考图4-47。扣位量的允许范围会随零件壁厚和直径的变化而变化。扣位应设计为斜面，以便于从模具中取出，同时防止零件受力过度。

对于增强树脂，为了最大限度地减少高应力集中的情况，建议对玻璃纤维增强树脂使用可收缩型芯，但通过精心设计扣位也可以实现直接脱模。如果从40℃的模具中进行脱模，零件截面为圆形且扣位量应限制在1%；如果从90℃的模具中进行脱模，则扣位量应限制在2%。

4.7.2 避免扣位复杂模具结构的设计

完全避免倒扣可能是最佳的结构设计。倒扣总会增加模具的成本、复杂性和维护需求，巧妙的重新设计通常可以消除倒扣。

碰穿或插穿设计是处理零件内部区域（如卡扣）或零件侧面（如孔或手柄）倒钩问题时的一种有效技巧，如图4-48所示。

图4-49所示为常见扣位的处理。一般来说可以通过去除扣位下方区域的材料，解决扣位带来的问题。

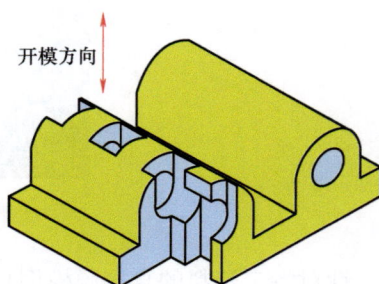

图4-48　碰穿或插穿设计

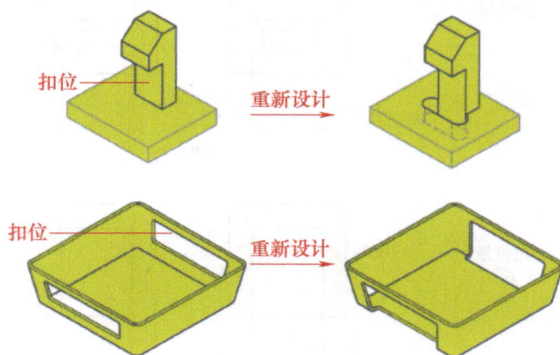

图4-49　常见扣位的处理

4.7.3 方案的取舍

1. 移动分模线

最简单的方法是移动模具的分模线使其与扣位相交，如图4-50所示。这种解决方案适用于许多外表面有扣位的设计。别忘了须相应地调整脱模斜度。

2. 侧滑块

当不可能重新设计注射成型件以避免倒扣时，可使用侧滑块（见图 4-51）和型芯，这会增加模具的成本和复杂性。

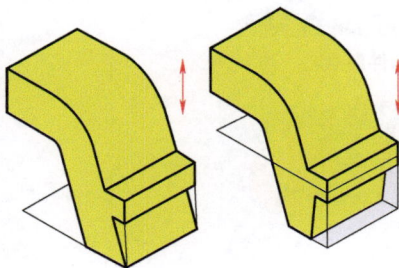

图 4-50　移动分模线位置

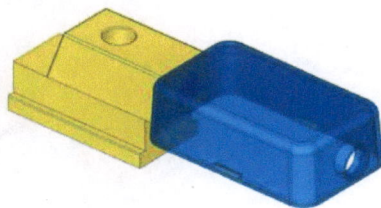

图 4-51　侧滑块

3. 斜顶

利用产品内部较浅扣位的抽芯形成斜顶（见图 4-52），同时也能起到顶出作用。

4. 液压缸抽芯

对于比较深的扣位，斜顶和滑块都不能满足要求的情况，可能就需要采用液压缸抽芯，如图 4-53 所示。

图 4-52　斜顶

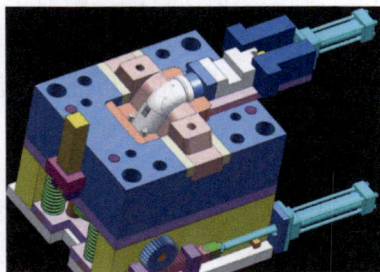

图 4-53　液压缸抽芯

5. 拆件装配

对于单个零件，当开模结构非常复杂时，可以考虑把零件拆分成几个简单零件，然后进行装配。

图 4-54 所示的绕线架是在具有简单分型线的模具中先制成两个完全相同的部件，随后将这两个部件相对旋转 90°，并最终通过压合工艺紧密结合在一起。类似地，图 4-55 所示的蜗轮也采用了相同的拆分和组合思路。

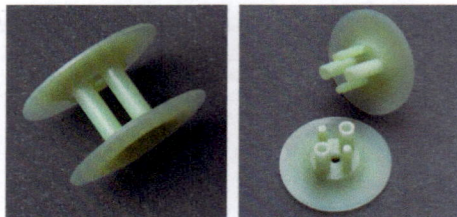

图 4-54　绕线架的拆件装配

图 4-55　蜗轮的拆件装配

4.8　塑料螺纹的设计

成型工艺可直接在零件中形成螺纹，如图 4-56 所示，避免了二次螺纹的切削加工。

外螺纹：在螺纹模具的型腔和型芯两侧分别制作一半的螺纹，无须其他后续加工，即可通过注射成型制造出螺纹。这解决了模具的倒扣问题，提高了生产率，唯一需要注意的是螺纹上的微小分型线。这些分型线对于螺纹连接来说没有问题，但对于精密传动，尤其是传动螺杆类部件则不太合适。根据零件的尺寸和几何形状，应尽可能减小注射成型模具外螺纹上的分型线！

内螺纹：对于很难通过滑块分型的内螺纹，需要在螺纹模具上完整地制作螺纹，而不进行分割。这里需要一个名为螺纹型芯/型腔的第三个组件，它具有完整的螺纹几何形状。内螺纹成型模具（见图 4-57）的结构比注射成型外螺纹的模具更为复杂，成型周期可能会因螺纹脱模方法的不同而有所差异。

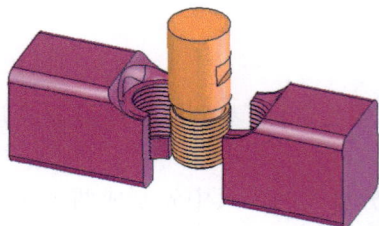

图 4-56　外螺纹直接成型

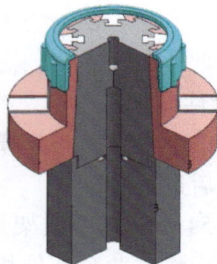

图 4-57　内螺纹的成型模具

4.8.1 螺纹牙型的选择

对于热塑性塑料，优选的螺纹形式是那些具有最大内径、承载面近乎垂直且螺纹深度最大的类型。螺纹形式的选择对热塑性塑料件的性能有很大的影响。在任何热塑性材料的应用中，都应避免使用内锥（管）螺纹。

1. 锯齿形螺纹

如图 4-58 所示，锯齿形螺纹是热塑性塑料应用的首选螺纹类型。在仅承受单向载荷的应用中，锯齿形螺纹具有一定的优势。由于承载面几乎垂直于螺钉的轴线，载荷几乎完全沿轴向传递，而不是沿径向传递。锯齿形螺纹的牙底圆弧半径为（0.035 ~ 0.070）P。对于热塑性塑料产品，建议使用尽可能大的底径。

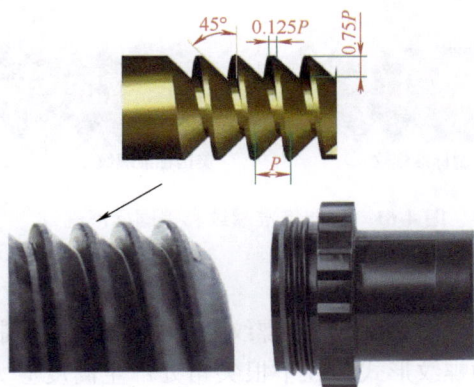

图 4-58　PVC 接头，锯齿形外螺纹

2. 寸制标准螺纹

英国标准协会推荐将这种螺纹形式用于公称直径小于 1/4in 的所有螺纹。这种螺纹形式（见图 4-59）非常适合采用热塑性塑料制造，因为其牙型为 47.5°，牙底圆弧半径为 0.180P。

3. 惠氏螺纹

惠氏螺纹形式在热塑性塑料应用中是一种极好的螺纹设计，尽管它正在行业中被逐步淘汰。如图 4-60 所示，这种螺纹的底部具有 0.137P 的大半径，从而减少了应力集中效应。

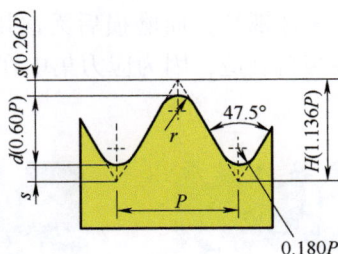

图 4-59　寸制标准螺纹

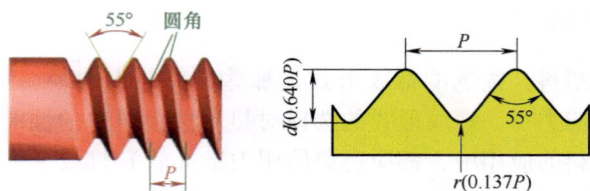

图 4-60 惠氏螺纹

4. 米制标准螺纹和美国标准螺纹

如图 4-61 所示，标准螺纹是设计中最常用的螺纹形式。对于热塑性塑料与金属螺纹连接，只能使用粗螺纹，以防止损坏热塑性螺纹。

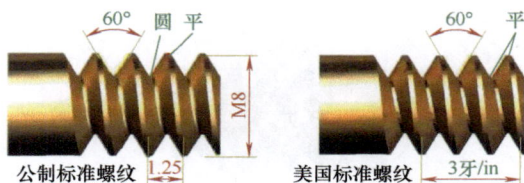

图 4-61　米制标准螺纹和美国标准螺纹

5. 梯形螺纹

梯形螺纹常用于机械传动。米制螺纹牙型角为 30°，寸制螺纹牙型角为 29°，如图 4-62 所示。这种螺纹形式会在平根尖角处产生高度应力集中，产生的环向应力会集中在最弱点，从而导致立即或随着时间推移而发生故障。对于这种类型的螺纹，不建议采用任何类型的热塑性塑料制造。

6. 矩形螺纹

如图 4-63 所示，矩形螺纹用于机械传动，如千斤顶动力螺纹，传动效率大，仅次于滚珠螺纹，而磨损后无法用螺母进行调整。对于矩形螺纹，不建议采用热塑性塑料制造，因为应力集中在牙底，会导致螺纹剪切。

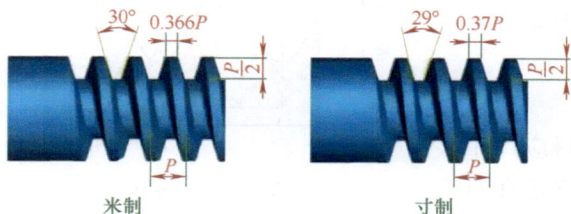

图 4-62　梯形螺纹

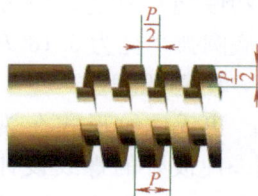

图 4-63　矩形螺纹

4.8.2 常见的螺纹模具结构

如图 4-64 所示，外螺纹是通过使用双板模具的分模线或由角钉、滑块形成的分模线自动成型的。

内螺纹是通过自动脱螺纹装置成型的；型芯向前移动进行注射成型，然后回缩以从成型产品上拧下型芯以进行脱模，如图 4-65 所示。

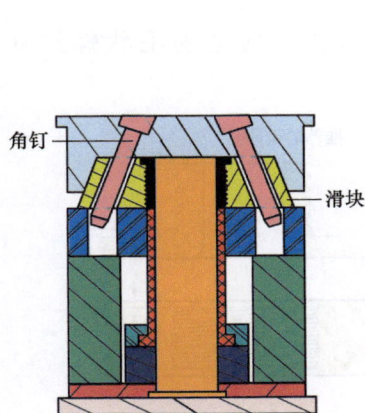

图 4-64 外螺纹模具

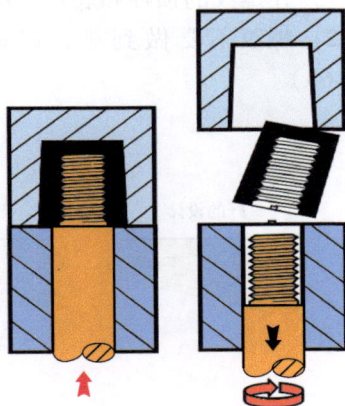

图 4-65 内螺纹模具

图 4-66 所示为螺纹嵌件模具及其成型步骤。嵌件手动拧下，以在成型过程中进一步使用。

图 4-67 所示为可收缩型芯模具，用于成型内螺纹

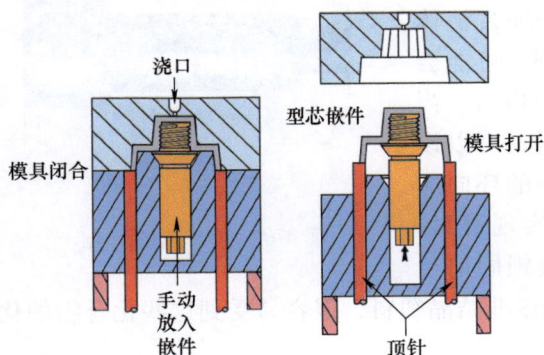

图 4-66 螺纹嵌件模具及其成型步骤

图 4-67 可收缩型芯模具

可收缩型芯模具是注射成型热塑性产品的内螺纹、倒扣和凸起的重大突破。该模具仅有三个活动部件，采用传统模具移动方式。可收缩型芯模具可用于成

型此前无法成型的产品。具有内部凸起、中断螺纹和倒扣的产品，都可用于高或低产量的注射成型生产。对于传统内螺纹，可收缩型芯模具的自动操作可将注射成型周期缩短 30%。

4.8.3　螺纹尺寸结构的优化

在指定模制螺纹时，请考虑以下事项：

1）在螺纹的顶径和底径使用最大允许半径。

2）螺纹不要做到头，以避免产生容易错扣的薄壁羽毛状螺纹（见图 4-68）。

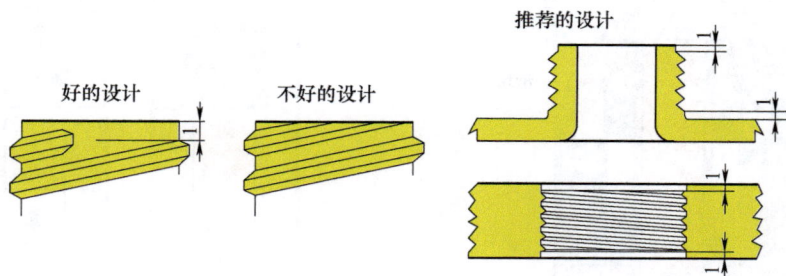

图 4-68　螺纹设计建议

3）为了便于成型和防止错扣，将螺纹螺距限制在 0.8mm 以上。

4）除非可以提供限制环向应力到材料安全极限的止动装置，否则避免使用锥形螺纹，如图 4-69 所示。

锥形管螺纹常用于管道系统中实现流体密封连接，其略呈锥形并逐渐变细，可能会对塑料件的内螺纹施加过度的环向应力。当将塑料螺纹和金属锥形螺纹配合时，可以设计塑料组件的外螺纹以避免塑料中的环向应力，或者使用直螺纹和 O 形圈来实现密封。此外，应确保任何螺纹涂料或螺纹锁固剂与

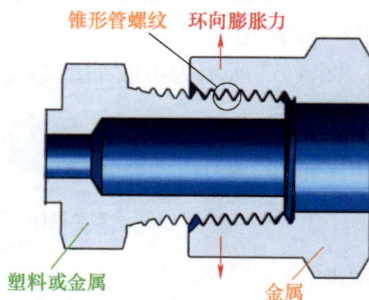

图 4-69　锥形螺纹配合

所选塑料树脂兼容，尤其是 PC、ABS 非结晶塑料，很容易受到这些化合物的化学侵蚀。

为了获得最佳性能，应使用专门为塑料设计的螺纹。对于无须与标准金属螺纹配合的零件，可以采用满足特定应用和材料要求的独特螺纹。例如，医疗行业已经为锁定管接头开发了特殊的塑料螺纹设计（见图 4-70）。

螺纹设计也可以进行简化，以方便成型（见图 4-71）。

图 4-70　医疗行业常见的螺纹密封接头

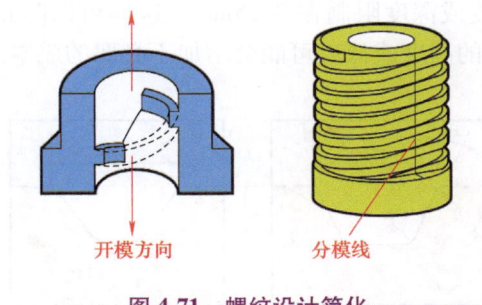

开模方向　　　　　　分模线

图 4-71　螺纹设计简化

4.9　模塑文字

在塑料件上看到字母或标识是很常见的。由于多种原因，它们可能会被添加到设计当中，如标识零件，为最终用户提供重要指示，提供专利、其他法律或监管信息，展示公司品牌等。字母和标识易于融入模具，从而节省了粘贴标签等二次操作的时间和费用。

4.9.1　字母和标识的选择

在设计含有字母和/或标识的零件时，需要决定这些特征是凹陷（即凹进）的还是凸起的。每种风格都有其优缺点。例如，根据零件的使用方式，凸起的字母在重度磨损的应用中可能无法长时间保持；带有凹陷特征的零件会积聚污垢和碎屑。

字母和标识是凹陷还是凸起的决定也会影响模具的设计。将特征雕刻在模具中更为常见，这会使它们在零件上形成凸起。以这种方式执行时，可以对模具进行抛光，从而为完成的零件提供更好的表面处理。具有雕刻特征的模具也更耐用，因为特征不会磨损。

4.9.2　常见的处理方法

图 4-72 所示为建议的模塑文字设计尺寸。字母和标识模具设计小技巧：字母和标识可能会阻碍材料的流动，从而可能导致成品出现流痕和条纹等瑕疵。要避免这些问题，需要牢记以下三个要点：

1）避免字母出现尖角。所有角都应带有半径，以免空气被困在模具中产生缺陷。

2）务必设计好特征的脱模斜度。所有字母和标识的侧壁都应具有脱模斜度，确保模具能正确填充。

3）将特征的高度或深度限制在 0.25mm。这样可以防止它们在零件的使用寿命期间磨损。更大的高度或深度可能会增加不必要的成本。

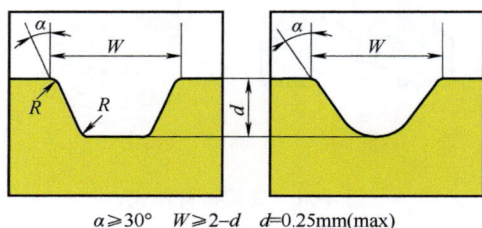

$\alpha \geqslant 30°$　$W \geqslant 2 \text{-} d$　$d = 0.25\text{mm(max)}$

图 4-72　建议的模塑文字设计尺寸

如果某些文字用于多种产品，那么可以使用单独的、可互换的文字镶件来制造模具。模具制造商可以根据需要更换文字镶件。需要注意的是，在文字镶件的周边，即使是最细小的边缘（通常被称为见证线）也会在成品中显现。为了解决这一问题，许多设计师会将整个镶件稍微嵌入塑料中，使其看起来像是有意而为之，如图 4-73 所示。

图 4-73　文字镶件

4.10 活动铰链的设计

活动铰链是连接两个塑料件的薄壁部分。由于其很薄，它能使两个物体做180°甚至更大角度的折叠运动。塑料活动铰链非常耐用，精心设计的话可以使用数百万次。一个常见的例子是香波瓶的瓶盖。瓶盖铰链的作用是将盖子与瓶身连接，同时也能让盖子移开以方便倒出。

图4-74所示，如果没有活动铰链，这个盖子将需要两个模具、两次成型操作和组装。活动铰链的成功主要取决于三个因素，即材料、铰链设计和成型条件。

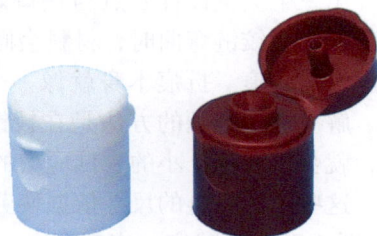

图 4-74　活动铰链瓶盖

4.10.1　设计计算原理及建议

任何在薄壁部分具有柔韧性的热塑性塑料原则上都可以用来制作铰链。如果铰链只是偶尔操作，那么大多数（如果不是全部的话）都能成功。例如，一些电子连接器主体在组装时是折叠并卡扣在一起的，在这种情况下，铰链只操作一次。其他铰链，如瓶盖上的铰链，可能使用不超过一百次。然而，当铰链必须非常坚固并经受大量操作时，首选的材料是PP或少量PE。如果处理得当，PP具有优异的抗弯曲疲劳性，这使其成为活动铰链材料中的首选。

一方面，铰链本身的部分必须足够厚，以保证有充足的材料流通过，从而填充"下游"型腔，该型腔通常是盖子。同时，它也必须足够厚，以承受使用过程中产生的任何应力；另一方面，铰链必须足够薄，才能轻松弯曲，且在聚合物流动时足够薄，以产生分子取向。对于PP，推荐的铰链厚度为0.25~0.50mm，如图4-75所示。

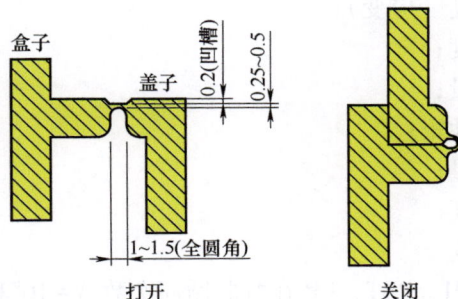

图 4-75　活动铰链示意图

第二个重要的设计要点是，铰链区域不应有尖角。一个原因是，尖角会导致被称为缺口效应的应力集中，这是塑料件失效的主要原因；另一个原因是，狭窄的铰链会在模具中形成熔体流动的重大障碍，而圆角设计可以最大限度地减少熔体流动障碍，并有助于铰链中的分子取向。

第三个关键设计要点与缺口效应有关。如果铰链的背面是由一个平面形成的，那么当铰链弯曲时，材料会倾向于在可能产生裂纹的地方形成一个尖锐的、高应力的折痕。折痕本身就像一个缺口，会集中应力，大大增加了失败的可能性。解决这个问题的方法是在铰链的背面提供一个浅的凹槽，这样当铰链弯曲时，就会形成一个小的、低应力的环，从而消除了缺口效应。

这些整体铰链的尺寸依据疲劳试验中得到的 Wöhler 疲劳-寿命曲线 $\sigma_N = f(N)$（见图4-76）来确定。应变幅度 ε_a 可以通过对应的应力幅度 σ_a 计算得到。

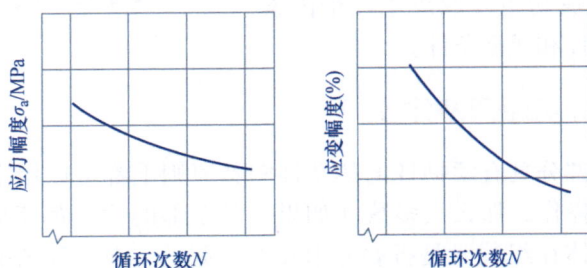

图 4-76　疲劳-寿命曲线

根据弯曲应力应变公式得

$$\sigma = \varepsilon E$$

$$\sigma = \frac{M}{W}, W = \frac{bh^2}{6}$$

$$\varepsilon_a = \frac{\sigma_a}{E_s} = \frac{M_b}{WE_s} = \frac{6M_b}{bh^2 E_s}$$

式中　ε_a——应变幅度（应变）；

　　　σ_a——应力幅度；

　　　E_s——割线模量；

　　　M_b——弯曲惯性矩；

　　　W——截面模量；

　　　b——铰链宽度；

　　　h——铰链厚度。

表4-1列出了 POM、PBT、PP 在弯曲循环次数 $N = 10^6$ 和 $N = 10^7$ 时的应力幅度与应变幅度。

表 4-1　POM、PBT、PP 在弯曲循环次数 $N=10^6$ 和 $N=10^7$ 时的应力幅度和应变幅度

材料		$N=10^6$		$N=10^7$	
		σ_a/MPa	ε_a（%）	σ_a/MPa	ε_a（%）
POM	Hostaform C2521	46	2.6	34	1.7
	Hostaform C9021	40	2.1	28	1.2
	Hostaform C13021	37	2.0	26	1.1
	Hostaform C27021	34	1.5	19	0.75
	Hostaform S9063	48	4.0	39	3.0
	Hostaform S9064	33	3.0	26	2.0
	Hostaform S27076	21	4.0	19	3.0
	Hostaform C9021 GV 1/30	58	0.7	50	0.6
PBT	Celanex 2500	48	2.1	29	1.2
	Celanex 2300 GV 1/30	35	0.5	30	0.3
PP	Hostalen PPR 1042	28	2.7	24	2.1
	Hostacom M4 N01	41	1.5	32	1.0
	Hostacom G3 N01	32	0.65	27	0.5
	Hostalen GM 5010 T3	—	—	21	2.3
	Hostalen GF 7750	—	—	18	1.3
	Hostalen GC 7260	—	—	6	0.5

对于给定的弯曲角度（见图 4-77）和所需的弯曲次数 N，必须选择铰链长度 L 和铰链厚度 h，以确保在 N 次时获得的应度幅度不超过 ε_a，即

外层应变：$\varepsilon_b \leqslant \varepsilon_a$

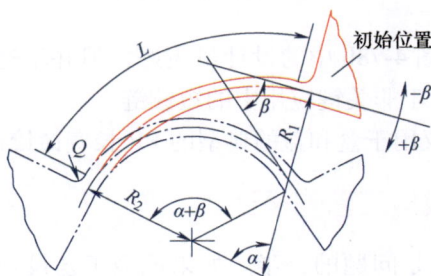

图 4-77　铰链尺寸

假设整体铰链呈圆形，且在弯曲时保持圆形不变，那么只有圆弧的曲率半径 R 会发生变化。起始角度为 α 弧度的铰链的曲率半径 R_1 可按如下方式计算：

$$R_1 = \frac{L}{\alpha}$$

铰链弯曲角度±β后：

$$R_2 = \frac{L}{\alpha+\beta} \text{或者} R_2 = \frac{L}{\alpha-\beta}$$

在外纤维伸长率ε_b和弯曲半径R之间存在如下关系：

$$\varepsilon_b = \frac{h}{2}\left(\frac{1}{R_1} - \frac{1}{R_2}\right)$$

$$\text{对于}+\beta：\varepsilon_b = \frac{h}{2}\left(\frac{\alpha}{L} - \frac{\alpha+\beta}{L}\right)$$

$$\text{对于}-\beta：\varepsilon_b = \frac{h}{2}\left(\frac{\alpha}{L} - \frac{\alpha-\beta}{L}\right)$$

对于$R_2 < R_1$，在方程的括号中获得负值。在进一步的计算中，应该插入ε_b的绝对值。

图 4-78 所示为实际应用中常见的有缺陷的铰链设计。该设计不仅存在尖角，还存在铰链可能不会沿预期线条弯曲，或者在不同线条上产生不规则的弯曲。这些问题会进一步造成铰链扭曲、盒子无法正常关闭，以及铰链的过早损坏。

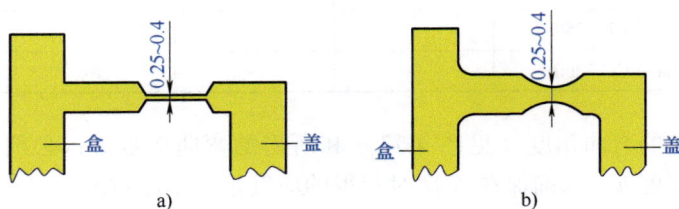

图 4-78 有缺陷的铰链设计

相对于图 4-78a，图 4-78b 中的设计虽更好，但并不适用于长铰链和需要较宽铰链的外壳，仅适用于非关键应用中的短铰链。

图 4-79 所示为建议用于盒和盖的典型的 PP 长寿命铰链设计示例。

4.10.2 考虑注射成型工艺的设计

活动铰链的设计只是问题的一半。如果成型工艺设计不当，即使是设计正确的铰链也会失败。其关键特征在于，模具填充过程中的熔体流动必须穿过铰链，而非沿着铰链。当熔体流动穿过较薄的铰链时，长链聚合物分子会沿流动方向排列，使注塑件的该区域在流动方向上变得非常坚固，但在与流动方向垂直的方向上相对较弱。因此，如果熔体流动沿着铰链进行，那么铰链上的应力就会产生弱点，导致铰链在使用过程中断裂。

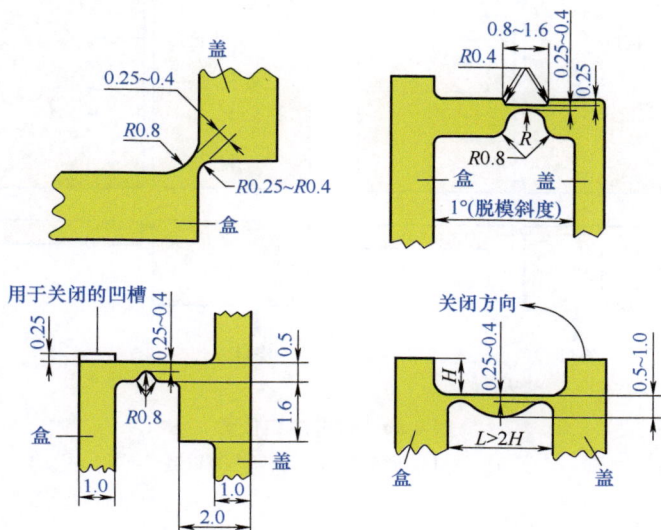

图 4-79　典型的 PP 长寿命铰链设计示例

4.10.3　浇口位置的影响

　　熔体流动的方向由模具中的浇口位置决定。对于带有盖子的盒子，其活动铰链由浇口连接，浇口必须垂直于铰链的中心点，并保持一定距离。假设靠近铰链的盒子侧壁厚度恒定，任何偏离中心点的浇口位置都会导致铰链处的流动不均匀，而在较厚的铰链中，可能会引入对角线流动的因素，从而削弱铰链。

　　另一个需要特别考虑的因素是，当塑料熔体被注入模具时，它在相对较厚的盒子和盖子部分的流动会比在较薄的铰链区域更加顺畅。因此，如果浇口位置设置不当，在填充过程中会导致流动前沿在盒子完全填满之前就已经到达铰链部分，那么当盒子的其余部分继续填充时，流经铰链的塑料熔体会出现停滞现象，直到盒子的主体部分填充完毕，流动才会重新通过铰链继续，如图 4-80a 所示。

　　这种"走走停停"的流动模式，意味着在铰链部分形成时，其外层可能已经部分冷却固化，这可能导致表面成型表皮的破裂，从而形成高应力和质量不佳的铰链。为了避免这种滞流效应，需要合理定位浇口位置，确保在流动前沿到达铰链之前或同时，注塑件的盒部分（或其他铰接物品中的等效部分）已经完全填充。在上述的例子中，如图 4-80b 所示，将浇口位置设置在远离铰链的区域会是一个不错的选择。

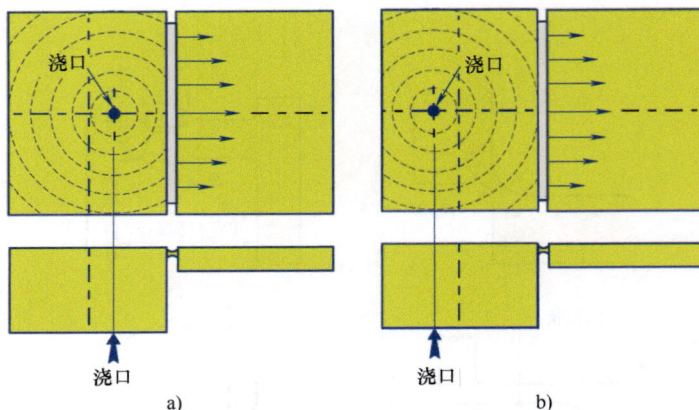

图 4-80　铰链浇口位置
a）浇口靠近铰链　b）浇口远离铰链

4.11　塑料轴承的设计

塑料轴承是塑料中一种受力运动部件的应用，即塑料与其他组件之间存在相对运动。与传统类型的轴承相比，这种轴承有很多优势：具有耐冲击和耐磨的特性，重量轻，能减少运行时的噪声和振动，成本低，并且几乎无须润滑和维护。

4.11.1　轴承材料的选择

用于塑料滑动轴承的聚合物材料通常选择具有半结晶结构的热塑性塑料（见表4-2），这些材料在性能上表现出色。

表 4-2　塑料滑动轴承常用的材料

材料	生产工艺	典型应用
PA66	注射成型或机械加工	通用滑动轴承
PA6		
PA11	注射成型	精密工程，轴承具有比 PA66 和 PA6 更高的尺寸稳定性
PA12		
POM	注射成型或机械加工	
PBT	注射成型或机械加工	
PE-HD	主要通过加工半成品压缩成型、半成品成型和聚醚酮的注射成型	内衬、摩擦带、关节内假体耐化学品和耐热性耐高热负荷
PTFE		
PEEK		

这些材料可通过添加不同种类的添加剂（见表4-3）进行定制改性，以满足特定需求，如降低滑动摩擦、增强耐磨性或提高抗压强度。

表 4-3　常用轴承材料的添加剂

添加剂	期望的效果	缺点
玻璃纤维、碳纤维	抗压强度增加，蠕变减少，因此静态载荷更高。减少热膨胀。更好的耐磨性	磨损增加，特别是在配对材料中，由于极性基质中的玻璃纤维。各向异性收缩
石墨、二硫化钼	就像玻璃纤维一样。导热性略有改善，耐磨性有所提高	韧性降低。滑动摩擦没有显著改善
滑石粉、玻璃珠、颗粒填料	抗压强度增加，各向同性收缩，改善磨损，尤其是在非极性基体中	韧性降低
PTFE、PE-HD	极性（玻璃纤维增强）聚合物材料中的"固体润滑剂"，防止黏滑	仅在黏性摩擦条件下起作用
低相对分子质量润滑剂	减少极性基体中的摩擦，防止黏滑	仅在黏性摩擦条件下起作用

4.11.2　设计计算

塑料轴承的配对形式包括塑料对塑料的组合，但最常见的设计是钢轴在塑料套筒轴承中运转。这些轴承的制造方式可根据具体应用和所选材料来决定，包括机械加工和注射成型。例如，像 PTFE 和 PE-UHMW 这样的轴承材料，由于其特性，不太适合传统的注射成型工艺，因此通常需要进行机械加工。然而，注射成型的塑料轴承因其尺寸精确高、表面粗糙度值低且不需要额外组件成本而备受青睐。

轴承的性能受多种因素的影响，包括温度、运行速度、轴承间隙，以及轴的特性，特别是钢轴，其性能主要取决于硬度和表面粗糙度。为了确保轴承的最佳性能，钢轴应尽可能坚硬且光滑。因为即使表面粗糙度值再低，如果硬度不足，也难以避免轴承的磨损。

图 4-81 所示为轴承受载示意。

轴承的承载能力可以通过运行压力和速度来计算。运行压力（p）的计算公式如下：

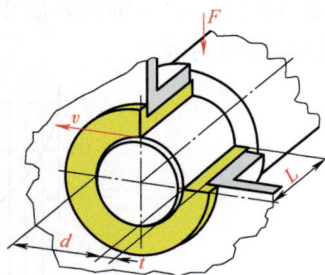

图 4-81　轴承受载示意

$$p = \frac{F}{Ld}$$

式中　F——轴承负载；

　　　L——轴承宽度；

d——轴承直径；

v——轴承滑动线速度 $v = \pi dn$，n 是轴的旋转速度。

轴承磨损（W）与工作压力乘以滑动速度成正比，即

$$W = k(pv)$$

式中　k——磨损常数。

k 是衡量磨损性能的良好指标，但它会随着 pv 值的变化而变化，因此需要通过原型测试来补充计算。pv 极限值也被用作设计参数。表 4-4 列出了常见塑料轴承材料的 pv 极限和 k 值。这些值适用于与钢接触的未改性材料。许多轴承材料都含有润滑和增强添加剂，如石墨、PTFE、二硫化钼和玻璃。这些都会对数值产生显著影响，因此在进行设计计算之前，需要获取特定等级的数据。

表 4-4　常见塑料轴承材料的 pv 极限和 k 值

材料	pv 极限/（MPa·m/min）	磨损常数 $k/10^{-13}$ 〔cm^3·min/（m·kg·h）〕
PA6	4.8	23.7
PA610	4.8	21.3
PA66	5.8	3.6
PBT	6.3	24.9
POM	6.9	7.7

4.11.3　合理的结构及尺寸设计

1. 轴承间隙

轴承间隙 δ_0 是在最有利的情况下轴承孔直径与轴颈直径之间仍必须要保留的间隙或游隙，这样轴承才能正常工作且不会卡死。轴承间隙在图 4-82 中被表示为轴承直径的函数。

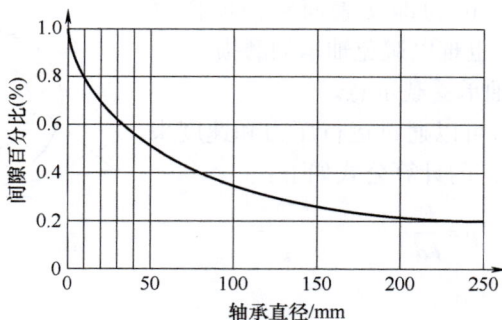

图 4-82　轴承间隙与轴承直径的关系

2. 轴承壁厚

理想情况下，轴承的壁厚应较小，以实现良好的散热和尺寸稳定性。经验关系式给出了可靠的壁厚值：

$$t = 0.4\sqrt{d}$$

3. 典型的开槽轴承

由于使用寿命的显著延长取决于从磨损界面移除的磨粒数量，如图 4-83 所示，以下设计指南可能有所帮助：

1）至少使用三个沟槽。

2）沟槽尽量深一些。

3）宽度为轴径的约 10%。

4）在侧壁过薄无法开槽的地方使用通孔。

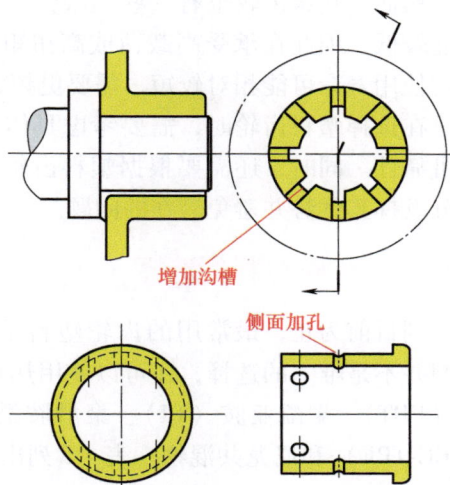

图 4-83　积尘槽和积尘孔

另一个重要因素是，轴承的压力负载需要在轴向长度上均匀分布。图 4-84 所示为轴承设计中可能存在的问题及建议。

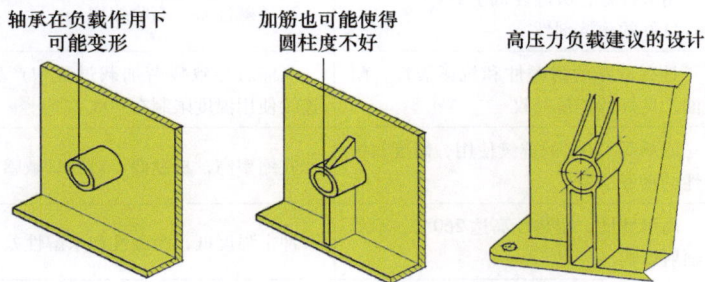

图 4-84　轴承设计中可能存在的问题及建议（高压力负载需增加轴承刚度）

4.12　塑料齿轮的设计

与传统的金属齿轮相比，塑料齿轮具有一些独特的特点和优势。

塑料齿轮通常重量更轻，这使得它们在一些对重量敏感的应用中，如在汽车、航空航天和消费电子产品等具有优势。此外，塑料齿轮的制造过程相对简单，成本也较低。

塑料齿轮还可以通过注射成型等方法进行大规模生产，从而实现高效率和低成本的制造。它们还具有较好的耐磨性、自润滑性和耐蚀性，能够在一些恶劣环境下工作。

然而，塑料齿轮也有一些局限性。相比金属齿轮，塑料齿轮的强度和硬度可能较低，因此在承受高载荷或高扭矩的情况下可能容易损坏。此外，塑料齿轮的使用寿命可能相对较短，需要更频繁地维护或更换。

在选择塑料齿轮时，需要考虑具体的应用需求和工作条件，以确保其性能和可靠性。同时，还需要根据塑料齿轮的材料特性进行合理的设计和制造，以充分发挥其优势并避免潜在的问题。

4.12.1 齿轮材料的选择

到目前为止，最常用的齿轮塑料是聚酰胺（PA）和缩醛（POM）。不过，它们并不是唯一的选择，还可以使用热塑性聚氨酯（TPU）、聚对苯二甲酸丁二酯（PBT）、聚酰亚胺（PI）、聚酰胺酰亚胺（PAI）、共聚酯基热塑性弹性体（CEE-TPE）和尼龙共混物。表 4-5 列出了塑料齿轮常用的材料及优缺点。

表 4-5　塑料齿轮常用的材料及优缺点

材料	优点	缺点
PA	具有良好的耐磨性和抗疲劳性	尺寸稳定性受吸湿性和后收缩性的影响
POM	耐磨性好，吸湿性低于 PA 良好的耐溶剂性	耐酸碱性差，高收缩率
TPU	具有良好的耐磨性和抗撕裂性，耐油，良好的能量吸收	高滞后导致疲劳加载过程中产生过多热量，连续使用温度限制在 70℃ 以内
PBT	能承受 120℃ 的连续使用，硬度和韧性的良好结合	收缩率高，易翘曲，对缺口敏感
PI	高耐磨性，耐热性高达 260℃，不受辐射影响	冲击强度低，耐酸性和水解性差，价格昂贵
PAI	高强度和耐磨性，工作温度高达 210℃	受到碱的攻击，价格昂贵
CEE-TPE	耐磨性好，在低至 -60℃ 的温度下有效	对高温水解敏感
PA/ABS	比未改性 PA 具有更好的冲击强度	最高工作温度低于未改性 PA

注：该表列出了每种材料的主要优点和缺点。以该表为粗略指南，但请记住，不同类型的聚酰胺以及所有材料的不同等级配方的性能差异很大。特别是，增强和减摩添加剂可以对性能产生显著影响。

4.12.2 齿形的设计

用于金属齿轮上切齿的滚刀可直接购买获得，而出于经济考量，商业切齿的工程师绝大多数不会采用任何其他齿形。注射成型的齿轮则并不受限于这些标准滚刀的使用，因为在切割模具以补偿收缩时必须采用特殊刀具。若运用具有标准压力角的滚刀来切削模具，那么会因模具收缩而导致严重的齿廓误差。因此，齿轮工程师能自如运用各类齿轮修形技术，以使其齿轮的性能达到最大化。塑料齿轮上最为常见的基本修形包括全圆角半径修形、齿顶减压修形、消除根切修形和平衡圆周齿厚。

1. 全圆角半径修形

塑料模制零件中的尖角并不可取，因为它会充当应力集中点。于齿轮的两个齿之间运用全圆角半径能够消除这类尖角，且能使应力降低达 20% 或更多。所有塑料齿轮都宜采用全圆角半径。

2. 齿顶减压修形

当一个轮齿在负载下发生偏转时，它可能会阻碍下一个即将到来的轮齿。这种情况在重载金属齿轮中时有发生，在大多数塑料齿轮中也会出现。这种类型的干扰可能会导致噪声、过度磨损和平稳均匀运动的丧失。为了补偿这种偏转，齿的顶部从齿顶（轮齿的上半部分）的中途开始逐渐变薄。这种修形对于高度加载的齿轮（对于特定材料而言）最有用，并不总是在塑料齿轮中需要。

3. 消除根切修形

具有少数轮齿的齿轮的滚齿加工，通常会在齿轮的根部出现根切，这会极大地减弱齿轮，在塑料齿轮中应加以避免。

在齿数少于 17 的标准滚齿齿轮中会出现根切，如图 4-85 中 $z=10$ 的齿轮根部。

图 4-85　齿轮的根切

4. 平衡圆周齿厚

倘若两个相互啮合的轮齿被设计成标准的，那么齿数较少的那个齿轮（小齿轮）的齿根会比该齿轮的轮齿更细（见图 4-86）。

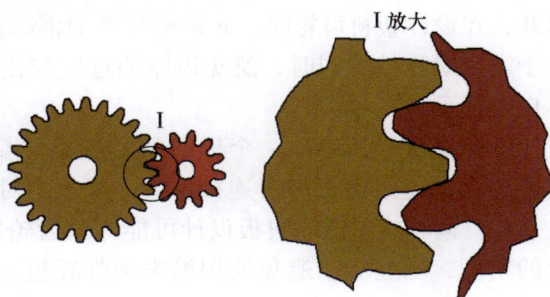

图 4-86　齿轮啮合

为了使齿轮组的承载能力达到最佳状态，需要增加小齿轮的圆周齿厚。为此，采用 ISO R53 改进型的塑料齿轮齿形设计，这些优化措施已经融入其中（见图 4-87）。

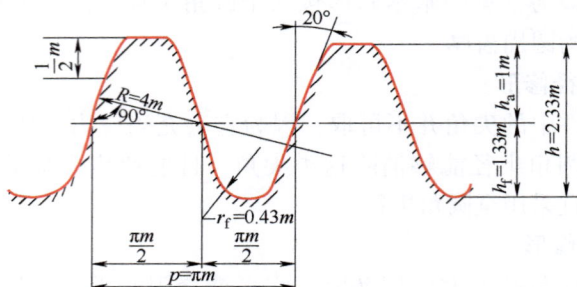

图 4-87　基本齿条齿廓

m—模数　*h*ₐ—齿顶高　*p*—齿距

*h*f—齿根高　20°—压力角　*h*—全齿高　*r*f—根部半径

4.12.3　合理的结构及尺寸设计

在设计热塑性塑料齿轮时，务必牢记，齿轮不仅要满足预期的机械功能，还需以利于正确且高效注射成型的方式进行尺寸设计。几何形状越简单，就越能顺利地填充型腔，如有需要，也越能达到严格的公差要求。

为提供机械强度，支撑直齿轮轮齿的轮缘壁截面尺寸应至少与全齿高（*h*）等同。轮缘和轮毂壁下方的垂直横截面，取决于齿轮的功能需求、浇口类型和浇口的位置。图 4-88a 所示为处于直齿轮轮毂中央位置的隔膜浇口。较为理想的是，中心壁厚要比轮缘大 20%，而垂直腹板截面则大 10%。图 4-88b 所示为处于直齿轮腹板中的 3 或 4 个点浇口（需用到三板模具）。腹板壁厚要比轮缘大 20%，轮毂壁厚要比轮缘大 10%。建议按照比例去分配齿轮的壁厚及合适类型的浇口，以实现极佳的尺寸控制，包括接近跳动公差，且不会发生翘曲的情况。

齿轮是精密的机械传动零件，任何不精确之处都可能影响齿轮组的平稳运行和承载能力。因此，在设计塑料齿轮时，必须竭尽全力消除潜在的误差来源。总体设计目标应在于实现对称性的同时，避免齿厚的过度变化。图 4-89 所示为违反这一原则的不良设计示例。

一种有效的设计方法是基于齿厚的一个标准单位来确定齿轮的比例。在齿轮环与轮毂的连接处，通常通过腹板进行连接。这一腹板的对称性对于保证模制齿轮的精度至关重要。偏心或单侧的腹板设计可能导致齿轮发生变形。同样，为了避免影响齿轮的精度，也应尽量避免使用筋来增强腹板，或者使用穿孔或辐条来减轻其重量。这些设计元素都可能引发不均匀的收缩，从而导致轮齿的圆度失真。

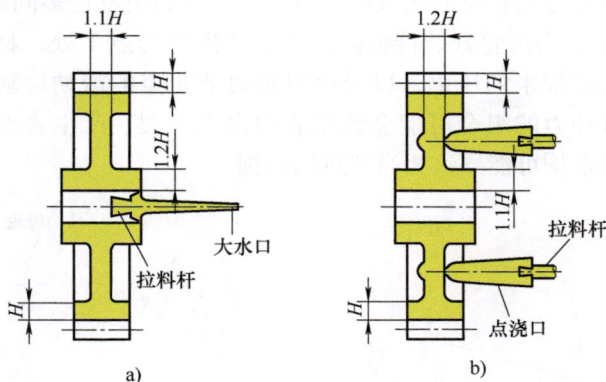

图 4-88 两种理想的直齿轮和浇口设计

a）带隔膜浇口的直齿轮　b）3 或 4 个点浇口的直齿轮

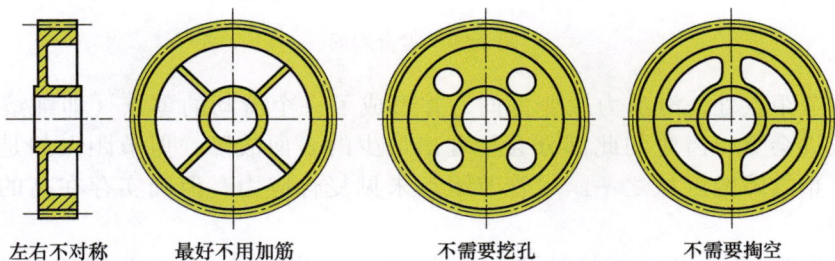

图 4-89 不良设计示例

4.12.4 齿轮强度的计算

1. 轮齿啮合

在开始分析塑料齿轮中的应力之前，了解齿轮的啮合是很重要的。实际上，每个轮齿都像是一端支撑的悬臂梁，接触应力总是试图弯曲梁并从材料主体上剪切梁。因此，齿轮材料需要具有高的抗弯强度和刚度。

另一个影响主要聚焦在齿面。在齿轮运行过程中，由于摩擦力和点或线接触（即接触应力），齿面会受到应力作用。当齿轮运行时，轮齿不仅相互滚动，而且相互滑动。当轮齿进入啮合阶段、开始接触时，会承受一个初始的接触载荷，齿轮的滚动会将接触应力（即一种特殊的压缩应力）推至刚好在接触点之前的位置。同时，由于轮齿啮合部分的接触长度不一致，会产生滑动现象，这种滑动产生了摩擦力，从而在接触点的后侧形成了一个拉伸应力区域。在图 4-90 中，标有 R 的箭头指示了滚动的方向，而标有 S 的箭头则代表了滑动的方向。

在这两种运动方向相反的区域中，所产生的力会引发许多问题。

在图 4-90 中，当齿轮开始接触时，在主动齿轮的点 1 处，材料承受着朝节距点的滚动作用所带来的压缩，以及因对远离节距点的滑动运动的摩擦阻力而产生的拉伸。这种力的组合可能会致使表面出现开裂、产生表面疲劳及热量积聚，所有这些因素均可能导致相当严重的磨损。

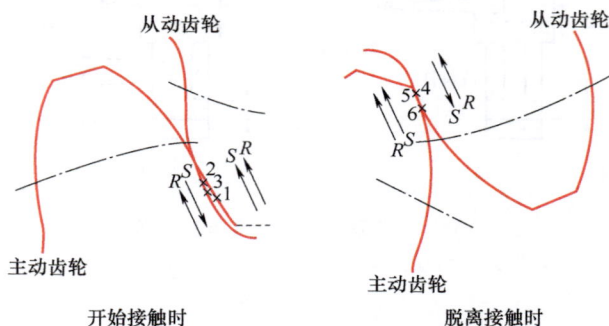

图 4-90　啮合瞬间

在节距点处，滑动力改变方向，并形成了一个滑动的零点（即纯滚动）。人们或许会觉得齿轮的此部分会呈现出最少的表面故障，但节距点却是最早出现严重故障的区域之一。尽管节距点未见复合应力，但确实存在高的单位压应力。

在齿轮初始接触时或接触结束之际，前一个齿对或下一个齿对理应承受一部分负载，进而使单位载荷有所降低。最高点载荷出现在齿轮节线处或稍高于节线处进行接触之时。在那个点，一个齿对通常需承载全部或大部分的负载，这可能会导致疲劳失效、严重的热量积聚和表面恶化。

2. 强度设计

齿轮的强度设计基本上分为两种情况：一种是需要考虑由于轮齿断裂与磨损（见图 4-91）造成的损坏；另一种是由划痕、齿面点蚀造成的损坏。

图 4-91　齿轮的断裂与磨损

有各种与轮齿断裂相关的强度设计公式，但对于直齿轮，这里应使用刘易斯公式。此外，与磨损相关的强度设计应基于表面压力（其基于赫兹压应力）。

如图 4-92 所示，在节圆直径（d）处垂直于轮齿的切向力（F）是通过轴传递的扭矩（T）的函数。

对于直齿轮：

$$F = \frac{2T}{d}$$

对于齿轮模数（m），如果 z 是齿轮上的齿数，则

$$m = \frac{d}{z}$$

轮齿上的弯曲应力（σ_b）可以通过以下公式计算：

$$\sigma_b = \frac{F}{mbY}$$

式中　b——齿宽；

Y——齿形因数，取决于压力角和齿数。

对于典型的 20° 压力角的塑料直齿轮，Y 的值在 0.6 左右，在这种情况下，轮齿弯曲应力的计算公式变为

$$\sigma_b = \frac{1.7F}{mb}$$

理论轮齿弯曲应力。须处于材料的限定范围内，此限定并非理论强度值，而是代表实际或允许应力限定的一个较低值，这可通过对疲劳、温度和冲击载荷进行校正来加以计算。

疲劳的校正是基于 10^6 次循环时的疲劳强度进行的。疲劳强度会因材料等级的不同而产生显著的差异，特别是在增强型材料中更为显著。为了进行工作设计计算，需要从材料供应商处获取特定等级材料的疲劳强度。表 4-6 列出了典型的未填充齿轮材料的疲劳强度。

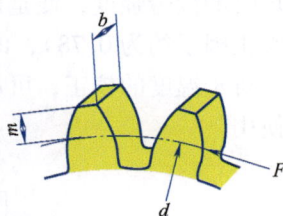

图 4-92　轮齿参数及受力

表 4-6　典型的未填充齿轮材料的疲劳强度

材料	疲劳强度/10^6 次（连续润滑）	疲劳强度/10^6 次（初始润滑）
PA	20~35	8~12
POM	35~45	20~25
PBT	15~20	6~8

注意，外部润滑剂与热塑性塑料一起使用时存在风险，特别是当它们与非结晶塑料结合使用时，可能会导致环境应力开裂。环境应力开裂是塑料产品

失效的常见原因，因此除非在必要情况下，否则应避免使用外部润滑剂。如果确实需要使用，请务必在与材料制造商充分讨论风险或进行广泛测试后谨慎使用。

表 4-6 提供了典型的未填充齿轮材料在 10^6 次循环时的疲劳强度，但设计时可能针对不同的循环次数。如有可能，应尽量获取所需循环次数的测量值或内插疲劳强度值，并在计算中运用这些值。否则，可从图 4-93 中获取不同循环次数下的修正因子来大致估算相应的疲劳强度。

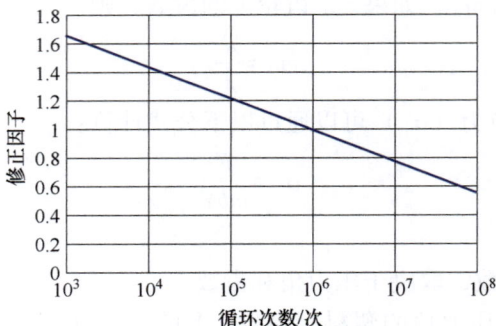

图 4-93 循环次数的修正因子

例如，若最初润滑的 POM 在 10^6 次循环时的疲劳强度为 25MPa，那么 10^7 次循环时的疲劳强度，便是该数值乘以 10^7 截距处的修正因子（图 4-93 中 10^7 对应的修正因子约为 0.78），即 25MPa×0.78＝19.5MPa。

对于温度的校正，可从图 4-94 中得到不同温度下的修正因子，并以同样方式使用。

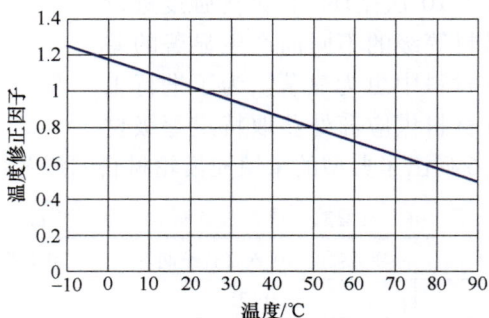

图 4-94 温度的修正因子

对于冲击载荷的校正，可从表 4-7 中获取不同工况下的冲击载荷修正因子。倘若无法确定服务中的冲击载荷，就按更严苛的工况进行设计。

表 4-7　冲击载荷修正因子

工况	冲击载荷修正因子
无冲击	1.0
中等冲击	0.75
大的冲击	0.5

例 2：假如一个有 30 个齿（z）、齿宽（b）为 8mm、节圆直径（d）为 25mm 的直齿轮，需要传递 0.5N·m 的扭矩，则 50℃ 和 10^7 次循环时 PA 材料是否可行？

解：

$$F = \frac{2T}{d} = \frac{2 \times 500\text{N} \cdot \text{mm}}{25\text{mm}} = 40\text{N}$$

$$m = \frac{d}{z} = \frac{25}{30} \approx 0.83$$

选择标准模数 $m = 0.8$，则

$$\sigma_\text{b} = \frac{1.7F}{mb} = \frac{1.7 \times 40\text{N}}{0.8\text{mm} \times 8\text{mm}} = 10.6\text{MPa}$$

将理论数值乘以疲劳、温度和冲击载荷的修正因子来得到允许应力。这里通过计算在中等冲击条件下，50℃ 和 10^7 次循环时 PA 的允许应力来说明这一点。在这种情况下：

如果只是初次润滑，σ_b 的理论值平均值是 10MPa，则 σ_b 的允许值为

$$\sigma_\text{b} = 10\text{MPa} \times 0.78 \times 0.8 \times 0.75 = 4.68\text{MPa} < 10.6\text{MPa}$$

如果只是连续润滑，σ_b 的理论值平均值是 27.5MPa，则 σ_b 的允许值为

$$\sigma_\text{b} = 27.5\text{MPa} \times 0.78 \times 0.8 \times 0.75 = 12.87\text{MPa} > 10.6\text{MPa}$$

所以，此处该齿轮需要连续润滑，才能满足设计要求。

4.13　公差的设计

与金属材料相比，塑料件在应用和制造过程中往往会出现明显更大的尺寸、形状和位置偏差，这是因为塑料具有其独特的属性，使得其对制造模塑料件的功能精度要求通常低于金属材料。因此，金属件的公差标准往往难以直接应用于塑料件，或者仅在特定的小范围内适用。在这种情况下，塑料件的公差标准对于确保塑料件的生产公差控制就显得尤为重要和不可或缺。

塑料件的开发、生产及模具制造的合作关系，应遵循以下逻辑处理顺序：

1）塑料件设计工程师应根据应用条件、装配情况及模塑件要求，确定功能所需公差。

2）塑料件制造商确认，符合"功能所需公差大于制造技术可达到的公差"，此过程可能需纳入验货标准。

3）在塑料件设计工程师下单时，应对所使用的材料进行明确且有约束力的定义。下单之后，成型收缩率的计算值应由塑料件制造商与模具制造商或模具设计师共同协商确定，这一过程可能还需要借助外部材料供应商的专业经验和知识。

4.13.1 合理的公差设定

根据 ISO 20457：2018 或 DIN 16742：2013，对于尺寸的非对称公差，需通过对公差平均尺寸进行形式上的标称尺寸修改，转化为对称公差，如 100−0.6 转换为 99.7±0.3。若无其他定义，若功能未受影响，未遵循一般公差的塑料件无须自动拒收。DIN EN ISO 291：2008 将 23℃±2℃ 和 50%±10% 的相对空气湿度定义为塑料范围内的标准大气。在图样中需注明以下注释："公差 ISO 8015-DIN EN ISO 291：2008-08"。一般公差应在标签栏中或标签栏上注明，如一般公差 DIN 16742-TG6。

对于一般公差而言，要对模具特定尺寸和非模具特定尺寸加以区分，如图 4-95 和图 4-96 所示。

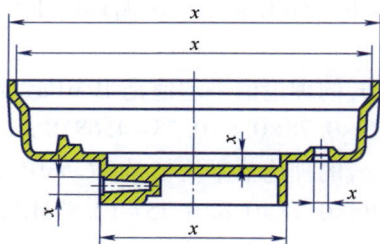

图 4-95　模具特定尺寸

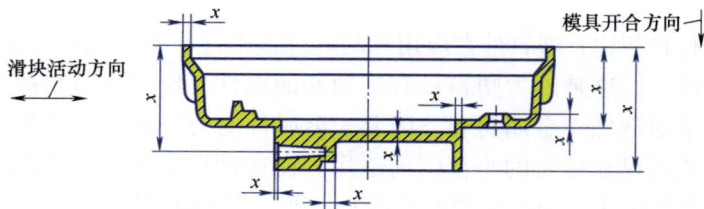

图 4-96　非模具特定尺寸

在现行的 DIN 16742 中，公差是按照不同组件尺寸列入公差组的，见表 4-8。

表 4-8 塑料模塑件公称尺寸范围的极限偏差

（单位：mm）

公差组	W/NW	公称尺寸范围的极限偏差															
		1~3	>3~6	>6~10	>10~18	>18~30	>30~50	>50~80	>80~120	>120~180	>180~250	>250~315	>315~400	>400~500	>500~630	>630~800	>800~1000
TG1	W	±0.007	±0.012	±0.018	±0.022	±0.026	±0.031	±0.037	±0.044	—	—	—	—	—	—	—	—
	NW	±0.012	±0.018	±0.022	±0.026	±0.031	±0.037	±0.044	±0.050	—	—	—	—	—	—	—	—
TG2	W	±0.013	±0.020	±0.029	±0.035	±0.042	±0.050	±0.060	±0.090	±0.13	±0.15	±0.16	±0.18	±0.20	—	—	—
	NW	±0.020	±0.029	±0.035	±0.042	±0.050	±0.060	±0.090	±0.13	±0.15	±0.16	±0.18	±0.20	±0.22	—	—	—
TG3	W	±0.020	±0.031	±0.05	±0.06	±0.07	±0.08	±0.10	±0.15	±0.20	±0.23	±0.26	±0.29	±0.40	±0.55	±0.63	±0.70
	NW	±0.031	±0.050	±0.06	±0.07	±0.08	±0.10	±0.15	±0.20	±0.23	±0.26	±0.29	±0.40	±0.55	±0.63	±0.70	±0.77
TG4	W	±0.03	±0.05	±0.08	±0.09	±0.11	±0.13	±0.15	±0.23	±0.32	±0.35	±0.41	±0.45	±0.63	±0.88	±1.00	±1.15
	NW	±0.05	±0.08	±0.09	±0.11	±0.13	±0.15	±0.23	±0.32	±0.35	±0.41	±0.45	±0.63	±0.88	±1.00	±1.15	±1.30
TG5	W	±0.05	±0.08	±0.11	±0.14	±0.17	±0.20	±0.23	±0.36	±0.50	±0.58	±0.65	±0.70	±1.00	±1.40	±1.60	±1.80
	NW	±0.08	±0.11	±0.14	±0.17	±0.20	±0.23	±0.36	±0.50	±0.58	±0.65	±0.70	±1.00	±1.40	±1.60	±1.80	±2.10
TG6	W	±0.07	±0.12	±0.18	±0.22	±0.26	±0.31	±0.37	±0.57	±0.80	±0.93	±1.05	±1.15	±1.60	±2.20	±2.50	±2.80
	NW	±0.12	±0.18	±0.22	±0.26	±0.31	±0.37	±0.57	±0.80	±0.93	±1.05	±1.15	±1.60	±2.20	±2.50	±2.80	±3.10
TG7	W	±0.13	±0.20	±0.29	±0.35	±0.42	±0.50	±0.60	±0.90	±1.25	±1.45	±1.60	±1.80	±2.60	±3.50	±4.00	±4.50
	NW	±0.20	±0.29	±0.35	±0.42	±0.50	±0.60	±0.90	±1.25	±1.45	±1.60	±1.80	±2.60	±3.50	±4.00	±4.50	±5.00
TG8	W	±0.20	±0.31	±0.45	±0.55	±0.65	±0.80	±0.95	±1.40	±2.00	±2.30	±2.60	±2.85	±4.00	±5.50	±6.25	±7.00
	NW	±0.31	±0.45	±0.55	±0.65	±0.80	±0.95	±1.40	±2.00	±2.30	±2.60	±2.85	±4.00	±5.50	±6.25	±7.00	±7.75
TG9		±0.30	±0.49	±0.75	±0.90	±1.05	±1.25	±1.50	±2.25	±3.15	±3.60	±4.05	±4.45	±6.20	±8.50	±10.00	±11.50

注：W—模具特定尺寸，NW—非模具特定尺寸。

公差组（TG）并非可随意选择，而是由下述影响因素所产生的。与金属件不同，对于小型塑料件，只需付出相对较少的努力，就能达到极小的公差。塑料件越小，制造模具的精度影响就会越大，而塑料件越大，要保持小公差就越困难。

公差组的数值分配见表 4-9，其中 $P_g = P_1 + P_2 + P_3 + P_4 + P_5$。

表 4-9　公差组的数值分配

TG	TG1	TG2	TG3	TG4	TG5	TG6	TG7	TG8	TG9
P_g	1	2	3	4	5	6	7	8	≥9

1）P_1 表示制造工艺，见表 4-10。

表 4-10　根据制造工艺评估 P_1 数值

制造工艺	P_1
注射成型、注射压缩成型、传递成型	1
压缩成型、冲击挤压	2

2）P_2 考虑材料的刚度或硬度。刚度大或非常硬的材料允许更严格的公差，并具有较低的数值，见表 4-11。

表 4-11　材料刚度或硬度对精度数值的影响

弹性模量/MPa	邵氏硬度 H_D	邵氏硬度 H_A（IRHD）	P_2
>1200	>75	—	1
>30~1200	>35~75	—	2
3~30	—	50~90	3
<3	—	<50	4

3）P_3 考虑了材料的成型收缩率，见表 4-12。

表 4-12　材料的成型收缩率对精度数值的影响

成型收缩率（计算值）	P_3
<0.5%	0
0.5%~1%	1
>1%~2%	2
>2%	3

注：在收缩各向异性的情况下，最大收缩特征值是指定的决定性值。

4）P_4考虑了塑料件几何形状和工艺造成的收缩差异见表4-13。这个决定并不简单。DIN 16742：2013 建议，如果加工收缩率的计算值根据经验、系统测量或计算机模拟已知，收缩各向异性很小，或者可以在相应的尺寸方向上以足够的精度进行考虑，则将 P_4 设置为1。不幸的是，这在实践中是不可能的。在无法提供确切信息的情况下，P_4 应选择值3。

表 4-13 零件几何形状和工艺造成的收缩差异

零件几何形状和工艺造成的收缩差异	P_4
完全可能：与计算值的偏差最大为±10%	1
仅在有限范围内可能：与计算值的偏差最大为±20%	2
仅能粗略实现：与计算值的偏差高于±20%	3

5）P_5 与生产环节紧密相关（见表4-14），因此必须与零件制造商进行协调。如果在生产过程中引入了机器监测功能，并能确保实时监测实际工艺值的变化，从而实现对产品质量的监测，那么就有可能实现更小的公差范围。在这种情况下，可以选择更小的公差等级。

表 4-14 生产环节评估

公差系列		P_5
系列 1（正常生产）	以一般公差实现的生产。尺寸稳定性要求不构成任何特殊质量重点	0
系列 2（精密生产）	生产和质量保证以更高的尺寸稳定性要求为导向	−1
系列 3（高精密生产）	生产和质量保证完全遵循非常高的尺寸稳定性要求	−2
系列 4（特殊精密生产）	与系列 3 相同，但具有强化的过程监控	−3

注：公差系列 3（高精密生产）和 4（特殊精密生产）始终遵循强制性协议。

4.13.2 公差软件的使用

以上设定公差的过程可以在软件中完成，图 4-97 和图 4-98 所示为软件界面。具体的软件操作，可参照软件的使用帮助文件。

软件下载链接：https://pan. baidu. com/s/1EoErSc92-7goXkxKT2bV-w？pwd = 1234；提取码：1234。

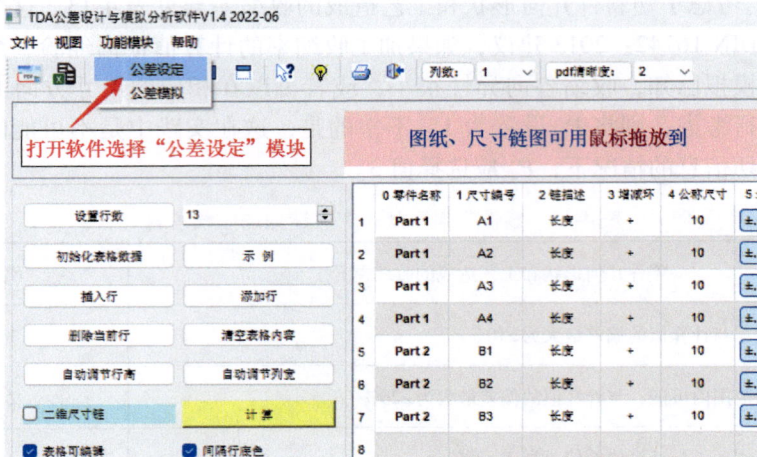

图 4-97 打开软件，选择"公差设定"模块

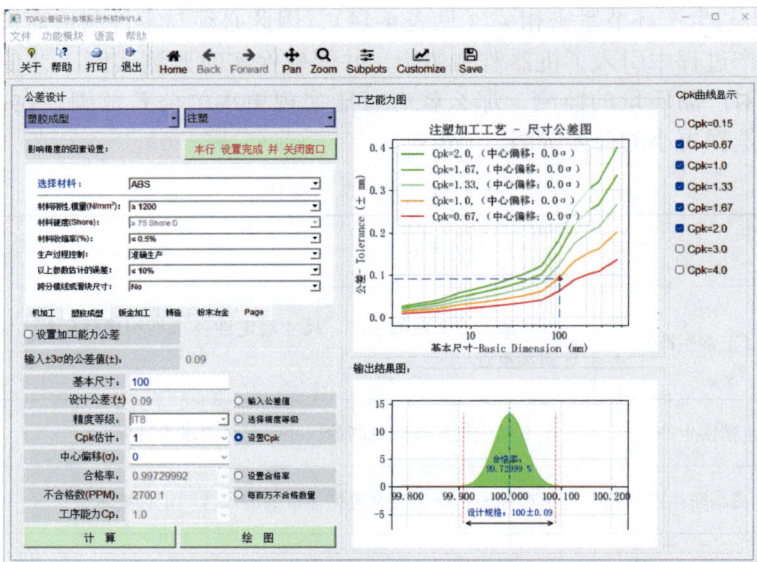

图 4-98 公差设定软件界面

第 5 章

塑料受力结构件设计

5

本章旨在帮助设计工程师根据强度计算来确定工程塑料制成的结构零件的尺寸。可通过强度计算确定由以下因素引起的零件应力：

1）外力和力矩。

2）强加或抑制的变形。

在选择零件尺寸时，必须确保其应力水平或变形程度不超过设定的允许范围。这一允许范围是基于塑料材料的物理特性来确定的，这些特性描述了材料在受到机械载荷时，其响应与载荷之间的关系，这些关系是通过材料试验来确定的。塑料材料对外部力和力矩，以及由此产生的内部应力的响应，主要体现为形状的变化。值得注意的是，应力和形状变化之间的关系受时间和温度的影响，因此这一关系不能用单一的数值来描述，而需要借助特征函数来准确表达。

在设计过程中，一般原则是将耐久性作为主要考量目标，但并非一味追求最大耐久性。必须认识到，在许多情况下，只有结合科学的材料强度分析、对特定材料性能的深入了解和必要的测试，才能获取到适用的耐久性数据。

5.1 塑料受力结构件的影响因素

5.1.1 机械载荷的类型

当零件受到机械载荷时，根据力 F 和力矩 M 作用于零件的方向，它会在一个假想的截面上产生应力。需要注意的是，这种由机械载荷引起的应力分布，在某种程度上是理想化的假定。

1. 拉伸/压缩应力（σ_t / σ_c）

如图 5-1 所示，F 为拉伸力或压力（N），A 为横截面面积（mm^2），$+\sigma = \sigma_t$ 为拉伸应力（N/mm^2），$-\sigma = \sigma_c$ 为压缩应力（N/mm^2）。根据力的代数符号，垂直于力的方向的组件截面上会产生拉应力或压应力（正应力）。横截面上保持均匀的应力分布。

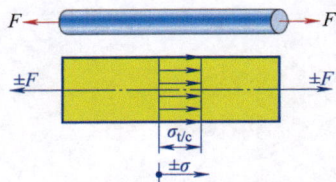

图 5-1 拉伸/压缩应力

$$\sigma_{t/c} = \pm \frac{F}{A}$$

2. 弯曲应力 σ_b

$$\sigma_{bmax} = \pm \frac{M_b}{W}$$

式中　M_b——弯矩（N·mm）；

　　　　W——抗弯截面系数（mm^3）（见图 5-3）。

弯矩 M_b 产生的弯曲应力在中性轴上为零（见图 5-2）。

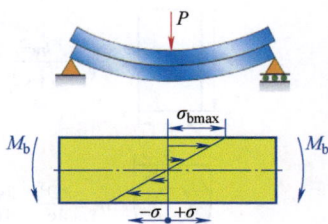

图 5-2　弯曲应力

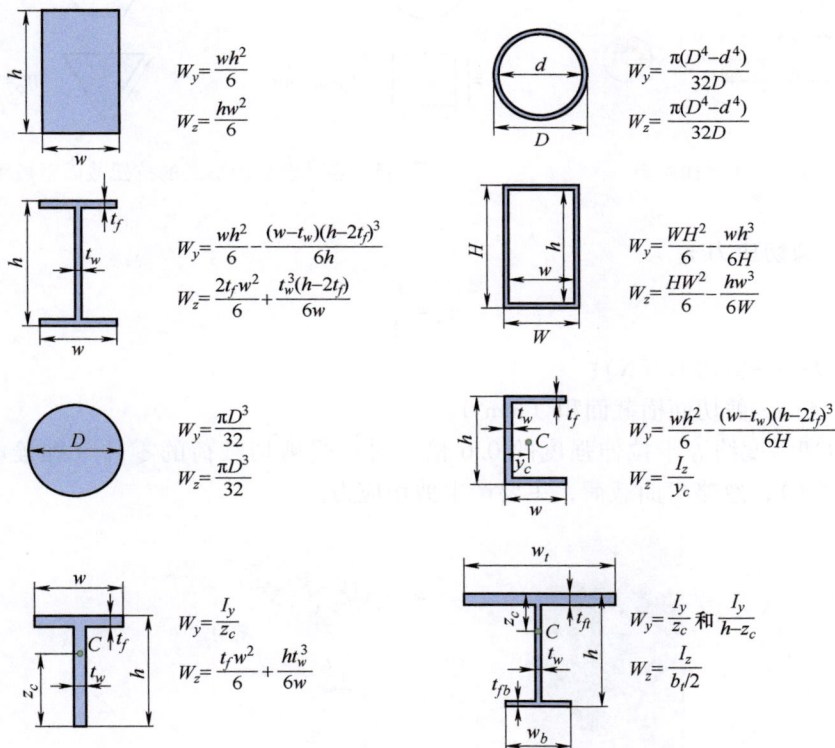

$$W_y = \frac{wh^2}{6}$$

$$W_z = \frac{hw^2}{6}$$

$$W_y = \frac{\pi(D^4 - d^4)}{32D}$$

$$W_z = \frac{\pi(D^4 - d^4)}{32D}$$

$$W_y = \frac{wh^2}{6} - \frac{(w - t_w)(h - 2t_f)^3}{6h}$$

$$W_z = \frac{2t_f w^2}{6} + \frac{t_w^3(h - 2t_f)}{6w}$$

$$W_y = \frac{WH^2}{6} - \frac{wh^3}{6H}$$

$$W_z = \frac{HW^2}{6} - \frac{hw^3}{6W}$$

$$W_y = \frac{\pi D^3}{32}$$

$$W_z = \frac{\pi D^3}{32}$$

$$W_y = \frac{wh^2}{6} - \frac{(w - t_w)(h - 2t_f)^3}{6H}$$

$$W_z = \frac{I_z}{y_c}$$

$$W_y = \frac{I_y}{z_c}$$

$$W_z = \frac{t_f w^2}{6} + \frac{ht_w^3}{6w}$$

$$W_y = \frac{I_y}{z_c} \text{ 和 } \frac{I_y}{h - z_c}$$

$$W_z = \frac{I_z}{b_t/2}$$

图 5-3　多种横截面形式的抗弯截面系数 W

3. 扭转剪切应力（τ_t）

$$\tau_{tmax} = \pm \frac{M_t}{W_p}$$

式中　M_t——扭矩（N·mm）；

　　　W_p——抗扭截面系数（mm³）（见图 5-5）。

扭矩 M_t 产生的扭转剪切应力在中性轴上通过零点（见图 5-4）。

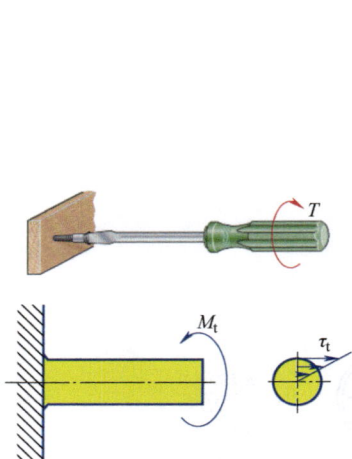

$$W_p = \frac{hw^2}{3+1.8\frac{w}{h}}$$

$$W_p = \frac{\pi(D^4-d^4)}{16D}$$

$$W_p = \frac{\pi D^3}{16} - \frac{5\sqrt{3}}{4D}s^4$$

$$W_p = \frac{\pi D^3}{16} - \frac{s^4}{3D}$$

$$W_p = \frac{\pi D^3}{16}$$

$$W_p = 0.2s^3$$

$$W_p = 0.074w^3$$

$$W_p = \frac{s^3}{20}$$

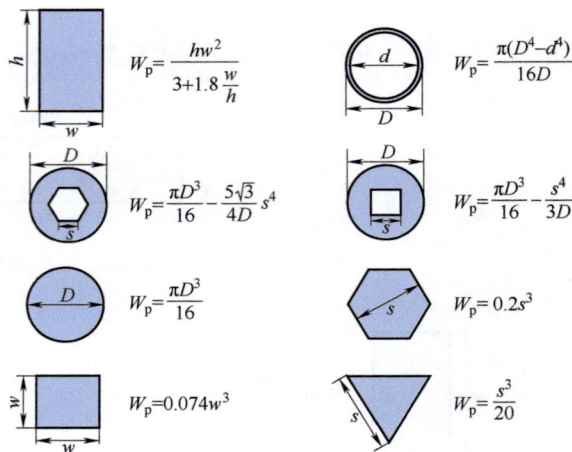

图 5-4　扭转剪切应力　　　　图 5-5　多种横截面形式的抗扭截面系数 W_p

4. 剪切应力 τ_s

$$\tau_s = \frac{F}{A}$$

式中　F——剪切力（N）；

A——剪切面横截面积（mm^2）。

剪切强度约等于拉伸强度的 0.6 倍。对承受剪切载荷的零件（螺栓联接）（见图 5-6），忽略弯曲载荷，主要产生剪切应力。

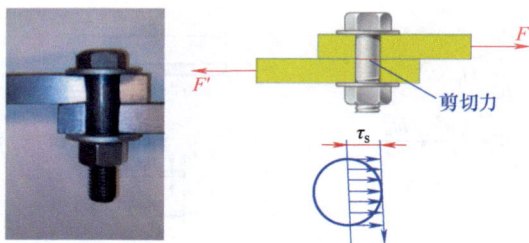

图 5-6　直接剪切

5. 孔面挤压应力

螺栓、销钉和铆钉会在其连接的部件上产生应力，这种应力作用于承压表面或接触表面。在外力作用下，连接件和被连接的构件之间，必将在接触面上相互压紧，这种现象称为挤压。例如，在铆钉连接中，铆钉与钢板就相互压紧，这就可能把铆钉或钢板的铆钉孔压成局部塑性变形。

当连接件与被连接件的接触面为平面时，挤压应力公式 $p = F/A$ 中的 A 就是接触面的面积；当接触面为圆柱面时，A 是直径投影面面积 $A = db$。孔面挤压应力的分布情况如图 5-7 所示，最大应力在圆柱面的中点。

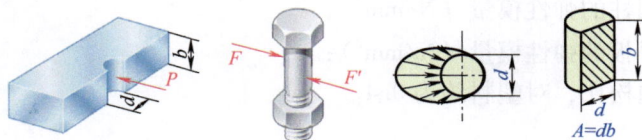

图 5-7　孔面挤压应力的分布情况

6. 赫兹接触应力

当两个具有曲面的元素相互接触并挤压在一起时，接触区域内会产生接触应力（也称为赫兹接触应力）。图 5-8 所示为柱体接触应力。高的接触应力可能导致表面材料出现裂缝、凹坑和剥落等现象。

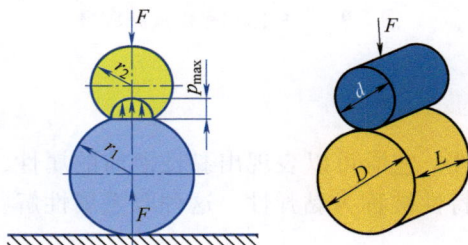

图 5-8　柱体接触应力

对于两个柱体的接触，其接触应力为

$$p_{max} = -\frac{1}{\pi}\sqrt[3]{\frac{1.5FE^2}{r^2(1-\nu^2)^2}}$$

$$r = \frac{r_1 r_2}{r_1 + r_2}$$

$$E = \frac{2E_1 E_2}{E_1 + E_2}$$

式中　r_1、r_2——大小柱体截面半径（mm）；

　　　　E_1——大柱的弹性模量（N/mm²）；

　　　　E_2——小柱的弹性模量（N/mm²）；

　　　　ν——泊松比。

对于圆柱体和平板的接触（见图 5-9），其接触应力为

$$p_{max} = -\sqrt{\frac{FE}{2\pi rL(1-\nu^2)}}$$

$$E = \frac{2E_1 E_2}{E_1 + E_2}$$

式中　r——圆柱半径（mm）；

　　　E_1——圆柱的弹性模量（N/mm^2）；

　　　E_2——平板的弹性模量（N/mm^2）；

　　　ν——泊松比，对塑料约为0.4。

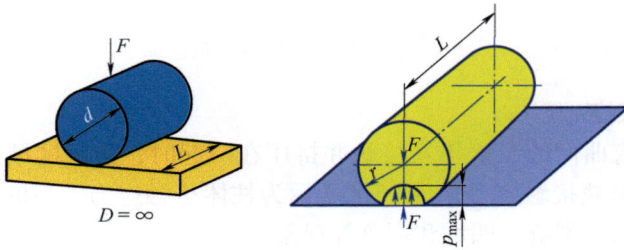

图 5-9　圆柱体和平板接触应力

5.1.2　塑料材料的黏弹性

　　塑料具备双重属性，它既可以表现出黏性液体的属性，又能展现出弹簧状弹性体的属性，这种特性被称为黏弹性。这种双重属性解释了塑料中许多独特的力学性能。

　　在室温下，当塑料受到较小的载荷，如轻轻拉伸、压缩或弯曲时，它会像金属弹簧一样迅速响应，并在载荷消除后迅速恢复到原始形状。这种纯粹的弹性行为表明几乎没有能量损失或耗散。在这种情况下，应力和应变之间呈线性关系，表现为一条直线，如图 5-10 所示。

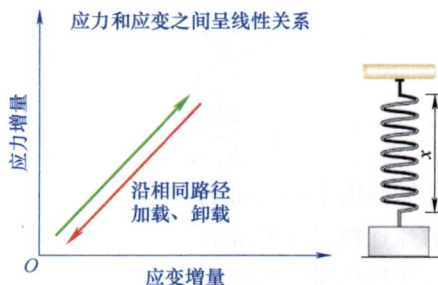

图 5-10　弹性弹簧理想化的应力和应变的线性关系

　　许多塑料在面临长期重载或高温环境时，会表现出明显的黏性行为，如图 5-11所示。尽管塑料仍然是固体状态，但它会呈现出变形和流动的特性，这种流动方式类似于极高黏度的液体。

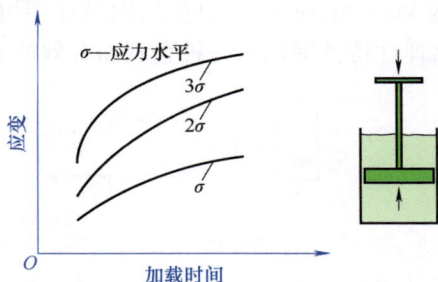

图 5-11　不同应力水平下塑料的黏性行为

　　拉伸载荷下塑料的典型黏弹性行为表现为，在恒定应力作用下，应变会随时间推移而逐渐增加，这是材料对这些条件做出的非线性响应，如图 5-12 所示。这种依赖于时间和温度的行为产生的原因是塑料件中的高分子链在应力作用下发生滑动，并且在移除载荷后不会完全恢复到其原始位置。

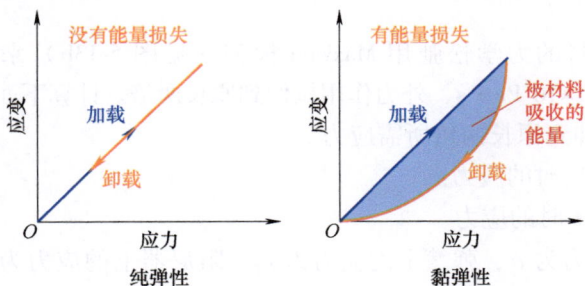

图 5-12　纯弹性与黏弹性

　　塑料在加载时呈现出的黏弹性行为，意味着它同时表现出塑性变形和弹性变形，这种双重特性正是塑料所特有的力学性能的根源。在轻微的加载条件下，塑料通常会在载荷移除后迅速恢复到原来的形状，表现出明显的弹性响应。然而，在面临长期、高负载或高温的环境时，塑料的变形则更为显著，表现得更像是一种高黏度的液体。这种对时间和温度敏感行为的产生，是由于聚合物链在受到加载后，不会在载荷移除时完全恢复到其原始位置。

　　Voigt-Maxwell 模型结合了弹簧和阻尼器的特性，有效地解释了塑料的黏弹性行为，如图 5-13a 所示。在 Maxwell 模型中，弹簧 A 代表了材料在载荷消除时的瞬时响应和线性恢复能力，而与之相连的阻尼器 A 则模拟了材料在受力过程中可能出现的永久变形。另一方面，在 Voigt 模型中，弹簧 B 和阻尼器 B 的组合则模拟了加载过程中随时间而逐渐增加的变形，以及卸载时变形缓慢恢复的情况。这种模型反映了塑料在受到拉伸载荷时，其变形既包含即时弹性恢复的部分，也包含随时间累积的黏性变形部分。Voigt 模型侧重于关注载荷去除后变形的缓慢恢复过程。虽然 Voigt-Maxwell 模型在结构设计中可能并不实用，但它为理解和可视化塑料的黏弹性特性提供了一种直观而有效的方法。

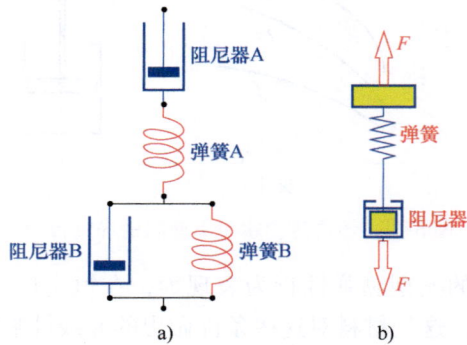

图 5-13 Voigt-Maxwell 和 Maxwell 模型模拟黏弹性特性

a）Voigt-Maxwell 模型　b）Maxwell 模型

例 1：某材料的力学松弛用 Maxwell 模型（见图 5-13b）来表述，$E = 5.0 \times 10^5 \text{Pa}$，黏度 $\eta = 5 \times 10^7 \text{Pa} \cdot \text{s}$，外力作用拉伸到原长两倍。计算下面条件下的应力：

1）突然拉伸到原长两倍所需应力。

2）维持 100s 时的应力。

3）维持 10^5s 时的应力。

解：设总应力为 σ，弹簧上的应力为 σ_1，阻尼器上的应力为 σ_2，总应变 $\varepsilon = \varepsilon_1 + \varepsilon_2$，应力 $\sigma = \sigma_1 = \sigma_2$，同时 $\sigma_1 = E\varepsilon_1$，$\sigma_2 = \eta \dfrac{\mathrm{d}\varepsilon_2}{\mathrm{d}t}$，于是

总的应变速率

$$\frac{\mathrm{d}\varepsilon}{\mathrm{d}t} = \frac{\mathrm{d}\varepsilon_1}{\mathrm{d}t} + \frac{\mathrm{d}\varepsilon_2}{\mathrm{d}t} = \frac{1}{E}\frac{\mathrm{d}\sigma}{\mathrm{d}t} + \frac{\sigma}{\eta}$$

若要维持总应变恒定，则 $\dfrac{\mathrm{d}\varepsilon}{\mathrm{d}t} = 0$，有

$$\frac{1}{E}\frac{\mathrm{d}\sigma}{\mathrm{d}t} + \frac{\sigma}{\eta} = 0 \longrightarrow \sigma(t) = \sigma(0)\mathrm{e}^{-\frac{t}{\tau}}$$

其中，$\tau = \dfrac{\eta}{E} = 100$。

结论：

1）$t = 0$，$\sigma(t) = E\varepsilon = 5.0 \times 10^5 \times 1 \text{Pa}$

2）$t = 100$，$\sigma(t) = \sigma(0)\mathrm{e}^{-\frac{t}{\tau}} = 5.0 \times 10^5 \mathrm{e}^{-1} \text{Pa}$

3）$t=10^5$，$\sigma(t)=\sigma(0)\mathrm{e}^{-\frac{t}{\tau}}=5.0\times10^5\mathrm{e}^{-\frac{10^5}{100}}=5.0\times10^5\mathrm{e}^{-1000}\approx0$

从以上计算可得出塑料材料受力时的应力与时间的关系（见图 5-14）：应变恒定时，应力随时间的增加而逐渐衰减；瞬时受力、应变完全由弹性提供，应力最大；$t=100\mathrm{s}$ 时，由于黏性流动，使总应力减到起始应力的 $1/\mathrm{e}$；当 t 趋向于 ∞ 时，应力趋向于 0，弹性完全消失，应变完全由黏性提供。

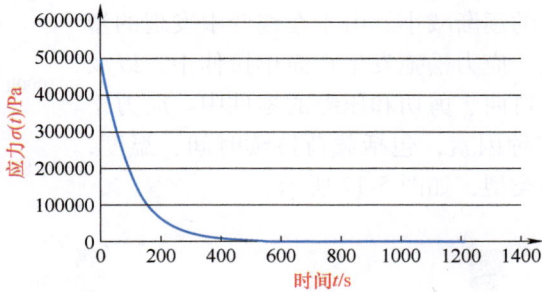

图 5-14　应力与时间的关系

5.1.3　塑料材料的蠕变及应力松弛性能

1. 蠕变

塑料黏弹性行为的最终结果之一是蠕变，它是当材料在恒定温度下受到恒定应力时，随着时间的推移而发生的变形。在这些条件下，塑料分子链会慢慢地相互滑过。因为这种滑动中的一些是永久性的，所以当载荷被移除时，只有一部分蠕变可以恢复。

蠕变是由于长期施加低于弹性极限的应力而产生的永久变形。蠕变受载荷大小、施加载荷的时间和温度的影响。测试包括向试样施加载荷，并在指定时间后测量应变。

拉伸蠕变：在规定的应用时间后，由规定的拉伸载荷产生的应变，如图 5-15 所示。

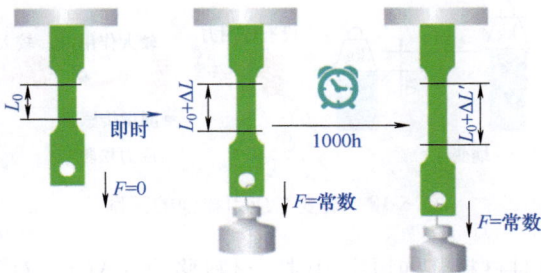

图 5-15　拉伸蠕变

弯曲蠕变：在规定的应用时间后，由规定的弯曲载荷产生的外部纤维应变，如图 5-16 所示。

如果设计用于长期负载的零件，特别是用于高温服役的零件，则必须考虑蠕变特性。

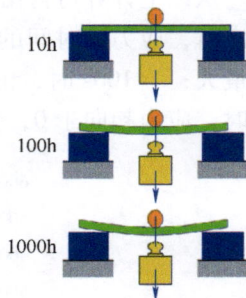

图 5-16 弯曲蠕变

2. 应力松弛

另一种黏弹性现象是应力松弛，它被定义为在恒定应变和温度下应力的逐渐减小。由于在蠕变中发现的塑料分子链滑移相同，应力松弛发生在简单拉伸中，以及在受到多轴拉伸、弯曲、剪切和压缩的零件中。应力松弛的程度取决于多种因素，包括载荷持续时间、温度，以及应力和应变的类型，如图 5-17 所示。

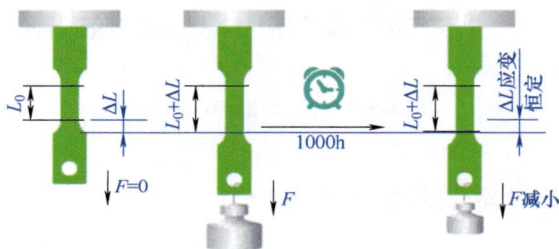

图 5-17 应力松弛

3. 蠕变与应力松弛的区别

蠕变与应力松弛之间的主要区别在于应力和应变对它们的作用方式，如图 5-18所示。

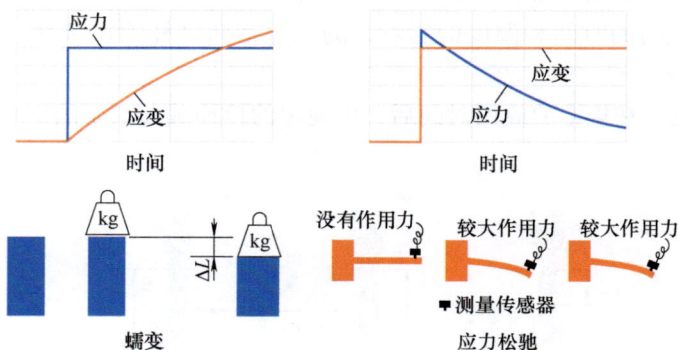

图 5-18 蠕变与应力松弛的区别

对于蠕变，当对材料施加恒定力时，材料移动（ΔL）。对于应力松弛，应变被施加在材料上，并且材料抵抗应变的应力随着时间的推移而减小。

5.1.4 塑料材料的应力应变特性

黏弹性使得大多数塑料的刚度和强度会随着温度的升高而降低，如图 5-19 所示。

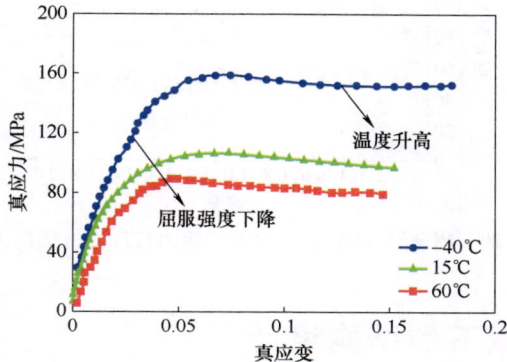

图 5-19　PC 材料在不同温度下的应力-应变曲线

当塑料件处于较高温度时，它会变得更具延展性：屈服强度降低，断裂应变值增加。塑料件还会出现蠕变现象，即在持续负载或应力作用下，塑料件的变形会随着时间的延长而增大，以及应力松弛现象，即在恒定应变或变形下，塑料件中的应力会随着时间的延长而降低。为了考虑这种行为，工程师在设计时应采用能反映塑料件所处的温度、负载和时间等真实情况的数据。

简单拉伸试验可用于测定塑料材料的应力-应变行为。通常，试验结果会以曲线的形式呈现，该曲线能反映应力与应变之间的关系。在很低的应力和应变水平下，塑料的应力-应变行为几乎呈线性，但随着这些负载的增加，这种行为往往变得越来越非线性。这里的"非线性"是指在任何特定点处产生的应变并不与所施加的应力成比例变化。

5.1.5 注射成型工艺的影响

注射成型过程会引入应力和取向，这会影响塑料件的力学性能。用于确定大多数力学性能的标准测试棒的成型应力水平较低。实际零件中的高成型应力可能会降低某些力学性能，如零件可以承受的外加应力减小。

在玻璃纤维增强树脂中，纤维取向也会影响力学性能：当纤维沿长度方向排列时，纤维增强树脂的疲劳强度通常比垂直于疲劳载荷的疲劳强度高许多倍。沿纤维取向方向的应力-应变性能也可能与垂直于纤维的方向有很大不同。图 5-20 所示为 PC+35%GF 在室温下的应力与应变性能的关系。

除非另有说明，否则大多数力学性能是基于具有高度取向性的端部浇口测试棒，该测试棒在施加测试负载的方向上表现出高度取向性。基于这种数据的机械性能计算可能会高估材料在取向性不太强的实际零件中的刚度和性能。

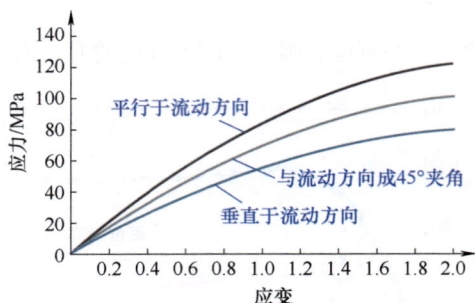

图 5-20　PC+35%GF 在室温下的应力与应变性能的关系

5.2　短期负载下的结构设计

若想深入了解热塑性塑料的等级特定属性数据，可以从材料供应商或专业的材料数据库中获取。一个有效的方法是访问原材料生产商的官方网站或互联网上的独立材料数据库，这些平台通常提供了丰富的塑料材料性能信息。在此，推荐三个全球领先的数据库。

1）CAMPUS 是一个备受欢迎的平台，大约有 20 家大型塑料原材料生产商利用该平台向客户介绍他们的产品。这些生产商免费提供 CAMPUS 软件，用户可以直接通过互联网访问并下载：https://www.campusplastics.com/。

2）材料数据中心是一个功能强大的数据库，涵盖了来自 330 多家不同原材料生产商的超过 40600 个塑料等级。要使用材料数据中心的服务，需要先进行注册并支付几百欧元的年费。不过，新用户可享受 7 天的免费试用期。以下是该数据库的网站链接：http://www.materialdatacenter.com。

3）Prospector 塑料数据库是业内领先的数据库之一，涵盖了来自约 900 家不同生产商的超过 120000 个材料等级。该数据库既提供免费功能，也提供基于费用的高级功能，以满足不同用户的需求。以下是其网站链接：http://www.ides.com/prospector/。

5.2.1　短期负载的应用场景

任何产品、机器或结构在任何可预见的使用过程中，都必须安全稳定地承受所施加的载荷。

组成结构的零部件可能会以几种方式失效：

1）零部件的材料可能完全断裂。

2）材料在负载作用下可能过度变形，以至于零部件不再适合其用途。

3）结构可能变得不稳定并屈曲，从而无法承受预期的载荷。

5.2.2　塑料材料在短期负载下的性能

根据本书 1.2 节的内容，塑料的力学性能参数主要分为两大类，即短期力学性能参数和长期力学性能参数，见表 5-1。

表 5-1　短期力学性能参数和长期力学性能参数

短期力学性能参数	符号	单位	长期力学性能参数	符号	单位
拉伸屈服应力	σ_s	MPa	疲劳极限	σ_{-1}	MPa
拉伸强度	σ_t	MPa	蠕变强度	σ_{cr}	MPa
伸长率	δ_t	%	蠕变模量	E_{cr}	MPa
轴向压缩强度	σ_c	MPa	应力松弛		
弹性模量	E	MPa			
割线模量	E_s	MPa			
泊松比	ν				
剪切强度	τ	MPa			
剪切模量	G	MPa			
弯曲强度	R	MPa			
弯曲模量	E_b	MPa			
冲击强度	—	J/m²			
硬度	H_D				
摩擦系数	μ				

5.2.3　短期负载的设计计算案例

1. 单轴拉伸应力和压缩应力

大多数塑料件的失效是拉伸失效，而且这种失效模式易于测试，因此大多数可用的应力-应变数据都是通过单轴拉伸测试方法获得的。塑料的压缩应力通常高于拉伸应力，但由于测试难度较大，通常假定压缩应力等于拉伸应力，这是一种较为保守的估计。

根据零件的几何形状，过度的压缩应力可能导致零件屈曲，细长形状的零件最容易发生这种失效模式。

例 2：如图 5-21 所示，ABS 平板的尺寸和受力情况见图 5-21a，ABS 不同温度下的应力-应变曲线见图 5-21b，ABS 的弹性模量 $E = 2480\text{MPa}$。根据以上信息，计算平板中的应力及伸长量 ΔL 是多少？

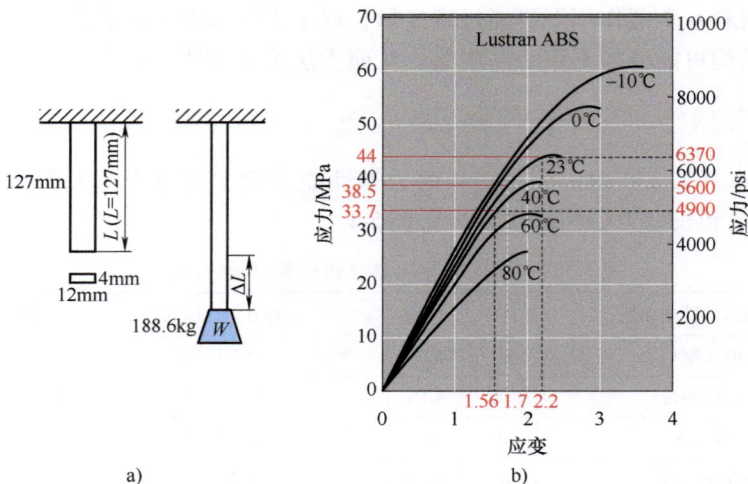

图 5-21　ABS 平板的尺寸和受力情况及 ABS 的应力-应变曲线

a）ABS 平板的尺寸和受力情况　b）ABS 的应力-应变曲线

解：

1）平板中的应力。根据应力计算公式，有

$$\sigma = \frac{F}{A} = \frac{188.6\text{kg} \times 9.8\text{m/s}^2}{12\text{mm} \times 4\text{mm}} = 38.5\text{MPa}$$

根据应变的计算公式，有

$$\varepsilon = \frac{\sigma}{E} = \frac{38.5\text{MPa}}{2480\text{MPa}} = 1.55\%$$

从图 5-21b 中 23℃曲线上找到应力为 38.5MPa 的点，对应的应变为 1.7%，该应变值大于用弹性模量计算的值（1.55%），即该应力下会超过比例极限进行应变，这种情况下的正确割线模量为

$$E_\text{s} = \frac{\sigma}{\varepsilon} = \frac{38.5\text{MPa}}{1.7\%} \approx 2265\text{MPa}$$

2）根据工程应变的定义：$\varepsilon = \dfrac{\Delta L}{L} = \dfrac{\Delta L}{127} = 1.7\%$，有

$$\Delta L = 127\text{mm} \times 1.7\% \approx 2.16\text{mm}$$

请记住，这些计算是基于短期负载的假设。如果 38.5MPa 的应力在短时间后没有消除，材料将会发生蠕变，导致应变增加。

2. 弯曲

根据之前的介绍，弯曲塑料件会在横截面上产生拉伸应力和压缩应力。

例 3：材料为 PA+30%GF，受力模型如图 5-22，$F = 1000\text{N}$。材料的应力-应变曲线如图 5-23a 所示，及受力模型的计算公式如图 5-23b 所示。根据以上信息，计算最大弯曲应力、最大变形量及发生最大变形量的位置。

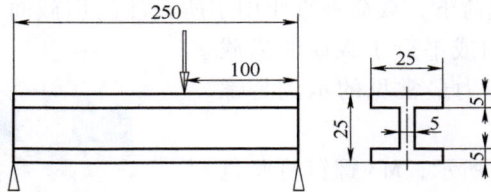

图 5-22　受力模型

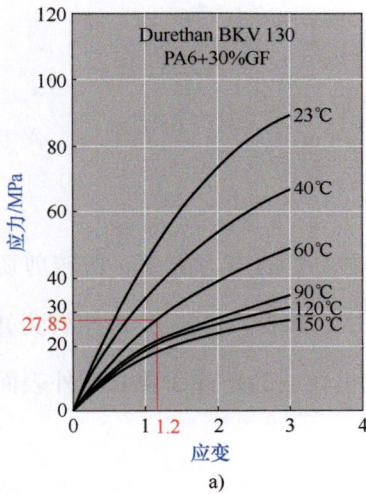

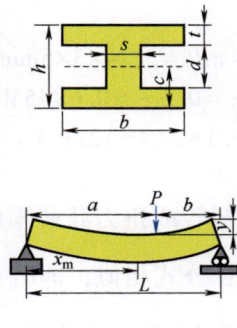

$$惯性矩 I=\frac{bh^3-d^3(b-s)}{12}$$

$$抗弯截面系数 Z=\frac{bh^3-d^3(b-s)}{6h}$$

$$弯曲应力 \sigma_b=\frac{Pab}{LZ}$$

$$变形量 y=\frac{Pb(L^2-b^2)^{3/2}}{9\sqrt{3}EIL}$$

$$最大变形位置 X_m=\sqrt{\frac{L^2-b^2}{3}}$$

图 5-23　材料应力-应变曲线及受力模型计算公式
a）材料应力-应变曲线　b）受力模型计算公式

解：抗弯截面系数：$Z=\dfrac{bh^3-d^3(b-s)}{6h}=\dfrac{25\text{mm}\times25^3\text{mm}^3-15^3\text{mm}^3\times(25-5)\text{mm}}{6\times25\text{mm}}=$

2154.17mm^3

惯性矩：$I=\dfrac{bh^3-d^3(b-s)}{12}=\dfrac{25\text{mm}\times25^3\text{mm}^3-15^3\text{mm}^3\times(25-5)\text{mm}}{12}=26927.08\text{mm}^4$

弯曲应力：$\sigma_b=\dfrac{Pab}{LZ}=\dfrac{1000\text{N}\times150\text{mm}\times100\text{mm}}{250\text{mm}\times2154.17\text{mm}^3}=27.85\text{MPa}$

根据图 5-23a，得到 27.85MPa 下的割线模量 $E_s=\dfrac{27.85\text{MPa}}{1.2\%}=2320.8\text{MPa}$

变形量：$y=\dfrac{Pb(L^2-b^2)^{3/2}}{9\sqrt{3}EIL}=\dfrac{1000\times100\times(250^2-100^2)^{3/2}}{9\sqrt{3}\times2320.8\times26927\times250}\text{mm}=4.94\text{mm}$

最大变形位置：$X_m=\sqrt{\dfrac{L^2-b^2}{3}}=\sqrt{\dfrac{250^2-100^2}{3}}\text{mm}=132.3\text{mm}$

3. 剪切

在拉伸或压缩载荷下，载荷垂直作用于所关注的横截面。计算剪切应力时，需要考虑位于平面内或平行于载荷的横截面上的应力。剪切应力最常见的示例是螺栓或销钉的剪切。

例4： 如图 5-24 所示，M3 螺钉将蓝色平板锁紧在黄色 ABS 塑料板上，螺纹配合长度为 $L=5\text{mm}$，ABS 室温下的拉伸强度为 45MPa。计算图中能够将螺钉拉拔出的力 F 的大小。

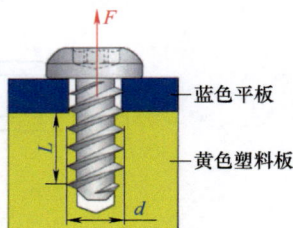

图 5-24　螺钉受力图

解： 剪切面积为　$A=\pi dL=3.14\times3\times5\text{mm}^2=47.1\text{mm}^2$

ABS 的剪切强度为　$\tau=0.6\sigma_t=0.6\times45\text{MPa}=27\text{MPa}$

拉拔力为　$F=\tau A=47.1\times27\text{N}=1271.7\text{N}$

4. 扭转

扭转剪切应力是承受扭转或扭力载荷零件中主要的应力类型。扭转剪切应力计算公式与弯曲应力计算公式相似，即 $\sigma_b=\dfrac{Mc}{I}$。其中，弯矩 M 由扭转力矩 T 替代，惯性矩 I 由极惯性矩 J 替代，而距离 c 这里代表的是截面质心到外表面的距离，这样就得到了以下公式

$$\tau=\frac{Tc}{J}$$

对于扭转问题，扭转角 ϕ 类似于挠度，它的定义是

$$\phi=\frac{TL}{JG}$$

式中　　L——轴的长度；

　　　　G——材料的剪切模量。

假设是线性弹性，剪切模量可以通过拉伸模量 E 和泊松比 ν 的关系近似得到：

$$G\approx\frac{E}{2(1+\nu)}$$

扭转产生的应变是剪切应变 γ，它可以通过近似关系与拉伸应变相关联：

$$\gamma\approx(1+\nu)\varepsilon$$

该方程有助于将允许的拉伸应变限值转换为允许的剪切应变限值。最后，对于圆形截面，给定剪切应变和几何形状，可以通过以下公式计算扭转角：

$$\phi\approx\frac{2\gamma L}{d}\quad（其中\ d\ 为轴径）$$

例 5：图 5-25 所示为圆轴扭转示意图及不同温度下的应力-应变曲线，其中轴径 $d = 5$mm，长 $L = 12.7$mm，扭矩 $T = 0.5$N·m，材料为 ABS，泊松比 ν 为 0.38，求最大扭转剪切应力 τ_{max} 和轴的扭转角 ϕ 分别是多少？

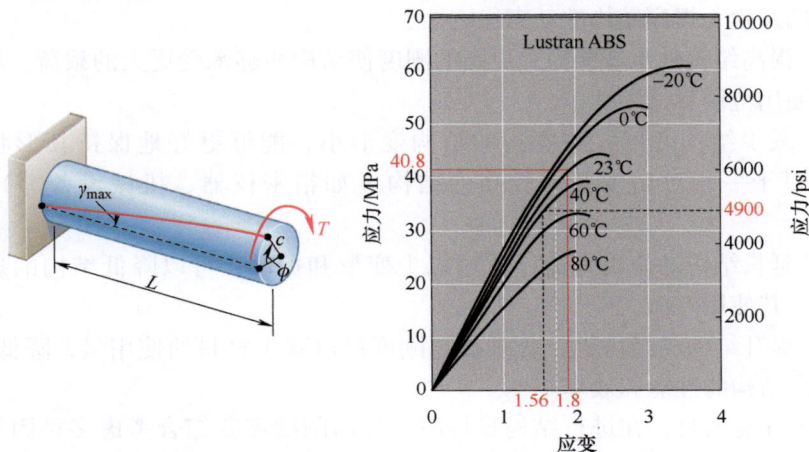

图 5-25 圆轴扭转示意图及不同温度下的应力-应变曲线

解：圆形截面的极惯性矩：

$$J = \frac{\pi d^4}{32} = \frac{3.14 \times 5^4}{32} \text{mm}^4 = 61.3 \text{mm}^4$$

最大扭转剪切应力在轴的表面：

$$c = \frac{d}{2} = 2.5 \text{mm}, \quad \tau_{max} = \frac{Tc}{J} = \frac{500 \times 2.5}{61.3} \text{MPa} = 20.4 \text{MPa}$$

由于塑性材料的拉应力约等于 2 倍的剪切应力，即 $\sigma \approx 2\tau = 40.8$MPa，根据图 5-25 中的曲线，对应的应变 $\varepsilon = 1.8\%$，则此处的割线模量为

$$E_s = \frac{40.8 \text{MPa}}{0.018} \approx 2267 \text{MPa}$$

剪切模量：

$$G \approx \frac{E_s}{2(1+\nu)} = \frac{2267 \text{MPa}}{2(1+0.38)} = 821.4 \text{MPa}$$

轴的扭转角：

$$\phi = \frac{TL}{JG} = \frac{500 \times 12.7}{61.3 \times 821.4} = 0.126 \text{rad} \approx 7.2°$$

5.3　提高刚度的结构设计

刚度是衡量材料在承受载荷时会产生多大弹性变形的一种量度。提高结构刚度的设计，也就是提高塑料件抵抗变形的能力，通常会带来有以下好处：

1）增强结构稳定性：刚度较高的结构在受到外力作用时变形较小，更不容易发生失稳、垮塌等问题，从而提高了结构的安全性和可靠性。

2）改善结构的振动特性：刚度的提高可以降低结构的振动幅度和频率，减少共振的发生，提高结构的动态稳定性。

3）提高结构的承载能力：更高的刚度使结构能够承受更大的载荷，增加了结构的使用范围和适用性。

4）减少结构变形：刚度高的结构变形小，能够更好地保持其形状和尺寸，这对于一些对精度要求较高的结构（如精密仪器、机械设备等）尤为重要。

5）延长结构的使用寿命：通过减少变形和振动，可以降低结构的疲劳损伤，延长其使用寿命。

6）提升结构的经济性：合理提高刚度可以减少材料的使用量，降低成本，同时提高结构的性能和效率。

需要注意的是，在进行结构设计时，提高刚度需要综合考虑多种因素，如成本、重量、空间限制等，以达到最优的设计效果。同时，刚度并非越高越好，应根据具体的工程需求和实际情况进行合理的设计。

5.3.1 提高塑料件刚度的方法

材料选择很重要，可以选择弹性模量高的材料，或者选择填充材料，如添加滑石粉、玻璃纤维等，并且刚度主要在玻璃纤维的方向上增加，因此要根据流动方向进行设计。材料的刚度是材料本身的一种属性。

零件的刚度既取决于材料属性，也取决于其几何形状，设计合理的几何形状同样重要。通过壁厚和加强筋来增强刚度，本质上也是一种形状设计。

图 5-26 所示为常见的载荷类型以及为承受这些载荷而专门选择的有利截面形状。图 5-26 中凸显了一个关键点：最佳的材料与形状组合，取决于所采取的加载方式。当承受轴向拉伸载荷时（见图 5-26a），横截面的面积很重要，形状则不重要，所有面积相同的横截面承受的载荷都相同。当承受弯曲载荷时并非如此（见图 5-26b），具有空心箱型截面或工字型截面的梁，优于具有相同横截面面积的实心梁。承受扭转载荷时也有其高效的形状（见图 5-26c），如圆形管比实心截面或工字形截面的效率更高。压缩失稳或屈曲，也与截面的形状有关（见图 5-26d）。

为了准确描述这一特性，需要一个与材料无关的衡量指标来评估截面形状的结构效率。一个显而易见的指标是形状截面的刚度或强度与"中性"参考形状之间的比率 ϕ。这里的"中性"参考形状，是与所讨论的形状截面具有相同横截面面积 A_0 且单位长度质量也相同的实心方形截面，如图 5-27 所示。从

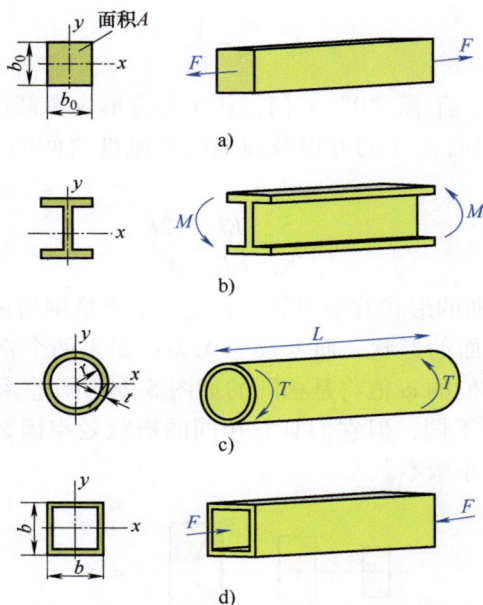

图 5-26　常见的载荷类型以及为承受这些载荷而专门选择的有利截面形状
a）杆（轴向拉伸）　b）梁（弯曲）　c）轴（扭转）　d）柱（压缩，这可能导致屈曲）

图 5-27 中可以看出，与方形截面梁比较，相同面积的管，但刚度高 2.5 倍；具有相同刚度的管但质量是原来的 1/4。

1. 梁的弹性弯曲

梁的抗弯刚度 S（见图 5-26b 中的梁）与乘积 EI 成比例，即

$$S \propto \frac{EI}{L^3}$$

式中　E——弹性模量；

I——长度为 L 的梁绕弯曲轴（x 轴）的截面二次矩，即 $I = \int y^2 \mathrm{d}A$；

y——垂直于弯曲轴所测量的距离。

$\mathrm{d}A$ 则是对应于 y 处的截面面积元。表 5-2 的前两列列出了常见截面的面积 A 和截面二次矩（惯性矩）的计算公式。对于更复杂形状的截面，这些值可能是近似值，但它们完全能够满足当前的需求。对于具有边长为 b_0 的方形截面参考梁，其截面面积 A 等于 b_0 的平方（即 $A = b_0^2$），而其惯性矩 I_0 可以通过相应的计算得到，即

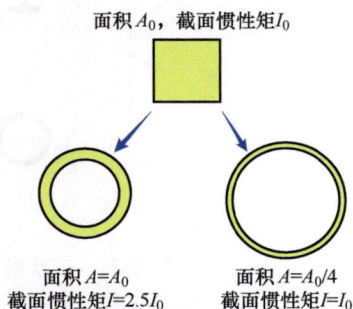

面积 A_0，截面惯性矩 I_0

面积 $A = A_0$
截面惯性矩 $I = 2.5 I_0$

面积 $A = A_0/4$
截面惯性矩 $I = I_0$

图 5-27　截面形状对抗弯刚度的影响

$$I_0 = \frac{b_0^4}{12} = \frac{A^2}{12}$$

在这里及后文中，下标"0"专门指代实心方形参考截面。形状截面的抗弯刚度与具有相同截面面积 A 的方形截面的抗弯刚度之间的差异，由 ϕ 来表示，具体定义为

$$\phi = \frac{S}{S_0} = \frac{EI}{EI_0} = \frac{12I}{A^2}$$

式中　ϕ——弹性弯曲的形状效率因数，它是一个无量纲的量。

ϕ 值仅取决于截面的形状，而与尺寸无关：如果两个钢梁具有相同的截面形状，无论大小，它们的 ϕ 值将是相同的如图 5-28 所示。每个水平组的三个成员虽然在尺寸上有所不同，但它们具有相同的形状效率因数，每个成员都是其相邻成员的放大或缩小版本。

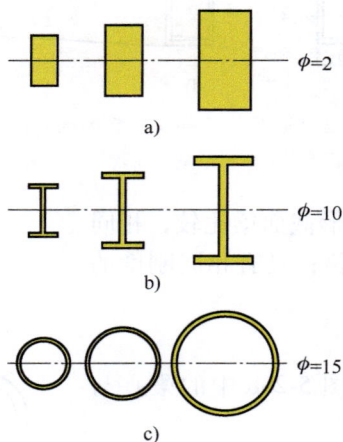

图 5-28　形状相同但大小不同的截面具有相同的 ϕ 值

a）一组矩形截面，$\phi=2$　b）一组工字形截面，$\phi=10$　c）一组管材，$\phi=15$

表 5-3 的第一列列出了根据表 5-2 中 A 和 I 的计算公式导出的常见截面形状效率因数 ϕ 计算公式。对于等轴实心截面（如圆形、正方形、六边形、八边形），其 ϕ 值都非常接近 1，因此在实际应用中，这些值可以近似为 1。然而，当截面是拉长的、空心的或工字形截面时，情况就会有所不同；薄壁管或细长工字形钢梁的 ϕ 值可以达到 50 或更高。这意味着，具有 $\phi=50$ 的钢梁在相同质量下，其抗弯刚度是实心钢梁的 50 倍。

例 6：塑料管的半径 $r=10\text{mm}$，壁厚 $t=1\text{mm}$。它在弯曲时比单位长度相同质量的实心圆柱体刚度大多少？

表 5-2 常见截面形状的截面面积、惯性矩、扭转常数和截面系数的计算

截面形状	截面面积 A	惯性矩 I	扭转常数 K	抗弯截面系数 Z	抗扭截面系数 Q
	bh	$\dfrac{bh^3}{12}$	$\dfrac{bh^3}{3}\left(1-0.58\dfrac{b}{h}\right)\ (h>b)$	$\dfrac{bh^2}{6}$	$\dfrac{b^2h^2}{(3h+1.8b)}\ (h>b)$
	$\dfrac{\sqrt{3}}{4}a^2$	$\dfrac{a^4}{32\sqrt{3}}$	$\dfrac{\sqrt{3}\,a^4}{80}$	$\dfrac{a^3}{32}$	$\dfrac{a^3}{20}$
	πr^2	$\dfrac{\pi}{4}r^4$	$\dfrac{\pi}{2}r^4$	$\dfrac{\pi}{4}r^3$	$\dfrac{\pi}{2}r^3$
	πab	$\dfrac{\pi}{4}a^3b$	$\dfrac{\pi a^3b^3}{(a^2+b^2)}$	$\dfrac{\pi}{4}a^2b$	$\dfrac{\pi}{2}a^2b\ (a<b)$
	$\pi(r_0^2-r_i^2)\approx 2\pi rt$ $r=\dfrac{1}{2}(r_i+r_0)$	$\dfrac{\pi}{4}(r_0^4-r_i^4)\approx\pi r^3t$	$\dfrac{\pi}{2}(r_0^4-r_i^4)\approx 2\pi r^3t$	$\dfrac{\pi}{4r_0}(r_0^4-r_i^4)\approx\pi r^2t$	$\dfrac{\pi}{2r_0}(r_0^4-r_i^4)\approx 2\pi r^2t$
	$2t(h+b)\ (h,b\gg t)$	$\dfrac{1}{6}h^3t\left(1+3\dfrac{b}{h}\right)$	$\dfrac{2tb^2h^2}{(h+b)}\left(1-\dfrac{t}{h}\right)^4$	$\dfrac{1}{3}h^2t\left(1+3\dfrac{b}{h}\right)$	$2tbh\left(1-\dfrac{t}{h}\right)^2$

（续）

截面形状	截面面积 A	惯性矩 I	扭转常数 K	抗弯截面系数 Z	抗扭截面系数 Q
	$\pi(a+b)t\ (a,b\gg t)$	$\dfrac{\pi}{4}a^3 t\left(1+3\dfrac{b}{a}\right)$	$\dfrac{4\pi(ab)^{5/2}t}{a^2+b^2}$	$\dfrac{\pi}{4}a^2 t\left(1+\dfrac{3b}{a}\right)$	$2\pi t(a^3 b)^{1/2}\ (b>a)$
	$b(h_0-h_i)\approx 2bt$ $(n,b\gg t)$	$\dfrac{b}{12}(h_0^3-h_i^3)\approx\dfrac{1}{2}bth_0^2$	—	$\dfrac{b}{6h_0}(h_0^3-h_i^3)\approx bth_0$	—
	$2t(h+b)\ (h,b\gg t)$	$\dfrac{1}{6}h^3 t\left(1+3\dfrac{b}{h}\right)$	$\dfrac{2}{3}bt^3\left(1+4\dfrac{h}{b}\right)$	$\dfrac{1}{3}h^2 t\left(1+3\dfrac{b}{h}\right)$	$\dfrac{2}{3}bt^2\left(1+4\dfrac{h}{b}\right)$
	$2t(h+b)\ (h,b\gg t)$	$\dfrac{t}{6}(h^3+4bt^2)$	$\dfrac{t^3}{3}(8b+h)$	$\dfrac{t}{3h}(h^3+4bt^2)$	$\dfrac{t^2}{3}(8b+h)$
	$2t(h+b)\ (h,b\gg t)$	$\dfrac{t}{6}(h^3+4bt^2)$	$\dfrac{2}{3}ht^3\left(1+4\dfrac{b}{h}\right)$	$\dfrac{t}{3h}(h^3+4bt^2)$	$\dfrac{2}{3}ht^2\left(1+4\dfrac{b}{h}\right)$

表 5-3　常见截面形状的形状效率因数 φ 计算公式

截面形状	弹性弯曲形状 效率因数 ϕ	弹性扭转形状 效率因数 ϕ_T	塑性弯曲形状 效率因数 ϕ_y	塑性扭转形状 效率因数 ϕ_{yT}
	$\dfrac{h}{b}$	$2.38\dfrac{h}{b}\left(1-0.58\dfrac{b}{h}\right)\,(h>b)$	$\left(\dfrac{h}{b}\right)^{0.5}$	$1.6\sqrt{\dfrac{b}{h}}\cdot\dfrac{1}{\left(1+0.6\dfrac{b}{h}\right)}\,(h>b)$
	$\dfrac{2}{\sqrt{3}}=1.15$	0.832	$\dfrac{3^{1/4}}{2}=0.658$	0.83
	$\dfrac{3}{\pi}=0.955$	1.14	$\dfrac{3}{2\sqrt{\pi}}=0.846$	1.35
	$\dfrac{3}{\pi}\dfrac{a}{b}$	$\dfrac{2.28ab}{(a^2+b^2)}$	$\dfrac{3}{2\sqrt{\pi}}\sqrt{\dfrac{a}{b}}$	$1.35\sqrt{\dfrac{a}{b}}\,(a<b)$
	$\dfrac{3}{\pi}\left(\dfrac{r}{t}\right)\,(r\gg t)$	$1.14\left(\dfrac{r}{t}\right)$	$\dfrac{3}{\sqrt{2\pi}}\sqrt{\dfrac{r}{t}}$	$1.91\sqrt{\dfrac{r}{t}}$
	$\dfrac{1}{2}\dfrac{h}{t}\dfrac{(1+3b/h)}{(1+b/h)^2}\,(h,b\gg t)$	$\dfrac{3.57b^2\left(1-\dfrac{t}{h}\right)^4}{th\left(1+\dfrac{b}{h}\right)^3}$	$\dfrac{1}{\sqrt{2}}\sqrt{\dfrac{h}{t}}\dfrac{\left(1+\dfrac{3b}{h}\right)}{\left(1+\dfrac{b}{h}\right)^{3/2}}$	$3.39\sqrt{\dfrac{h^2}{bt}}\dfrac{1}{\left(1+\dfrac{h}{b}\right)^{3/2}}$

截面形状	弹性弯曲形状效率因数 ϕ	弹性扭转形状效率因数 ϕ_T	塑性弯曲形状效率因数 ϕ_y	塑性扭转形状效率因数 ϕ_{yT}
	$\dfrac{3}{\pi}\dfrac{a}{t}\dfrac{(1+3b/a)}{(1+b/a)^2}\,(a,b\gg t)$	$\dfrac{9.12(ab)^{5/2}}{t(a^2+b^2)(a+b)^2}$	$\dfrac{3}{2\sqrt{\pi}}\sqrt{\dfrac{a}{t}}\dfrac{\left(1+\dfrac{3b}{a}\right)}{\left(1+\dfrac{b}{a}\right)^{3/2}}$	$5.41\sqrt{\dfrac{a}{t}}\dfrac{1}{\left(1+\dfrac{a}{b}\right)^{3/2}}$
	$\dfrac{3}{2}\dfrac{h_0^2}{bt}\,(h,b\gg t)$	—	$\dfrac{3}{\sqrt{2}}\dfrac{h_0}{\sqrt{bt}}$	—
	$\dfrac{1}{2}\dfrac{h}{t}\dfrac{(1+3b/h)}{(1+b/h)^2}\,(h,b\gg t)$	$1.19\left(\dfrac{t}{b}\right)\dfrac{\left(1+\dfrac{4h}{b}\right)}{\left(1+\dfrac{h}{b}\right)^2}$	$\dfrac{1}{\sqrt{2}}\sqrt{\dfrac{h}{t}}\dfrac{\left(1+\dfrac{3b}{h}\right)}{\left(1+\dfrac{b}{h}\right)^{3/2}}$	$1.13\sqrt{\dfrac{t}{b}}\dfrac{\left(1+\dfrac{4h}{b}\right)}{\left(1+\dfrac{h}{b}\right)^{3/2}}$
	$\dfrac{1}{2}\dfrac{h}{t}\dfrac{(1+4bt^2/h^3)}{(1+b/h)^2}\,(h,b\gg t)$	$0.595\left(\dfrac{t}{h}\right)\dfrac{\left(1+\dfrac{8b}{h}\right)}{\left(1+\dfrac{b}{h}\right)^2}$	$\dfrac{3}{4}\sqrt{\dfrac{h}{t}}\dfrac{\left(1+\dfrac{4bt^2}{h^3}\right)}{\left(1+\dfrac{b}{h}\right)^{3/2}}$	$0.565\sqrt{\dfrac{t}{b}}\dfrac{\left(1+\dfrac{8b}{h}\right)}{\left(1+\dfrac{b}{h}\right)^{3/2}}$
	$\dfrac{1}{2}\dfrac{h}{t}\dfrac{(1+4bt^2/h^3)}{(1+b/h)^2}\,(h,b\gg t)$	$1.19\left(\dfrac{t}{h}\right)\dfrac{\left(1+\dfrac{4b}{h}\right)}{\left(1+\dfrac{b}{h}\right)^2}$	$\dfrac{3}{4}\sqrt{\dfrac{h}{t}}\dfrac{\left(1+\dfrac{4bt^2}{h^3}\right)}{\left(1+\dfrac{b}{h}\right)^{3/2}}$	$1.13\sqrt{\dfrac{t}{h}}\dfrac{\left(1+\dfrac{4b}{h}\right)}{\left(1+\dfrac{b}{h}\right)^{3/2}}$

解：区别在于两种形状效率因数的不同。表 5-3 中，管子的形状效率因数 ϕ 为

$$\phi = \frac{3}{\pi}\left(\frac{r}{t}\right) = 9.55$$

对于实心圆形截面：

$$\phi = \frac{3}{\pi} = 0.955$$

因此，管子的刚度增加了 10 倍。

2. 轴的弹性扭转

在抗弯方面表现优异的截面形状，在承受扭转力时可能并不那么出色。轴的抗扭刚度 S_T，即扭矩 T 除以扭转角 θ（T/θ），与 GK 成正比，其中 G 是材料的剪切模量，而 K 是扭转常数。特别地，对于圆形截面，其扭转常数 K 与极惯性矩 J 是相同的，即

$$K = J = \int r^2 \mathrm{d}A$$

式中 $\mathrm{d}A$——从截面中心测量的径向距离 r 处的面积元。

对于非圆形截面，扭转常数 K 通常小于极惯性矩 J，其定义为

$$S_T = \frac{T}{\theta} = \frac{KG}{L}$$

式中 L——轴的长度；

G——制造轴所用材料的剪切模量。

对于各种截面形状，K 的近似表达式已经列在表 5-2 中。同样地，为了评估不同形状截面的扭转性能，这里引入了弹性扭转的形状效率因数 ϕ_T。ϕ_T 是通过比较形状截面的抗扭刚度 S_T 与具有相同长度 L 和横截面面积 A 的实心方形截面的抗扭刚度 S_{T0} 来定义的，即

$$\phi_T = \frac{S_T}{S_{T0}} = \frac{K}{K_0}$$

实心正方形截面的扭转常数 K_0（见表 5-2，顶行 $b=h$）为

$$K_0 = 0.14A^2$$

则

$$\phi_T = 7.14\frac{K}{A^2}$$

对于实心正方形截面，其弹性扭转的形状效率因数接近 1；同样地，对于任何实心等轴截面，这个值也都会接近 1。然而，对于薄壁形状，特别是管道，这个值可能会很大。与前面提到的类似，具有相同形状效率因数的截面可能在尺寸上有所不同，但它们的形状是相似的。表 5-3 中的 ϕ_T 是根据表 5-2 中 K 和 A 的

计算公式导出的形状效率因数计算公式。

3. 轴向加载：柱的弹性屈曲

当长度为 L 的柱在承受压力载荷且载荷超过欧拉载荷时，就会发生弹性屈曲：

$$F = \frac{n^2 \pi^2 E I_{\min}}{L^2}$$

式中　n——取决于端部约束条件的常数。

抗屈曲能力主要取决于最小的惯性矩 $I_{\min}$。为了量化这种能力，这里引入了相应的形状效率因数（ϕ），它与弹性弯曲的形状因子在概念上相似，只是将原来的惯性矩 I 替换为最小的惯性矩 $I_{\min}$。

4. 零件形状

在注射成型件的设计过程中，应充分利用其设计灵活性，以最大化零件的刚度。特别是对于大面积的平面部分，由于其缺乏固有的刚度，可以考虑通过添加凸冠或波纹结构，以增强其整体刚度。

图 5-29 所示为不同 D/t 下相对刚度（即拱形结构的刚度与扁平结构刚度的比值）与 h/D 之间的关系。以直径 D 为 100mm、壁厚 t 为 2mm 的圆盘为例，增加 5mm 的圆盘凸起高度，可以使相对刚度提高至原来的 3 倍。

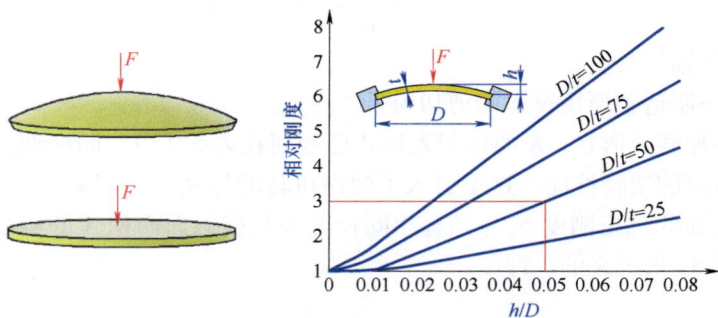

图 5-29　不同 D/t 下相对刚度与 h/D 之间的关系
h—圆盘凸起高度　D—圆盘直径　t—圆盘厚度

非外观零件常借助波纹结构来提升刚度（见图 5-30）和实现载荷的有效分布。对于外观零件，波纹设计同样可以作为造型特征融入其中。图 5-30 中推荐的特征设计通常能够规避加强筋结构中可能出现的填充不足和缩痕问题。

若条件允许，在设计中建议使用加强轮廓来强化无支撑的边缘，如图 5-31 所示。为了确保成型的顺畅和壁厚的均匀性，最佳的选择是采用直拉轮廓，这样可以避免侧向抽芯的需求。

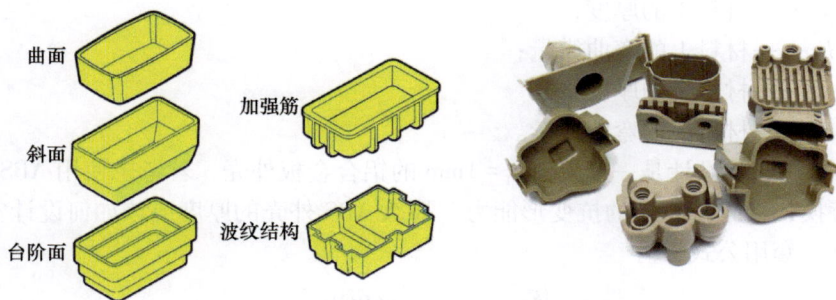

图 5-30　利用波纹结构提高刚度

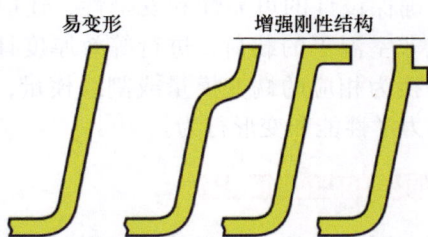

图 5-31　利用加强轮廓强化边缘

5.3.2　提高刚度的壁厚设计

由于刚度与厚度的立方成正比，因此厚度的微小增加就能显著减少变形。具体来说，当厚度增加 25% 时，刚度将提升至原来的两倍。表 5-4 列出了不同材料在相同载荷下产生相同刚度所需的等效厚度系数（等效厚度系数是基于平面形状和室温下的短期加载条件）。从表 5-4 中可以看出，要使 PA6+30%GF 材料达到与钢相同的刚度，其平面形状的壁厚需要是钢的 3.4 倍。

表 5-4　不同材料在相同载荷下产生相同刚度所需的等效厚度系数

材料	弯曲模量/GPa	相同刚度的等效厚度系数
45 钢	200	1
ABS	2.6	4.3
PA6+30%GF	5.0	3.4
铝合金	69	1.4

要估算其他材料或材料组合的等效厚度，可以使用以下公式作为参考：

$$t_2 = t_1 \sqrt[3]{\dfrac{E_1}{E_2}}$$

第 5 章　塑料受力结构件设计　◆　**285**

式中　t_1——材料 1 的厚度；

　　E_1——材料 1 的弯曲模量；

　　t_2——材料 2 的厚度；

　　E_2——材料 2 的弯曲模量。

例 7：原始设计是一个厚度 $t_1 = 1\text{mm}$ 的铝合金板外壳，若考虑使用 ABS 塑料进行替换，以维持相同的抗变形能力，那么 ABS 外壳的厚度应该如何设计？

解：套用公式，有

$$t_2 = t_1 \sqrt[3]{\frac{E_1}{E_2}} = 1\text{mm} \times \sqrt[3]{\frac{69\text{GPa}}{2.6\text{GPa}}} \approx 3\text{mm}$$

在实际应用中，为确保设计的可靠性和安全性，还应考虑应用适当的安全系数。对于长期载荷或非室温下的载荷，进行等效厚度计算时，应当将当前和拟用材料的弯曲模量替换为相应的蠕变模量或割线模量，这样能够更准确地反映材料在特定条件下的力学性能和变形行为。

5.3.3　提高刚度和强度的加强筋设计

图 5-32 所示为两种结构：一块无加强筋的矩形平板和一块带有加强筋的矩形平板。通过对比这两种结构，可以分析它们之间在强度和刚度上的差异。

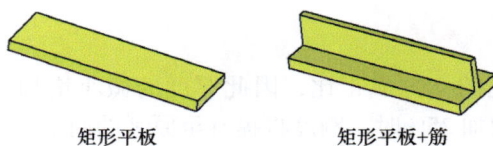

矩形平板　　　　　　　矩形平板+筋

图 5-32　矩形平板和带加强筋的矩形平板

两种平板的尺寸及受力情况如图 5-33 所示。

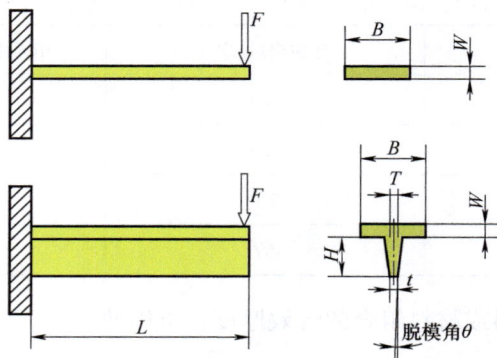

图 5-33　两种平板的尺寸及受力情况

用于计算相关参数的公式为

$$t = T - 2H\tan\theta$$

$$A(\text{面积}) = BW + \frac{H(T+t)}{2}$$

$$\gamma(\text{形心}) = H + W - \left[\frac{3BW^2 + 3Ht(H+2W) + H(T-t)(H+3W)}{6A}\right]$$

$$I(\text{惯性矩}) = \frac{1}{12}\left[4BW^3 + H^3(3t+T)\right] - A(H-\gamma)^2$$

平板：
$$I(\text{惯性矩}) = \frac{BW^3}{12}$$

平板：
$$Z(\text{抗弯截面系数}) = \frac{BW^2}{6}$$

例 8： 假如 $W = 4\text{mm}$，$B = 40\text{mm}$，$T = 2\text{mm}$，$H = 12\text{mm}$，$\theta = 1°$，$F = 20\text{N}$，$L = 50\text{mm}$；材料为 ABS，弹性模量为 2000MPa，对比两种结构的强度（最大应力）与刚度（最大变形）。

解： 将数值代入以上公式，有

$$t = T - 2H\tan\theta = 2\text{mm} - 2 \times 12\text{mm} \times \tan1° = 1.58\text{mm}$$

$$A(\text{面积}) = BW + \frac{H(T+t)}{2} = 40\text{mm} \times 4\text{mm} + \frac{12\text{mm} \times (2+1.58)\text{mm}}{2} = 181.5\text{mm}^2$$

$$\gamma(\text{形心}) = H + W - \left[\frac{3BW^2 + 3Ht(H+2W) + H(T-t)(H+3W)}{6A}\right.$$

$$= 12\text{mm} + 4\text{mm} - \left[\frac{3\times40\times4^2 + 3\times12\times1.58\times(12+2\times4) + 12\times(2-1.58)(2+3\times4)}{6\times181.5}\right]\text{mm}$$

$$= 13.13\text{mm}$$

$$I(\text{惯性矩}) = \frac{1}{12}\left[4BW^3 + H^3(3t+T)\right] - A(H-\gamma)^2$$

$$= \frac{1}{12}\left[4\times40\times4^3 + 12^3\times(3\times1.58+2)\right]\text{mm}^4 - 181.5\times(12-13.13)^2\text{mm}^4$$

$$= 1804.6\text{mm}^4$$

平板：
$$I(\text{惯性矩}) = \frac{BW^3}{12} = \frac{40\text{mm} \times (4\text{mm})^3}{12} = 213.3\text{mm}^4$$

平板：
$$Z(\text{抗弯截面系数}) = \frac{BW^2}{6} = \frac{40\text{mm} \times (4\text{mm})^2}{6} = 106.7\text{mm}^3$$

平板受力应力图和受力变形量计算如图 5-34 和图 5-35 所示：

1) 矩形平板。

$$M_{\text{max}} = FL = 20\text{N} \times 50\text{mm} = 1000\text{N} \cdot \text{mm}$$

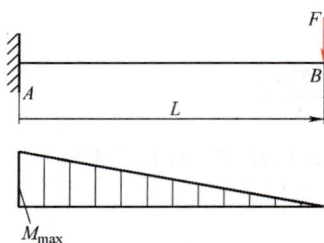

图 5-34 平板受力应力图

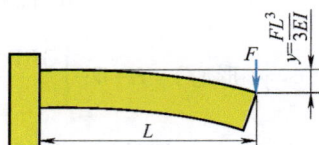

图 5-35 受力变形量计算

最大应力：

$$\sigma_1 = \frac{M}{Z} = \frac{1000\text{N} \cdot \text{m}}{106.7\text{mm}^3} = 9.4\text{MPa}$$

最大变形量：

$$y_1 = \frac{FL^3}{3EI} = \frac{20\text{N} \times (50\text{mm})^3}{3 \times 2000\text{MPa} \times 213.3\text{mm}^4} = 1.95\text{mm}$$

2）带加强筋矩形平板。

最大应力：

$$\sigma_2 = \frac{M\gamma}{I} = \frac{1000\text{N} \cdot \text{m} \times 13.13\text{mm}}{1804.6\text{mm}^4} = 7.3\text{MPa}$$

最大变形量：

$$y_2 = \frac{FL^3}{3EI} = \frac{20\text{N} \times (50\text{mm})^3}{3 \times 2000\text{MPa} \times 1804.6\text{mm}^4} = 0.23\text{mm}$$

5.3.4 弯曲扭转等复合负载下的刚度

对于需要同时承受弯曲和扭转载荷的零件，如图 5-36 所示的塑料摇杆手柄和图 5-37 所示的玻璃纤维增强 PA 离合器踏板，设计时应考虑采用对角筋以增强其结构性能。

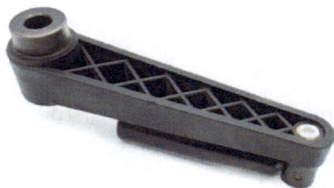

图 5-36 塑料摇杆手柄

图 5-37 玻璃纤维增强 PA 离合器踏板

图 5-38 所示为办公椅底部支座常见的对角筋设计。这些图示主要提供了方向性的建议，针对具体的详细计算，通常无法通过简单的公式直接得出结果。在实际应用中，为了获得更为精确和可靠的数据，通常会借助有限元分析（FEA）软件来进行模拟和计算。这种模拟方法能够更全面地考虑各种复杂因素，为结构设计提供更为准确和可靠的指导。

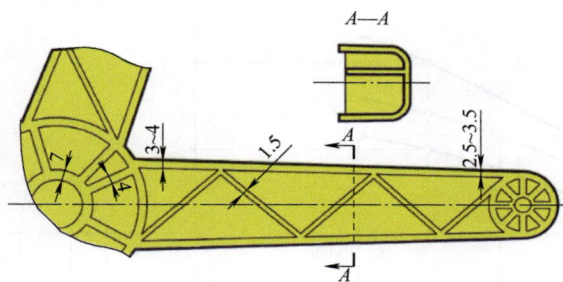

图 5-38 办公椅底部支座常见的对角筋设计

深 U 形提供了主要的强度和刚度，深对角筋增强了扭转支撑，并可防止 U 形槽变形。筋的厚度需要在满足模具填充和强度要求，以及达到外观可接受的零件最大厚度之间进行权衡，筋过厚可能会导致外观表面出现缩痕。

5.4 长期负载下的结构设计

通常情况下，长期载荷要么是恒定的载荷，要么是恒定的变形。对于承受恒定载荷的塑料件，如压力容器或承重结构，它们往往会经历蠕变，随着时间的推移展现出不断增加的变形。此外，其他设计元素，如压配件或弹性臂，则会经历持续的、固定的变形或应变。这些特征随时间推移会经历应力松弛，导致保持力的减小。关于蠕变强度和应力松弛的详细解释，请参见表 5-1。

5.4.1 蠕变等时应力-应变曲线

拉伸蠕变试验所提供的数据对于结构产品的设计具有极高的实用价值。这些数据包括蠕变曲线、应力-时间曲线和等时应力-应变曲线（通常简称为等时线），这些曲线是通过综合分析应力、应变和时间等参数交叉绘制而成的，如图 5-39 所示。

蠕变数据，特别是等时应力-应变曲线，为准确预测材料在长时间载荷作用下的行为提供了一种有效手段。

图 5-40 所示为 PA+30%GF 在 40℃下的等时应力-应变曲线。这些曲线分别描绘了不同加载时间下材料的行为。为了准确预测蠕变，在结构计算中我们通常使用表观模量来替代瞬时弹性模量或弹性模量。

很多人容易混淆实际模量和蠕变模量。需要明确的是，除了环境因素的影响，材料的弹性并不会随着时间的推移而降低；同样地，其强度也不会随时间的延长而衰减。然而，由于黏弹性特性，材料在承受恒定载荷时，其变形会随时间逐渐发生。尽管材料的瞬时拉伸模量保持恒定，但表观模量会随时间推移

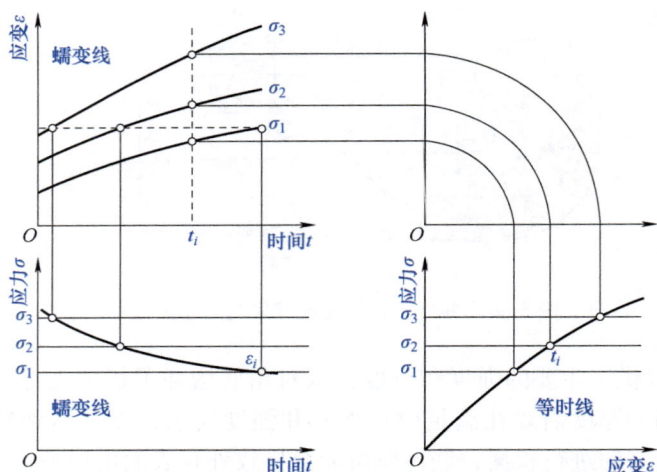

图 5-39　根据拉伸蠕变试验结果显示测量变量 σ、ε 和 t 的方法

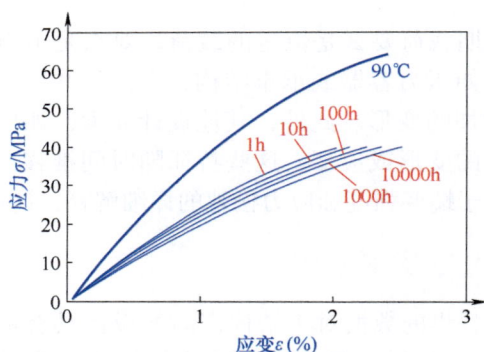

图 5-40　PA+30%GF 在 40℃下的等时应力-应变曲线

而逐渐降低（见图 5-41）。为了预测这种随时间变化的变形或挠度，引入了假设的、与时间相关的蠕变模量来进行计算。

例 9：考虑蠕变的板挠度，假设图 5-42a 所示的简支板的直径为 50mm，厚度为 3.2mm，在 23℃的环境温度下施加 100N 的中心载荷。试利用 ABS 塑料的应力-应变曲线（见图 5-42b），确定板材的受力 0.1h 的挠度 $y_{0.1}$ 和受力 1000h 的挠度 y_{1000}。

解：这种情况下的最大挠度（y）和应力（σ）可通过以下公式计算：

$$y = \frac{0.218FR^2}{Eh^3}$$

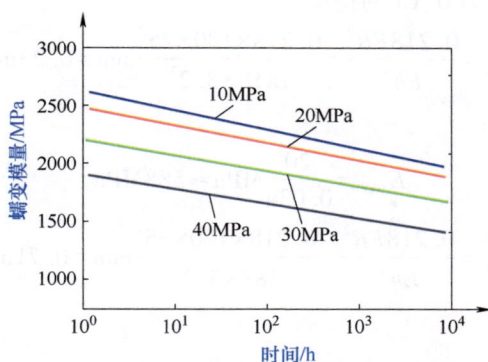

图 5-41 蠕变模量与时间的关系

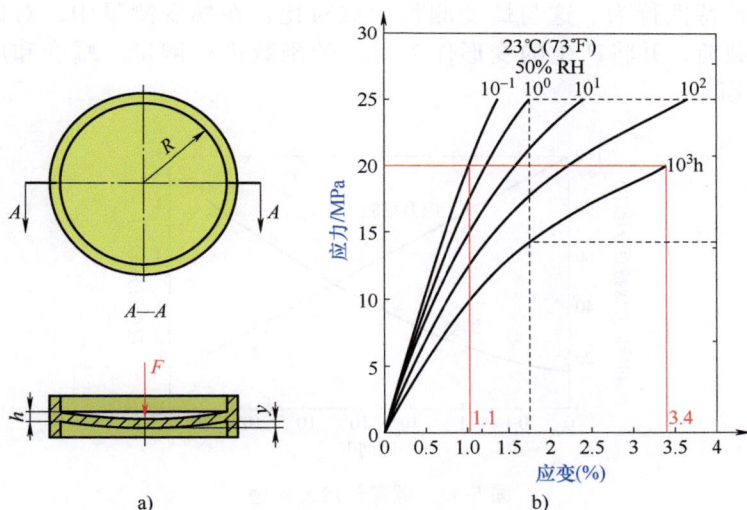

图 5-42 简支板受力模型及应力-应变曲线

$$\sigma_{max} = \sigma_r = \sigma_t = \frac{F}{h^2}\left(0.63\ln\frac{R}{h}+0.68\right)（下表面）$$

图 5-42 所示载荷会使圆盘应变超出比例极限。此外，高温条件不适用室温下的弹性模量。因此，首先要计算出挠度公式中适用的割线模量。通过求解应力方程可以得到：

$$\sigma_{max} = \frac{F}{h^2}\left(0.63\ln\frac{R}{h}+0.68\right) = \frac{100}{3.2^2}\left(0.63\ln\frac{25}{3}+0.68\right) \approx 20MPa$$

使用图 5-42b 中的 23℃等温应力-应变曲线，发现 1.1%的应变对应于约 20MPa 的应力，将应力除以应变得到的割线模量约为 1818（20/0.011）MPa。

使用该模量值求解受力 0.1h 的挠度为

$$y_{0.1} = \frac{0.218FR^2}{Eh^3} = \frac{0.218 \times 100 \times 25^2}{1818 \times 3.2^3} \text{mm} = 0.23\text{mm}$$

同理，1000h 后：

$$E_{1000} = \frac{20}{0.034}\text{MPa} \approx 588\text{MPa}$$

$$y_{1000} = \frac{0.218FR^2}{Eh^3} = \frac{0.218 \times 100 \times 25^2}{588 \times 3.2^3}\text{mm} = 0.71\text{mm}$$

5.4.2 应力松弛

应力松弛被定义为在恒定变形（应变）下应力随时间逐渐减小。通过对试件施加一定量的变形，并测量维持该变形所需的载荷作为时间的函数来研究聚合物的这种特性行为。这与蠕变测量形成对比，在蠕变测量中，对试件施加一定量的载荷，并将产生的变形作为时间的函数进行测量。蠕变和应力松弛如图 5-43 所示。

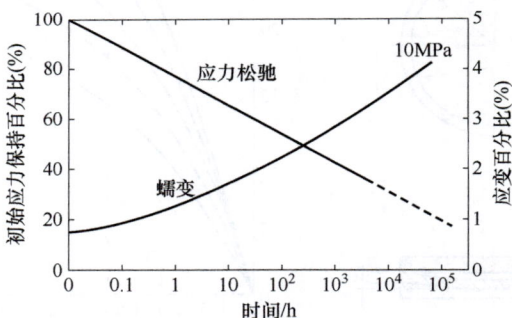

图 5-43 蠕变与应力松弛

许多设计工程师和研究人员忽视了聚合物的应力松弛行为，部分原因是蠕变数据更容易获得且随时可用。然而，许多实际应用需要使用应力松弛数据。例如，对于螺纹瓶盖，需要极低的应力松弛，因为它可能在很长一段时间内处于恒定应变下。如果用于瓶盖的塑料材料在这种恒定变形下显示出应力过度下降，那么瓶盖最终将失效。在模制塑料中的金属嵌件，以及相机、电器和商业机器中使用的蝶形弹簧或多个悬臂板弹簧中也可能遇到类似的问题。

例 10：图 5-44a 所示为卡扣的悬臂，截面尺寸为 $b \times a = 2\text{mm} \times 6\text{mm}$，长度 $L = 25\text{mm}$，卡位时的变形量 γ_{max} 为 2.5mm，材料为 ABS，23℃。试计算卡扣装配后的瞬时力、100h 后的保持力和 1000h 后的保持力。

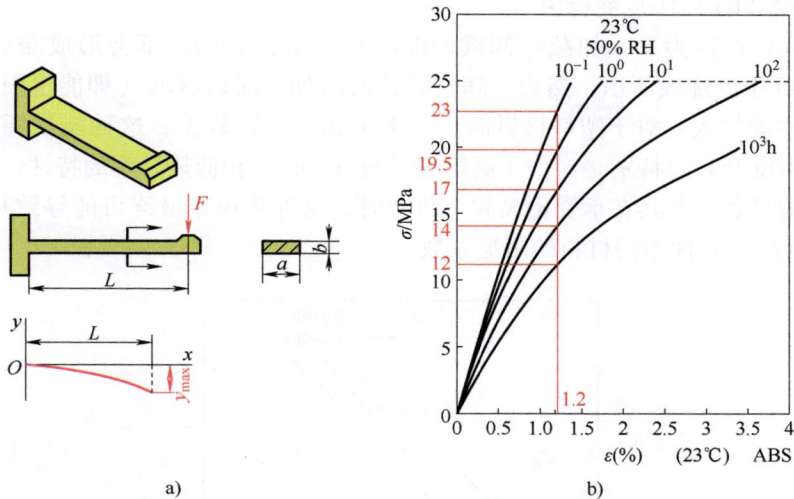

图5-44 卡扣受力模型图及等时应力-应变曲线

a）卡扣受力模型 b）ABS等时应力-应变曲线

解： 根据公式 $\sigma=\dfrac{FL}{Z}$、$y_{max}=\dfrac{FL^3}{3EI}$、$E=\dfrac{\sigma}{\varepsilon}$ 和 $Z=\dfrac{I}{C}$，计算应变：

$$\varepsilon=\frac{3yb}{2L^2}=\frac{3\times2.5\times2}{2\times25^2}=0.012=1.2\%$$

结合以上材料应力松弛的信息，得到表5-5所示计算结果。

表5-5 应力松弛计算结果

时间/h	σ/MPa（1.2%应变）	模量 E/MPa	保持力/N
0.1	23	1917	3.68
1	19.5	1625	3.12
10	17	1417	2.72
100	14	1167	2.24
1000	12	1000	1.92

5.4.3 疲劳性能

疲劳是材料承受交变应力或应变时，局部产生永久性结构变化的发展过程，最终可能出现开裂或完全破坏。当材料经历循环载荷时，局部结构会遭受渐进性的损伤。对于塑料件而言，疲劳是一种极其重要的失效模式，因此对其概念的深入理解至关重要。

1. 循环的应力-应变行为

在线弹性行为下，加载和卸载的曲线是完全重合的，不会形成滞后回线，如图 5-45 中的虚线所示。然而，随着载荷的增加，滞后区域（即能量损失或耗散）会逐渐扩大。对于塑料材料而言，由于其导热性较差，这种能量耗散会导致材料温度升高。特别是，由于高阻尼系数（tanδ）和低热导率的特性，温度的升高尤为显著，尤其在承受更高频率负载时。这种热积累最终可能导致热失效。表 5-6 列出了几种不同材料的阻尼系数。

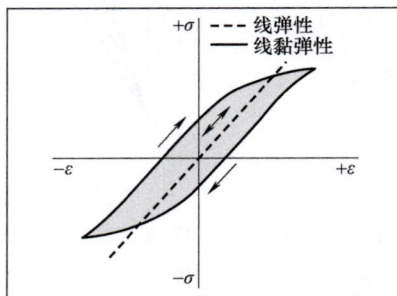

图 5-45　线弹性及黏弹性应力-应变行为

表 5-6　几种不同材料的阻尼系数

材料	温度/℃	阻尼系数 tanδ	材料	温度/℃	阻尼系数 tanδ
ABS	20	0.015	POM	20	0.014
	60	0.028		60	0.015
PA6（干燥）	20	0.01	PP	20	0.07
	60	0.16		60	0.07
PA6（调湿）	20	0.015	PS	20	0.013
	60	0.06		60	0.028
PC	20	0.008	PTFE	20	0.075
	60	0.01		60	0.06
PE-LD	60	0.17	PVC	20	0.018
	60	0.06		60	0.025
PMMA	20	0.08	钢/铜	20	0.00002/0.0002
	60	0.1		60	0.001/0.001

2. 拉-压疲劳测试

图 5-46 所示为拉-压疲劳测试，图 5-47 所示的偏心机中的应力或应变以正弦方式随时间的变化。

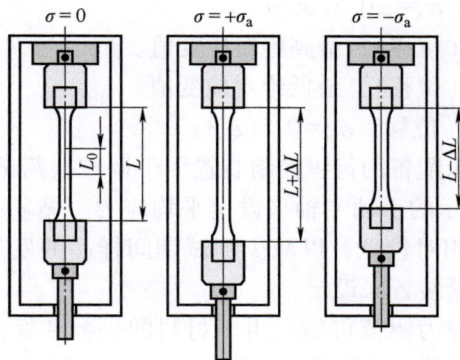

图 5-46　拉-压疲劳测试

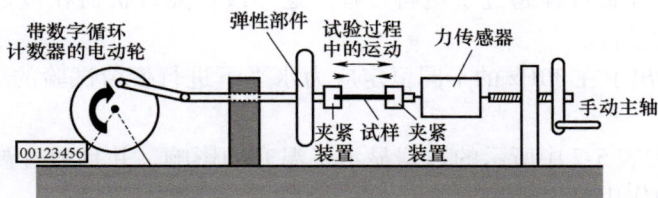

图 5-47　用于拉伸和压缩疲劳试验的偏心机

图 5-48 所示的术语和符号含义说明如下:

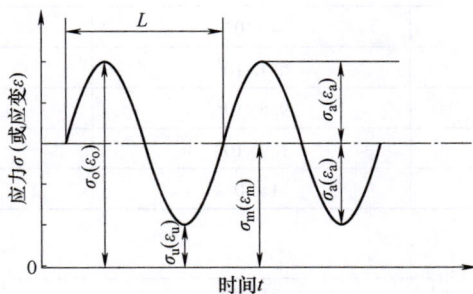

图 5-48　由偏心机引起的术语和符号说明应力或应变的循环性质

L——周期, 载荷 (应力或应变) 的一次完整振荡, 几乎总是假设为常数。

f——循环频率, 单位时间的循环次数, 单位为 Hz ($1/s$)。

N——循环次数。

σ_o——最大应力, 最高绝对应力值。

σ_u——最小应力, 最低绝对应力值。

σ_m——平均应力, $\sigma_m = 0.5(\sigma_o + \sigma_u)$。

σ_{a}——应力振幅，$\sigma_{\mathrm{a}} = \pm 0.5(\sigma_{\mathrm{o}} - \sigma_{\mathrm{u}})$。

ε_{o}——最大应变（位移），最高绝对应变值。

ε_{u}——最小应变（位移），最低绝对应变值。

ε_{m}——平均应变（位移）$\varepsilon_{\mathrm{m}} = 0.5(\varepsilon_{\mathrm{o}} + \varepsilon_{\mathrm{u}})$。

偏心装置上旋转轮配备的行程控制装置用于调控振荡试验中的应变/应力振幅。使用图 5-47 中所示的手动主轴来设定平均应力。循环频率通过电动轮的转速来控制，通常保持相对较低，以减少测试期间样品的发热。平均应力和最小应力可以通过调整夹紧装置来设定。

在试验过程中，应力幅值可能会由于材料的松弛和发热现象而减小。为了纠正这种应力幅值的下降，需要关闭机器并增加偏心行程。为了避免测试中断，测试装置中引入了一个弹性部件（见图 5-47），这一设计显著减少了应力下降，因为该部件的弹簧行程超过了塑料行程。这一改进允许机器在接近恒定应力值的情况下持续运行。

表 5-7 列出了在 30Hz 的不同恒定应力水平下进行疲劳试验的 PTFE 样品失效时的温度。

图 5-49 和表 5-7 中所示的数据显示了温升的影响，并且随着被测材料接近失效，温升的作用最为显著。

表 5-7　在 30Hz 的不同恒定应力水平下进行疲劳试验的 PTFE 样品失效时的温度

应力/MPa	N/周期	温度/℃
10.3	2×10^3	100
9.0	4×10^3	115
8.3	6.1×10^3	125
7.6	9.5×10^3	130
6.9	1.9×10^3	141
6.3	1×10^3	60

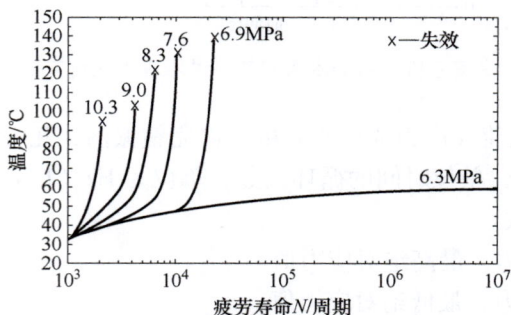

图 5-49　在 30Hz 的各种恒定应力水平下进行疲劳试验的 PTFE 样品的温度

试验频率也会影响材料疲劳性能，因为它也会导致滞后温度上升，如图 5-50 所示。这条曲线的重要性将在后面的章节中解释。

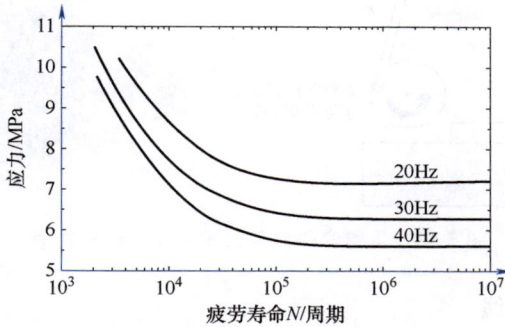

图 5-50　试验频率对聚四氟乙烯疲劳性能的影响

3. 弯曲疲劳测试

弯曲疲劳测试用于测量材料能够承受指定循环次数的循环弯曲应力的能力。试样作为悬臂梁支撑，并在一端承受交变应力，如图 5-51 所示。记录交替施加的应力和失效周期。

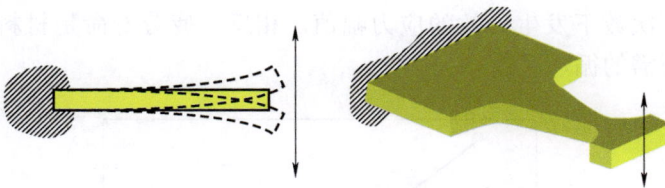

图 5-51　弯曲疲劳测试

试样的三角形旨在沿着试样的试验段长度产生恒定的应力。试样有 A、B 两种类型，如图 5-52 所示。

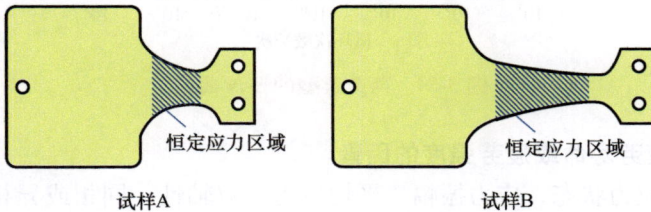

图 5-52　试样 A 和试样 B

图 5-53 所示为悬臂弯曲疲劳试验机及其实际构造。

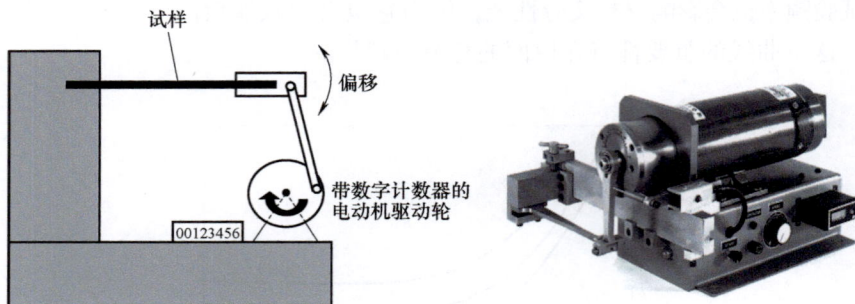

图 5-53　悬臂弯曲疲劳试验机及其实际构造

4. 应力-寿命曲线

最常见的疲劳数据图表是应力-寿命曲线，通常称为 S-N 曲线或 Wöhler 曲线，这是一张线性或对数尺度的循环应力（S）的大小与对数尺度上的失效循环（N）的关系图。循环测量是在恒定振荡负载振幅下进行的。它通常应用于高循环状态，其中应变寿命行为用于低循环状态。图 5-54 所示为两条典型的 S-N 曲线。图 5-54 中的曲线 A 显示了疲劳极限，如果材料的载荷低于疲劳极限，则无论其经历的疲劳循环次数如何，都不会失效。许多材料不会以这种方式表现，它们的 S-N 曲线看起来更像图 5-54 中的曲线 B，疲劳强度记录在该曲线上，定义为给定循环次数下发生失效的应力幅值。相反，疲劳寿命是材料在给定应力幅度下失效所需的循环次数。

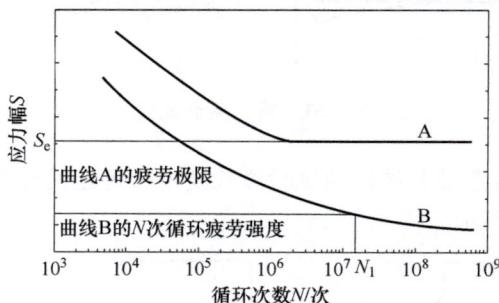

图 5-54　两条典型的 S-N 曲线

5. 影响疲劳寿命或疲劳强度的因素

1）循环应力状态，应力振幅、平均应力、双轴性、同相或异相剪切应力以及载荷序列。

2）几何形状，缺口和整个零件横截面的变化会导致疲劳裂纹开始的应力集中。

3）表面质量，表面粗糙度会导致微观应力集中，从而降低疲劳寿命。

4）材料类型，循环加载过程中的行为因不同材料而异。

5）残余应力，成型、切割、机械加工和其他涉及热或变形的制造过程会产生高水平的拉伸残余应力，从而降低疲劳寿命。

6）内部缺陷的尺寸和分布，气孔、缩孔等缺陷会显著降低疲劳寿命。

7）加载方向，对于非各向同性材料，如纤维增强塑料，疲劳寿命取决于主应力的方向。

8）环境，环境条件可导致侵蚀、氧化、降解和环境或溶剂应力开裂，所有这些都会影响疲劳寿命。

9）温度，较高的温度通常会降低疲劳寿命。

例 11：考虑承受循环应力的结构件，最大应力为 70MPa，最小应力为 10MPa，该部件由极限应力为 130MPa 的 PA6+30%GF 制成。在这种情况下确定该结构件的寿命。

解：

$$\sigma_{max} = 70MPa$$

$$\sigma_{min} = 10MPa$$

$$\sigma_{平均} = \frac{\sigma_{max} + \sigma_{min}}{2} = \frac{70+10}{2}MPa = 40MPa$$

$$\sigma_{应力幅} = \frac{\sigma_{max} - \sigma_{min}}{2} = \frac{70-10}{2}MPa = 30MPa$$

使用表达式确定完全反向的应力水平：

$$\frac{\sigma_{应力幅}}{S_n} + \frac{\sigma_{平均}}{\sigma_{极限}} = 1, \frac{30}{S_n} + \frac{40}{130} = 1$$

则

$$S_n = 43.3MPa$$

参照图 5-55，零件的预测寿命为 $N = 23000$ 次循环。

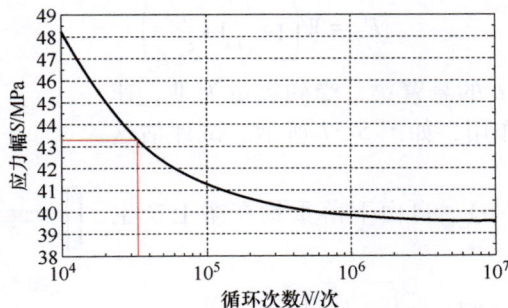

图 5-55 SABIC PF-1006（PF006）PA6+30%GF 在各种条件下的 S-N 曲线

5.5 冲击负载下的结构设计

刚度为 k 的弹性体在重量 W 的冲击下的响应可以通过势能理论来表示，如图 5-56 所示。

下落物体的势能等于弹性体吸收的能量：

$$W(h+\delta)=\frac{1}{2}F_{弹}\delta \qquad (5\text{-}1)$$

式中　$F_{弹}$——弹性体（弹簧）产生的等效静载荷。

$F_{弹}$ 定义为 $F_{弹}=k\delta$，代入式（5-1），有

$$W(h+\delta)=\frac{1}{2}k\delta^2 \qquad (5\text{-}2)$$

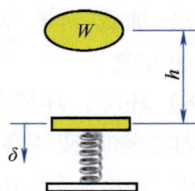

图 5-56　受冲击载荷的弹性体

弹簧的刚度可以根据弹簧的静态变形来重写：

$$k=\frac{W}{\delta_{静}}或\ W=k\delta_{静} \qquad (5\text{-}3)$$

将式（5-3）代入式（5-2），得

$$W(h+\delta)=\frac{1}{2}\frac{W}{\delta_{静}}\delta^2$$

则

$$\delta=\delta_{静}\left(1+\sqrt{1+\frac{2h}{\delta_{静}}}\right) \qquad (5\text{-}4)$$

$$F_{弹}=k\delta=k\delta_{静}\left(1+\sqrt{1+\frac{2h}{\delta_{静}}}\right)=W\left(1+\sqrt{1+\frac{2h}{\delta_{静}}}\right) \qquad (5\text{-}5)$$

重物作用在弹性体上会使其产生位移，这里由于重物自身所具有的重量对弹性体施加了影响，进而在弹性体内部就会相应地产生等效的弹簧力。根据物理学的基本原理，这个关系式可以用碰撞速度来重写，即

$$v^2=2gh$$

$$F_{弹}=W\left(1+\sqrt{1+\frac{v^2}{\delta_{静}g}}\right) \qquad (5\text{-}6)$$

例 12：长度为 L 的悬臂梁，受到重量为 W，速度为 v 的冲击载荷作用，如图 5-57 所示。试评估这种冲击产生的应力。

解：根据式（5-6），自由下落重量在梁上产生的等效静载荷为

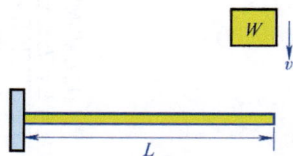

图 5-57　悬臂梁受到冲击载荷的作用

$$F_{等效}=W\left(1+\sqrt{1+\frac{v^2}{\delta_{静}g}}\right)$$

根据材料力学，悬臂梁的最大静态变形量为

$$\delta_{\text{静}} = \frac{WL^2}{3EI}$$

则

$$F_{\text{等效}} = W\left(1 + \sqrt{1 + \frac{3EIv^2}{WgL^3}}\right)$$

因此，由下落重量在悬臂梁上产生的应力为

$$\sigma = \frac{Mc}{I} = \frac{WL\left(1 + \sqrt{1 + \frac{3EIv^2}{WgL^3}}\right)c}{I}$$

例 13： 由两个弹簧系统垂直支撑的梁如图 5-58 所示。1kg 的质量从 1000mm 高的距离跌落到横梁中心，梁的材料为 ABS（$E = 2200\text{MPa}$），通过施加势能来确定梁因该冲击载荷而产生的最大应力。

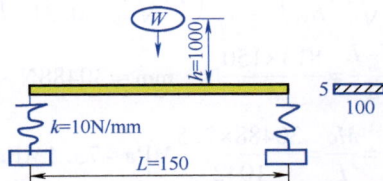

图 5-58　由两个弹簧系统垂直支撑的梁

解： 根据式（5-5），有

$$F_{\text{弹}} = W\left(1 + \sqrt{1 + \frac{2h}{\delta_{\text{静}}}}\right) = 10 \times \left(1 + \sqrt{1 + \frac{2 \times 1000}{\delta_{\text{静}}}}\right)$$

静态平衡变形量是梁变形量和弹簧位移的总和。

梁变形量为

$$I = \frac{100 \times 5^3}{12} \approx 1042\text{mm}^4$$

$$\delta_{\text{梁}} = \frac{WL^3}{48EI} = \frac{10 \times 150^3}{48 \times 2200 \times 1042}\text{mm} = 0.31\text{mm}$$

弹簧位移为

$$\delta_{\text{弹}} = \frac{1}{2}\frac{W}{k} = \frac{1}{2} \times \frac{10}{10}\text{mm} = 0.55\text{mm}$$

总静态平衡位移为

$$\delta_{\text{静}} = \delta_{\text{梁}} + \delta_{\text{弹}} = 0.31\text{mm} + 0.5\text{mm} = 0.81\text{mm}$$

因此

$$F_{\text{弹}} = W\left(1 + \sqrt{1 + \frac{2h}{\delta_{\text{静}}}}\right) = 10 \times \left(1 + \sqrt{1 + \frac{2 \times 1000}{0.81}}\right)\text{N} = 507\text{N}$$

根据图 5-59，梁的最大弯矩为

$$M = \frac{F_{弹}L}{4} = \frac{507 \times 150}{4} \approx 19012\text{N} \cdot \text{mm}$$

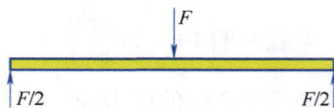

图 5-59　受力图

因此，梁上的应力为

$$\sigma = \frac{Mc}{I} = \frac{19012 \times 2.5}{1042}\text{MPa} \approx 45\text{MPa}$$

如果没有弹性支撑（弹簧位移为 0），则

$$F_{弹} = W\left(1 + \sqrt{1 + \frac{2h}{\delta_{静}}}\right) = 10 \times \left(1 + \sqrt{1 + \frac{2 \times 1000}{0.31}}\right)\text{N} \approx 813\text{N}$$

$$M = \frac{F_{弹}L}{4} = \frac{813 \times 150}{4}\text{N} \cdot \text{mm} \approx 30488\text{N} \cdot \text{mm}$$

$$\sigma = \frac{Mc}{I} = \frac{30488 \times 2.5}{1042}\text{MPa} = 73.1\text{MPa}$$

5.5.1　耐冲击的材料选择

对于塑料，悬臂梁缺口冲击试验是一种不太理想的冲击强度测试方法。除了悬臂梁缺口冲击测试，还有许多其他测试方法，如拉伸冲击测试和直接冲击测试，然而这些方法都没有产生令人满意的可重复结果。

标准冲击测试的结果，如悬臂梁缺口冲击测试，通常与实际使用条件下成型件的冲击性能几乎没有关系，悬臂梁缺口冲击测试结果与材料的最终使用性能排序不一致的情况并不少见。这种缺乏相关性是由于测试结果在任何情况下都取决于零件的几何形状和壁厚、加载速度、应力集中以及应力组合等复杂因素。尽管如此，悬臂梁缺口冲击测试结果仍然被用作比较材料冲击性能的参考。

缺口 Izod 测试结果很好地展示了实际情况，从中可以推断出一种树脂的悬臂梁缺口冲击测试结果中的小差异并不一定能显示出其优势或劣势，但这些数据是可用的，并且至少提供了正在考虑的树脂组内韧性差异的数量级概念。

关于冲击测试还有一点需要考虑的是，不同的聚合物对重复冲击的反应不同。例如，在低于聚碳酸酯（PC）正常断裂点的水平下进行多次拉伸冲击，会导致该聚合物在受到几次冲击后破裂，而尼龙（PA）和乙缩醛则可以承受许多次低于拉伸冲击测试中导致断裂的冲击水平的冲击。不幸的是，对于这里讨论的所有树脂，关于这一点的文献并不容易获得，也没有任何普遍接受的测试可以说明重复冲击的影响。

5.5.2 冲击负载需要考虑的问题

负载持续时间和环境温度会影响塑料件的力学性能，必须在零件设计中加以解决。设计用于耐冲击的塑料件，还必须考虑应变速率或加载速率对材料行为的影响。如图 5-60 所示，在高应变速率和低温下，塑料会变得更硬更脆。

如果零件将受到冲击应变，请在设计初期留意应力集中、能量耗散、材料冲击特性。随着环境温度的升高，材料变得更具延展性，屈服强度降低，但断裂应变值增加。

虽然零件在高温下的刚度会降低，但它可能具有更好的冲击性能，因为它在失效前可以吸收更多的能量。

避免应力集中是良好设计实践中的一个重要目标，这在冲击应用中变得至关重要。冲击会产生高能波，穿过零件并与其几何形状相互作用。例如，尖角、凹槽、孔和厚度突变等设计特征可以集中这种能量，引发断裂。随着尖角或凹槽变得更加锋利，零件的冲击性能将大幅度降低。

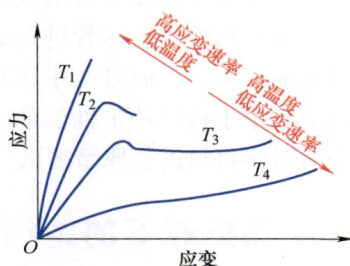

图 5-60　应变速率和温度对材料行为的影响

圆角和凹口可以减少应力集中，这时需要从零件设计以外的来源寻找潜在的问题，如后成型操作。例如，机械加工可能会留下深刻的划痕、微裂纹和内部应力，从而导致应力集中。

应将浇口和熔接线放置在不会受到高冲击力的区域，因为浇口周围的区域通常具有较高水平的模压应力。此外，浇口切除不当可能会留下粗糙的边缘和缺口，而熔接线通常表现出比其他区域更低的强度，并且可以沿着可见熔接线的精细 V 形凹口形成集中应力。

设计者经常试图通过增加筋或增加壁厚来增强冲击性能，虽然这有时会起作用，但以这种方式加固零件通常会产生相反的效果。例如，将零件厚度增加到超过临界厚度，可能会导致脆性失效，而添加筋可能会引入应力集中点，从而引发裂纹和零件失效。

通常，更好的策略是将零件设计为弯曲的，这样它就可以吸收和分配冲击能量。

在某些情况下，这可能涉及减少厚度和移除或重新分配筋以适应受控弯曲。可考虑以下经验法则以提高冲击性能：

1）如果使用多个筋，则将其间隔不均匀或定向，以防止碰撞能量引起共振放大。

2）避免将冲击力集中在刚性边角上的方形。

3）使用圆形将冲击力分散到更大的区域。

4）在为冲击应用选择塑料材料时，请考虑以下设计技巧：在零件的整个工作温度范围内选择具有良好冲击性能的材料；处理所有温度和冲击载荷，包括制造过程和运输中发现的温度和冲击载荷；在具有不可避免的缺口和应力集中的应用中，考虑材料的缺口敏感性；检查流动方向，尤其是在纤维填充材料中，横向流动和垂直流动力学性能之间的差异。

冲击中塑性性能的复杂性导致了各种冲击试验的发展，试图预测不同冲击模式下的材料性能。尽管进行了许多专门的测试，但材料冲击数据很难与实际零件性能相关联，而且几乎不可能以良好的准确性进行定量应用。因此，仅将测试数据用于材料冲击性能的一般比较或筛选潜在材料，并始终在实际使用环境中对最终材料进行原型测试。

5.6　热负载下的结构热应力

热应力是在约束存在的情况下材料发生温度变化时产生的应力。热应力实际上是由零件在受到约束时试图膨胀或收缩而产生的力引起的机械应力。

如果没有约束，就不会产生热应力。例如，对于图 5-61 所示的热膨胀杆件，如果受到 50℃ 的温度变化，并且杆件两端可以自由移动，则杆件中的应力为零。

另一方面，如果同一根杆件受到相同的温度变化，而两端是刚性固定的（杆的端部没有位移），则由于杆件端部力（拉伸或压缩）的作用，杆件中会产生应力。这些应力称为热应力。

就热应力而言，约束有两种类型，即外部约束和内部约束。外部约束是对整个系统的限制，当温度发生变化时，可防止系统膨胀或收缩。例如，如果一段管道在两个地方被管道支撑支架固定，这种约束就是外部约束。

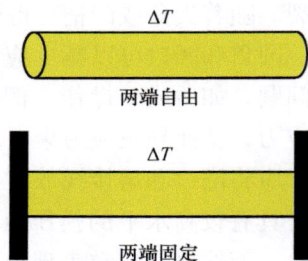

图 5-61　热膨胀杆件

内部约束是由于材料在不同位置的膨胀或收缩程度不同而存在于材料内部的约束，但材料必须保持连续。假设一段管道只是由支架支撑，并且管道的内部由于向管道中引入热液体而突然比外部表面温度高 10℃，而外部表面保持在初始温度，这种约束就是内部约束。

5.6.1　材料的热膨胀性能

与热应力相关的重要材料特性之一是热膨胀系数。对于塑料，通常会考虑两个热膨胀系数，即线性热膨胀系数 α 和体积热膨胀系数 β_t。

塑料的线性热膨胀系数值变化很大，通常远高于金属材料（见表 5-8）。在设计将暴露于一定温度范围内的零件时，必须考虑材料之间的膨胀差异。

表 5-8　各种材料的线性热膨胀系数

材料	$\alpha/10^{-5}℃^{-1}$	材料	$\alpha/10^{-5}℃^{-1}$
玻璃	0.9	PMMA	6.8
钢	1.4	PC	7.0
复合 RIM（反应注射成型）	1.4	PC/ABS 合金	7.2
铜	1.8	弹性 RIM+玻璃纤维	7.2
铝	2.3	PA	8.1
尼龙+玻璃纤维	2.3	ABS	9.0
PET+玻璃纤维	2.5	PP	9.0
PPS+玻璃纤维	2.7	POM	10.4
PC+玻璃纤维	3.0	PBT	10.8
ABS+玻璃纤维	3.0	PET	12.6
PP+玻璃纤维	3.2	弹性 RIM	14
POM+玻璃纤维	4.5		

5.6.2　热膨胀导致的应力计算及问题处理

如图 5-62 所示，塑料杆件固定在两个支架之间，杆件经历均匀的温度变化 $\Delta T=T-T_0$。在初始温度 T_0 时，塑料杆件中的应力为零。塑料杆件中的应力可以直接从以下方程计算得到：

$$\Delta L = \alpha L \Delta T$$

$$\varepsilon = \frac{\Delta L}{L}$$

$$\sigma = E\varepsilon = E\frac{\alpha L \Delta T}{L} = \alpha E \Delta T$$

从以上计算中可以看到，杠件中的热应力与杠件的尺寸无关，但不能为了减少对支撑件的压力把杆件截面尺寸做得很大。支撑件上塑料杠件的反作用力 $P=\sigma A$，其中 A 为塑料杠件的横截面积。如果横截面尺寸变大，支撑处的反作用力将增加，但杆件中的应力将保持不变。

如果没有约束，就不会有热应力，因此可以通过放松对塑料杠件的约束来控制热应力。放松外部约束的一种方法是通过提供宽度为 δ 的间隙来允许塑料杠件稍微移动，如图 5-63 所示。

如果 $\alpha L|\Delta T|\leqslant\delta$，则应力 $\sigma=0$。

例 14：如图 5-64 所示，铝制盒带 PA 塑料盖（$E=3000MPa$），厚度为 3mm，宽度为 20mm，螺钉相距 150mm，温度从 20℃ 到 100℃，在室温下组装。计算 100℃ 时，如果盖与盒自由变形，盖子中心距会比盒子中心距长多少？如果是

M4 的螺钉，在塑料螺纹过孔上产生多大的挤压力？

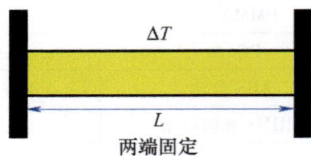

图 5-62　两端固定杆件

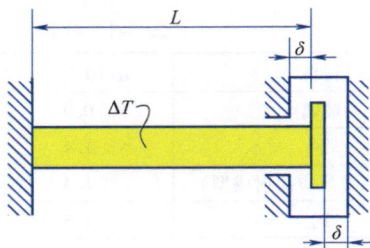

图 5-63　提供自由移动间隙

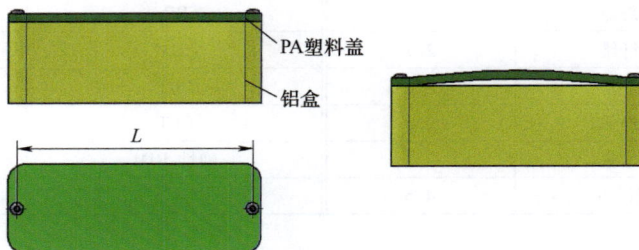

图 5-64　铝制盒带有 PA 塑料盖

解：长度的差异：

$$\Delta L = (\alpha_{塑料} - \alpha_{铝}) \Delta TL$$

$$= (8.1 - 2.3) \times 10^{-5} \times 80 \times 150 \text{mm} \approx 0.7 \text{mm}$$

产生的压应力：

$$\sigma = E\varepsilon = E\frac{\Delta L}{L} = 3000 \text{MPa} \times \frac{0.7}{150} = 14 \text{MPa}$$

产生的压力：

$$F = \sigma A = 14 \text{MPa} \times 3 \text{mm} \times 20 \text{mm} = 840 \text{N}$$

在螺钉过孔上产生的挤压力为

$$P = \frac{F}{A_{挤}} = \frac{840}{4 \times 3} \text{MPa} = 70 \text{MPa}$$

这种温度升高，导致塑料盖的尺寸发生变化，从而产生压缩应力，有可能会使塑料盖弯曲。同样，如果温度下降，塑料盖收缩也会比铝盒缩得更多，又会导致拉伸的应力。

为避免出现这种问题，可选择一种允许塑料件相对于其他材料滑动的连接方法。在上述示例中，将一端固定，并在另一端设计一个开槽的螺孔，以适应膨胀和收缩，如图 5-65 所示。

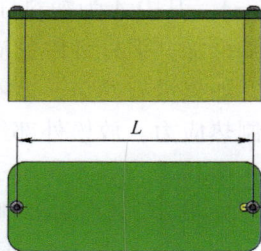

图 5-65　一端固定，另一端开槽

第 6 章
塑料件装配的设计

6

热塑性塑料可以通过多种不同的方式实现连接，包括压入装配、机械紧固件装配、超声波组装、金属嵌件、卡扣装配、电磁焊接、热焊接以及溶剂/黏合剂粘接。若要设计出优良的组件，必须了解所选塑料材料的性能；具备良好接头设计的基础知识，以及对该装配件设计的目的、几何形状、周围环境、化学物质和机械载荷的透彻理解。

另外，设计工程师应当进行可拆卸设计，这对于可维护性来说是一个重要因素，由于塑料回收的考量，其已愈发受到重视。在整个项目过程中，让设计工程师、最终用户、材料供应商、模具制造商或注塑加工商都参与其中，会让从概念到成品件的转变更加轻松。

6.1 压入装配的设计

当一个零件（如轴）通过压力迫使其进入一个稍小的孔，从而与另一个零件进行组装时，该操作被称为压入装配，简称压配。压配可设计于相似塑料之间、不同塑料之间，或者更为常见的是在塑料与金属之间。

6.1.1 压配的应用场合

如果应用得当，压配这种组装方法可以最低成本生产出具有良好强度的可用组件。如图 6-1 所示，轴承压入塑料轴承座，塑料齿轮压在金属轴上。

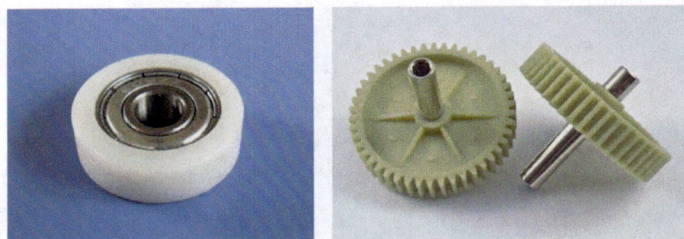

图 6-1 压配实例

齿轮、滑轮、轴承及其他环形零件通常会借助压配技术装配到金属或塑料轴上。该技术的主要优势在于操作简便。零件成型时不需要扣位，也不需要如固定螺钉或键槽等额外的机械紧固件。然而，需在此说明，压配轮毂会受到长期的拉伸应力影响，所以在设计压配组件时，必须考虑材料的拉伸应力、松弛特性，以及产生裂痕或破裂的可能性，如图 6-2 所示。

对于通过多个点浇口或内部辐条浇口成型的轮毂而言，这尤其是个需要关注的问题，因为这会进而产生一系列与拉伸应力方向垂直的熔接线，如图 6-3 和图 6-4 所示。在压配应用中，盘式或隔膜浇口则更为可取，因为它可消除熔接线，如图 6-5 所示。

图 6-2　长时间环形应力
　　　　出现应力开裂

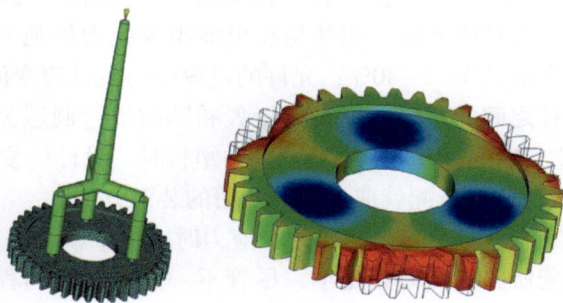

图 6-3　3 点进胶浇口之间会有熔接线

图 6-4　辐条式浇口也会产生熔接线

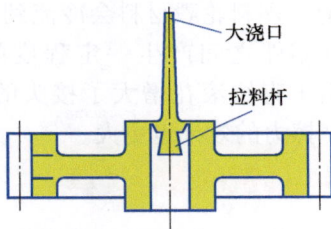

图 6-5　盘式或隔膜浇口无熔接线

6.1.2　轴孔脱模斜度的影响

压配轮毂的另一个制造关注点，在于用于塑造轮毂自身内径的脱模斜度。添加脱模斜度的目的是便于零件从模具中脱模或顶出，但它会使轮毂在压配后出现不均匀的应力分布。若有可能，轮毂应具备零或最小的脱模斜度。

若要利用脱模斜度来帮助脱模，可采用两个型芯销，一个从型腔，另一个从型芯。此种方法要优于单侧型芯销，因其能减少所需的脱模量，还能让最终组装的应力分布更为均衡。用过大脱模斜度成型的孔，或许需要在组装前切削到规定尺寸。

6.1.3　压配的材料性能影响

理论上，压配能够与任何热固性或热塑性材料搭配使用，但在实际操作上，压配技术在韧性更佳的塑料上的运用会明显变得更为简便。例如，将一个齿轮压在实心钢轴上，组装件需传递的转矩由材料性能和直径过盈量共同决定。像酚醛树脂或 PS 这类刚性的、玻璃状的塑料，其断裂应变值小于 1.0%，能够运用的设计应变值，尤其是在可能出现应力松弛的长期应用中，不可超过该断裂应变值的 10%~40%；允许的过盈量与设计应变值直接相关，所以轮毂内径与轴外径之间的差异或许会比轮毂和轴的组合制造公差要小。当使用诸如未增强的 PE、PA 或 POM 等更具韧性的塑料时，设计应变值足够大（相对于组合制造公差而言），压配就成为一种实用的装配方法。

当塑料材料暴露于永久应力时，结果就是蠕变，这意味着随着时间的推移，压配所施加的力会变小，尽管不一定到很大的程度。压配也必须考虑轴和孔的制造公差，以查看这两个极端情况是否仍然可行。当在不同的材料之间制作接头时，温度的升高会改变零件之间的过盈程度。还要记住，在高温下，蠕变的影响会更大。

在轴和轮毂压配中，解决蠕变问题的方法之一是在金属轴上提供直纹滚花（见图 6-6）。塑料轮毂材料会冷流到滚花凹槽中，在零件之间产生一定程度的机械干涉。由于直纹滚花增大了接头的表面积，所以摩擦力的效果也更大。

图 6-6　压配轴滚花

6.1.4　压配的设计计算

压配作为一种简单且经济的组装方式，确实存在一些需要谨慎处理的问题。轴与孔之间的过盈程度尤为关键。过盈量过小，接头的稳固性将难以保证，存在安全隐患；而过盈量过大，不仅会增大组装的难度，还可能导致材料过度受力，引发损坏。与卡扣配合不同，压配在组装后始终处于受力状态，它依赖塑料件的弹性变形来提供保持接头紧密连接的力。

如图 6-7 所示，在压配设计时，基于厚壁圆筒的经典理论，需要计算出零件之间的正确过盈量 δ：

$$\delta = \frac{\sigma_D d}{W}\left(\frac{W + \nu_D}{E_D} + \frac{1 - \nu_d}{E_d}\right)$$

$$W = \frac{1 + \left(\dfrac{d}{D}\right)^2}{1 - \left(\dfrac{d}{D}\right)^2}$$

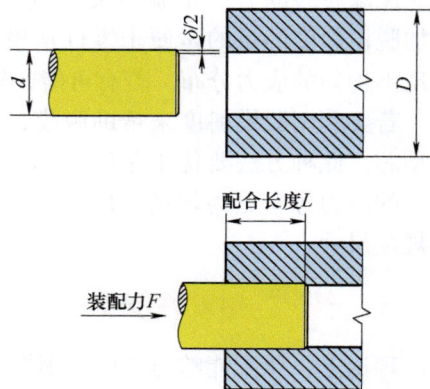

图 6-7　压配设计

式中　δ——过盈量（mm）；

σ_D——设计的应力大小（MPa），通常小于该材料短期拉伸屈服应力的 20%~25%；

D——轮毂外径（mm）；

d——轴径（mm）；

E_D——孔材料的弹性模量（MPa）；

E_d——轴材料的弹性模量（MPa）；

ν_D——孔材料的泊松比；

ν_d——轴材料的泊松比。

W——与轴、孔几何尺寸相关的无量纲参数。

压配的装配力 F 为

$$F = \mu p A = \mu p \pi d L$$

式中　μ——摩擦系数；

L——配合轴向长度；

p——配合面的压力，可用 $p = \sigma_D / W$ 计算。

能传递的转矩 T 为

$$T = F \frac{d}{2}$$

在装配过程中，当轮毂被推过轴上的肩部时，过盈量（以及相应的应变水平）会在极短的时间内显著增高，如图 6-8 所示。

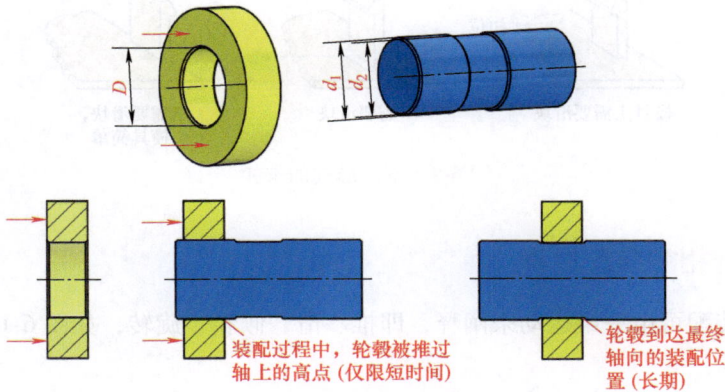

图 6-8　带轴向轴肩的压配

在进行极短期的装配过盈量计算时，通常采用可接受的短期应力（或应变）值作为参考。对于长期压配应用，拉伸应力值的选择则依赖于塑料的应力松弛特性，通常这一值会小于材料短期拉伸屈服应力的 20%~25%。为了确保最小化应力松弛和避免因滑动或开裂导致的过早失效风险，长期应用的设计应力值应保持在一个相对较低的水平。然而，在装配过程中，特别是在轮毂被推过轴上的肩部时，应力水平会在极短的时间内迅速上升，通常可达到拉伸屈服应力的40%～60%。

6.2 卡扣装配的设计

卡扣装配是组装两个零件最简便、最迅速且成本效益最佳的方法。若设计合理，带有卡扣配合的零件能够进行多次组装和拆卸，且不会对组装造成任何不良影响。因其易于拆卸，所以卡扣装配也是最环保的组装形式，能使不同材料的组件方便回收。

虽然卡扣配合能用多种材料来设计，但理想材料当属热塑性塑料，因其具有高度的柔韧性，还能轻松、廉价地被模制成复杂的几何形状。此外，它还具有相对较高的伸长率、较低的摩擦系数，以及足够的强度与刚度，可满足多数应用的要求。

设计工程师应了解，由于两个配合零件的公差累积，装配过程中可能会存在一定的"间隙"。另外，某些卡扣装配的设计可能会因为模具需要滑块而增加注塑模具的成本。然而，经验丰富的设计师通过在倒扣正下方的壁上添加一个槽，或者将卡扣置于零件的边缘并使其朝外（见图6-9），从而避免对滑块的需求，既优化了设计，又降低了成本。

图6-9 不同形式的卡扣

6.2.1 卡扣的装配过程

卡扣装配可由一组运动来阐释，即推、滑、倾斜、旋转，如图6-10～图6-14所示。

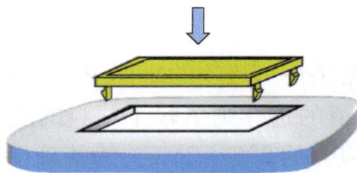

图6-10 推入卡扣

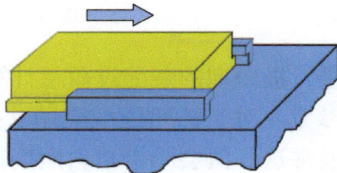

图6-11 滑入卡扣

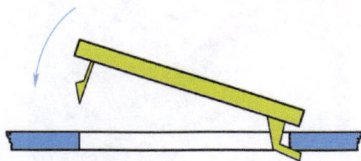

图 6-12　倾斜插入卡扣

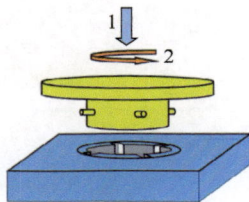

图 6-13　旋入卡扣

1）推：在最终锁定前，卡扣与基座发生短时间的接触。

2）滑：定位特征之间的早期接触，然后在最终锁定之前进行滑动接触。

3）倾斜：配合零件上的定位特征与基座零件接合，然后旋转，直到锁接合。

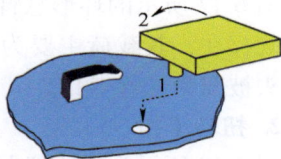

图 6-14　绕固定轴旋入卡扣

4）绕中心旋转：① 轴对称约束特征与线性运动接合；②旋转配合零件，使约束特征与基座零件上的互补特征接合。

5）绕定位轴旋转：① 配合零件在定位轴位置接合；②配合零件绕轴旋转，直到发生锁定接合。

6.2.2　常见的卡扣形式

1. 悬臂卡扣

如图 6-15 所示，控制面板模块上的四个悬臂卡扣及背带两个悬臂卡扣，有需求时可以容易拆除。如图 6-16 所示，通过一侧的刚性孔与另一侧的悬臂卡扣相配合，也可得到经济且可靠的卡扣接头。对于连接需易于分离的、具有相似形状外壳，这种设计极为有效。

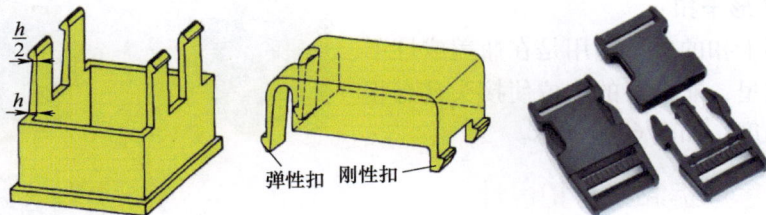

图 6-15　悬臂卡扣

图 6-16 所示的正向卡扣接头能够传输相当大的力。不过，因可通过沿着箭头所指方向按压两个舌片以释放卡扣臂，所以盖子仍能轻松从底盘上取下。

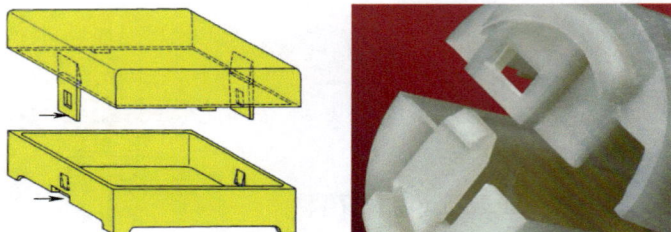

图 6-16　一侧悬臂卡扣，另一侧刚性孔

图 6-17 所示的环形悬臂卡扣与环形卡扣接头存在一定的相似之处，但由于狭缝的存在，其载荷主要为弯曲形式，所以就尺寸标注的目的而言，这种类型的接头被归为悬臂卡扣。

2. 扭转卡扣

图 6-18 所示为用于仪器外壳的扭转卡扣，在热塑性塑料中并不常见，尽管事实上它也是一种复杂且经济的连接方法。其摇杆臂的设计，使偏转力主要由轴的扭转提供，允许在力 P 下轻松打开盖子。

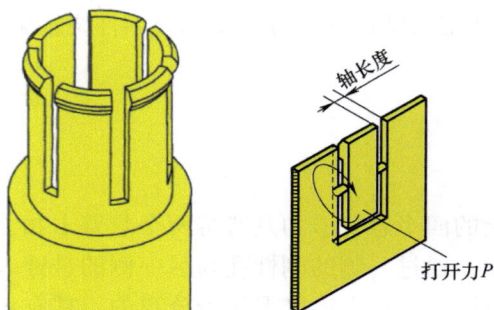

图 6-17　环形悬臂卡扣

图 6-18　扭转卡扣

3. 环形卡扣

环形卡扣的典型应用是在瓶盖或灯罩中。在这里，非常小的扣位使接头具有相当大的强度，如图 6-19 所示。

6.2.3　考虑拆卸的卡扣设计

常用的卡扣接头采用了一种可发生偏转并卡入配合组件扣位处的悬臂卡扣，如图 6-20 所示。

此类悬臂卡扣的设计具有可拆卸与不

图 6-19　环形卡扣

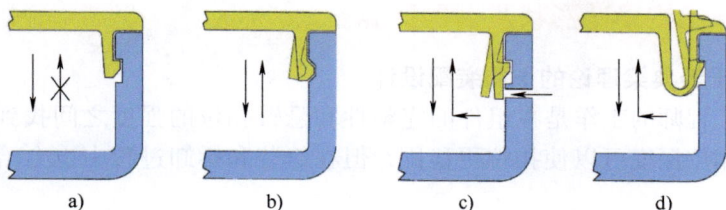

图 6-20　考虑是否拆卸的卡扣

a）不可拆卸　b）可拆卸，具有导向角　c）可拆卸悬臂卡扣　d）可拆卸 U 形卡扣

可拆卸两种选项。如图 6-20a 所示，该组件被设计为不可拆卸；而图 6-20b 中的组件，通过增设返回导向角，实现了便捷的拆卸功能。在图 6-20c 和图 6-20d 中，当采用 90°返回角设计时，可以根据实际使用需求在产品中融入分离特征，以便于部件维修或其他目的。

悬臂卡扣经常通过注射成型工艺固定在产品基座上，如图 6-21 所示。这种卡扣的设计特点在于 90°的返回角，它能够有效地将组件锁定在预定位置。图中右侧所示的带有小于 90°倾斜返回角的悬臂卡扣，则具备提供轻微预加载和恒定压力的功能。当采用这种浅返回角的设计时，组件可以通过轴向拉动轻松拆卸，这在维修操作中可能是有利的。然而，当产品遭遇冲击载荷时，如运输过程中的振动，这种设计可能导致被固定的组件松动，从而引发问题。

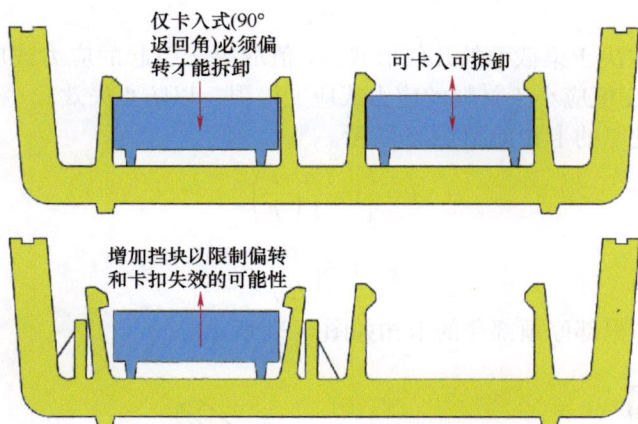

图 6-21　基座上的卡扣用于装配子组件

在卡扣接头应用中，推入和拉出的力是需要重点考虑的力学因素。其中，悬臂梁长度和倾斜角度等变量对力的影响尤为显著。电气部件，如电路板或电源，常常利用悬臂卡扣安装在模制底盘上。当使用需要手动偏转才能拆卸的 90°返回角卡扣时，建议添加止动件来限制偏转，避免潜在的梁损坏。

6.2.4 卡扣的设计形状及受力计算

1. 基于经典梁理论的卡扣装配设计

设计工程师的工作是在组件的完整性和悬臂扣位的强度之间找到平衡。虽然较大的扣位深度可以使扣位更稳固，但在组装和拆卸过程中也会给梁带来更多的应变。

一个典型的卡扣装配由在梁末端带有凸起扣位的悬臂梁组成（见图6-22）。扣位的深度决定了装配过程中的挠度量。

扣位通常在插入侧设有一个平缓的角度，而在退出侧则有一个更为陡峭的角度。插入侧的小角度（α）（见图6-22）有助于降低组装的工作量，而退出侧的尖锐角度（β）则依据预期的功能，会使拆卸变得非常困难甚至不可能。通过对上述角度进行修改，即可对组装和拆卸的力度进行优化。因此，挠度必须针对材料的拉伸屈服应力或应变进行优化。这可以通过优化梁截面的几何形状来实现，以确保能够达到所需的挠度，而不会超过材料的应力或应变极限。

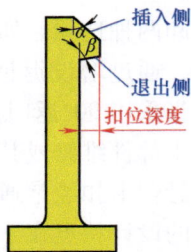

图 6-22　卡扣凸起特征

装配和拆卸力会随着横梁的刚度（k）和最大偏转量（y）的增加而增加。使横梁偏转所需的力（F）与这两个因素的乘积成正比，即

$$F = ky$$

k 值大小取决于梁截面的几何形状，y 值取决于引起的应力或应变大小。计算的应力或应变值应小于材料的应力或应变极限，以防止失效。

1）均匀壁厚的卡扣如图6-23所示。

刚度：

$$k = \frac{F}{y} = \frac{Eb}{4}\left(\frac{t}{L}\right)^3$$

应变：

$$\varepsilon = 1.5\left(\frac{t}{L^2}\right)y$$

2）等宽、根部厚顶部薄的卡扣如图6-24所示。

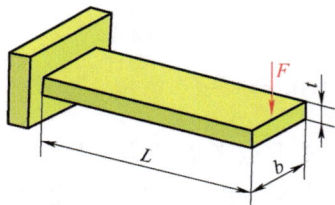

图 6-23　均匀壁厚的卡扣

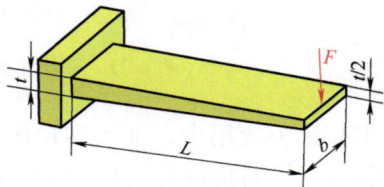

图 6-24　等宽、根部厚顶部薄的卡扣

刚度：
$$k = \frac{F}{y} = \frac{Eb}{6.528}\left(\frac{t}{L}\right)^3$$

应变：
$$\varepsilon = 0.92\left(\frac{t}{L^2}\right)y$$

3）等高、根部宽顶部窄的卡扣如图 6-25 所示。

刚度：
$$k = \frac{F}{y} = \frac{Eb}{5.136}\left(\frac{t}{L}\right)^3$$

应变：
$$\varepsilon = 1.17\left(\frac{t}{L^2}\right)y$$

式中　E——弯曲模量；

　　　F——作用力；

　　　y——变形量；

　　　b——卡扣宽度。

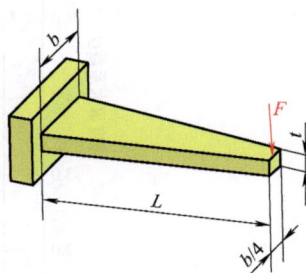

图 6-25　等高、根部宽
顶部窄的卡扣

在选择吸湿性材料（如尼龙）的弯曲模量（E）时，必须格外小心。在干态成型时，可使用数据表上的值来计算刚度、挠度或卡扣设计的保持力。然而，在正常的 50% 相对湿度条件下，物理性能会下降，因此刚度和保持力会减小，而挠度会增大。对这两种情况都应该检查。

2. 改进的悬臂卡扣装配设计

在常规卡扣设计中，通常使用的悬臂梁公式往往低估了梁与侧壁交界处的应变量，因为它们并未考虑壁面自身的变形。这些公式往往基于一个假设，即壁面是完全刚性的，而挠度仅发生在梁上。然而，当梁的长度与其厚度之比（纵横比）超过大约 10∶1 时，这一假设可能才较为有效。因此，在实际应用中，设计师需要综合考虑壁面的变形，以确保卡扣设计的准确性和可靠性。

为了更精确地预测短梁的总允许挠度和应变，设计师应对常规公式应用一个放大系数。这样做不仅可以提高设计的灵活性，还能确保材料承载应变能力得到充分利用。

巴斯夫塑料（BASF Plastics）公司已开发出一种方法，专门用于估算各种卡扣梁/壁面配置的挠度放大系数。这项技术已经过有限元分析和实际部件测试的验证，其结果如图 6-26 及图 6-27 所示，为工程师们提供了宝贵的参考数据。

截面渐缩梁，即梁尾部的厚度减少一半。为了更直观地了解材料的性能，表 6-1 列出了部分常用材料的许用应变，供工程师们在设计时参考。

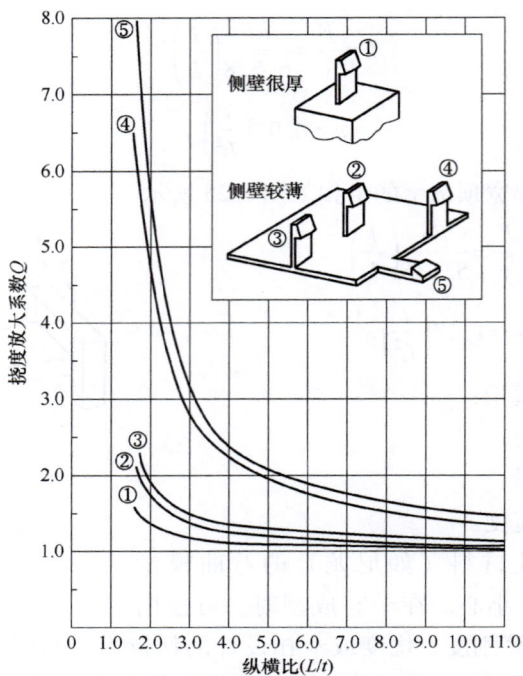

图 6-26　等厚等宽梁不同侧壁挠度放大系数

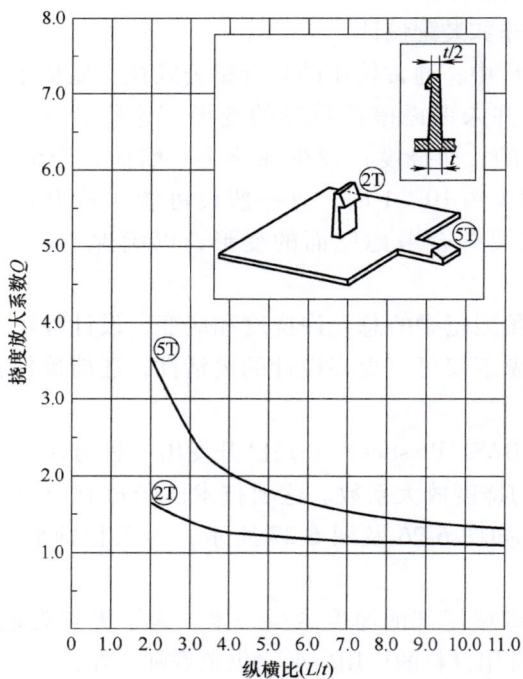

图 6-27　等宽截面渐缩梁不同侧壁挠度放大系数

表 6-1　部分常用材料的许用应变

材料	许用应变	
	未填充	30%玻璃纤维
PEI	9.8%	—
PC	4%~9.2%	—
POM	7%	2.0%
PA6	8%	2.1%
PBT	8.8%	2.0%
PC/PET	5.8%	—
ABS	6%~7%	—
PET	—	1.5%

例1：均匀壁厚卡扣如图6-28所示，材料为 PBT+30%GF，厚度 $t=3\text{mm}$，长度 $L=15\text{mm}$，宽度 $b=6\text{mm}$，$E=4800\text{MPa}$，计算允许的最大变形量（挠度）及最大作用力 F。

解：根据 $\varepsilon=1.5\left(\dfrac{t}{L^2}\right)y$，以及挠度放大系数 Q，有

$$\varepsilon=1.5\left(\frac{t}{L^2}\right)\frac{y}{Q}$$

$$y=\frac{\varepsilon L^2 Q}{1.5t}=\frac{0.02\times15^2 Q}{1.5\times3}=1.0Q$$

纵横比：$\dfrac{L}{t}=\dfrac{15}{3}=5$，根据纵横比及图6-26，查到挠度放大系数 $Q\approx2.07$，则

$$y_{\max}=1.0\times2.07\text{mm}\approx2.07\text{mm}$$

最大作用力：

$$F_{\max}=\frac{bt^2 E\varepsilon}{6L}=\frac{6\times3^2\times4800\times0.02}{6\times15}\text{N}=57.6\text{N}$$

例2：等宽截面渐缩卡扣如图6-29所示，尾部厚度 $t=3\text{mm}$，顶部厚度为 $t/2=1.5\text{mm}$，变形量 $y=2.3\text{mm}$，长度 $L=6\text{mm}$，宽度 $b=5\text{mm}$。试确定该设计是否可以选用未填充材料 POM？

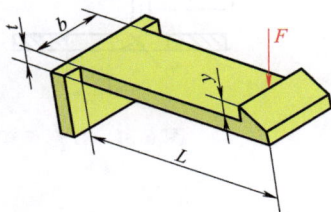

图6-28　均匀壁厚卡扣

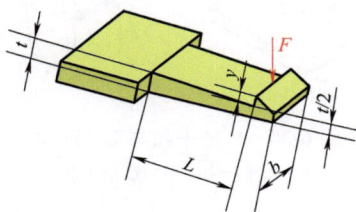

图6-29　等宽截面渐缩卡扣

解: 根据 $\varepsilon = 0.92\left(\dfrac{t}{L^2}\right)\dfrac{y}{Q} = 0.92 \times \left(\dfrac{3}{6^2}\right) \times \dfrac{2.3}{Q} = \dfrac{0.176}{Q}$

纵横比: $\dfrac{L}{t} = \dfrac{6}{3} = 2$, 根据纵横比及图 6-27, 查到挠度放大系数 $Q = 3.5$, 则

$$\varepsilon = \frac{0.176}{3.5} = 0.05 = 5\% < 7\%$$

因此, 可以使用未填充材料 POM。

3. L 形和 U 形卡扣

L 形卡扣 (见图 6-30a) 通过在底座壁上设计槽形成, 与标准悬臂卡扣相比, 有效增加了梁的长度和柔韧性, 允许设计工程师在装配过程中将应变降低到选定材料的许用应变值以下。

U 形卡扣 (见图 6-30b) 是另一种在有限空间内增加有效梁长的方法。采用这种设计, 即使是许用应变值较低的材料 (如高玻璃纤维含量的材料) 也可以满足装配要求。U 形卡扣设计通常将扣位融入部件的外边缘, 从而消除了模具中滑块的需求, 除非卡扣凸出侧壁上的槽是可接受的。

1) L 形卡扣如图 6-31 所示, 变形量的计算如下:

$$L_2 = \frac{\dfrac{6}{\varepsilon}yt(L_1+R) - 4L_1^3 - 3R(2\pi L_1^2 + \pi R^2 + 8L_1 R)}{12(L_1+R)^2}$$

$$y = \frac{F}{12EI}\left[4L_1^3 + 3R(2\pi L_1^2 + \pi R^2 + 8L_1 R) + 12L_2(L_1+R)^2\right]$$

式中　ε——材料许用应变;

　　　E——弯曲弹性模量;

　　　I——惯性矩, 其他字母含义如图 6-31 中标注所示。

图 6-30　L 形卡扣与 U 形扣位
a) L 形卡扣　b) U 形卡扣

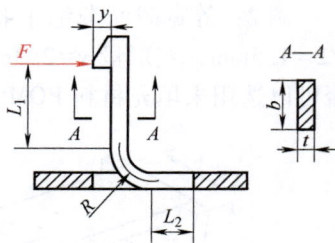

图 6-31　L 形卡扣

例 3: 根据图 6-31, 已知 PA+30%GF 的 $\varepsilon = 0.02$, $t = 2.5$mm, $L_1 = 12$mm, $R = 3$mm, $E = 3500$MPa, $b = 25$mm, $y = 2.5$mm, 计算需要设计的最小槽长 L_2 和变

形量 $y = 2.5\text{mm}$ 需要的作用力 F。

解: 惯性矩:

$$I = \frac{bt^3}{12} = 25 \times \frac{2.5^3}{12}\text{mm}^4 = 32.6\text{mm}^4$$

槽长:

$$L_2 = \frac{\dfrac{6}{\varepsilon}yt(L_1+R) - 4L_1^3 - 3R(2\pi L_1^2 + \pi R^2 + 8L_1R)}{12(L_1+R)^2}$$

$$= \frac{\dfrac{6}{0.02} \times 9.5 \times 2.5 \times (12+3) - 4 \times 12^3 - 3 \times 3 \times (2 \times \pi \times 12^2 + \pi \times 3^2 + 8 \times 12 \times 3)}{12\,(12+3)^2}\text{mm}$$

$$\approx 33\text{mm}$$

根据变形量计算作用力:

$$y = \frac{F}{12EI}\left[4L_1^3 + 3R(2\pi L_1^2 + \pi R^2 + 8L_1R) + 12L_2(L_1+R)^2\right]$$

$$2.5 = \frac{F}{12 \times 3500 \times 32.6} \times \left[4 \times 12^3 + 3 \times 3 \times (2 \times \pi \times 12^2 + \pi \times 3^2 + 8 \times 12 \times 3) + 12 \times 33 \times (12+3)^2\right]$$

$$2.5 = \frac{F}{12 \times 3500 \times 32.6} \times 106984.72$$

$$F \approx 32\text{N}$$

2) U 形卡扣变形量的计算如下。

第一种情况,卡扣高于固定面,如图 6-32 所示。

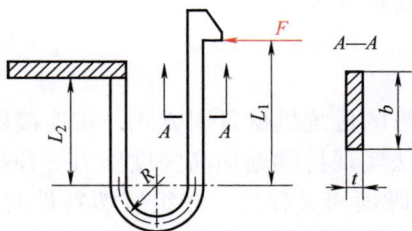

图 6-32 卡扣高于固定面

$$y = \frac{\varepsilon}{9(L_1+R)t}\left\{6L_1^3 + 9R\left[L_1(2\pi L_1 + 8R) + \pi R^2\right] + 6L_2(3L_1^3 - 3L_1L_2 + L_2^2)\right\}$$

或者为

$$y = \frac{F}{18EI}\left\{6L_1^3 + 9R\left[L_1(2\pi L_1 + 8R) + \pi R^2\right] + 6L_2(3L_1^3 - 3L_1L_2 + L_2^2)\right\}$$

式中　y——扣位变形量;

ε——材料许用应变；

F——作用力；

E——弯曲模量；

I——惯性矩，其他字母含义如图 6-32 中标注所示。

第二种情况，卡扣低于固定面，如图 6-33 所示。

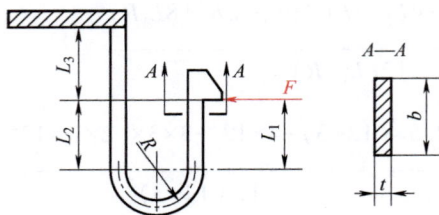

图 6-33　卡扣低于固定面

$$y = \frac{\varepsilon}{3(L_1+R)t}\left\{4L_1^3+2L_3^3+3R\left[L_1(2\pi L_1+8R)+\pi R^2\right]\right\}$$

或者为

$$y = \frac{F}{6EI}\left\{4L_1^3+2L_3^3+3R\left[L_1(2\pi L_1+8R)+\pi R^2\right]\right\}$$

6.3　紧固件装配的设计

机械紧固件（螺钉、螺栓和铆钉等）为必须有限次拆装的组件提供了最便宜、最可靠和最常用的连接方法之一。

6.3.1　机械螺栓装配

使用金属螺栓和螺母的传统机械紧固方式，在连接聚合物材料时并不那么奏效。这种方法不仅无法实现持续施加高强度压力等独特优势，还需要大量单独零部件，使装配过程既烦琐又耗力。在组装塑料件时，若采用金属紧固件，蠕变或预应力损失是一个普遍问题。为了尽可能减少预应力损失，应当遵循以下指导原则，如图 6-34 所示。

1）通过使用宽大的垫圈或类似的五金配件，可以大幅减小接触压力。

2）为了实现大致的压缩应力状态，应该减少横向应变（提供侧向支撑，以保持较低的拉伸预应力）。

如图 6-35 所示，为了有效解决因塑料材料蠕变，以及螺栓和塑料件之间热膨胀差异造成的尺寸问题，最为有效的方法是采用特制的螺栓或金属套筒来直接吸收装配应力。

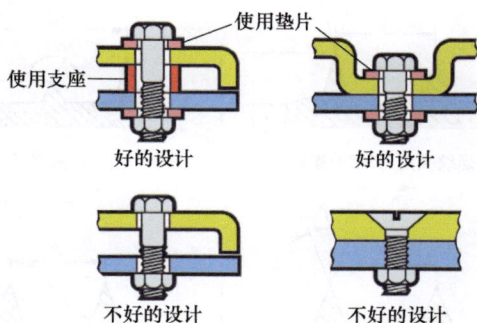

图 6-34 机械螺栓装配

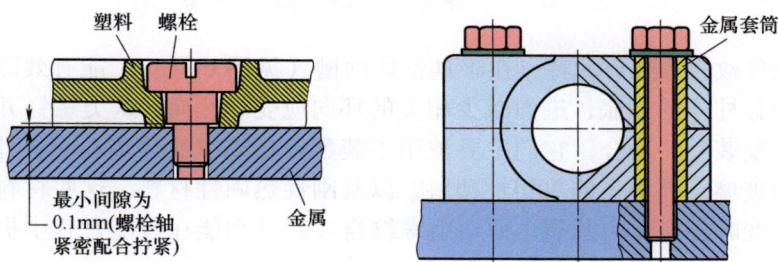

图 6-35 特制螺栓及金属套筒用于机械螺栓装配

图 6-36 所示为一些市面上常见的金属套筒，这些套筒需插入塑料件的圆柱形孔中。这些套筒是分体的，装配时容易被压缩。为确保装配时的应力传递到金属嵌件而非塑料件本身，这些套筒的长度必须比塑料件的总厚度长出几十分之一毫米。

6.3.2 自攻螺钉装配

自攻螺钉专为塑料件的装配设计，根据其功能分为切削螺纹自攻螺钉和成型螺纹自攻螺钉两类，提供了既可靠又经济的可拆卸

图 6-36 金属套筒

连接方式。将适当的螺钉直接旋入热塑性塑料件，可以产生与螺纹金属嵌件相当的拉拔力。

最好使用专门为塑料材料开发的自攻螺钉。这些螺钉的螺纹夹角较小，为 30°~40°，牙根直径较小，因此螺纹高度和螺距更大。图 6-37 所示为用于热塑性塑料的典型螺纹形状。

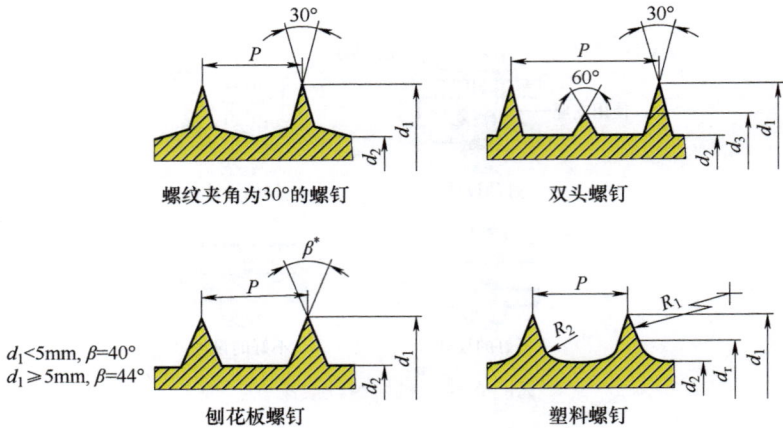

图 6-37　用于热塑性塑料的典型螺纹形状

切削螺纹自攻螺钉的特点在于具备切削槽（见图 6-38a），能有效降低驱动扭矩和螺钉柱体的膨胀，进而减少相关的环向应变。然而，这类螺钉并不总是适用于重复装配的场合，它们主要被用于装配极易碎裂的热塑性塑料件，特别是那些以玻璃纤维增强的热塑性塑料，以及刚性热固性材料。这些材料在受到低拉伸应变时容易发生开裂，而切削螺纹自攻螺钉则能在装配过程中提供更为可靠的固定效果。

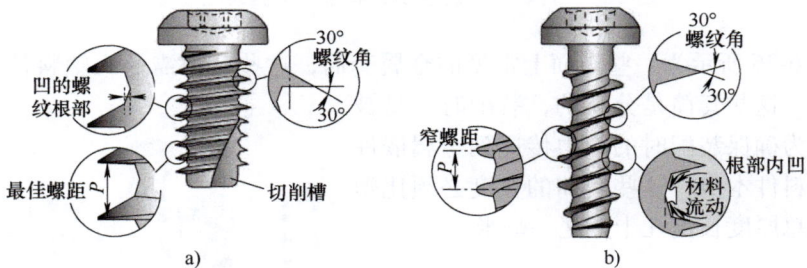

图 6-38　切削螺纹自攻螺钉和成型螺纹自攻螺钉
a）切削螺纹自攻螺钉　b）成型螺纹自攻螺钉

成型螺纹自攻螺钉（见图 6-38b）在使用时会产生较高的内应力，因为它们是通过使材料变形而非去除材料来形成螺纹的。因此，这类螺钉通常只适用于具有较低弯曲模量的较软塑料中。在装配过程中，螺纹会促使塑料材料在螺纹周围流动，形成紧密的连接。因此，螺纹的重叠量（即螺纹接合的长度）和螺纹的轮廓角度都是影响连接性能的关键因素。为了确保连接的可靠性，针对不同弯曲模量的塑料材料，推荐使用不同类型的螺钉，具体可参照表 6-2 进行选择。

表 6-2　依据材料选择螺钉

弯曲模量/MPa	首选螺钉类型
<1400	成型螺纹自攻螺钉
1400～2800	成型螺纹或切削螺纹自攻螺钉
>2800～6900	切削螺纹自攻螺钉
>6900	切削螺纹、细螺距螺钉

　　螺钉支柱的设计必须经过严格的尺寸控制，以确保能够承受螺钉插入时的力和螺钉在使用过程中承受的负载。螺纹孔的尺寸与螺钉的匹配对于防止螺纹剥落和螺钉拔出具有至关重要的作用。同时，支柱的直径必须足够大，以充分抵抗在螺纹形成过程中产生的环向应力。为此，可按图 6-39 所示的推荐尺寸，并参照表 6-3 进行具体设计。

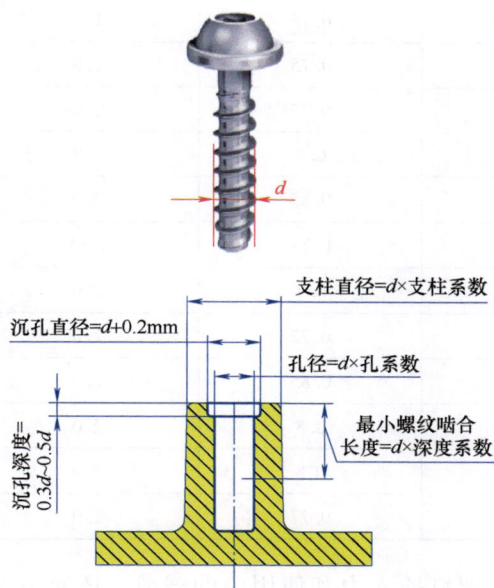

图 6-39　支柱尺寸是材料和螺钉直径的函数

表 6-3　螺钉支柱设计系数

材料	孔系数	支柱系数	深度系数
ABS	0.8	2.0	2.0
ABS/PC	0.8	2.0	2.0
ASA	0.78	2.0	2.0

材料	孔系数	支柱系数	深度系数
PA46	0.73	1.85	1.8
PA46+30%GF	0.78	1.85	1.8
PA6	0.75	1.85	1.7
PA6+30%GF	0.8	2.0	1.9
PA66	0.75	1.85	1.7
PA66+30%GF	0.82	2.0	1.8
PBT	0.75	1.85	1.7
PBT+30%GF	0.8	1.8	1.7
PC	0.85	2.5	2.2
PC+30%GF	0.85	2.2	2.0
PE-HD	0.75	1.8	1.8
PE-LD	0.75	1.8	1.8
PET	0.75	1.85	1.7
PET+30%GF	0.8	1.8	1.7
PMMA	0.85	2.0	2.0
POM	0.75	1.95	2.0
PP	0.7	2.0	2.0
PP+20%TF	0.72	2.0	2.0
PPO	0.85	2.5	2.2
PS	0.8	2.0	2.0
PVC-U	0.8	2.0	2.0
SAN	0.77	2.0	1.9

支柱不仅承载着螺钉插入力和使用中的载荷，还有一个重要的附加功能，即螺纹孔通常配有沉孔。这种设计不仅降低了支柱开口端的应力集中，有效防止了开裂现象的发生，而且还为螺钉装配提供了定位的作用。

支柱和孔的尺寸取决于两个因素，即螺钉螺纹直径和塑料材料类型。要设计螺钉支柱，须查找资料并将螺钉螺纹直径乘以适当的系数，以确定孔、支柱和最小螺纹啮合深度的尺寸。同样，由于可用的螺钉类型和塑料等级多种多样，因此在使用一般指导原则时必须谨慎。

螺钉和支柱的性能可能会受到多种外部因素的影响。例如，如果在制造支柱时存在熔接线，那么其抗破裂强度可能会受到削弱。此外，支柱的使用环境也会对其性能产生显著影响。如果支柱长时间暴露于高温环境，或者与可能引发环境应力开裂的物质接触，其性能可能会出现下降，有时甚至可能大幅下降。

在设计螺钉支柱时，应该参考制造商对不同类型螺钉的具体建议。不过，对于至关重要的应用场景，仅依赖这些建议是不够的；在最终确定设计方案前，进行实际的测试至关重要，因为这是确保支柱性能达标的唯一可靠方法。

剥离扭矩与驱动扭矩的比值，用于确定螺钉锁紧的生产可行性。该比值代表孔径设计是否合理，比值越大越好。对于使用电动工具的大批量生产，该比值应在 5：1 左右。使用一致组件和手动工具的训练有素的员工可以接受 2：1 的比值。润滑剂会显著降低这一比值，因此应避免使用。

图 6-40 所示的扭矩-旋入深度曲线显示了自攻螺钉在施加扭矩时的表现。驱动扭矩略微线性地增加到点 B，从而切割螺纹并克服螺纹随螺纹深度的滑动摩擦。螺钉头在点 B 处接触顶部材料（塑料或金属）。任何进一步的扭矩都会转化为螺纹的压缩载荷，最高可达点 C，即剥离/失效扭矩。螺纹中的应力在点 C 处接近塑料的屈服点，螺纹开始剪切。当螺纹完全剥离时，螺纹继续剥离到点 D。

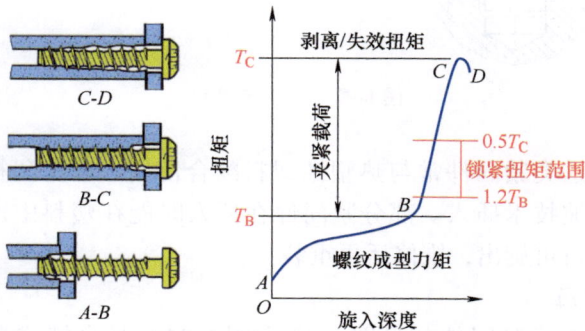

图 6-40　扭矩-旋入深度曲线

6.3.3　推进紧固件装配

1. 支柱帽

支柱帽是冲压成型的金属紧固件。如图 6-41 所示，支柱帽被压装在空心塑料支柱的顶部。这些帽子通过提供环向和轴向的加固，降低了支柱开裂的趋势。支柱帽与螺纹成型螺钉一起使用，并设计有单一螺纹，以提供额外的连接强度。

2. 推入式螺钉

推入式螺钉（见图 6-42）是快速装配的零件，它们被推入成型或钻孔中以迅速完成装配。这类紧固件多用于一次性装配等。它们的拉出阻力大于推入力，

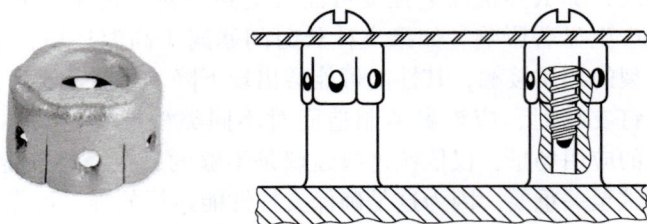

图 6-41　将金属支柱帽盖压在螺钉柱上以加强螺钉柱并提供额外的装配强度

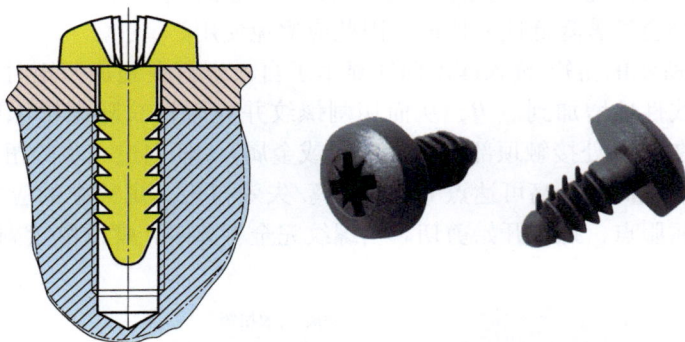

图 6-42　推入式螺钉

但夹紧力较弱。这类紧固件常与热塑性塑料配合使用，可在塑料温热时或通过使用加热、超声波技术插入。部分紧固件在插入时能在塑料中产生相配合的螺纹。需要时，螺钉可旋出，维修后再重装。

3. 推入式螺母

推入式或旋入式紧固件（见图 6-43 和图 6-44）是自锁或自攻螺纹的紧固件，可以替代标准的螺母/锁紧垫圈组件。这些紧固件与金属螺柱或支柱一起使用，也可以与一体成型的支柱结合使用，从而有效捕获和固定配合组件。这种设计提供了更为便捷和高效的紧固解决方案。

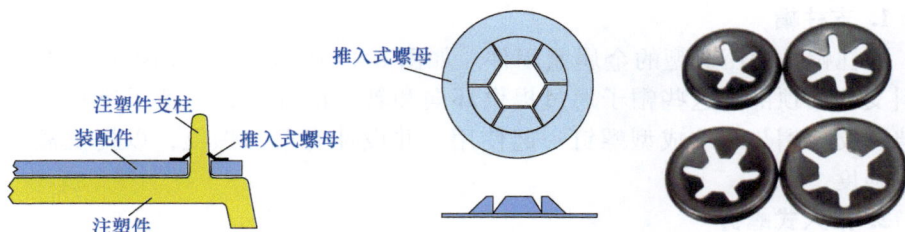

图 6-43　将推入式螺母压在螺柱上以形成永久装配

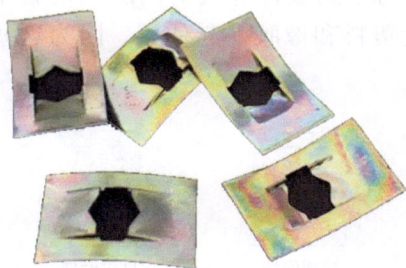

图 6-44　将推入式夹子推到支柱上，以形成永久或可拆卸总成

6.3.4　铆接

铆钉提供了一种低成本、安装过程简单的解决方案，可以很容易地实现自动化安装。可以使用铆钉将塑料的薄截面、塑料与金属板或塑料与织物连接起来。为了最大限度地减小应力，建议使用头部较大的铆钉（建议使用铆钉杆直径三倍的铆钉头），并在喇叭形端部下放置垫圈，绝不要使用埋头铆钉（见图 6-45）。

可以和热塑性塑料一起使用　　　　　　不建议使用

图 6-45　四个标准铆钉头，与热塑性塑料一起使用

将铆钉安装工具校准到正确的长度，以最大限度地减少连接区域的压应力和剪切力。

6.4　嵌件装配的设计

如果部件需要定期拆卸，考虑使用金属嵌件进行连接。大多数嵌件应使用超声波或加热安装，以最大限度地减少残余应力。嵌件常用类型如图 6-46 所示。下面主要介绍模塑嵌件和压入嵌件。

6.4.1　模塑嵌件

嵌件可以直接嵌入塑料部件中，模塑嵌件能提供最高级别的抗扭和拉伸性能。然而，当塑料在冷却过程中收缩并紧紧包裹嵌件时，嵌件会受到较大的残余应力。应避免在 PC 和 ABS 等非结晶塑料中使用嵌件，因为残余应力可能会导致龟裂、开裂和最终的部件失效。由于玻璃纤维增强塑料的热膨胀系数更接近金属，因此这些材料中与金属嵌件有关的问题出现频率较低。模塑嵌件（见图6-47）经常与热固性塑料和橡胶一起使用，因为这些材料产生的应力相对较低。

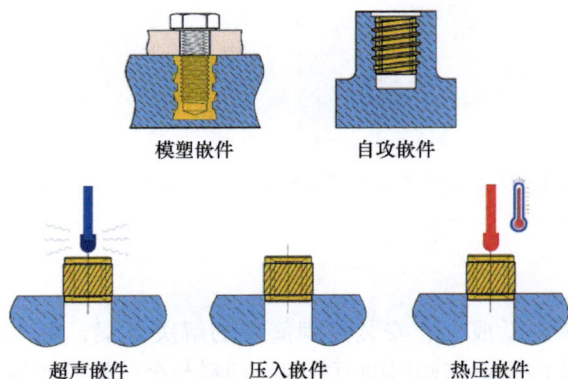

图 6-46　嵌件常用类型

图 6-47　模塑嵌件

模塑嵌件表面可能是光滑的，也可能设计有各种滚花和凹槽图案（见图6-47）。模塑嵌件可以设计为带有不通孔或通孔。对于某些塑料而言，推荐使用不通孔设计，这样可以避免塑料进入螺纹内部的风险。不通孔最好设计为球形，且头部应为圆角。

在嵌件放入模具之前，需要先进行清洁，以去除油污、润滑剂及其他异物。为确保嵌件稳固且不会对模具造成损坏，应将其牢固地安放在模具中，避免其发生移动。尽量不要使用带有尖锐滚花或突起的嵌件。虽然这样的设计能提供较高的拔出力，但尖锐部分会在塑料中产生应力集中，容易导致材料早期失效。

若嵌件直径超过6.5mm，可能会产生过大的热应力。为了降低这种应力，建议在放入模具前，先将嵌件预热至接近模具的当前温度。

表6-4列出了热塑性可嵌入的圆形金属嵌件（常见尺寸）、凸台直径和嵌件下方部分壁厚的建议。

表 6-4　圆形金属嵌件、凸台直径和嵌件下方部分壁厚建议

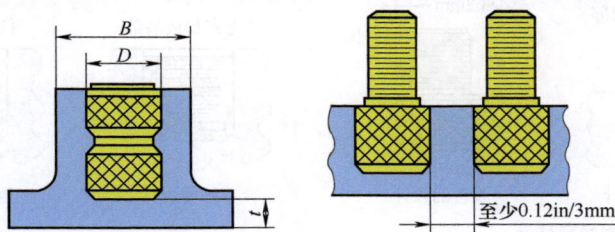

至少0.12in/3mm

金属嵌件外径 D/in	非增强塑料		增强塑料	
	直径 B/in	壁厚 t/in	直径 B/in	壁厚 t/in
0.156	0.312	0.062	0.312	0.062
0.187	0.344	0.062	0.360	0.062
0.218	0.406	0.078	0.422	0.078
0.25	0.453	0.078	0.500	0.078
0.281	0.484	0.093	0.531	0.093
0.343	0.578	0.093	0.609	0.109

注：1in = 25.4mm。

以下是一些好的设计与不好的设计对比（见图 6-48 和图 6-49）。

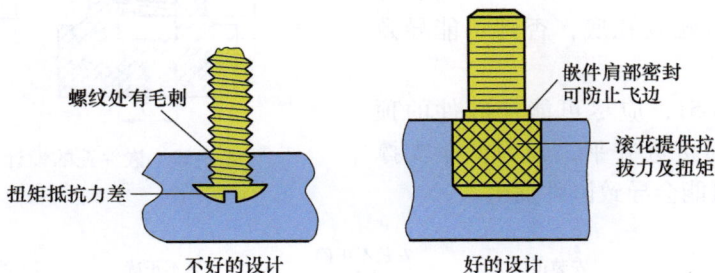

图 6-48　设计建议

在模具中，突出的金属螺纹嵌件应设有一个肩部，以便在成型过程中密封住嵌件螺纹周围的任何热塑性塑料飞边。

6.4.2　压入嵌件

塑料压入嵌件的设计主要是在注射成型后插入，为大多数塑料提供内螺纹。与其他类型的嵌件相比，这种嵌件通过其独特的设计和安装方法降低了成本，但在扭矩和拔出性能上可能有些不足。

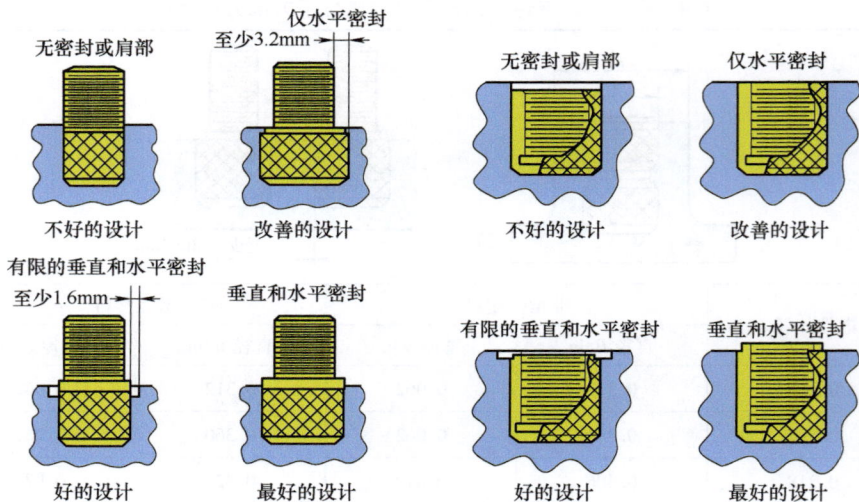

无密封或肩部　　　　　仅水平密封　　　　　　　无密封或肩部　　　　　仅水平密封
　　　　　　　　　　　至少3.2mm

不好的设计　　　　　　改善的设计　　　　　　　不好的设计　　　　　　改善的设计

有限的垂直和水平密封　　垂直和水平密封　　　　　有限的垂直和水平密封　　垂直和水平密封
至少1.6mm

好的设计　　　　　　　最好的设计　　　　　　　好的设计　　　　　　　最好的设计

图 6-49　建议设计密封肩部

　　用于安装注射成型后插入嵌件的孔，应该始终比嵌件的长度更深。如图 6-50，对于自攻螺钉嵌件，建议的嵌件孔最小深度为嵌件长度的 1.2 倍。对于其他嵌件，推荐的嵌件孔最小深度为嵌件长度加上两个嵌件螺纹间距。组装螺钉永远不应触及孔底，否则可能导致嵌件顶出。

　　如图 6-51，应尽可能使嵌件的顶部与支撑面接近齐平，因为低于支撑面的安装可能会导致嵌件顶出。

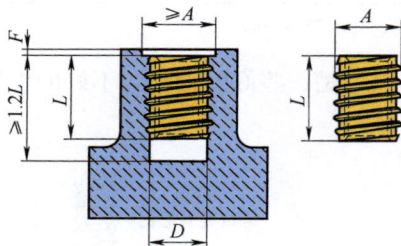

图 6-50　嵌件孔的设计

安装正确　　　　安装不正确　　　　安装不正确
平齐　　　　　　太高　　　　　　　太低

图 6-51　嵌件的顶部与支撑面接近齐平

　　正确的孔径至关重要。孔径过大会降低性能，而孔径过小则会在塑料中产生不期望的应力和潜在的裂纹。与钻孔相比，更推荐使用模具成型的孔。模具成型孔坚固且致密的表面能提高性能。如图 6-52 所示，对于直孔，锥度不应超过 1°的夹角，锥孔应有 8°的夹角。锥孔缩短了安装时间，并能确保嵌件与孔正确对齐。锥孔中只能使用锥形嵌件。

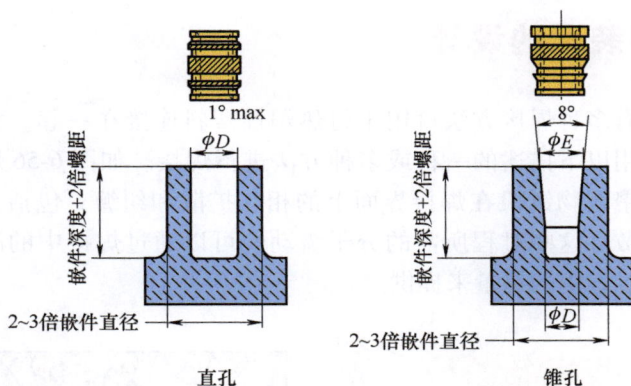

图 6-52 直孔与锥孔嵌件的设计

装配过孔的设计非常重要。如图 6-53 所示，负载应由嵌件而非塑料件来承受。装配过孔的直径必须大于组装螺纹的外径，但小于嵌件的导向直径或面直径，这样可以防止嵌件拉出。

如果配合部件是塑料，则应考虑使用金属套筒来维持螺纹接头的预紧力，如图 6-54 所示。为了使金属套筒正常工作，它应与嵌件接触，以便嵌件而非塑料件来承受负载。

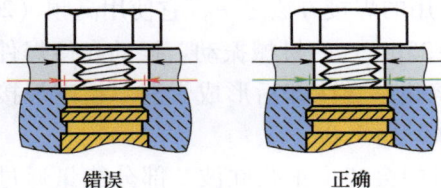

图 6-53 嵌件装配过孔的设计

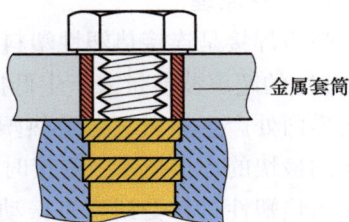

图 6-54 使用金属套筒来维持螺纹接头的预紧力

另外，对于通孔和锥孔，嵌件安装如图 6-55 所示。

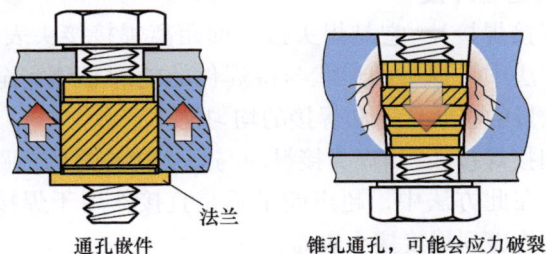

图 6-55 嵌件的安装

6.5　焊接装配的设计

目前，已有多种焊接方法可用于将热塑性塑料连接在一起。大多数热塑性塑料都可以采用以下描述的一种或多种方法进行焊接。如图 6-56 所示，真正的焊接过程涉及聚合物链段在焊接界面上的相互扩散和纠缠，包括表面重排、润湿和分子间扩散。这些过程所需的分子流动性可以通过焊接中的溶剂或传统热塑性塑料焊接过程中的热量来提供。

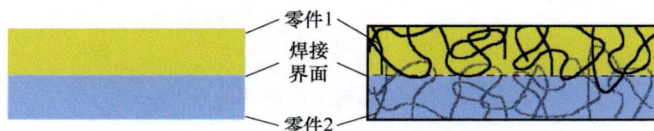

图 6-56　焊接过程中发生分子扩散和缠结

值得注意的是，塑料焊接通常被视为不可逆的。然而，也有一些例外，如感应焊接，这种方法能够生产出可逆的焊接接头。

6.5.1　超声焊接原理及设计

1. 工艺原理

超声焊接是连接热塑性塑料最广泛使用的焊接方法之一，它使用高频（20~40kHz）的超声波能量来产生低振幅（1~25μm）的机械振动。振动在待焊件的焊接界面处产生热量，导致热塑性材料熔化并在冷却后形成焊缝。超声焊接是已知的最快的焊接技术，焊接时间通常为 0.1~1.0s。

当热塑性材料受到超声振动时，材料中会产生正弦驻波。部分能量通过分子间摩擦耗散，导致大量材料内部热量积聚；另一部分能量则传递到焊接界面，边界摩擦造成局部加热。因此，超声能量向接头的最优传递及随后的熔化行为，既取决于焊件的几何形状，也取决于材料的超声吸收特性。

2. 近场焊接与远场焊接

近场焊接（直接焊接）：它是焊头接触面距离焊接接头表面 6mm 或更近的焊接技术。在此方法中，焊头的形状与待焊件的轮廓必须完全匹配，这一点至关重要，以确保能量的有效传递和焊接的均匀性。

远场焊接（间接焊接）：当焊头接触面与焊接接头之间的距离超过 6mm 时，称之为远场焊接。在此方法中，超声能量不是直接作用于焊接接头表面，而是通过上部零件间接传递到焊接接头表面。

图 6-57 所示为近场焊接与远场焊接，它们的主要区别在于振动超声波传输

头将振动传递到工件中的接触点与待接合面之间的距离。通常而言，近场焊接对所有塑料都能产生最佳效果，特别是对于具有低弹性模量的塑料。

3. 接头设计

接头设计注意事项：在超声焊接中，接头配置多种多样，主要可以分为两大类别：第一类是最常见的接头类型，它们利用垂直于待连接表面的方向上的超声振动来实现焊接，对接接头和阶梯接头就属于这一类；第二类接头则涉及平行于配合表面的振动，这种振动方式导致剪切状态的产生，从而完成焊接。各种剪切接头和斜接接头便属于这一类别。

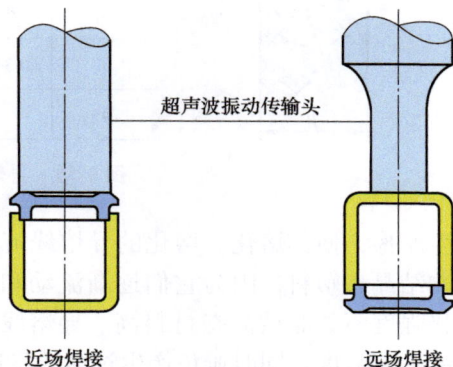

图 6-57　近场焊接与远场焊接

为确保最佳的焊接效果，焊接界面应位于与超声焊头接触面平行的单一平面上。这样，超声能量将能够均匀传播到焊接中的每一个点，从而产生均匀的焊接效果。同时，与焊头接触的零件表面也应与焊接界面保持平行，以确保能量传递的效率。图 6-58 所示为几种不利于焊接的接头设计，应尽量避免这些设计以提高焊接质量。

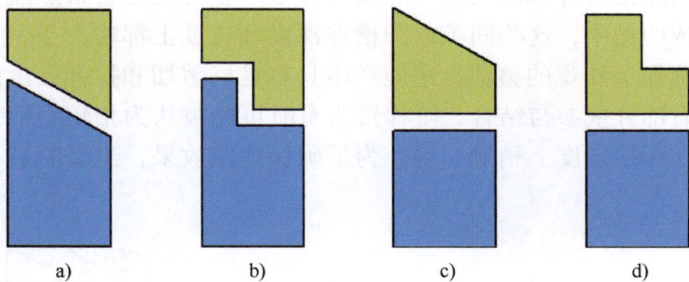

图 6-58　几种不利于焊接的接头设计

a）焊接界面位于单一平面上，但不与焊头接触面平行　b）焊接界面不在单一平面上

c）焊头接触面不与焊接界面平行　d）焊头接触面不在单一平面上

当追求气密密封时，确保配合面平坦且平行至关重要。此外，采用非结晶材料可以更容易地实现气密密封效果。

1）导熔线。导熔线是一种专门设计并模制在接头表面上的三角形凸起，如图 6-59 所示。对于不同类型的材料，这里提供了一些建议的设计尺寸，以确保最佳的焊接效果和性能。

在焊接过程中，导熔线的顶点承受最大的应力，并被迫与另一零件接触，

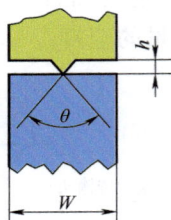

尺寸	非结晶塑料		结晶塑料	
	小件	大件	小件	大件
h	0.3~0.4	0.5~0.6	0.5~0.7	0.7~1.0
θ	60°~90°		90°	

图 6-59　导熔线设计建议

产生摩擦，使其熔化。熔化的导熔线流入焊接界面并形成结合。导熔线非常适合非结晶态塑料，因为它们逐渐流动和固化；使用导熔线获得的半结晶材料的焊接强度不如非结晶态材料高。导熔线应确保特定体积的材料熔化，以产生良好的粘接强度，同时避免产生过多的飞边。

　　导熔线接头设计的一种改进是在对面的接头表面上模制晒纹面（见图6-60）。这种纹理表面通常深度为0.075~0.15mm，通过防止导熔线侧向移动来增强表面摩擦，纹理的峰和谷形成一个屏障，防止熔体流出接头区域，这样可以减少飞边，并增加可用于结合的表面积。比没有纹理表面的焊接强度可能强三倍，并且所需的焊接总能量也减少了很多。

　　带有导熔线的阶梯接头（见图6-61）在外观要求严格的情况下特别有用，因为它能够消除接头外部的飞边。焊接过程中产生的飞边会自然流入接头内部预留的间隙或凹槽中，这些间隙或凹槽在深度和宽度上都略大于舌头部分。这种设计不仅确保了外观的整洁，还能产生具有良好剪切和拉伸强度的接头。然而，由于只有部分壁参与结合，阶梯接头有时可能被认为相较于带有导熔线的对接接头，在焊接强度上稍逊一筹。为了确保焊接效果，建议的最小壁厚应为2.0~2.3mm。

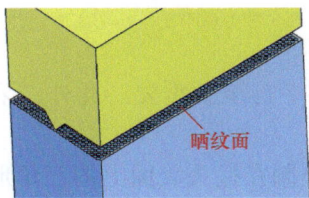

图 6-60　接头表面上的晒纹面

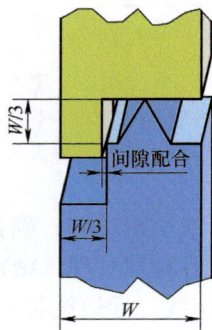

图 6-61　带有导熔线的阶梯接头

在阶梯接头的设计中，凹槽的深度特意设计为比舌头的高度大0.13~0.25mm，这样做的目的是在成品零件之间留下微小的间隙。这一设计考虑到了美观性，即使焊接界面不是完全平坦或完全平行，这样的间隙也能使任何不平整或偏移变得不那么明显。同时，凹槽的宽度也稍微大于舌头的宽度，具体大0.05~0.1mm，这同样是为了在成品零件之间提供微小的间隙。

在舌槽接头（见图6-62）的设计中，熔体被完全封闭在接头的凹槽内，该凹槽的尺寸略大于舌头部分。这一设计旨在满足高的外观要求，避免飞边出现，同时确保零件的精确对齐，因此不需要额外的固定装置。该设计还能够实现低压力下的气密封效果。然而，这种接头所需的紧密公差增加了零件成型的难度，并且要求相对较大的壁厚。建议的最小壁厚范围应在 3.05~3.12mm 之间。此外，值得注意的是，用于对接接头的导熔线尺寸与舌槽接头中使用的导熔线尺寸是完全相同的。

交叉形接头（见图6-63）的独特之处在于配合的两个部分均融入了相互垂直的导熔线。这种设计在接口处实现了最小的初始接触面积，同时确保有更多体积的材料参与到焊接过程中。这种结构能有效提升焊接强度。每个导熔线的大小被精心调整至标准单个设计的约60%，并且其夹角也改为60°，而非传统的90°，以进一步优化能量传递和焊接效果。

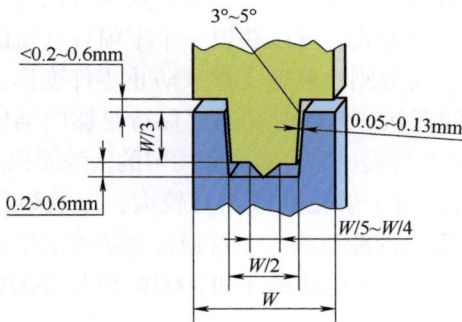

图 6-62　舌槽接头

图 6-63　交叉形接头

间断型导熔线设计（见图6-64）旨在减少整体焊接面积，从而降低所需的能量输入，并且这种设计能形成结构性的焊缝。此外，导熔线还可以垂直于壁面（见图6-64），以显著提高焊接接头对剥离力的抵抗力。

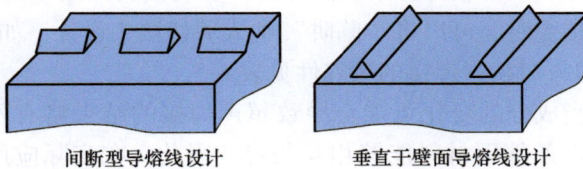

间断型导熔线设计　　　　垂直于壁面导熔线设计

图 6-64　间断型导熔线设计及垂直于壁面导熔线设计

2）剪切接头。剪切接头（见图6-65）特别适用于焊接具有尖锐且狭窄熔点的半结晶材料。对于这类材料，传统的导熔线应用效果并不理想，因为在导熔线引导的材料位移过程中，材料很可能在能够顺利流过焊接界面并形成有效焊缝之前就已经发生了降解或重结晶现象。

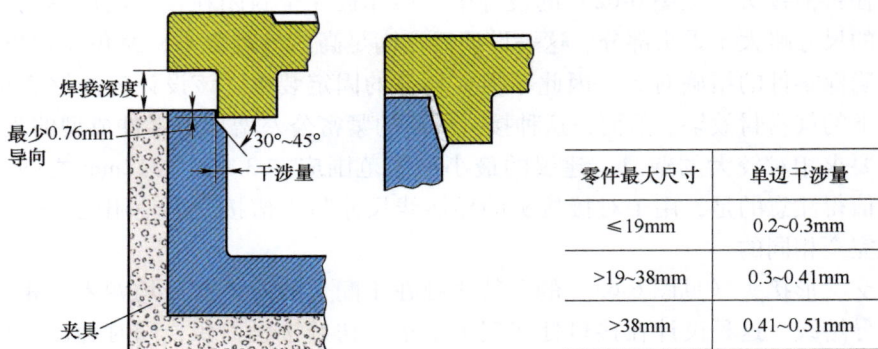

零件最大尺寸	单边干涉量
≤19mm	0.2~0.3mm
>19~38mm	0.3~0.41mm
>38mm	0.41~0.51mm

图 6-65　剪切接头

在焊接过程中，剪切接头的小面积初始接触区会首先熔化。随着零件以类似于研磨动作的方式相互贴合，熔化过程会沿着垂直壁面继续，这样可以有效消除与空气的接触，避免过早固化。通过这种方式，可以获得一个牢固且气密的密封效果。为了确保焊接过程的顺利进行，需要刚性侧壁支撑来防止零件变形。接头的顶部设计应尽可能浅，类似于盖子的形状，但同时又需要保持足够的结构完整性以承受内部可能产生的变形。剪切接头可提供零件对齐和均匀的接触面积。

当使用剪切接头焊接半结晶材料时，由于熔化区域相对较大，以及熔化这类材料所需能量的增加，因此需要提供更高的能量输入。这通常意味着需要更长的焊接时间（通常比其他接头长3~4倍）或更大的功率（如3000W而非2000W），以及更大的振幅。

剪切接头适用于圆柱形零件，但对于矩形零件效果不佳，因为矩形零件的壁面容易垂直于焊接轴线振动，也不适用于受到环形应力的扁平圆形零件。在具有方形角或矩形设计的零件中，使用剪切接头可以产生气密密封和高焊接强度，但焊接后上表面会出现大量可见的飞边。

对于大型焊件或顶部较深且柔软的焊件，剪切接头如图6-66所示。

当飞边不可接受时，可以将"陷阱"纳入剪切接头设计，如图6-67所示。

3）热塑性塑料对超声焊接的兼容性见表6-5。

请注意，树脂成分的变化可能会导致超声焊接的结果略有不同，且兼容性仅表明在某些特定条件下材料能够相互兼容。因此，在实际应用中，建议进行充分的试验和验证。

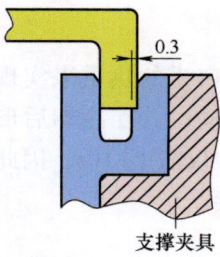

图 6-66　适合大型焊件或顶部
较深且柔软的焊件的剪切接头

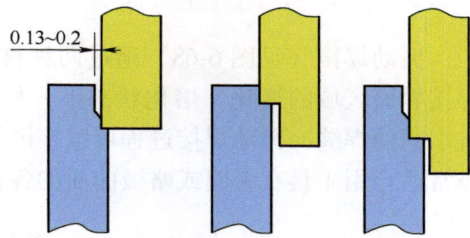

图 6-67　设计容纳飞边的"陷阱"

表 6-5　热塑性塑料对超声焊接的兼容性

材料	代号	完全兼容	部分兼容
ABS	A	A、B、D	T
ABS/PC	B	A、B、K	D
POM	C	C	—
PMMA	D	A、D	B、E、J、K、T
多元共聚 PMMA	E	E	A、D、Q、T
CA	F	F	—
含氟塑料	G	G	—
PA	H	H	—
PPO	I	I、Q	D、K、T
PAI	J	J	—
PC	K	B、K	D、I、R
PET	L	L	—
PE	M	M	—
PMP	N	N	—
PPS	O	O	—
PP	P	P	—
PS	Q	I、Q	E、T
PSU	R	R	K
PVC	S	S	—
SAN	T	T	A、D、E、I、Q

6.5.2 振动焊接原理及设计

振动焊接（见图 6-68）通过两种材料焊接界面处因摩擦产生的热量来实现焊接界面区域的熔化。熔化状态下，材料在施加的压力下流动，并在冷却后形成牢固的焊缝。振动焊接过程可以在极短的时间内完成，通常仅需 1~10s，因此非常适合用于具有平面或略微曲面的各种热塑性塑料件的焊接。

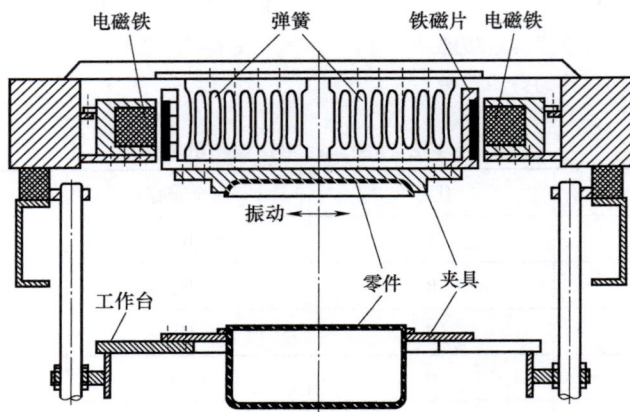

图 6-68 振动焊接原理

在设计振动焊接时，必须考虑两个关键因素：首先，接头处需预留充足的间隙，确保零件间能自由进行振动运动；其次，零件本身必须坚固，以在焊接过程中为接头提供有力支撑。

为确保振动焊接的成功，设计时应遵循以下基本规则：焊接法兰的尺寸需足够大，以适应不同频率下的振动需求。具体而言，在 250~300Hz 的高频振动中，应至少留出 0.8mm 的振幅空间；在 100~150Hz 的低频振动中，振幅空间可增至 2mm。

通常，建议将接头处的壁厚增加至整体焊件壁厚的 2~3 倍，这样的设计不仅为焊件提供了必要的刚度，减少了挠曲变形的可能性，还确保了焊缝的强度高于母材（见图 6-69）。此外，这种设计还有助于更稳定地夹持焊件，并在焊缝区施加均匀的压力，从而进一步提高焊接质量。

对于较薄或较长的无支撑壁，尤其是振动方向与壁面方向垂直的情况，可能需要使用 U

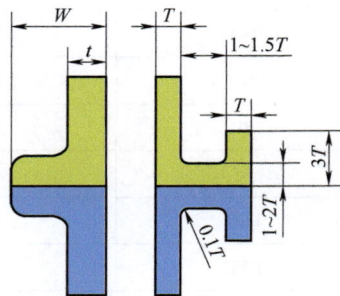

图 6-69 增加接头处的刚度

形法兰（见图 6-69）。U 形法兰的设计目的是将焊件壁锁定在工装夹具上，从而防止壁面发生挠曲。即使壁面厚度只有 0.8mm，使用 U 形法兰也能成功进行焊接。

当焊缝飞边因美观要求而不可接受时，可在接头处巧妙地设计一个飞边槽，如图 6-70 所示。这样的设计不仅具备功能性，还能满足一定的装饰性需求。飞边槽的体积大小应根据焊接过程中被挤出的材料量来确定。

另一种更受欢迎的设计是舌槽设计，如图 6-71 所示。这种设计将飞边固定在壁内的槽中，而不是位于焊件的外边缘。舌头的厚度通常根据强度要求而定，为焊件壁厚的 1~3 倍，其焊接后的高度应大致等于其宽度。振动运动的间隙（高频时为 ±0.8mm，低频时为 1.5mm）必须考虑到飞边的体积。

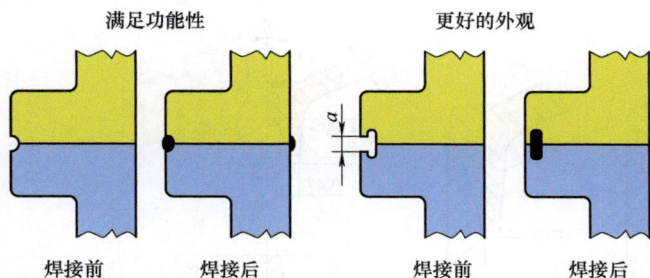

图 6-70　增加飞边槽　　　　　　　　　　图 6-71　舌槽设计

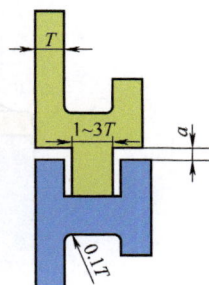

6.5.3　旋转焊接原理及设计

旋转焊接，又称旋转摩擦焊或转动焊接，是一种工艺过程，其中具有旋转对称连接表面的热塑性塑料件在单向圆周运动下受压相互摩擦。通常，一个零件保持静止，而另一个零件进行旋转。在此过程中产生的热量会熔化焊接界面处的塑料，冷却后形成焊缝。这一工艺可以在专用的旋转焊接机上进行，也可以在车床或钻床上进行。

在设计用于旋转焊接的热塑性塑料焊件时，必须格外关注接头的设计，以确保其不仅外观美观，还能够提供所需的焊缝强度，从而达到预期的效果。

在设计用于旋转焊接的塑料焊件时，最简单的接头设计是对接接头，如图 6-72 所示。这种接头设计仅用于最终焊件可接受焊缝飞边的情况。

在某些情况下，会增加焊接区的壁厚，以提高接头强度和焊件刚度，如图 6-72 所示。

图 6-73 所示为薄壁圆筒旋转焊接的接头设计，而图 6-74 所示为厚壁圆筒旋转焊接的接头设计。这两幅图分别针对不同壁厚的焊件提供了相应的接头设计指导。

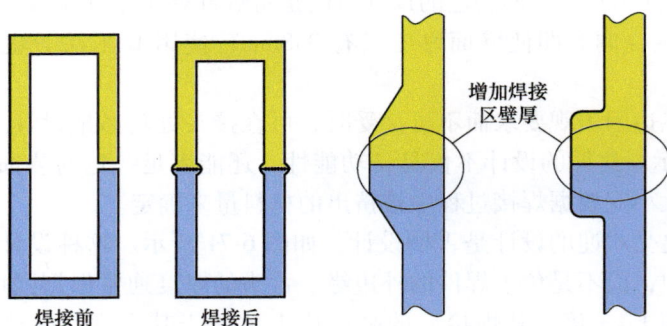

图 6-72　对接接头

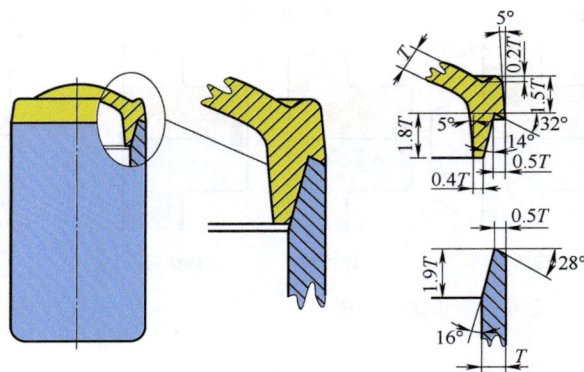

图 6-73　薄壁圆筒旋转焊接的接头设计

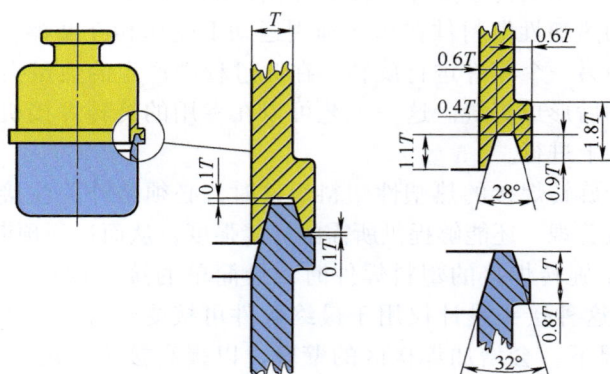

图 6-74　厚壁圆筒旋转焊接的接头设计

　　焊接完成后，接头处飞边的存在对于保证焊接质量起着关键作用。不过，在某些特定情境下，出于功能或外观的考量，希望避免飞边的显露。图 6-75 所示为四种带有飞边陷阱设计的旋转焊接接头，这些设计能有效管理飞边，确保最终产品的质量和外观。

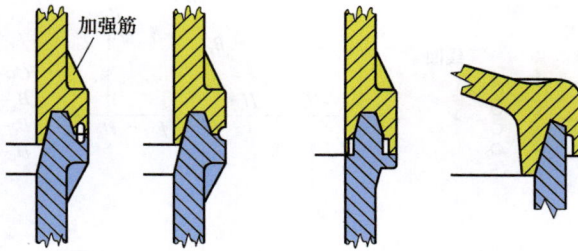

图 6-75　四种带飞边陷阱设计的旋转焊接接头

6.5.4　感应焊接原理及设计

感应焊接，又称为电磁焊接。它利用频率为 2~10MHz 交流电感应加热来熔化两个待焊件焊接界面处的植入物。这种植入物或垫片通常是由待焊接的聚合物与金属纤维或铁磁颗粒复合而成的。通过感应加热，植入物被迅速熔化，进而与周围的材料实现熔合。感应焊接技术不仅适用于小型件，能在几分之一秒内完成焊接，还适用于长达 400mm 接头线的塑料件，完成时间通常为 30~60s。该技术能够产生结构牢固、密封良好或承受高压的焊缝。

通过感应场产生热量的两种最常见机制是涡流加热和磁滞损耗引起的加热。在涡流加热中，一个连接到高频电源的铜感应线圈（工作线圈）被放置在接头附近（见图 6-76），当高频电流通过工作线圈时，会产生一个动态磁场，其磁通量连接到植入物，植入物中会产生感应电流，当这些电流足够高以加热导电材料时，周围的热塑性塑料件会软化和熔化。如果对接头施加压力，这将有助于熔融热塑性材料的润湿，并在接头冷却时形成焊接。

铁磁材料（如不锈钢和铁）在动态磁场中会经历磁滞损耗并因此产生热量。当磁感应强度（B）增加时，铁磁材料被磁化，其磁场强度（H）也随之增加。相反，当磁感应强度减弱时，磁场强度并不立即减少，而是存在一个滞后现象。这种滞后现象导致了磁滞回线（见图 6-77）的形成，同时也意味着能量以热量的形式被耗散。

感应焊接过程可以分为四个主要步骤，如图 6-78 所示。

电磁材料可以是金属网或微米级铁磁粉末，这些粉末可以是金属（如铁或不锈钢）或非金属（如铁氧体材料），具有不同的类型、粒径和浓度。当连接热塑性塑料件时，这些电磁材料被精心包裹在一种与待连接塑料相容的热塑性基质中，而当涉及热固性塑料（如片状模塑料）件的连接时，电磁材料则嵌入一个黏合基质中。在焊接过程中，热量直接在黏合剂中产生，实现了快速的固化效果，特别是在环氧树脂的固化过程中，凝胶时间甚至可以缩短至 30s。

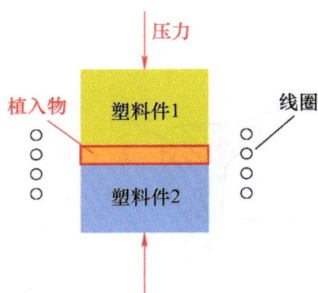

图 6-76　感应焊接

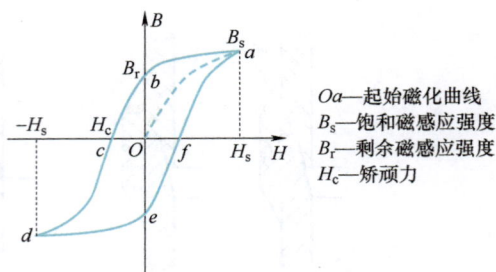

图 6-77　磁滞耗损

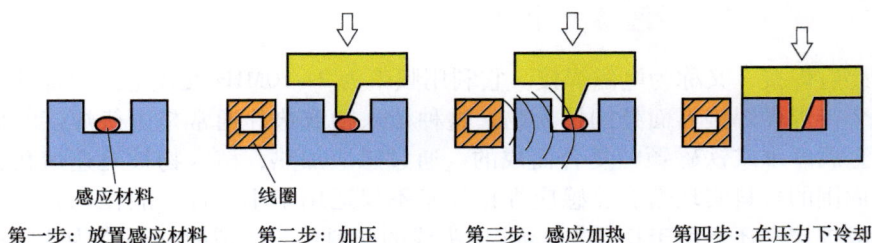

Oa—起始磁化曲线
B_s—饱和磁感应强度
B_r—剩余磁感应强度
H_c—矫顽力

图 6-78　感应焊接过程

第一步：放置感应材料　　第二步：加压　　第三步：感应加热　　第四步：在压力下冷却

对于由相同材料制成的热塑性塑料件的连接，基质通常与待焊件中的材料相同，并且可以根据熔融流动进行匹配。对于不同的材料，如使用两种热塑性塑料的混合物，每种应用的植入物配方都必须仔细考虑，而且为了达到最大效率，可能需要生产定制材料。

感应焊接中常用的接头设计如图 6-79 所示。其中，最简单的是平面对平面接头，它适用于连续焊接操作或具有长焊缝的塑料件，能产生结构焊接和静态流动气密封效果；平面对凹槽接头确保了焊接的准确定位和植入物的完全包含，特别适用于需要自动将植入物材料挤压到焊接界面的情况。舌榫对凹槽接头旨在实现最高强度的焊接，植入物完全位于接头内部，形成密封和耐压密封，同时呈现出美观的焊接外观；剪切接头主要应用于高压容器密封，这种设计能够承受容器内外的压力；阶梯接头是对剪切接头的一种改进，它能够适应塑料件在焊接过程中可能出现的较大收缩变化，并且同样能产生高压密封效果。

6.5.5　热板焊接原理及设计

在热板焊接过程中，一块预热的平板（通常涂有聚四氟乙烯，即 PTFE）首

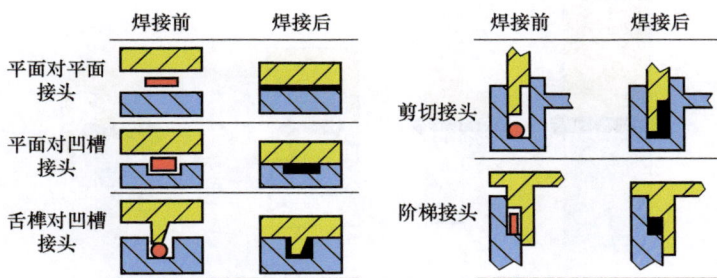

图 6-79　感应焊接中常用的接头设计

先与两个待焊件（塑料件）接触，持续加热直至接头区域熔化；接着，在轻微的压力作用下，将两个待焊件精准地压合在一起，确保它们紧密结合，直至形成牢固的焊缝，如图 6-80 所示。

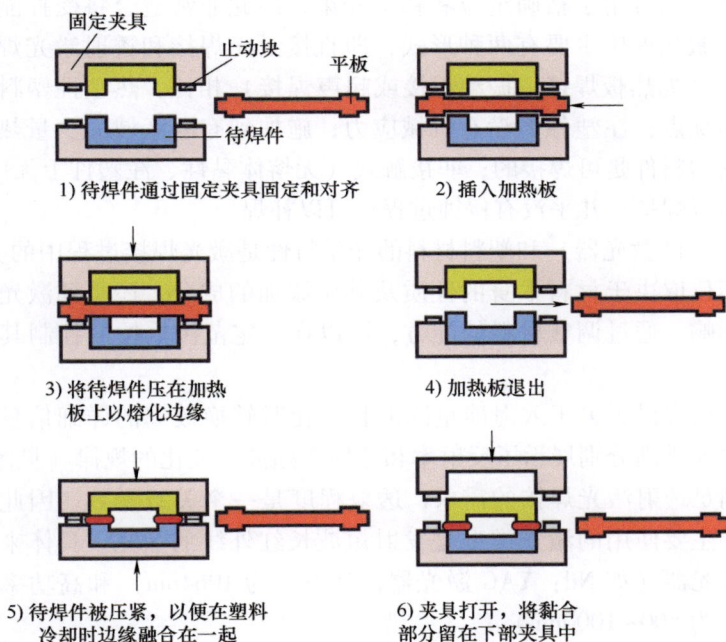

1) 待焊件通过固定夹具固定和对齐

2) 插入加热板

3) 将待焊件压在加热板上以熔化边缘

4) 加热板退出

5) 待焊件被压紧，以便在塑料冷却时边缘融合在一起

6) 夹具打开，将黏合部分留在下部夹具中

图 6-80　热板焊接原理

接头设计的选择取决于焊接件的具体应用场景。在热板焊接过程中，挤压总会产生焊缝飞边，而在某些应用场合，这种飞边是不被接受的。此时，可将飞边陷阱融入设计之中，以隐藏飞边（见图 6-81）。

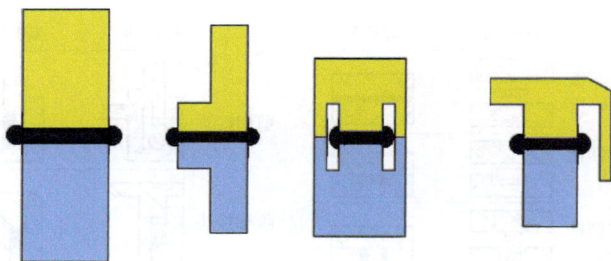

图 6-81　热板焊接的接头设计

6.5.6　激光焊接原理及设计

激光焊接适用于板材、薄膜、成型热塑性塑料和纺织品的连接，它使用激光束熔化接头区域的塑料。由于容易控制可用光束的大小（$10\mu m \sim 100mm$ 宽），以及有多种方法可用于精确定位和移动光束，因此非常适合将受控能量输送到精确位置。激光焊接主要有两种形式，即直接激光焊接和透射激光焊接。与传统焊接方法（如热板焊接、振动焊接或超声焊接）相比，热塑性塑料的激光焊接具有许多优点：注塑件上没有机械应力；施加到有限区域的少量热量；具有不同刚度的塑料件是可焊接的；非接触式（无熔体黏性、注塑件上无印记）；不同的材料可以焊接；几乎没有侵蚀过程；可以补焊。

辐射源（即激光器）和塑料材料的光学特性是激光焊接过程中的关键因素。吸收强度不仅取决于材料本身的性质及其所添加的成分，还受到激光源发射波长的显著影响。通过调整材料的配方，可以在一定范围内按需控制其辐射光学性能。

吸收光谱提供了关于入射能量随波长变化时转换效率的详细信息，而反射光谱和透射光谱则分别展示了反射率和透射率随波长变化的规律（见图 6-82）。

为了满足透射激光焊接的需求，透射程度是一个关键参数。因此，塑料透射激光焊接主要使用的激光类型是发射短波长红外线的激光。具体来说，这些包括固体激光器（如 Nd：YAG 激光器，其波长为 1064nm）和高功率二极管激光器（波长为 $800 \sim 1000nm$）。

中波长和长波长红外辐射在大多数聚合物的表面附近会被完全吸收，无论其填料或添加剂的含量如何。这一特性限制了 CO_2 激光器（其波长为 10600nm）的应用范围，使其更适用于薄膜焊接这类特定场景。

激光焊接工艺主要包括以下几种。

1. 轮廓焊接

在轮廓焊接（见图 6-83）中，激光束会沿着预定的焊缝路径进行一次或多

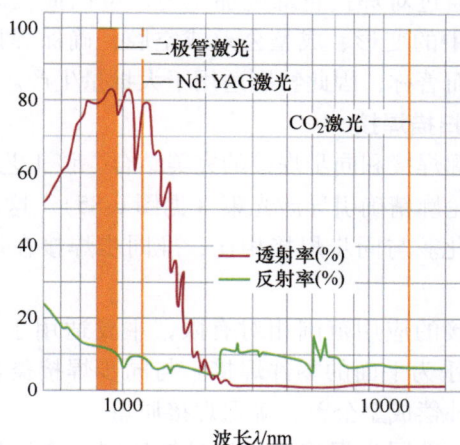

图6-82 厚度为2mm的Ultramid® A片材的反射率和透射率随波长变化的规律

次跟踪。在激光直接冲击的点位，塑料会迅速熔化，并紧接着重新固化，这样整个过程中几乎不会产生熔体排出。这一特性使得轮廓焊接不仅适用于小型精细的零件，也能应对尺寸较大的零件。根据所选激光器和光学系统的类型，焊缝的宽度可以在十分之一毫米到几毫米的范围内进行精确调控。

2. 同步焊接

在同步焊接中，单个高功率二极管发出的辐射以沿待焊焊缝轮廓排列的线形式发射（见图6-84）。因此，整个轮廓会同时熔化并实现焊接。所需二极管的数量取决于焊件的尺寸和所需的焊接功率。这种工艺无须零件和激光束之间的相对运动，也不需要额外的引导光束系统。然而，每次需要改变焊接轮廓或设计时，都需要重新排列激光二极管或引入新的焊接工具，并且目前焊接的形状仍主要局限于由直线组成的轮廓。

图6-83 轮廓焊接

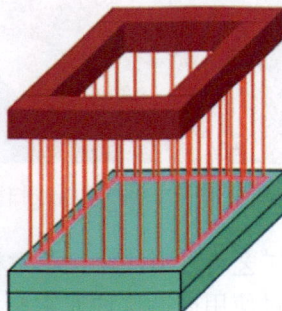

图6-84 同步焊接

在焊接过程中，通过对焊接轮廓施加压力，可以促使熔体流出。这一步骤有助于补偿焊接区域中的变形、成型公差或空腔，确保焊接质量。同步焊接以其非常短的工艺时间而著称，因此特别适用于大批量生产。

3. 准同步焊接或扫描焊接

准同步焊接是轮廓焊接和同步焊接的完美结合。该工艺通过扫描仪以 10m/s 或更高的速度沿焊缝轮廓精确引导激光束（见图 6-85）。这种高速传输使待焊区域得以逐步加热和熔化。与同步焊接相比，准同步焊接在调整焊缝轮廓时展现出极高的灵活性。

然而，准同步焊接的应用范围相对有限，主要适用于尺寸不超过 200mm×200mm 且焊缝轮廓几乎为平面的零件焊接。与同步焊接类似，在焊接过程中可以施加压力，使熔体补偿成型公差，确保焊接质量。

从工艺时间来看，准同步焊接的时间虽然比同步焊接稍长，但相较于轮廓焊接则更短。值得注意的是，为了实现长的偏转路径和精确的扫描，该工艺需要采用具有高光束质量的激光源，因此通常选择使用 Nd：YAG 激光器。

4. 掩模焊接

掩模焊接是一种前沿的工艺技术。它采用线性激光束穿透待焊件，同时借助掩模将特定区域从激光束中遮挡，确保光束仅作用于待焊区域的接合表面（见图 6-86）。

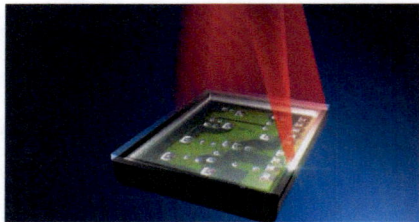

图 6-85　准同步焊接或扫描焊接

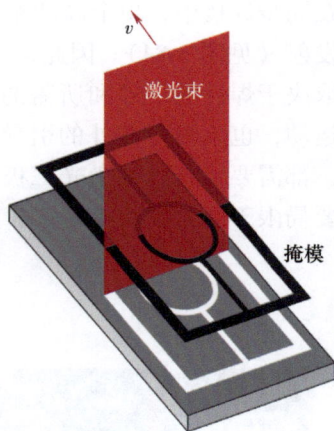

图 6-86　掩模焊接

该工艺可以形成定位非常精确的焊缝。

通过使用掩模这种非常精细的结构，可以实现极高的分辨率，并且可以产生仅 10μm 宽的焊缝。在一次操作中，可以产生各种宽度的直线和曲线，也可以焊接薄板。因此，这种工艺改进主要用于传感器、芯片、电子元件或微系统技术。但是，焊缝形状的变化需要制造新的掩模。

5. 透射激光焊接

透射激光焊接能够焊接比直接焊接更厚的零件，而且由于热影响区仅限于接缝区，因此不会在外表面上产生痕迹，焊件外观整洁，无须额外加工。

透射激光焊接技术在当今工业中已广泛应用于热塑性塑料件的连接，主要采用的激光源波长范围在 $0.8 \sim 1.1 \mu m$ 之间，包括二极管激光器、Nd：YAG 激光器和光纤激光器。由于这些波长的辐射不易被天然塑料直接吸收，因此在实际应用中，通常会在下部材料中加入激光吸收添加剂，或者作为薄表面涂层应用于接缝处。

在焊接过程中，首先将待焊件放置在一起，随后激光束会穿透上部材料，直接加热下部材料中的吸收表面，从而熔化接缝（见图 6-87）。下部材料中常用的吸收剂包括碳或具有最小可见颜色的红外吸收剂。

透射激光焊接的适用性取决于上部材料的透射性能，具体表现为材料的最大厚度。只有当超过 10% 的激光能量能够透过上部材料并传输到焊接界面时，透射激光焊接才是可行的。这一要求确保了足够的能量能够到达并熔化接缝，从而实现高质量的焊接效果。

图 6-88 所示为透射激光焊接的接头设计。在实际操作中，为了确保焊接质量，必须确保到达焊接界面的激光能量足够熔化焊接界面材料，同时避免外表面材料过热，并确保能量在焊接界面上尽可能均匀分布。对于与光束方向呈一定角度的接口或沿接缝线具有不同厚度的复杂形状零件，尤其需要细致控制，以确保能量的均匀分布。

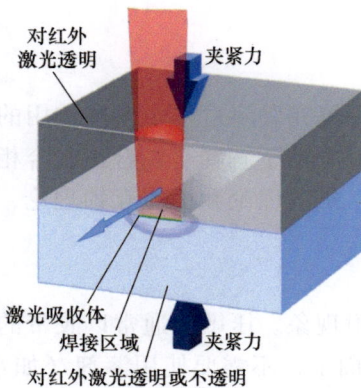

图 6-87　透射激光焊接

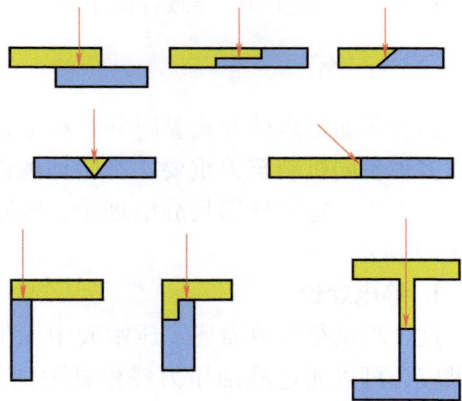

图 6-88　透射激光焊接的接头设计

此外，零件的良好配合也是影响焊接效果的重要因素。通常，将表面粗糙度控制在 $50 \mu m$ 以下是一个有效的经验法则。为了增强焊接过程中的稳定性，接头设计通常考虑自对准定位，可能包括卡扣配合以保持零件在焊接时的准确位置，或者通过调整尺寸以实现自夹紧。

6.6 粘接装配的设计

粘接主要分为两类，即溶剂粘接和黏合剂粘接，这两种方法可能是实现永久性粘接的最经济高效的连接手段。

溶剂粘接将一种塑料件与自身或可溶于同一溶剂的另一种类型的塑料件连接起来。通常，此过程包括利用使表面软化所需的最小量溶剂处理粘接区域，然后将零件夹紧在一起，直到它们粘接。

黏合剂粘接是一种组装过程，凭借此过程，两个零件通过表面吸引力，也就是常说的机械联锁，从而得以连接在一起。黏合剂本身是一种能够黏附在待粘接部件表面的物质，在施用之后产生强度，并在后续保持稳定状态。

6.6.1 粘接的优势与限制

粘接的优势：外观精美和灵活性好；应力分布均匀；可以连接不同材料；可以提供防水、防气的密封；柔性黏合剂可以补偿零件之间的热膨胀不匹配，可以减振；可用于薄型、柔性基底；可以提供电气和隔热功能。

粘接的限制：接头的性能不确定性；永久装配，难返工及维修；粘接涉及化学过程，可能有毒性物质；需要清洁零件表面；粘接后的质量难以检测；粘接后需要一定时间才能达到所需要的强度；黏合剂的选择难；长期使用会受老化、疲劳等因素影响而导致性能下降。

6.6.2 粘接的原理

黏合剂通过多种方式黏附到基材上，因此理解在黏附过程中发挥作用的一种或多种不同机制至关重要。有四种理论或机制有助于解释与黏合剂黏合相关的某些现象，它们分别是静电理论、吸附理论、扩散理论和机械互锁理论，如图 6-89 所示。

1. 静电理论

这个理论很好地描述了压敏胶中发生的黏附现象。压敏胶通常以胶带的形式供应，可以通过施加压力轻松黏附到各种表面上，不需要使用溶剂（如水）或热量来激活。在压敏胶的黏附过程中，黏合剂和黏附剂之间的相互作用可以被类比为电容器中的两块板（电容器是一种在电场中存储电能的装置），而分离功则类似于分离两块带电板所需的工作，它代表了破坏黏合剂与黏附剂之间连接所需的能量，如图 6-90 所示。

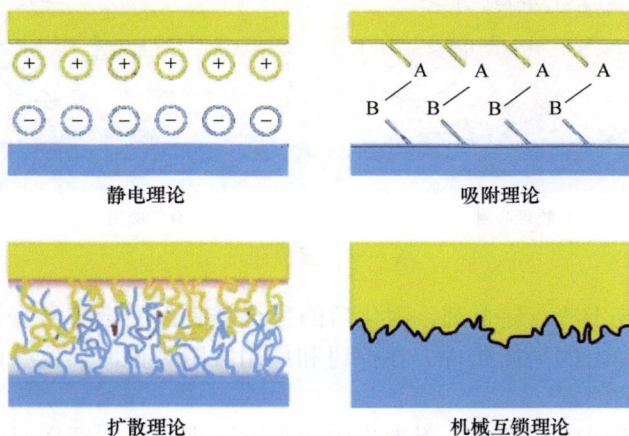

图6-89 粘接的四种理论

在这个理论中，电子的力在黏合剂与基材的整个界面中发挥着关键作用，它们产生负电荷和正电荷，并通过相互吸引形成连接。然而，这一理论也存在一定的争议，因为有些人认为，这些电子力可能并不是实现牢固黏附的根本原因，而仅仅是强连接状态的一个表现结果。

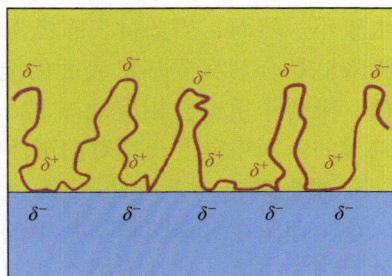

图6-90 静电理论

2. 吸附理论

要进行有效的粘接，黏合剂与基材之间必须实现紧密而亲密的接触。通常，液态黏合剂会与固态基材相接触，并通过固化过程（即黏合剂固化）将两者紧密结合。然而，这种接触的性质会受到多种因素的影响，如黏合剂的黏度、基材的表面能，以及黏合剂的黏性和动力学性质，它们共同影响黏合剂在基材表面上的扩散和润湿效果。

在探讨吸附理论时，这些因素必须被充分考虑。简单来说，只要两种材料在分子层面上产生接触，就会发生黏附，而这种接触会进一步引发两者之间的吸引力。不同类型的键具有不同的键离解能，因此吸附理论同时涵盖了物理吸附和化学吸附（也常称为化学键合）如图6-91所示。物理吸附对所有结构粘接接头的强度都至关重要，其中范德华力、氢键和酸碱相互作用是最主要的黏附机制。

通常，黏合剂最初以液体或黏稠状态供应，在涂覆到基材上后经历固化过程。但值得注意的是，基材在黏合剂固化之前不一定总是能被完全润湿。是否能达到润湿平衡，主要取决于推动黏合剂扩散的力与黏合剂黏度随时间变化之间的相互作用。

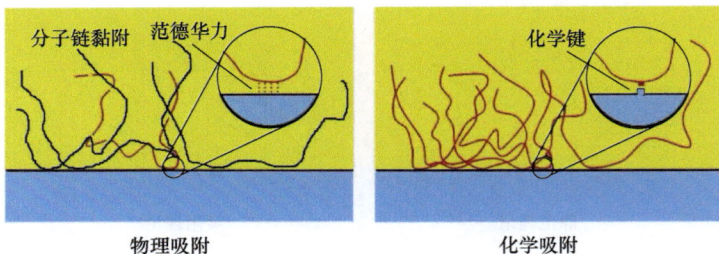

图 6-91 吸附理论

此外，相较于液态黏合剂，固化后的黏合剂表面能会有所变化，这将进一步改变润湿和黏附的平衡条件。在探讨和应用吸附理论时，这些问题都是至关重要需要考虑的因素。

虽然表面粗糙度是机械黏附理论中的关键要素，但它同样对吸附理论具有显著影响。具体而言，基材的表面粗糙度会直接影响黏合剂的润湿性。这两者之间存在着直接的关系：当基材的表面粗糙度较小时，其对黏合剂润湿性的影响也较小。然而，当基材表面极为粗糙（无论是在宏观还是微观尺度上），这会极大降低黏合剂润湿基材表面的能力，从而打破原有的润湿平衡。一旦润湿性降低，吸附作用也会相应地减弱。因此，在设计和应用黏合剂时，必须充分考虑基材的表面粗糙度及其对润湿性和吸附性的影响。

3. 扩散理论

这个理论在解释塑料材料中的黏附机制时显得尤为独特，但并不适用于金属黏附剂的连接。其基本概念相对简单，与通过溶剂或热量进行热塑性塑料的焊接过程类似。在这个过程中，一个表面聚合物链的末端会扩散到第二个表面的结构中，从而在界面处形成桥接或化学键，进而实现两者之间的连接。尽管概念简单，但其实现条件却具有特殊性，要求两种聚合物在化学上必须是相容且可混溶的，如图 6-92 所示。

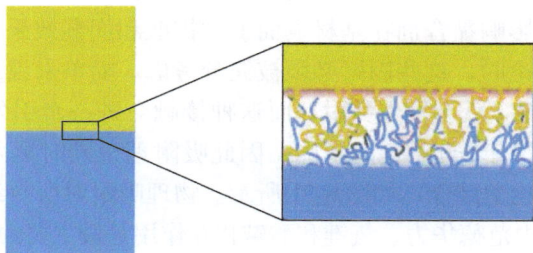

图 6-92 扩散理论

根据这个理论，基于扩散的黏附机制可以根据黏附剂的类型分为两种。当需要连接的材料相似时，这个过程被称为自黏附；当需要连接材料不同时，则称为异黏附。这两种机制都依赖于聚合物链在界面处的扩散和相互渗透，从而实现有效的连接。

4. 机械互锁理论

机械互锁理论是最早被提出的，用以解释黏合剂与基材之间粘附机制的理论。该理论认为，当基材表面存在一定程度的表面粗糙度或孔隙率时，成功的黏附得以发生。液态黏合剂能够渗透到基材的各种空腔和不规则处，并填满它们，从而形成一种互锁效应。随后，当黏合剂固化时，会产生一种类似锁钥的效应。由于进入的角度和曲折的流动通道，这种结构有效阻止了分离，使得黏合剂与基材之间能够传递相当大的载荷（见图 6-93）。

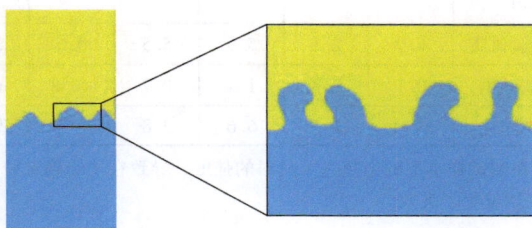

图 6-93　机械互锁理论

6.6.3　常见塑料材料的粘接性能

不同黏合剂及材料的粘接强度见表 6-6。这些信息主要参考了汉高有限公司发布的"黏合塑料的乐泰设计指南"，为用户提供了实用的性能选择建议。

表 6-6　不同黏合剂及材料的粘接强度

黏合剂类型	说明	粘接强度/MPa								
		ABS	LCP	PA	PBT	PC	PEEK	PES	PE	PET
氰基丙烯酸酯	标准乙基	>24.1*	5.2	>25.0*	1.7	>26.6*	1.7	11	1	>22.1*
	增韧	>16.6*	3.5	16.9	0.7	5.2	1	4.5	<0.3	3.8
	乙基+底漆	>23.1*	2.8	11	21.9	13.8	1.7	1	3.5	>12.1*
双组分丙烯酸	甲基丙烯酸甲酯	11.7	3.8	6.6	2.4	7.8	2.1	6.9	1	2.4
	聚烯烃	13.8	3.1	3.8	7.6	5.9	2.1	13.8	>9.7	3.1
环氧基	"5 分钟"环氧树脂	3.1	4.1	2.8	3.8	6.2	1.7	3.1	1.4	2.1
	标准环氧树脂	12.4	6.9	5.5	4.8	18.3	3.5	4.5	1	3.1
硅胶基	烷氧基硅酮	1.4	1	1.7	1.4	1.4	1.4	1	<0.3	1.4
紫外线丙烯酸	可见光固化	>24.1*	4.5	1.4	1.4	>25.5*	3.6	21	2.4	7.9

黏合剂类型	说明	粘接强度/MPa							
		PMMA	POM	PPO	PPS	PP	PS	PTFE	PVC
氰基丙烯酸酯	标准乙基	>27.2*	1.4	11	1	0.3	9.3	2.4	>25.2*
	增韧	4.1	0.7	3.5	0.7	0.3	3.1	1.4	>11.0*
	乙基+底漆	1.7	12	12.1	2.8	>13.5*	12.1	7.2	>19.7*
双组分丙烯酸	甲基丙烯酸甲酯	6.6	1.4	2.1	2.1	<0.3	4.8	0.3	16.2
	聚烯烃	12.1	2.4	9.3	4.1	12.4	6.2	3.1	10
环氧基	"5分钟"环氧树脂	2.1	1.7	1.4	1	0.6	2.4	0.7	2.8
	标准环氧树脂	6.9	2.1	5.9	5.5	0.6	3.5	0.3	9.3
硅胶基	烷氧基硅酮	0.1	0.3	1.4	0.7	<0.3	0.7	<0.3	1
紫外线丙烯酸	可见光固化	12.1	1.7	6.6	3.8	0.7	9.3	1	>17.6*

注："＊"代表施加在测试样本上的力超过了材料的强度，导致在能够确定胶粘剂所达到的实际粘接强度之前，基底就发生了失效。

选择黏合剂时不能仅凭粘接强度的信息来做决定，因为固化速度、环境抗性及施胶方法等其他因素都会影响最终的选择。表6-6中所给出的粘接强度值是为了让大家对九种黏合剂在特定材料上的表现有个大致了解。不同的填充剂、润滑剂、着色剂和防静电添加剂会产生不同的性能。以下根据表6-6中的数据，介绍一些常用塑料的粘接性能。

1. 丙烯腈-丁二烯-苯乙烯（ABS）塑料

在拉伸剪切测试中，我们发现许多黏合剂的性能甚至超过了基材本身（见表6-6），这显示了它们的高强度特性。其中，ABS塑料通常被视为一种相对容易进行粘接的材料。然而，值得注意的是，尽管ABS塑料具有较好的可粘接性，但在某些情况下，一些黏合剂可能会引发ABS塑料的应力开裂现象。因此，在选择黏合剂时，不仅要考虑其强度，还需考虑其与ABS塑料等基材的相容性和可能产生的应力影响。

2. 液晶聚合物（LCP）

对LCP进行表面粗糙化处理通常能够显著提升其附着力。这种塑料因具有良好的兼容性，能够与大多数黏合剂有效结合，特别是在考虑拉伸剪切强度时，环氧树脂往往展现出最高的性能表现（见表6-6）。这些特点使得LCP在需要高强度和良好附着力的应用中具有显著优势。

3. 聚酰胺（PA）

PA通常能够轻松实现粘接（见表6-6），但由于其吸水性较强，在某些应用中，其长期耐用性可能会受到一定影响。然而，烷氧基硅酮产品在PA上展现出了优异的强度和耐用性。需要注意的是，1.7MPa 的结果实际上衡量的是硅酮的内聚强度，而非其与基材的粘接强度。

4. 聚对苯二甲酸丁二酯（PBT）

在这些试验中（见表 6-6），带有底漆的氰基丙烯酸酯展现出了卓越的性能。然而，当使用工程黏合剂来粘接 PBT 时，结果往往会有所不同，因为效果会受到 PBT 特定等级的影响，且在某些应用中可能还需要对其表面进行预处理。通常而言，对表面进行粗糙化处理能够提升粘接强度，这是一种值得考虑的优化方法。

5. 聚碳酸酯（PC）

PC 通常能轻易与多种黏合剂结合，形成的粘接力有时甚至超过基材本身的强度。但值得注意的是，某些黏合剂可能会引发 PC 的应力开裂问题。

在这些试验中（见表 6-6），虽然使用氰基丙烯酸酯底漆时粘接力出现了统计上的下降，但使用标准氰基丙烯酸酯和紫外线丙烯酸黏合剂时却会导致基材失效。相比之下，环氧树脂在 PC 上表现出了卓越的强度性能。

6. 聚醚醚酮（PEEK）

由于 PEEK 的低表面能，使用工程黏合剂很难将其粘接，通常需要某种形式的表面处理（如等离子体处理）以获得良好的粘接效果（见表 6-6）。

7. 聚琥珀酸乙烯（PES）

连接 PES 时，使用黏合剂的主要挑战在于它们容易因未固化的黏合剂而产生应力开裂。因此，务必确保立即固化黏合剂或彻底清除表面上的任何未固化的多余黏合剂。

在所测试的 PES 等级上，紫外线丙烯酸给出了优异的结果（见表 6-6），但使用专业的"聚烯烃黏合剂"（一种 10：1 的双组分丙烯酸）也取得了良好的效果。

8. 聚乙烯（PE）

PE 具有低表面能（31mN/m），因此通常需要在结合之前进行表面处理。由双组分丙烯酸"多元醇黏合剂"在这些试验中显示出良好的强度。

9. 聚对苯二甲酸乙二酯（PET）

将 PET 与氰基丙烯酸酯黏合剂结合时，通常能形成比 PET 基底本身更强的结合力。然而，值得注意的是，在某些情况下，一些环氧树脂与 PET 结合时显示的强度会明显较低。

10. 聚甲基丙烯酸甲酯（PMMA）

PMMA 可以用大多数黏合剂粘接，在这些试验中，氰基丙烯酸酯（无底漆）和紫外线固化丙烯酸得到了最好的结果。相比之下，硅胶基黏合剂则没有表现出良好的强度性能。

11. 聚甲醛/聚缩醛（POM）

与 PEEK 一样，这种材料也很难与工程黏合剂结合，通常需要通过某种形式的表面处理才能产生良好的结合。

12. 聚苯醚（PPO/PPE）

PPO 相对容易进行粘接，但可能会被未固化的氰基丙烯酸酯、UV 丙烯酸，以及溶剂型活化剂和底漆造成应力开裂。

在这些试验中，使用标准氰基丙烯酸酯获得了最佳结果，而仅使用底漆只使强度略有提高。其他所有经过测试的黏合剂都给出了中等至较低的强度（包括增韧氰基丙烯酸酯）。

13. 聚苯硫醚（PPS）

尽管在这些试验中获得的粘接强度相对较低，但将 PPS 粗糙化通常会显著提高粘接强度。

14. 聚丙烯（PP）

PP 具有非常低的表面能（29mN/m），因此黏合剂不易润湿其表面。此外，PP 是一种非常非极性的聚合物，完全由碳和氢原子组成，而大多数黏合剂含有氧、氮和其他富电子原子，是极性材料。PP 中的碳和氢原子对许多化学物质都不活泼，因此无法通过化学反应产生黏附力。因此，PP 通常在粘接之前需要进行预处理，尽管这些试验中使用的聚烯烃黏合剂确实给出了优异的强度。

15. 聚苯乙烯（PS）

晶态 PS 和高抗冲聚苯乙烯（HIPS）通常可以与大多数工程黏合剂粘接，尽管 PS 可能容易受到一些活化剂、底漆和促进剂的应力开裂影响。

发泡聚苯乙烯（EPS）不易粘接，且易受到许多黏合剂的攻击，尽管热熔胶可以表现出良好的效果。

在这些试验中，氰基丙烯酸酯底漆显示出粘接强度的提高，但在许多应用中，抗冲 HIPS 可以在不需要底漆的情况下用氰基丙烯酸酯满意地粘接。HIPS 通常是不透明的，因此在这种情况下，紫外线丙烯酸可能不适用。

16. 聚四氟乙烯（PTFE）

与 PEEK 和 POM 类似，这种材料的表面能非常低，因此在与工程黏合剂粘接之前需要某种形式的表面处理。使用底漆的氰基丙烯酸酯显示出一定的黏附性。

17. 聚氯乙烯（PVC）

虽然某些固化速度较慢的氰基丙烯酸酯可能会导致 PVC 应力开裂，但大多数工程用黏合剂都可以轻易地将 PVC 粘接。对于柔韧透明的 PVC 医疗器械管道，则经常使用 UV 丙烯酸黏合剂。

6.6.4 粘接的表面处理

粘接过程的第一阶段是润湿。只有当固体基材的表面能大于液体的表面能时，液体才能润湿固体表面。为了确保正确的润湿，塑料基材的临界表面张力必须大于黏合剂的表面张力。

液体与基材之间的接触角是评估润湿性的直观指标，如图 6-94 所示。在塑料与黏合剂的结合过程中，许多常见问题都与润湿性紧密相关。高能表面，即具有高临界表面张力的表面，如金属或金属氧化物，容易被各种低表面能的有机和无机流体所润湿。例如，水滴往往会迅速润湿或扩散到金属氧化物的表面。然而，当极性的水滴遇到非极性的低能表面（如蜡或聚乙烯）时，它们则倾向于形成水珠，无法有效润湿，如图 6-95 所示。这些润湿性的差异对塑料与黏合剂的结合效果具有重要影响。

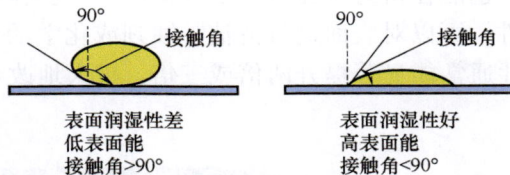

图 6-94 液体与基材之间的接触角

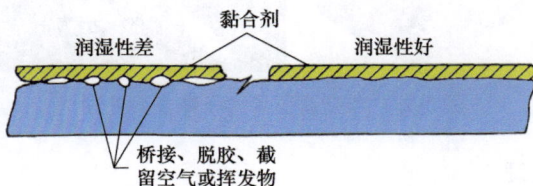

图 6-95 润湿性差的表面与润湿性好的表面

表面的清洁度和化学性质是影响粘接效果至关重要的参数。只要零件表面准备得当，黏合剂失效的风险就可以被大幅度降低。以下是几种常用的提高表面粘接性能的表面处理方法。

1. 清洁和研磨

表面处理最简单的方法之一是清洁和研磨表面。最常见的步骤是先用溶剂擦拭，然后进行研磨，最后再进行一次溶剂擦拭。所用的溶剂不应使塑料件表面产生裂纹或软化。

2. 电晕放电

电晕放电技术涉及让聚合物薄膜通过覆盖有介电材料的金属电极，该介电材料从高频发生器（通常在 10 ~ 20kHz 范围内）接收高压电。在这个过程中，电压会周期性地增加，直至达到气体电离的阈值，此时在大气压下产生等离子体，即所谓的"电晕放电"，如图 6-96 所示。

电晕放电技术是一种对聚烯烃（PE、PP）极为有效的表面处理方法，它能在聚合物表面产生增强黏附性的羰基团，从而显著提高聚合物的表面能，进而改善其与黏合剂的结合性能。

3. 等离子体表面处理

如图 6-97 所示，等离子体表面处理是通过使用如氩气等气体的离子轰击基材表面，以增强基材的表面能。这种处理方法既可以

图 6-96　电晕放电

在大气条件下进行，也能在密封的腔室内于极低压力下操作。通过选择合适的气体种类和暴露条件，可以对表面进行清洁、蚀刻或化学活化。经过处理后的基材，其表面润湿性通常能显著提升两倍或三倍，极大地改善了与其他材料的结合性能。

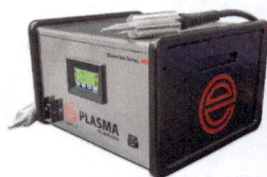

图 6-97　吹扫离子等离子体表面处理

4. 火焰表面处理

火焰表面处理是一种常用于改变塑料件表面特性的技术。该技术通过使塑料件表面暴露在天然气火焰的氧化部分来实现。在火焰表面处理过程中，塑料件表面会迅速熔化并随后快速冷却，同时可能伴随着一定程度的氧化反应。整个处理过程通常仅需要几秒的时间，就能有效改变塑料件的表面性质。如图 6-98 所示，这种表面处理方法在工业生产中具有广泛的应用。

火焰表面处理广泛应用于 PE 和 PP，但也已应用于其他塑料，包括 PET、POM 和 PPS 等。

图 6-98　对汽车零件进行火焰表面处理

5. 使用底漆

PTFE 和其他氟聚合物通过液态氨中的钠溶液等蚀刻溶液进行处理后，其表面润湿性得到了显著改善，从而使这些塑料材料能够轻松地使用各种黏合剂进行粘接。在 20 世纪 80 年代末，底漆技术的引入极大地增强了氰基丙烯酸酯与聚烯烃之间的黏附性能。如图 6-99 所示，底漆通过改变塑料件的表面状况，为氰基丙烯酸酯黏合剂提供了更多的粘接位点。

在聚丙烯等聚烯烃材料上，使用聚烯烃底漆与氰基丙烯酸酯黏合剂的结合效果尤为显著，不应被低估。实际应用中，使用底漆时的粘接强度通常是未使用底漆时同种黏合剂粘接强度的 25～40 倍。然而，需要注意的是，这些聚烯烃底漆是专为氰基丙烯酸酯黏合剂设计的，因此并不兼容其他类型的黏合剂。

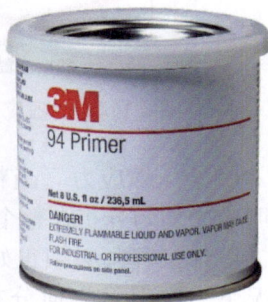

6.6.5 粘接的应力分析

图 6-99 3M 底漆

黏合剂中受到的常见的应力有以下几种类型。

（1）剪切应力 这种应力主要导致两个被粘接的表面之间产生相对滑动的趋势，其剪切应力分布如图 6-100 所示。

（2）剥离应力 它是在将柔性基板从另一个基板上提起或剥离的过程中，产生的应力主要集中在一端的现象。这种应力模式在剥离过程中尤为显著，其剥离应力分布如图 6-101 所示。

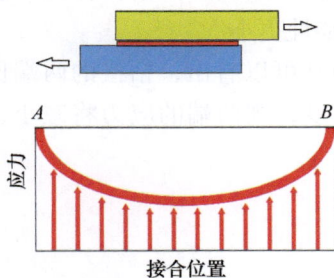

图 6-100 剪切应力分布

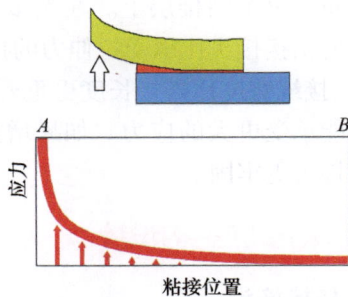

图 6-101 剥离应力分布

（3）解理应力 当刚性基底在一端被撬开或分离时，会产生解理应力。这种应力主要集中在分离的一端，其分布如图 6-102 所示。

（4）拉伸应力 当连接处受到拉伸力作用时，应力分布呈现为一条直线，表明应力在整个连接处均匀分布，如图 6-103 所示。

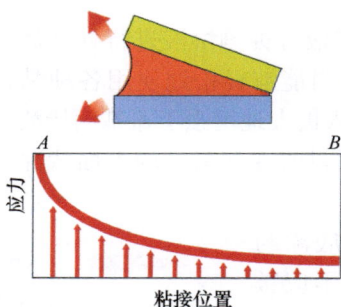

图 6-102 解理应力分布

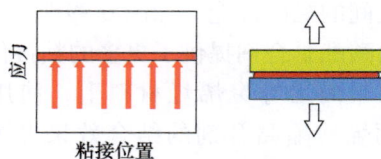

图 6-103 拉伸应力分布

（5）压缩应力　当粘接部位受到压缩应力时，应力分布呈现为一条直线，表明应力均匀分布在整个粘接层上，如图 6-104 所示。

设计工程师必须很好地了解在施加力的情况下，应力是如何分布在粘接位置上的。在设计粘接接头时，应考虑几个设计要点。

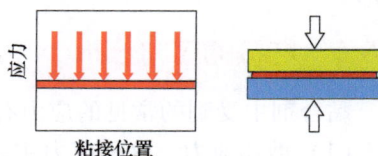

图 6-104 压缩应力分布

1）最大化剪切应力/最小化剥离应力和解理应力。从图 6-100 和图 6-101 可以看出，这些粘接不能很好地抵抗剥离应力和解理应力，应力位于接合线的一端。然而，在剪切（见图 6-100）的情况下，粘接的两端都能抵抗应力。

2）最大化压缩应力/最小化拉伸应力从图 6-104 和图 6-103 可以看出，应力均匀分布在整个粘接层上。在大多数黏合膜中，压缩强度大于拉伸强度。受到压缩力的粘接接头比承受拉伸力的接头失效可能性更小。

3）接缝宽度比搭接长度更重要。从图 6-100 可以看出，粘接的两端比粘接的中部能承受更大的应力。如果增加粘接的宽度，则两端的应力将减小，总体结果是接头更牢固。

6.6.6 粘接的结构设计

1. 搭接接头

搭接接头是黏合剂接头的标准形式，并广泛用作测试黏合剂性能的标准接头。当这种接头（见图 6-105）按照箭头方向加载时，黏合剂主要承受剪切载荷。然而，值得注意的是，如果基材具备一定的柔韧性（见图 6-106），接头中的黏合剂还会同时承受拉伸载荷。因此，在设计时需要考虑基材的柔韧性，以及它对接头中应力分布的影响。

为了优化接头设计以最小化应力，通常在接头外部额外施加一圈黏合剂

图 6-105　搭接接头

图 6-106　拉伸剪切载荷（放大以显示效果）

（见图 6-107），这一做法非常有益。它能够有效分散和减少接头末端可能出现的应力集中，从而提高接头的整体稳定性和耐久性。因此，除非出于美观的考虑，否则不应去除多余的黏合剂。

图 6-107　在接头外施加少量黏合剂可以减少应力集中

图 6-108 所示为一些改善搭接接头应力分布的实用建议，实际可用的选项将取决于特定的应用和制造过程。

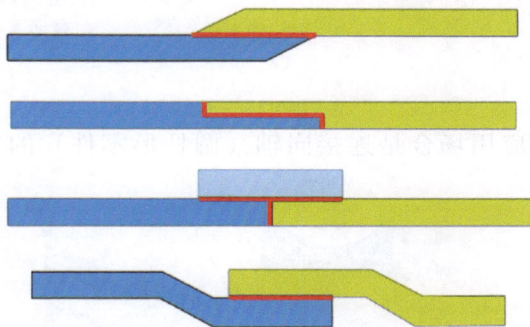

图 6-108　一些改善搭接接头应力分布的实用建议

刚性黏合剂（如标准乙基氰基丙烯酸酯）用于粘接装配体，前提是接头只能承受剪切应力和拉伸应力。如果应用场合需承受剥离应力或冲击载荷，那么韧性黏合剂（如环氧树脂、双组分丙烯酸或韧性氰基丙烯酸酯）会更为适合。

如果应用场景要求抵抗剥离应力或冲击载荷，那么韧性黏合剂（如环氧树脂、双组分丙烯酸或韧性氰基丙烯酸酯）将更为合适，因为它们具有更好的柔韧性和耐冲击性。

2. 榫槽（双搭接接头）

榫槽（或双搭接剪切）接头（见图6-109）是许多应用的理想接头设计。榫槽接头可能遇到的问题之一是，当接头闭合时，黏合剂会流向何处。在图6-108中，当接头闭合时，多余的黏合剂无处可流，因此可能会溢出并影响装配体的美观性。

在图6-110中，对接头进行了轻微修改，允许黏合剂流入稍大的间隙，从而提高了接头的美观性。

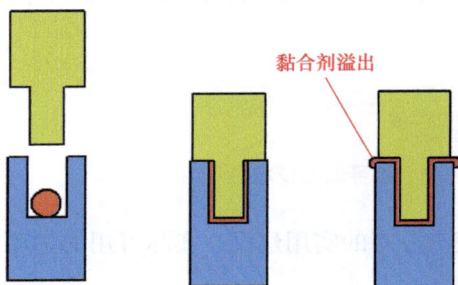

图6-109　榫槽接头（不允许有多余的黏合剂）　　图6-110　改进的接头设计确保黏合剂容易流入较大间隙

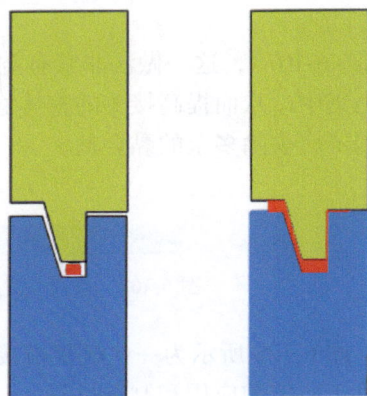

3. 圆柱形接头

黏合剂的常见应用场合是连接同轴（圆柱形零件）的零件，如图6-111所示。

图6-111　圆柱形接头

在涉及塑料圆柱形零件的粘接应用中，常见的做法是在内管表面涂覆黏合剂，然后通过旋转动作使接头闭合。从原理上讲，这种做法是可行的，但往往会导致黏合剂过量使用，多余的黏合剂在闭合过程中会被挤出接缝，形成如图6-112所示的溢出现象。

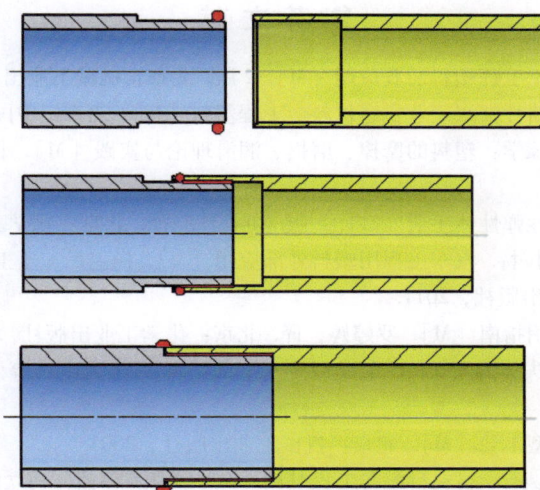

图 6-112   内管涂覆黏合剂装配后的溢出现象

图 6-113 所示为对圆柱形零件的改进，其设计特点在于设置了一个小型凹槽。这个凹槽的作用是，当接合处闭合时，为可能溢出的黏合剂提供了一个容纳空间，从而避免了黏合剂直接溢出到接缝外部。

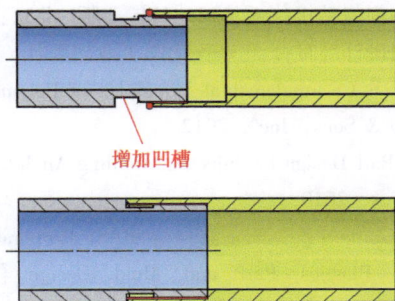

增加凹槽

图 6-113   设计有凹槽的零件可最大程度地减少多余的黏合剂溢出

参 考 文 献

[1] 樊新民，车剑飞. 工程塑料及其应用 [M]. 2 版. 北京：机械工业出版社，2016.

[2] 杨桂生. 中国战略性新兴产业：新材料　工程塑料 [M]. 北京：中国铁道出版社，2017.

[3] 王承鹤. 塑料摩擦学：塑料的摩擦、磨损、润滑理论与实践 [M]. 北京：机械工业出版社，1994.

[4] 德罗布尼. 热塑性弹性体手册 [M]. 2 版. 游长江，译. 北京：化学工业出版社，2018.

[5] 施陶贝尔，福尔拉特. 汽车工程用塑料外部应用 [M]. 杨卫民，丁玉梅，谢鹏程，等译. 北京：化学工业出版社，2011.

[6] 布鲁德. 塑料使用指南 [M]. 罗婷婷，译. 北京：化学工业出版社，2018.

[7] 卡迈勒，伊萨耶夫，刘士荣. 注射成型技术基础 [M]. 吴大鸣，等译. 北京：化学工业出版社，2014.

[8] 刘来英. 注塑成型工艺 [M]. 北京：机械工业出版社，2004.

[9] 卡丽斯特，来斯威什. 材料科学与工程基础 [M]. 4 版. 郭福，马立民，等译. 北京：化学工业出版社，2015.

[10] 阿什比. 产品设计中的材料选择 [M]. 4 版. 庄新村，向华，赵震，译. 北京：机械工业出版社，2017.

[11] 特雷. 面向装配的塑料零件设计（原书第 8 版）[M]. 北京：机械工业出版社，2023.

[12] 诺顿. 机械设计（原书第 5 版）[M]. 黄平，李静蓉，翟敬梅，等译. 北京：机械工业出版社，2016.

[13] 孙德林，余先纯. 胶黏剂与粘接技术基础 [M]. 2 版. 北京：化学工业出版社，2014.

[14] 熊金平. 现代橡胶选用设计 [M]. 北京：化学工业出版社，2014.

[15] BRAZEL C S, ROSEN S L. Fundamental Principles of Polymeric Materials [M]. 3rd ed. New Jersey：John Wiley & Sons, Inc., 2012.

[16] MALLOY R A. Plastic Part Design for Injection Molding An Introduction [M]. 2nd ed. Munich：Hanser Publications, 2010.

[17] BASF. Design Solution Guide [Z]. New Jersey：BASF Corporation, 2003.

[18] LANXESS. Engineering Plastics Part and Mold Design [Z]. Michigan：LANXESS Corporation, 2007.

[19] LANXESS. Engineering Plastics Material Selection [Z]. Michigan：LANXESS Corporation, 2007.

[20] Clive M. Design Guides for Plastics [Z]. Michigan：Clive Maier Econology Ltd., 2004.

[21] CHANDA M, ROY S K. Plastics Technology Handbook [M]. 4th ed. Boca Raton, London, New York：CRC Press Taylor & Francis Group, 2007.

[22] CAMPO E A. The Complete Part Design Handbook For Injection Molding of Thermoplastics [M]. Munich：Hanser Publications, 2006.

[23] KEMMISH D J. Practical Guide to High Performance Engineering Plastics [M]. Shawbury, Shrewsbury, Shropshire, SY4 4NR, United Kingdom：iSmithers-A Smithers Group Company, 2011.

[24] GOODSHIP V. Practical Guide to Injection Moulding [M]. 2nd ed. Shawbury, Shrewsbury, Shropshire, SY4 4NR, United Kingdom: A Smithers Group Company, 2017.

[25] KUTZ M. APPLIED PLASTICS ENGINEERING HANDBOOK Processing and Materials [M]. Waltham: William Andrew is an imprint of Elsevier, 2011.

[26] WARD I M, SWEENEY J. An Introduction to the Mechanical Properties of. Solid Polymers [M]. 2nd ed. Chichester: ohn Wiley & Sons Ltd, 2004.

[27] ASHTER S A. Introduction to Bioplastics Engineering [M]. Kidlington: William Andrew is an imprint of Elsevier, 2016.

[28] RAO N S. Basic Polymer Engineering Data [M]. Munich: Hanser Publications, 2017.

[29] DANGEL R. Injection Molds for Beginners [M]. 3rd ed. Munich: Hanser Publications, 2023.

[30] BHARGAVA V. Robust Plastic Product Design: A Holistic Approach [M]. Munich: Hanser Publications, 2018.

[31] MAC DERMOTT C P, SHENOY A V. Selecting Thermoplastics For Engineering Application [M]. 2nd ed. Boca Raton, London, New York: CRC Press Taylor & Francis Group, 1997.

[32] TRIVEDI P D. Specialty Thermoplastics Preparations, Processing, Properties, Performance [M]. Munich: Hanser Publications, 2023.

[33] WANG, CHANG, HSU. Molding Simulation: Theory and Practice [M]. 2nd ed. Munich: Hanser Publications, 2022.

[34] GRELLMANN, SEIDLER. Polymer Testing [M]. 3rd ed. Munich: Hanser Publications, 2023.

[35] JAROSCHEK C. Design of Injection Molded Plastic Parts [M]. Munich: Hanser Publications, 2022.

[36] MCKEEN L W. Fatigue and Tribological Properties of Plastics and Elastomers [M]. 2nd ed. Oxford, Burlington: William Andrew is an imprint of Elsevier, 2010.

[37] LERMA VALERO J R. Plastics Injection Molding Scientifc Molding, Recommendations, and Best Practices [M]. Munich: Hanser Publications, 2020.

[38] BONTEN C. Plastics Technology Introduction and Fundamentals [M]. Munich: Hanser Publications, 2019.

[39] BONENBERGER P R. The First Snap-Fit Handbook Creating and Managing Attachments for Plastics Parts [M]. 3rd ed. Munich: Hanser Publications, 2019.

[40] TROUGHTON M. Handbook of Plastics Joining A Practical Guide [M]. 2nd ed. Norwich: William Andrew Inc., 2008.

[41] ERHARD G. Designing with Plastics [M]. Munich: Hanser Publications, 2006.

[42] IBEH H C. Thermoplastic Materials Properties, Manufacturing Methods, and Applications [M]. Raton, London, New York: CRC Press Taylor & Francis Group, 2011.

[43] BEAUMONT J P. Runner and Gating Design Handbook Tools for Successful Injection Molding [M]. 3rd ed. Munich: Hanser Publications, 2019.

[44] SHOEMAKER J. Moldflow Design Guide A Resource for Plastics Engineers [M]. Framingham, Massachusetts, U S A: Moldflow Corporation, 2006.

［45］ KERKSTRA R, BRAMMER S. Injection Molding Advanced Trouble-shooting Guide ［M］. Munich: Hanser Publications, 2018.

［46］ MARQUES E A S. Introduction to Adhesive Bonding ［M］. Weinheim: WILEY-VCH GmbH, 2021.

［47］ GOSS B. Practical Guide to Adhesive Bonding of Small Engineering Plastic and Rubber Parts ［M］. Shawbury, Shrewsbury, Shropshire, SY4 4NR, United Kingdom: iSmithers-A Smithers Group Company, 2010.

［48］ MCKEEN L W. The Effect of UV Light and Weather on Plastics and Elastomers ［M］. 4th ed. Oxford: William Andrew is an imprint of Elsevier, 2019.